資安全面防護之必要

置身數位化全面普及的環境，無可避免會受到網路威脅的直接或間接影響，每個人該做的事情，是積極、持續認識這些資安風險與各種資安事故，正如同我們關心每天的氣象變化，並且及早進行各種必要的準備與預防措施，以便當下能夠充分因應各種可能發生的狀況。

然而，有備無患、未雨綢繆的概念雖然人盡皆知，甚至是基本常識，每天的新聞報導總不乏各種意外狀況發生，但離譜的是，許多知名的大型企業因應變故的能力仍有待提升，不免令人深思：科技使人類變得更強大嗎？恐怕真相是「使人類變得脆弱」。

今年 3 月初，社群網站龍頭 Meta 公司的 Facebook、Instagram、Threads 發生故障，約 1 個半小時恢復正常；幾個禮拜後，全球速食連鎖業者麥當勞發生大當機，十多個國家的 App 和餐廳點餐系統停擺，許多門市不論現場或是網路都無法接單，有些可改用紙本作業來記錄訂單，有些只收現金，甚至有直接打烊、當天停止營業的狀況。這類狀況並非今年特別多，以前也有一些令人印象深刻的例子，像是 2022 年 4 月，DevOps 平臺業者 Atlassian 發生大當機，花了 14 天才復原。

若論及勒索軟體、DDoS、資料外洩等重大資安事故，更是層出不窮，駭客組織與國家網軍運用的滲透與攻擊手法五花八門，從粗製濫造到極端繁複都有可能。而這些資安威脅對於企業與組織運作造成的衝擊，也是形形色色，例如，早期早見的個人電腦中毒、硬碟損毀，之後出現網站首頁被竄改、網站服務停擺，到了近期，檔案遭到加密綁架、機敏資料與個資外洩、企業與個人身分遭冒用，更是司空見慣。

事實上，每個環節都可能遭滲透、所有管制都可能被突破，資安措施需要涵蓋全局。例如，事前預防雖然無法完全保障資安，但仍須盡力防患於未然，能在敵人侵入前就予以阻隔，可有效降低後續處理成本；至於事中察覺與事後復原能力的強化，是在 APT 威脅猖獗之後開始興起的資安戰略，目的是促使大家充分具備各種威脅的偵測與應變能力，建立第二條防線，但這樣與威脅貼身肉搏是更費時費力的，因此不能輕易放棄事前預防工作，如果這麼做，就沒有退路了。

面對詭譎多變的網路威脅態勢，資安的未來似乎難以令人樂觀其成，然而，生命總會找到出路，人類用幾千年的文明，突破了外在環境的限制，而得以安身立命，因此，今日我們雖然仍舊擔心各種氣候變化，卻不那麼害怕，因為大家都在不斷尋找適應與解決問題的方法，希望能通過大自然的考驗，而在因應人為活動的各種變化時，我們沒有悲觀的本錢，只能繼續拼搏，正如同臺灣與全球的命運緊密相連，資安也是如此，一榮俱榮，一損俱損。

李宗翰 / iThome 電腦報週刊副總編輯

proton@mail.ithome.com.tw

CYBERSEC 2024 臺灣資安年鑑

發行人	詹宏志	Hung-Tze Jan, Publisher
總經理	王心一	Hsin-I Wang, CEO
社長	谷祖惠	Ann Gu, Managing Director
總主筆	王盈勛	Ying-Hsun Wang, Writer at Large
醫療資訊顧問	劉立	David Liu, Medical Information Consultant

編輯部
總編輯	吳其勳	Merton Wu, Editor-in-Chief

主筆室
副總編輯	李宗翰	Jeffery Lee, Deputy Editor in Chief
副總編輯	王宏仁	Ray Wang, Deputy Editor in Chief
技術主筆	張明德	Roger Chang, Lead Technical Editor
資安主筆	黃彥棻	Yanfen Huang, Editorial Writer

新聞組
副總編輯	王宏仁	Ray Wang, Deputy Editor in Chief
調查中心主任研究員	王珮瑤	Vivian Wang, Executive Editor
執行編輯	王若樸	Nika Wang, Chief Editor of Health IT
醫療 IT 主編	余至浩	Mark Yu, Chief Reporter
採訪主任	蘇文彬	Tony Su, Senior Reporter
資深記者	郭又華	Owen Kuo, Reporter
記者	李昀璇	Summer Lee, Reporter
攝影	洪政偉	Rei Hung, Photographer

產品技術組
副總編輯	李宗翰	Jeffrey Lee, Deputy Editor in Chief
資安主編	羅正漢	Leo Lo, Chief Editor, Cyber Security
技術編輯	周峻佑	Jun Yo Chou, Technical Editor

設計部
視覺總監	林振緯	Sam Lin, Visual Design Director
美術主任	褚淑華	Anne Chu, Associate Art Director

科技學習部
企畫經理	黃博修	Chris Huang, Manager
企畫副理	許珮甄	Daphne Hsu, Assistant Manager

網站開發暨資訊部
總監	黃柏諺	Michael Huang, Director
技術經理	吳宏民	Hung-Min Wu, Technical Manager
產品經理	卓佾柔	Ava Cho, Product Manager
產品企劃	陳盈帆	Nora Chen, Product Planning Specialist
	李梅湘	Alice Lee, Product Planning Specialist
資深前端工程師	李世平	Skite Lee, Senior Frontend Developer
前端工程師	蔡育馥	Yvonne Tsai, Frontend Developer
後端工程師	楊鈞雯	Ryan Yang, Backend Developer
	沈佳頤	Rita Shen, Backend Developer
	邱俊霖	Jyun Ciou, Backend Developer
	余子涵	Jamie Yu, Backend Developer
視覺設計師	柯妙曄	Megan Ko, Web Designer
	林芳儀	Fangi Lin, Web Designer

企業服務部
總監	陳宗儀	Jenny Chen, Director
副總監	邢組田	John Hsing, Deputy Director
專案經理	蘇郁雯	Sophie Su, Project Manager
	余巧英	Josephine Yu, Project Manager
專案副理	陳邑柔	Zoe Chen, Assistant Project Manager
專案主任	林羿彤	Angel Lin, Project Supervisor
前台督導	楊璧如	Nancy Yang, Front Desk Supervisor
議程管理師	侯佳岑	Doris Hou, Seminar Administrator
國際合作專員	黃珏瑜	Jaeyu Huang, Global Engagement Manager
公共事務專員	鍾昕芮	Fion Chung, Public Affairs Specialist

業務部
總監	陳文慧	May Chen, Director
副理	張乃袖	Jo Chang, Assistant Manager
	簡惠滿	Jennifer Jian, Assistant Manager
	許安鍵	Summer Hsu, Assistant Manager
企劃總監	陳雅云	Tiffany Chen, Director of Event Planning
助理	簡榆家	Jill Jian, Assistant

客服部
經理	開沛華	Peggy Kai, Customer Service Manager

管理部
會計	江嘉雯	Chia Fen Chiang, Assistant, Finance Dept
出納	柳俐彣	Judy Liu, Cashier

發行所	電週文化事業股份有限公司
統一編號	12948944
地址	104089 臺北市中山區南京東路 2 段 17 號 5 樓 5F, No.17, Sec. 2, Nanjing E. Rd., Jhongshan District, Taipei City 104089, Taiwan
電話	(02)2562-2880
傳真	(02)2562-2870
讀者服務傳真專線	(02)2562-0046
讀者免付費服務專線	0800226300 週一至週五 AM9:30 ～ 12:00, PM1:30 ～ 5:00
客服信箱	service@mail.ithome.com.tw
登記證	中臺灣郵政台北雜字第 1222 號執照登記為雜誌交寄
劃撥帳號	19623154
戶名	電週文化事業股份有限公司
零售定價	新台幣 179 元
出版日期	2024 年 6 月
製版印刷	凱林彩印股份有限公司
代理經銷	白象文化事業有限公司

本刊所刊載之全部編輯內容為版權所有，非經本刊同意不得作任何形式之轉載或複製。

Printed in Taiwan

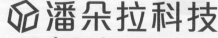

12 ［資安願景］

國安會秘書長顧立雄

「資安即國安」戰略目標
確立臺灣 8 年資安發展

在蔡英文總統帶領下，2016 年開始推動「資安即國安」戰略方針，經過 8 年的政策促成，不管是公私協力或是國際合作，都已經達到相對成熟穩健的階段

[封面故事]

[資安大調查]

[展望臺灣資安產業]

[資安教戰守則]

[從事故記取教訓]

NETGEAR®

AI伺服器/大數據/網路儲存必備

全球最佳
10G/25G/100G交換器

傳輸極低延遲　　超大Packet Buffer　　價格最合理

AI Edge Computing

Big Data Computing

支援 25G

支援 100G

M4500-48XF8C

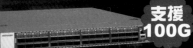
M4500-32C

• Packet Buffer 256Mb

- 48個SFP28 埠口 8個QSFP28 埠口
- 支援100G/50G/40G/25G/10G
- 背板頻寬4Tbps
- 支援雲端超融合架構
- 支援資料中心高速網路存取

• Packet Buffer 256Mb

- 32個QSFP28 埠口
- 支援100G/50G/40G/25G/10G
- 背板頻寬6.4Tbps
- 支援雲端超融合架構
- 支援資料中心高速網路存取

支援 40G

M4300-12X12F

- Packet Buffer 32Mb
- 12個10GbE RJ-45埠口
- 12個SFP+埠口
- 支援SDN網路架構

M4300-24X24F

- Packet Buffer 56Mb
- 24個10GbE RJ-45埠口
- 24個SFP+埠口
- 支援SDN網路架構

M4300-96X

- Packet Buffer 96Mb
- 彈性擴充模組支援40G
- 高達1.92Tb的背板頻寬
- 支援SDN網路架構

顧立雄

國安會
秘書長

蔡英文總統 2016 年提出以「資安即國安」為綱領的國家資安戰略，相隔幾年後，美國拜登總統 2021 年亦開始呼籲資安就是國安的議題，甫卸任的美國國安局長暨網戰司令部司令 Paul Nakasone，更直言：「Cybersecurity is National Security.」

回顧近年臺灣資安發展，產業界普遍認為資安即國安戰略的祭出，不僅引領國家資安與產業發展邁向全新的階段，更為臺灣資安發展劃下一道具有歷史意義的分水嶺。

資安即國安戰略之所以能獲得諸多肯定，國安會秘書長顧立雄表示，「總統帶頭重視資安」是一個重要的關鍵，因為總統的重視，形塑了一股由上而下持續引導的力量，逐步帶動政府各個部門跟著重視資安議題。

而且，除了要求公部門之外，顧立雄

表示，蔡總統更身體力行，直接與民間產業互動，多次公開展現她對資安的重視與公私協力的支持。例如，蔡總統每年會親自參與臺灣資安大會，肯定與鼓勵產業界的努力，也持續接見出國比賽得名的年輕白帽駭客，傾聽各界的想法與需求。

「因為蔡總統重視資安政策的落實，對於國家資安戰略的要求是從結構上整體強化資安，以全面性提升國家安全。」顧立雄表示，蔡英文總統執政的八年，不僅在第一個任期就確立了「資安即國安」的戰略大方向，更在第二任期進一步推出「資安即國安 2.0」戰略，包括人才、產業、技術、組織、法制和國際合作等，都有相對應的政策規劃與具體執行目標。

檢視資安即國安戰略八年發展歷程，顧立雄點出幾項重大進步，包括國家資

「資安即國安」戰略目標 確立臺灣 8 年資安發展

資安的地位能否大幅提升，國家的政策推動至關重要，而臺灣資安過去十年最大的突破，
在於我們將其視為國家安全的重要一環，促成許多進展

安政策擴及軍事、情報與執法單位的合作、公部門與民間產業資安能力精進、從被動防禦轉為主動防禦、積極推動數位韌性，以及加強公私協力、強化上市櫃資安治理與產業供應鏈安全等。

建立信賴夥伴關係，積極推動數位韌性

「資安即國安 2.0 戰略的願景，是打造堅韌、安全、可信賴的智慧國家。」顧立雄表示，立基於資安即國安 1.0 建構的鐵三角架構（國安會、通傳會與行政院資安處），資安即國安 2.0 戰略進一步將軍事、情報與執法單位也納入國家資安戰略，一舉擴大為六大基石架構，涵蓋國安會、國防部、數位部、國安局、調查局和刑事警察局，組成所謂的新世代「資安六塊基」。

在資安即國安戰略下，國家資安會議

由國安會秘書長與行政院副院長（國家資安長）共同主持，顧立雄表示，如此各部會不僅會高度重視資安，更能將八大關鍵基礎設施（CI）以及軍事、情報、執法單位陸續納入國家資安防禦陣線，讓大家在協作的過程中，建立起行政、軍事、情報、以及執法部門之間的「信任關係」，從而成為信賴的合作夥伴，以形成更強大的防禦能量。

在資安即國安 2.0 的戰略方針下，公部門與民間產業的資安能力也持續精進。以公部門而言，近年來其中一項政策是優先強化第一線執法同仁的資安能力，包括強化執法單位及國安單位的資安人力與專業技能，使其具備精進主動防禦能力，平時可依據資安情資提出預警，在資安事件發生時，以其應變調查能力，追蹤溯源網駭來源。近期，原屬刑事警察局任務編組的「科技犯罪防制中心」法制化，即為一例。

再者，積極推動「數位韌性」（Resilience）也是「資安即國安 2.0」的目標之一。他表示，從俄烏戰爭可以了解戰爭爆發時，政府首要任務就是必須確保關鍵基礎設施能持續運作，例如

電力、網路的服務，至少在關鍵的特定區域內，絕對不可中斷。

強化上市櫃公司資安治理能力，奠定公私協力信任基石

在民間產業方面，資安即國安戰略也促使上市櫃公司提升資安治理成熟度。顧立雄表示，金管會自 2021 年底開始推動上市櫃公司的資安治理，明文要求一千五百多家上市櫃公司，必須設置資安主管及資安專責單位；也必須在年報當中說明資安政策，以及公司對於資訊安全的投入。

之後，更明確規定，上市櫃公司如果發生重大的資安事件時，必須要對外發布重訊；今年，金管會更進一步訂定資安事件「重大性」的標準，持續完善相關的規範。

顧立雄認為，金管會對於上市櫃公司資安治理的要求，是自《資通安全管理法》公布實施以來，影響層面最廣的資安規範，並且是針對臺灣重要的民間企業所做的規範。

這一千五百多家公司相較於中小企業而言，有更多資源和更大動機去做好

資安,尤其是高科技業者,長期以來都是駭客重點鎖定的目標,一旦遭到駭客勒索軟體攻擊,不僅造成核心的營業秘密外流,也可能威脅到供應鏈安全,甚至影響國家整體的競爭力。

資安領域的公私協力,過往在推動上總是困難重重,畢竟一般企業遭受攻擊因擔憂公司商譽,往往低調處理,然而在資安即國安的諸多政策施行之下,這些過去難以跨越的阻礙也逐漸化解。

顧立雄表示,一方面公部門先強化第

掌握資訊安全情資與事件應變,對於與公部門的合作也就採取更開放的作法,不僅敞開與公部門合作的大門,也更願意分享自己的情資,讓公部門進行後續的追蹤分析,以嘉惠更多人;如此良性循環形成了公私協力最重要的基石—「互信機制」。

SEMI E187 成公私協力典範,透過採購拉齊業者資安水準

近年來,臺灣透過公私協力的合作,

作將其擴大發展成全球第一個半導體供應鏈資安國際標準。

藉由帶頭提出供應鏈資訊安全標準,台積電不只是制定產業標準,協助自己合作的供應鏈業者提升資安防護能力,包括:評估供應商的資安狀況並協助改善、主動分享漏洞情資並協助供應商改善,還更進一步主動向政府部門提出建言,建議公私部門在情資分享上,可以做到更緊密與即時的合作,「這不僅推動自家供應鏈體系資安成熟度的提升,更有助於臺灣整體資安的改善。」顧立雄表示。

透過公私協力提升臺灣整體資安成熟度,也體現在改變政府採購資安解決方案的方式。顧立雄說:「透過公部門的採購要求,可以驅動私部門強化資安,提升各產業的資安成熟度,從而帶動臺灣資安產業的發展。」

行政院公共工程委員會已與數位發展部合作,公布全新的「資訊服務採購作業指引」,並且將「各類資訊服務採購之共通性資通安全基本要求參考一覽表」納入契約範本,以強化供應商應盡的義務。

他指出,透過資訊服務採購作業指引,可以要求提供政府機關資訊服務的參與業者,必須具有一定的資安水準,避免資服業者成為政府供應鏈的資安弱點。因為這些業者也可視為政府公開認證的廠商,因此在資安方面就必須特別注意,有必要透過採購契約進行規範,要求廠商做到一旦發生資安事件,也必須保存數位跡證。

> 資安即國安 2.0 戰略的願景,是打造堅韌、安全、可信賴的智慧國家。
>
> ── 國安會秘書長 顧立雄

一線執法人員的專業能力,包括掌握資安情資、分析惡意程式攻擊手法,以及事件應變,在確實擁有能力可以提供協助之下,再站在保護民間企業的立場,以取信於人。

另一方面,民間企業也感受到勒索軟體與供應鏈攻擊帶來的威脅與日俱增,已非單一企業所能對抗,因而更加重視

推出全球第一個半導體供應鏈資安標準SEMI E187,就是最好的典範。在COVID-19 肆虐與俄烏戰爭爆發之後,臺灣在全球半導體供應鏈的重要性可謂舉世皆知,然而,影響供應鏈安全的要素,不僅是戰爭、天災,還包括資安威脅。而身為產業龍頭的台積電,不僅率先制定供應鏈資安標準,更與公部門合

資安涉及跨部門溝通,不只是技術議題而是管理議題

展望臺灣資安未來發展,顧立雄期許管理階層以身作則,從風險管理的角度看待資安,而近年開始推動的零信任與數位韌性也必須更加深化,與國際民主

聯盟國家的合作則要更積極推展。

由於資安不是單純議題，往往涉及跨部門的溝通與共識，難說是最需要主管重視和推動的議題，但偏偏又因技術細節繁瑣，而讓主管誤以為資安僅是技術問題，而忽略資安對於企業組織真正的重要性。

因此，有些主管就會認為，既然資安是技術問題，就交給技術人去解決就好，然而，顧立雄直言，這樣的觀念卻是最大的錯誤，因為資安有更多是政策面與管理面的議題，建議企業主管應該要從「風險管理」的角度來看待。

更關鍵的是，做好資安是每一個部門、甚至是每一個人的責任，如果只交由資安部門負責推動，不但沒有強化的效果，反而削弱所有人對資安的重視度，最終淪為無法貫徹落實的下場。

舉個例子來說明，弱密碼（Weak Password）一直是各部門遭駭主因，而要改善這個問題，其實不需要困難的技術，關鍵在於建立良好的使用習慣，設定高強度的密碼，然而，主管如果不表達對密碼使用規定的重視，顧立雄反問：「那麼，即便有規定，其他部門又怎麼會聽資安部門的話呢？」

推動零信任資安是邁向數位韌性的關鍵

零信任架構的核心精神是永不信任、持續驗證，前提就是預設每一次的連線都是不安全的，顧立雄說：「資安要做得好，關鍵在我們永遠不能假設自己的環境是安全的，而必須從駭客的角度，思考風險在哪裡。」

他以一件印象深刻的事故為例說明零信任。當時發生駭侵事件的單位不斷強調其內部網路已有實體隔離設計，與網際網路完全沒有任何連線，因此駭客絕不可能有管道入侵，足以保證系統的安全性。然而，實際調查發現，委外廠

商為了提供後續維護而預留一條連外專線，該廠商被駭之後，駭客就能循線入侵政府單位，該單位信誓旦旦的實體隔離防護，實際上不存在。

這個典型的供應鏈攻擊之所以能夠成功，就是因為我們缺乏預想被駭（Assumed Breach）的觀念，若事先能夠有此設想，就不會盡信實體隔離措施滴水不漏，而會再度檢視每一個環節、每一次連線，這也就是零信任資安的根本之道。

顧立雄表示，自此每當他聽到實體隔離就等同安全的說法，都會持保留的態度；另一方面，這類駭侵事件的根因也更證實零信任架構：涵蓋身分鑑別、設備鑑別及信任推斷三大階段，是企業組織落實資安、邁向數位韌性的關鍵。

雖然零信任的機制必然讓人覺得使用不便，但是，顧立雄強調「駭侵事件造成的損失已經是無法承受之重，為了徹底落實資安防護，大家還是要盡力克服初期的不便。」

目前在資安即國安2.0戰略指導之下，政府機關、國防與關鍵基礎設施等重要產業皆逐步導入零信任架構，然而，顧立雄指出，接下來，更重要的課題則是，占臺灣企業九成以上的中小企業，因為缺乏資源缺而難以導入零信任架構的問題。

為何中小企業無法導入零信任資安架構會成為隱憂？顧立雄指出，臺灣很多中小企業都是所謂的隱形冠軍，在特定零組件不僅各有擅長，甚至是世界之冠，雖然他們的公司規模可能比不上大企業，卻是全球國防或特定產業必須仰賴的重要供應商。

無人機產業就是一最好的例子，無人機已被視為新世代戰場的成敗關鍵，對無人機產業而言，有機會擠身國防產業，可謂千載難逢的大好機會，然而，臺灣無人機產業普遍以中小企業型態居

多，若想進軍國防產業，就必須證明其具有國防等級的資安成熟度，否則難以被國防產業供應鏈信賴；如果連零信任資安都難以導入，對於臺灣隱形冠軍產業未來發展，絕對是最大隱憂。

畢竟，任何企業一旦成為國防供應鏈的一份子，就有極高的可能性被有心國家列入攻擊目標；如果不願淪為打壞一鍋粥的老鼠屎而錯失商機，就必須強化自身的資安成熟度。因此，美國國防部專門針對國防採購所制定的資安標準：CMMC（網路安全成熟度模型認證），就會成為臺灣未來進軍全球國防產業的重要關鍵。

資安是國際合作的優先議題，中油事件是臺美合作例證

由於臺灣一直處於資安攻防的最前線，長年下來，不僅累積了大量資安實戰經驗，再加上身為全球通訊供應鏈主要國家，天生就擁有許多國家所羨慕的科技研發文化（R&D DNA），不但養成傲視國際的頂尖通訊產業，更培養出許多世界級資安人才。顧立雄指出，臺灣在全球資安的重要地位已經被各國看到，許多國家與臺灣接洽時，都紛紛將資安領域的合作視為優先議題，而且，這些越來越多的國際合作，更橫跨公私部門。

顧立雄指出，積極與民主聯盟國家合作，共同打造可信賴的資安供應鏈，是蔡英文總統非常重視的資安政策，而積極參與國際資安合作，協助各國打擊惡意網路活動、提升全球網路的安全性，其實也讓臺灣受惠。

回首2020年5月，臺灣中油和台塑石化等關鍵基礎設施業者接連發生勒索軟體駭侵事件，當時多處加油站的業務受到波及，並可能造成更大的社會衝擊。之後因政府反應迅速，並與美執法機關聯手追蹤攻擊來源，調查局很快就

找到攻擊行動所用的中繼站和惡意程式，並鎖定罪魁禍首就是中國政府支助的國家級駭客組織 APT-41，隨後美國司法部門更據此起訴參與行動的五名中國駭客與兩家馬來西亞業者，可說是國際資安合作的一大勝利。

顧立雄表示，這其實只是諸多資安國際合作的其中一例，由於與國際盟邦的資安合作普遍有高度機敏性，能夠對外揭露的成果相對有限，不過，由於臺灣長期遭受中國各種國家級駭客攻擊，累積了許多中國慣用的攻擊手法與惡意程式樣本，在與國際盟邦合作打擊網路攻擊上可提供實質的助益。

此外，臺灣在民間組織的資安合作主要透過 TWCERT/CC（臺灣電腦網路危機處理暨協調中心）和國際 CERT 組織建立雙邊合作關係，參與國際與國內資安組織與社群的相關活動。而在臺灣將獨有的資安研究成果，貢獻給國際社會的同時，也促成國際資安組織在發現臺灣被駭客鎖定，或有潛在系統性大規模攻擊之前，也將提供臺灣政府機關和民間企業資安防護預警，形成民主同盟國家共同防衛的良性循環。

保護關鍵基礎設施環境的網路安全，就是保護國家安全

現今資安威脅已經足以影響國家安全，因為國家級駭客的目標已經不再只是竊取個人的資料或是產業商業機密，而是企圖破壞國家的油、水、電、通訊等攸關民生的關鍵基礎設施，而這些狀況的不斷發生，也讓我們更清楚認識到：網路攻擊已經成為威脅國家安全的致命手段。

誠實面對未來，接下來各個國家都會培養國家級網路攻防能力，既能捍衛國家安全，也能形成數位武力，對其他國家構成威懾，臺灣該如何因應呢？

顧立雄表示，駭客攻擊已經朝向更精緻（利用設備漏洞、供應鏈攻擊）、更隱密（組建加密網路進行駭攻、就地取材，以合法掩飾非法的攻擊手法）以及更危險（結合認知作戰、駭攻電力及電信等關鍵基礎設施）等層面發展。

當國家級駭客越來越厲害、手法日益

級駭客的威脅，不論關鍵基礎設施面臨設備老舊、缺乏工控（OT）資安專業人才；或者是協助缺少資源的中小企業強化資安；甚至，研議修法由一類電信業者保存網路流量、以利執法單位對網軍進行追蹤溯源等，這些都是未來可以

> 66 資安要做得好，關鍵在我們永遠不能假設自己的環境是安全的，而必須從駭客的角度，思考風險在哪裡。99

—— 國安會秘書長 顧立雄

隱蔽時，他指出，政府應該要更積極、更全面地把公私部門及國際合作的對象，轉化成為更堅實的夥伴關係，才足以因應接踵而來的各式挑戰。

顧立雄認為，資安防護就像棒球比賽的防守，不管內外野的哪一個守備位置，都要設法避免形成漏接，這樣才是好的防守。

唯有強化資安韌性，才足以因應國家

努力的方向。

資安其實是跨部門、跨領域的議題，不應該受到本位主義的限制，或囿於現行法律的規範；加上資安本身也是國際合作的重要議題，我們應該要積極向外發展。顧立雄說：「面對變遷迅速的資安領域，更應該擘畫接下來的資安藍圖，藉此打下未來長遠發展的基礎。」

文⊙黃彥棻、攝影⊙洪政偉

中研院院士、前國家安全會議諮詢委員

李德財

臺灣推動「資安即國安」領先世界各國，將資安拉高到國安層級

資安的地位大幅提升，國家的政策推動至關重要，臺灣資安過去十年最大的突破，在於我們將其視為國家安全的重要一環

近年來資安成為全球關注焦點，對於臺灣，資安更是不可或缺。

過去十年臺灣歷經不同政黨的執政，中研院院士、也曾擔任蔡英文總統第一任總統任期內的國安會諮詢委員李德財表示，「資安即國安」政策在這段時期，得到前瞻性的進步及實質性推動。

臺灣是全球第一個將資安拉高到國安等級的國家

李德財提及，「資安即國安」當年是全球首次正式將資訊安全升級到國家安全層次的國家戰略方針，國安會扮演政策幕僚角色，一提出「資安即國安」政策後，便獲得蔡英文總統大力支持。

不過，他表示，「資安即國安」政策成形並非一蹴可幾，而是經歷一段時間的共識累積與政策溝通，最後才在蔡英文總統上任後，以國安會諮詢委員的角色，正式提出該政策。

在政策制定和推動過程中，李德財對各界凝聚對資安共識的過程印象深刻。

他提到 2015 年 8 月行政院曾經召開《資通安全管理法》相關的協調會議，希望可以凝聚各界共識，當時許多與會者也承諾，願意為《資安法》的立法制定與通過，承擔起相關的責任。

李德財表示，他當年剛從中興大學校長一職卸任，在當時國科會副主委林一平邀請下，願意為了《資安法》的推動，承擔進行第一線溝通的責任，促使立法院的司法與法制委員會的委員們，更了解、認同這項政策推動的必要性。

月執政以來，我們積極打造國家資安機制、建立國家資安團隊，並推動國防資安自主研發；行政院資通安全處、行政院數位國家創新經濟小組、國防部資通電軍相繼成立，並推動資安相關立法，期以建立安全、可靠的資通環境，達成數位經濟與國家發展的目標。」

蔡英文總統強調，隨著科技躍進，資安能力必將成為國力象徵與經濟指標，所以更需要資安團隊、政府各部門、民間企業，以及非政府組織的協力合作。她更直指國安會提出臺灣首部資安戰略報告，就是跨出複雜工程的初步，也為數位國家、創新經濟奠定堅實基礎。

爭取國際友人支持與認同，資安即國安政策是底氣

臺灣常年遭到中國的網路攻擊，為了讓國際社會對於中國的侵略霸權行為，獲得更多了解，可以體諒臺灣遭遇的處境，在國際發聲並爭取更多支持，所以，「資安即國安」戰略報告也推出英文版本，希望可以藉此讓國際社會更了解臺灣。

李德財也說，他在擔任國安會諮委任期中的一個重要任務就是要進行「國際宣傳」，積極與國際友人互動往來，希望可以爭取他們對臺灣在國際社會的支持，也加深臺灣在國際上的影響力。

例如，在 2018 年，澳洲智庫澳洲戰略政策研究中心（ASPI）的國際網路政策中心（ICPC），針對 25 個國家所製作的《2017 年亞太地區網路安全成熟度（Cyber Maturity Metric）分析報告》為例，臺灣首度入榜，便排名第九，李德財認為這與「資安即國安」英文版戰略報告出爐有關，因為可以積極向國際友人爭取發聲機會，也彰顯政府成立資安專責組織，以及資安立法上的努力獲得肯定。

因為李德財深信：「資安等於國家安全是大家的共識，不應該有藍綠黨派的差異，這是一件跨黨派要做的事情。」不過，他也坦言，當時在經歷可能政黨輪替的時空背景下，有些人開始對於《資安法》政策的未來性抱持觀望態度，這使得推動速度減緩。

直到蔡英文總統上任，李德財出任國安會諮詢委員一職後，便在集結各界意見與凝聚認同資安重要性的共識下，正式提出「資安即國安」的戰略方針。

為了讓這個政策可以順利推動，李德財也說，行政院是否願意積極參與相關的政策規畫、推動與執行，就顯得至關重要。因為蔡英文總統對「資安即國安」的政策是「玩真的」，所以在公布「資安即國安戰略報告」時，她特別要求，所有與資安相關的部門主管，都必須看過並了解報告內容並簽名後，小英總統才願意在戰略報告上簽名。

在《資安即國安戰略報告書》的序言中，蔡英文總統寫道：「自 2016 年 5

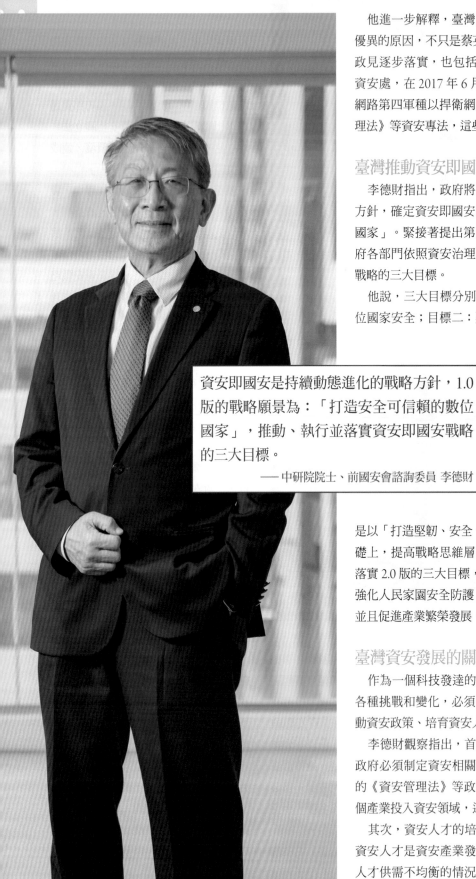

他進一步解釋，臺灣當年在「亞太地區網路安全成熟度」排名優異的原因，不只是蔡英文總統在 2016 年喊出「資安即國安」的政見逐步落實，也包括 2016 年 8 月打造專責的政府組織行政院資安處，在 2017 年 6 月底成立第四軍種資通電軍指揮部，打造網路第四軍種以捍衛網路空間的安全性，積極推動《資通安全管理法》等資安專法，這些積極強化資安的作為都有正面相關。

臺灣推動資安即國安，邁入新的里程碑

李德財指出，政府將《國家資通安全戰略報告》做為上位指導方針，確定資安即國安的戰略願景為：「打造安全可信賴的數位國家」。緊接著提出第五期「國家資通安全發展方案」，並由政府各部門依照資安治理層級，推動、執行並落實「資安即國安」戰略的三大目標。

他說，三大目標分別是，目標一：打造國家資安機制，確保數位國家安全；目標二：建立國家資安體系，加速數位經濟發展；目標三：推動國防資安自主研發，提升產業成長。

「資安即國安」是一個持續動態進化的戰略方針，李德財說，在 1.0 規畫的重點，對內要凝聚政府推動資安政策量能，以及促進資安產業發展；對外則是倡議資安政策與宣導，同時促進國際交流合作。

到了「資安即國安 2.0 版」，則是以「打造堅韌、安全、可信賴之智慧國家」為願景，在 1.0 的基礎上，提高戰略思維層級，建構更全面的資安策略整體規畫；並落實 2.0 版的三大目標，分別是：充實資安卓越人才（People），強化人民家園安全防護、鞏固資安外交網路防禦（Protection），並且促進產業繁榮發展（Prosperity）。

> 資安即國安是持續動態進化的戰略方針，1.0 版的戰略願景為：「打造安全可信賴的數位國家」，推動、執行並落實資安即國安戰略的三大目標。
>
> ── 中研院院士、前國安會諮詢委員 李德財

臺灣資安發展的關鍵轉變與挑戰

作為一個科技發達的國家，臺灣在資訊安全領域的發展面臨著各種挑戰和變化，必須不斷應對網路攻擊威脅的演進、制定和推動資安政策、培育資安人才、發展資安產業等多方面的問題。

李德財觀察指出，首先，政府需求與產業供給必須獲得平衡。政府必須制定資安相關需求，才能帶動產業發展，包括政府制定的《資安管理法》等政策措施，透過政策的引導和激勵，鼓勵各個產業投入資安領域，這些都可為產業發展提供方向和支持。

其次，資安人才的培育與需求，必須獲得平衡。他說，臺灣的資安人才是資安產業發展的重要支柱，然而，目前臺灣存在資安人才供需不均衡的情況，尤其是受到半導體產業的磁吸效應，導

kaspersky 卡巴斯基

卡巴斯基威脅情報

追蹤、分析、解譯及緩解不斷進化的IT安全威脅，是一項艱鉅的任務。
各行各業均面臨最新相關資料短缺的問題，而企業正需要這樣的資料來協助
管理IT安全威脅相關的風險。
卡巴斯基的威脅情報服務，由領先全球的研究人員和分析師團隊提供您緩解這些威脅所需的情報。
卡巴斯基在網路安全各方面的知識、經驗及深度情報，使其成為INTERPOL和CERT等全球各大執法機構與政府機關的信任
合作夥伴。如今您在企業組織內便可運用這樣的情報。

卡巴斯基威脅情報服務包括

· 威脅資料摘要
· CyberTrace
· APT 情報報告
· 數位足跡情報
· 威脅查詢
· 雲端沙箱

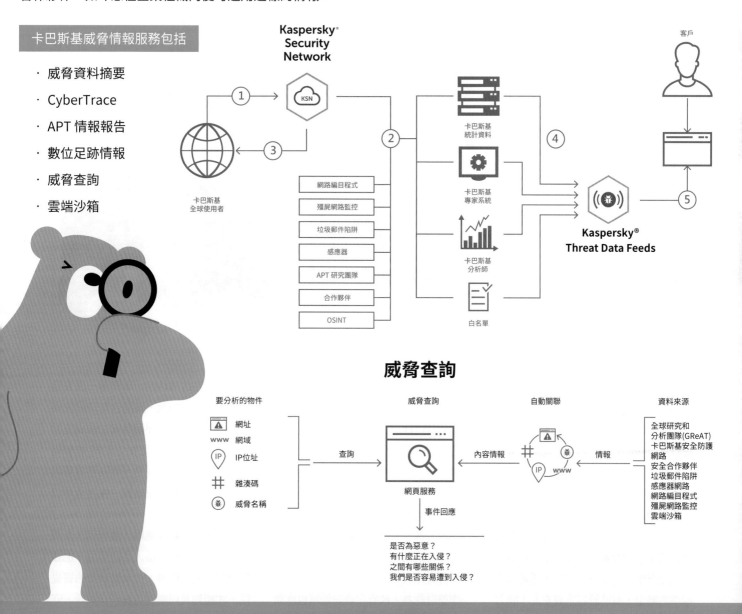

致資安產業人才出現嚴重供需失衡的現象，因此，政府和產業應該設法創造能夠培養資安人才的沃土，使其可以在各個產業扎根。

第三，資安新創公司缺乏足夠的國際化。李德財表示，臺灣資安新創公司需要面對國際市場的競爭，就必須提升自身的國際競爭力，而政府鼓勵資安新創公司國際化的舉措，除了有助於提升臺灣在國際競爭中的地位，政府也需要提供相應的支持、政策指導，以及資金投資等資源投入。

資安專業的關鍵素養：從技術到政策的全面發展

李德財在資訊安全領域超過四十年的經驗中，他深刻體會到技術能力對於資安人才的的重要性，技術專業是資安人才的基石。然而，僅憑技術專業是遠遠不夠的，他說：「資安人才還需要具備跨領域的能力，包括行銷、業務等方面的知識。」

但是，對於政府而言，他提到，臺灣的資安人才雖然在技術和管理方面，具有優勢，相對於其他國家，臺灣在法規制定和架構制定方面的人才嚴重不足。這對於資訊科技發達的國家而言，是一大挑戰。

因此，資安人才需要不斷地充實自己的知識，擴展自己的技能，才能更好地應對不斷變化的資安挑戰；政府也需要有智庫的概念，協助策略規畫，以更好地應對資安挑戰。

近年來，各國紛紛推動資安人才技能框架，包括美國的 NICE（網路安全人才框架），以及歐盟的 ECSF（網路安全技能框架）。李德財認為，透過這些標準的制定，有助於界定資安人才能力和技能，提高資安人才整體素質。

臺灣的行政法人國家資通安全研究院也積極參與其中，主要以歐盟 ECSF

（路安全技能框架）的 12 類人才類別為主要參考，打造臺灣版「資安職能參考基準」，其細節則是借助 NICE 框架的定義來設計，也會針對當中的知識、技術與能力（KSAs）描述，進一步提煉，以便對應 12 個資安人才類別。

資安院人培中心的計畫來看，預計是每年選定 2 到 3 種人才類型，完成職能參考基準與課綱的規畫，而第一年首先聚焦的是「資安長」，以及「事件分析工程師」。換言之，這兩類人才也是現在國內環境最迫切的需要。

> 66 技術專業是資安人才的基石，臺灣在技術和管理方面有優勢，法規制定和架構制定方面的人才卻嚴重不足，形成重大挑戰。99
>
> —— 中研院院士、前國家安全會議諮詢委員 李德財

拉高對假訊息的警覺性，加強溯源管理

在 COVID-19 疫情期間，政府依據《傳染病防制法》，依法三級開設疫情指揮中心，並定期召開媒體記者會、說明疫情發展狀況。外界若是傳播疫情相關的謠言或是不實訊息，足生損害於公眾或他人者，一經查證屬實後，也會依據《傳染病防治法》第 63 條，科新臺幣三百萬元以下罰金。

李德財認為，政府在資安領域也應該有類似的應對措施，制定相應的法規，建立專門的機構來負責資安事務，拉高對假訊息的警覺性並提高處理假訊息的

層級，加強對假訊息的監控和溯源管理，通過法規的形式來保障資訊安全，透過媒體廣泛宣傳，加強對民眾的資安教育並嚴厲打擊假訊息的傳播。

在地緣政治關係方面，李德財也強調對資安的重視。他認為，政府應該對於地緣政治關係的變化保持足夠的警覺性，並制定相應的政策來應對資安挑戰，對於影響安全的事件提高處理層級，加強對民眾的宣傳，都可以讓大眾有足夠的警覺性。

面對資安問題，李得財指出，許多資安問題都是跨國性的，單靠單一國家是難以解決的。因此，國際合作是解決資安問題的關鍵，他呼籲各國加強資安領域的合作，共同制定相應的標準和規範，共同應對資安威脅，共同建立資訊安全的國際標準以及規範，保護全球資訊安全。

面對未來的資安挑戰，他表示，臺灣需要政府、企業和個人共同努力，加強對資安問題的重視，提高對資安的警覺性，才能夠共同應對各種資安威脅，守護臺灣的資訊安全。並通過各方的努力，建立起一個更加安全、穩定的數位世界。文⊙黃彥棻、攝影⊙洪政偉

SECURITY BREACH

HACKING DETECTED

INTRUSION DETECTED

零信任資安解決方案

資安服務
認證

全方位
專業服務

ITTS
東捷資訊服務

資安建置
顧問團隊

■ 東捷資訊提供全方位企業級資安服務

- 累積多年資訊委外服務、資安防護規劃與客戶服務經營能量
- 具備國際資安認證與經濟部資安服務能量登錄證書
- 堅強的業界資安夥伴合作關係
- 提供多元化專業資安顧問服務

金融支付安全解決方案

- eBanking數位金融身分驗證
  整合服務
- CipherTrust資料安全平台
- HSM硬體安全模組

THALES
Building a future we can all trust

無密碼身分驗證解決方案

- MFA多因素驗證整合服務
- FIDO Token實體安全金鑰
- SSO單一簽入解決方案
- 雲端檔案加密解決方案

交易安控系統開發服務

- 具多項政府金融實績
- 彈性客製化安控模組
- 完整系統整合串接能力
- Client/Server端建置技術

ITTS
東捷資訊服務

東捷資訊服務股份有限公司
Information Technology Total Services Co., Ltd.

115 台北市南港區三重路19-8號5樓　　Tel：02-2655-2525　　Fax：02-2655-1010
Hotline：02-5551-9890　　Email：services@itts.com.tw　　www.itts.com.tw

呂正華

數位發展部
數位產業署
署長

修訂產業創新條例，推動「資安產業化」

以及「產業資安化」是主要目標

臺灣資安政策的演進，在過去十年成為引人注目的焦點。隨著蔡英文總統的兩個任期——八年的執政，臺灣的資安政策走上更加積極的道路，尤其是她在任內制定「資安即國安」的國家戰略方針，不僅對臺灣的資安環境帶來重大的影響，也在全球資安治理引起了高度且廣泛的注意。

數位發展部數位產業署署長呂正華表示，首先，從政治層面來看，總統對於資安的高度重視，是政府部門及整個國家機器重視資安的關鍵推動力。

蔡英文總統對資安政策的支持，不僅僅在口頭上表達，也以實際政策作為展示推動資安的決心。例如，蔡英文總統親自出席臺灣資安大會，並對臺灣資安產業的發展，給予全方位的支持。

他指出，這種由總統帶頭、其他像是副總統、行政院長、各部會首長跟進的作為，充分展現出高層領導人重視及參與的政治關注，使得資安議題在政府層面獲得充分的關注與推動。

連帶的，呂正華表示，這種上行下效的氛圍，也會督促行政部門會更積極開展各項與資安相關的工作，對於資安政策的實施，和整個國家資安環境的改善，都會帶來很正面的效果。

其次，從政策層面來看，蔡總統重視資安的作為，也為行政部門的政策制定，提供強而有力的支持，例如，因應民間企業希望政府可以透過投資抵減的方式，鼓勵企業多多投資在資安上，行政部門之間彼此協調、透過《產業創新條例》10-1 條的修正，包括端、網、雲和服務，都納入投資抵減範圍。

根據統計數據顯示，2023 年申請產創條例的資安投資抵減金額達到 78.18 億元，共計 612 件。這顯示出政府對於資安產業的支持力度不斷增強，為產業的發展提供了實質性的幫助和激勵。

呂正華表示，這一舉措不只為資安產業的發展，提供了實質性支持和激勵，使得資安產業得以蓬勃發展，從而鼓勵企業增加對資安的投入；同時，政府還積極提供試驗場域，為資安產業的創新和發展提供了良好的環境。

這些政策舉措的實施，使得臺灣的資安產業得以蓬勃發展，成為了國家經濟發展的一大亮點。

「資安產業化」和「產業資安化」一直是政府在推動資安發展時重要的工作項目，並列為重要的政策目標。呂正華認為，這意味著政府不僅僅關注於提升資安產業的競爭力，同時也重視於提升整個產業鏈的資安水準。這種全面性的政策部署，不僅為資安政策實施提供了有力的保障，也同時為臺灣的資安產業發展打下了堅實的基礎。

社群投入與商機迸發，帶動臺灣資安產業快速起飛

呂正華公務職涯都跟數位產業有密切關係，從工業局電子資訊組組長、工業局副局長、工業局局長，直到擔任數位產業署署長，這段期間，資安產業有了很大變化，因為原先只是數位產業的一環，但隨著許多出國打 CTF（搶旗攻防賽）的學生和選手，在全球取得優異成績，加上政府主管開始支持相關的比賽時，資安發展火苗逐漸燃起。

呂正華指出，「年輕人把過去學的資安技術做產業推動，不只是學校學的工具知識，更開始實踐理想、成立資安公司。」資安產業化的重要性，不僅是因為科技發展的推動，更是因為數位轉型的進程中，各項資料都會往雲端走，資訊保護變得尤為關鍵。

然而，臺灣資安產業的崛起也面臨著一系列挑戰。他也說，臺灣不斷面對來自世界各地的網路攻擊，這對於企業和政府的資訊基礎設施，提出了嚴峻的考驗，例如美國聯邦眾議院議長裴洛西議長訪臺的時刻，關鍵基礎設施出現電子看板系統的不設防，更突顯了這一挑戰的嚴重性。

不過，呂正華表示，因為有過去的經驗累積，加上臺灣有越來越多讓人印象深刻的資安產品和服務，以及來自產官學研等領域的合作及政策的推動，他對於臺灣關鍵基礎設施的防護能力，還是有一定的信心。

許多網路威脅鎖定臺灣，接連多起事故也喚醒企業重視資安

臺灣資安產業發展在過去十年，受到哪些外在因素影響呢？美國聯邦眾議院議長裴洛西來臺，中國駭客對臺灣發動網路攻擊的事件獲得媒體大幅報導，他表示，這種高度關注和警覺性，使越來越多企業和廠商意識到資安的重要。

臺灣半導體業龍頭台積電曾因資安事件而遭受損失，但隨後與工研院展開合作，積極制定全球半導體供應鏈的資安標準 SEMI E 187，這一標準在 2023 年 1 月成功推廣至整個半導體、面板、印刷電路板等產業，為整個產業鏈的資安保護提供有力保障；同時，供應鏈業者也可購買符合 SEMI E 187 資安標準

> 政府藉由強化「資安能量登錄」和「資安自主產品」認定的推廣和支持，鼓勵更多的企業參與，建立健康的產業資安生態系統。
>
> ——數位發展部數位產業署署長 呂正華

的設備，進一步提升整個供應鏈的資訊安全水準。

資安產業的發展，不僅是企業自身問題，更是系統性問題，呂正華認為，這需要政府提供系統性的支持和指導，政府可從多個面向著手，包括資安產業的發展、產業資安的提升，以及資安人才的培育等方面，制定相應的政策措施，為資安產業的整體健康發展，提供有力的保障。

他同意臺灣資安大會也是好的平臺，可看到廠商投入成果，也讓更多人選擇資安解決方案時，知道臺灣國產方案和國際廠商的不同服務之處，當然，有些臺灣資安業者提供的解決方案，已經滿足某些企業的需求，鼓勵大家選用臺廠方案；某些產業因為需求不同，會選擇選國外原廠解決方案，也同樣有助於臺灣整體資安產業、產業資安的發展。

零信任資安提升資安水準，DIGITAL+鼓勵業者研發創新

資安是個隱匿在數位時代陰影下的關鍵課題，對於臺灣這個高度依賴資訊科技的國家而言，更是必須正視的挑戰。

然而，隨著資安環境的不斷演變和威脅的不斷升級，臺灣資安產業面臨著一系列前所未有的挑戰和考驗。

面對更頻繁的資安攻擊，臺灣必須不斷培養更多的資安公司，資安解決方案更要做到與時俱進。目前推行的零信任資安和軍民通用資安等措施，已經在一定程度上提升了資安水準。

但隨著時間推移，網路威脅的風險不斷演進，特別是對於中小企業而言，投入資安的壓力往往難以承受，更需要政府提供更多資源，以應對日益嚴峻的資安挑戰。

主管機關目前已透過法遵要求關鍵基礎設施業者，例如金融或是醫療等產業都必須設立資安長、資安主管並成立資安專責單位，但是，現在其他更多產業或者中小企業，更在意淨零排放議題，因為他們面對的是：No ESG No Money 的議題。

政府也意識到這個問題，呂正華表示，數位產業署推動的「DIGITAL+ 數位創新補助平臺計畫」，這是針對產業的研發需求，鼓勵軟體資訊服務業者投入創新研發活動，厚植資訊服務業研發能量，進而加速提升產業競爭力。

資安量能登錄與否，成為政府與企業採購選擇廠商重要資格

為了改善產業資安的發展，呂正華指出，政府透過政策引導方式，建立產業資安的生態系統。

改善資安產業需要一點一滴做，政府自 2018 年開放業者申請「資安能量登錄」以來，不重複申請者有 154 家廠商通過；資安自主產品認定自 2019 年開放申請以來，不重複申請者有 68 家廠商通過。「這已經成為企業採購的重要指標，也是供應商展示專業品牌的重要途徑。」呂正華說，這些都可以達到盤點資安量能，並可以成為臺灣資安自主產品的採購資料庫。

他表示，政府採購將通過資安能量登錄列為「廠商招標資格項目」之一，通過能量登錄，已經是廠商能否成為政府採購選商名單中的必要標準項目，例如，臺南市、臺北市工務局及醫藥品查驗中心等計畫案，都有列入資安能量登錄的資格要求；同樣的，也有企業將資安量能登錄與否，視為能否納入企業採購選商清單的資格之一。

而通過資安量能登錄的廠商，可以藉由證書向客戶展示專業能力、品牌價值，並為公司形象加分、豎立品牌專業、達到擴展商機的概念。他認為，政府藉由強化「資安能量登錄」和「資安自主產品」認定的推廣和支持，可以鼓勵更多的企業參與其中，建立健康的產業資安生態系統。

政府提供資安檢測工具，鼓勵產業進行資安檢測服務

另外，為了協助產業掌握資安防護現況，呂正華表示，政府也提供資安檢測

資安大師
ISMS管理系統平台

助攻ISMS認證最佳化流程

BCCS資安大師-結合20年專業資深顧問經驗研發而成，是一套高效且使用方便易上手的資訊安全管理制度輔導工具，符合資通安全管理法及國際資訊安全標準之要求，以電子化、制度化、系統化的機制導入，克服紙本文件管理不易的困擾，讓您輕鬆無痛達到資安管理目標。

功能及優勢

基本設定	文件管理	資產管理	風險評鑑
ISO 27001條款	ISMS四階文件	新增資產	威脅弱點
組織資料管理	組織資料管理	資產價值鑑別	資產批次評鑑
專案人員管理		資產列表	風險評鑑列表
專案範圍管理		資通系統清冊	
專案參數管理			

六大特色

系統操作彈性大
提供類客製、高彈性之操作環境。

實用型文件管理
資訊安全管理制度文件精準對應國際標準條款，且具實用整合條款與文件，提供一致性檢查、快速生成、精準對應、提昇業務效率與合規性。

雲端化彈性服務
針對實際需要彈性配置，不受時空限制更易操作運用。

輔導團隊更到位
支援資安顧問團隊輔導、內部稽核、管理審查、第三方稽核服務。

表單管理更輕鬆
表單管理輕鬆掃描線上控管，更完整、更及時、更正確。

法遵運用更靈活
預留國際標準條文與法規修改空間。

BCCS 漢昕科技股份有限公司
Business Continuity Computing System Inc.

台北 | 02-7752-3458　台南 | 06-330-9929
台中 | 04-3707-9269　高雄 | 07-975-3638

工具，協助受測企業掌握組織內部的資安防護現況，結合端點防禦、滲透測試、強化網路系統架構等業者，組成固定服務團隊，提升整體資安防護力。

他指出，目前推動臺灣重點產業加強投入資安防護資源，也鼓勵採用臺灣資安自主解決方案，迄今提供 241 家臺灣重點產業，進行產業資安檢測服務，促成至少八千萬延伸資安產業商機。

企業資安檢測的項目，則包括：資安風險現況評估、主機系統弱點掃描、資訊設備組太檢測、網路封包側路分析、惡意程式或檔案檢視，以及防火牆連線設定檢視。

為了提升產業資安韌性，政府也支持企業進行紅隊演練，培養主動升級的能力。呂正華指出，目前已經輔導包括日月光、華碩、勝一化工等製造業（占45％），以及富邦 momo、東森得意購、博客來等數位產業（占 55％），共計 23 家的企業進行紅隊演練。

他表示，這些企業透過紅隊演練，可以知道如何強化供應鏈安全、知道如何妥善修補資安漏洞，如果需要資安廠商提供協助時，這一份已經完成資安能量登錄的業者清單，就是可供選擇廠商參考的依據。

推動並落實半導體資安標準 SEMI E187

由台積電協同工研院及產業，共同主導全球半導體資安標準制定，並且輔導產業落實 SEMI E187，呂正華認為，這就是推動產業資安的最佳例證。

SEMI E187 於 2022 年 1 月正式發布，舉辦誓師大會並號召產業支持標準落實，參與業者包括：SEMI 國際半導體產業協會、TEEIA 臺灣電子設備協會、TPSA 臺灣顯示器暨應用產業協會、TSIA 臺灣半導體協會，以及帆宣、志聖、京鼎、均豪、東捷、盟立、泓陽、

凱諾等半導體設備商共襄盛舉；並於 9 月與公協會合辦論壇研討會、提供顧問諮詢服務和補助資源，並建置合規方案體驗區，產出參考實務指引（Reference Practice）。

呂正華說，2023 年最重要的任務就是建立合規案例，推出 SEMI E187 檢核表（Check List）並舉辦工作坊推廣，也會輔導業者生產全球首批符合 SEMI E187 規範的機臺，並協助業者獲得 SEMI E187 合規性驗證（VoC）。

在 2023 年 7 月，SEMI E187 標準在美國舊金山舉行的美國國際半導體展 SEMICON West，榮獲「SEMI 2023

國際標準貢獻獎」；截至目前為止，臺灣也積極在沙崙資安服務基地、臺灣資安大會資安館、SEMICON 資安主題館進行推廣展示。

資安社群朝向產業化發展，大企業更願意投資新創資安業者

呂正華表示，臺灣資安社群成群發展，並有白帽駭客社群產業化的趨勢，包括奧義智慧、杜浦數位安全、戴夫寇爾、關楗、法泥、如梭、池安、博歐、資芯、菱鏡、可立可、互聯安睿、泰瑞

爾等 13 家業者，均來自駭客社群。

另外，他表示，更有許多企業積極投資新創資安公司，例如：詮安科技投資匯智安全、鑒真數位投資區塊科技、趨勢科技投資 TXOne（睿控網安）、新漢科技投資椰棗科技、力旺科技投資熵碼科技、合勤科技投資黑貓資訊、趨勢科技投資 VicOne、中華電信投資中華資安國際、宏碁投資安碁資訊、敦陽科技投資雲智維科技、精誠科技投資智慧資安、中興保全投資保華資安等。

呂正華也說，為了幫臺灣資安業者找到更多國際資安投資挹注，積極輔導新創業者參與國際競賽和募資，例如，德國 DEKRA 集團併購安華聯網、美國 Fintech 獨角獸 Circle 併購博歐科技、奧義智慧和來毅數位科技分別獲得美國以及美國、荷蘭的資金投資，都有助於打入國際市場。

此外，他也說，為了協助臺灣資安業者拓展國際市場，數位產業署會和一些臺灣的資安業者到東南亞舉辦資安日，也會到泰國、馬來西亞等東南亞國家，推廣臺灣的優質資安解決方案，也會跟著當地系統整合商（SI）展開更密切的合作。文⊙黃彥棻、攝影⊙洪政偉

> 政府不僅關注提升資安產業競爭力，也重視提升整個產業鏈的資安水準。這種全面政策部署，為資安政策實施提供有力保障，也為臺灣資安產業發展打下堅實基礎。
> ——數位發展部數位產業署署長 呂正華

企業資安守門員
Acceleration. Protection. Security. Consultant.

Always Online.

Service first 奉為企業核心圭臬

專業工程師中英雙語，7*24即時處理

榮獲原廠亞太區技術卓越獎與年度MVP認證

豐富的雲地整合、混合雲，及跨區域網路整合經驗

Akamai 全臺MSP第一專業服務商
Cloudflare 臺灣唯一官方授證ASDP(技術授權經銷合作夥伴)
hCaptcha 唯一獨家代理 針對詐騙和濫用的領先安全ML平台

世界級雲服務

24/7在線服務

全方位資安防護

CISO團隊

24x7 全方位運營服務 Always Online

Omni 專精網路資訊安全防護，化被動為主動，鞏固企業營運。

Cloud Security、Zero Trust & Application MDR 即時威脅獵捕

員工上網行為管理(零信任解決方案)

無論在何時何地存取資料皆保證一致安全性，有效防範網路釣魚勒索病毒等威脅。

Cloudflare：ZTNA、SWG、DLP、CASB、RBI、Mail Security

網站與應用程式安全防護

保護系統免受不同類型的威脅：抵擋OWASP攻擊、進階零時差漏洞、撞庫攻擊、爬蟲機器人、敏感性資料偵查、惡意程式碼掃描…等。

hCaptcha：最大獨立驗證碼服務
Akamai：App & API Protector、API Security、Edge DNS
Cloudflare：DDoS防護、應用程式防火牆、API 閘道、速率限制、DNS

資安服務方案

Blancco：全球第一大資料抹除軟體，產生即時報表及數位認証。符合國際標準，如 ISO 27001、HIPPA、GDPR、ESG，提供企業內部稽核。

資安檢測服務：協助企業檢測系統程式漏洞，並提供建議修補解決方案。

雲端數位優化

Omni 幫助企業營運卓越、與優化顧客體驗。為企業雲端規劃整體架構，增進時間與人力成本的效率，提升企業投資報酬率。

AWS、GCP、AZURE、阿里雲、騰訊雲、華為雲
Akamai：Edge Compute、Linode

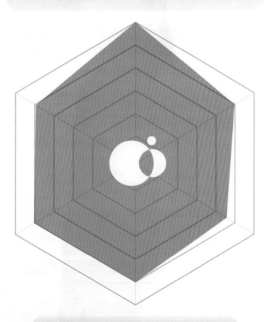

微分段(零信任解決方案)

Akamai：Guardicore、MFA、EAA、SIA

歐米英泰
Omni Intelligent Services

歐米英泰智慧服務股份有限公司　Omni Intelligent Services, Inc.
台北市信義區松德路171號6樓 TEL +886-2-2759-0777
聯繫歐米 service@omnibvi.com

造訪歐米　

關注歐米

何全德

資通安全研究院
院長

資安產業具備輕資產、高價值特性，吸引年輕人投入創業

臺灣資安先在制度化和法制化突破，之後成立資安處與資安院，協助政府處理資安事件，以及培養資安人才等任務，並且加強對資安意識的普及和培訓

臺灣的資安產業曾是一個小眾市場的角落，然而過去十年它經歷翻天覆地的變化，由被忽視的領域轉變為備受政府、企業關注的關鍵產業。

這種變革背後，國家資通安全研究院院長何全德認為，「資安即國安」戰略推動，為臺灣資安產業的蓬勃發展奠定基礎；而《資安法》實施也帶動了企業對資安的重視，使得資安成為企業營運中不可或缺的一環；監管機關對於資安標準的要求，迫使企業不得不投入更多資源和精力，以便提升資安水準，從而拉動市場需求。這是一系列外在因素的綜合作用，從政策、需求到技術發展，無不影響著資安產業的興盛。

資安產業的蓬勃發展，不僅是政策的推動，更是來自於實際的需求。何全德表示，供應鏈的要求，企業曾遭受駭客入侵的教訓，以及數位轉型和淨零轉型的推動，都成為了資安市場增長的推動力。此外，在 COVID-19 爆發後，數位轉型的加速使得更多人開始使用網路和科技工具，進一步推動資安需求。

過去，資安被視為被動的防禦性工作，但如今它已成為企業營運的標準配備。許多企業都意識到：無論面對駭客攻擊，或遵守主管機關提出來的法遵要求，良好的資安措施都不可或缺。

展望未來十年，何全德對臺灣資安產業抱持著樂觀的態度。他指出，數位轉型的加速和全球淨零轉型的推動，都將進一步擴大資安產業的市場空間；另外，像是安碁資訊、中華資安等公司的上市櫃計畫以及軟體公司的崛起，更加顯示了資安產業的潛力。

臺灣資安產業的崛起，不僅是一個產業的蓬勃發展，更是新型態的數位經濟的象徵。他表示，資安產業具有輕資產和高價值的特性，將為年輕人帶來更多的就業機會，同時，也將促進財富的重新分配，將為臺灣的經濟發展帶來新的動力，也將為全球的數位化進程注入更多的活力。

臺灣電子化政府為臺灣資安發展奠定基礎

在臺灣電子化政府的發展歷程中，資訊安全政策的推動扮演了至關重要的角色。何全德在公務部門服務超過四十年，作為臺灣電子化政府發展的幕後推手之一的他表示，從電子化政府的元年到資安政策的推動，臺灣資安政策是如何演進的呢？

1996 年被譽為臺灣電子化政府的元年。當時舉辦的「網路世界博覽會 Expo96」，標誌著政府正式將網路引進到其運作，他說：「儘管當時的網站只是靜態的，僅提供簡單的資訊服務，但就是這一步，真正奠定了臺灣電子化政府的基礎。」

在陳水扁總統任期中，資安政策開始受到重視，在其第一個任期內便成立跨部會協調的行政院資通安全會報，並建立資通安全會報技術服務中心。何全德表示，這樣的組織和作為，也讓政府各部門之間有了真正跨部門合作的機會，進而提升電子化政府的資安意識。

資安政策的法制化是推動資訊安全的重要一環，他指出，當時政府積極推動《電子簽章法》，並引進國際標準，例如英國資安標準 BS7799，這些舉措為臺灣政府資安工作的推動，提供參考依據及鞏固臺灣資安政策的基礎，使其得以正式化和法制化。

除了法制化，資安意識的普及和資安人才的培訓，也是推動資安政策的重要步驟。政府積極推動資安意識的普及化，並且投入資安專業人才的培養——最早是成立資安會報技術服務中心，之後才將技服中心改成行政法人，於 2023 年元月正式成立資安院。

面對日益複雜的資安威脅，他表示，政府開始建立資安事件應變機制，各機關開始設立通報應變聯絡人，並建立政府全體系通報應變機制，政府也將進一步推動資安意識的普及，鞏固全社會對資安工作的支持和參與。

此外，政府開始定期進行兩年實施一次的資安國際演練（Cyber Offensive and Defensive Exercise，CODE），藉此檢驗各機關及關鍵基礎設施的資安應變能力，並提高資安整體防禦水準。

臺灣資安政策成形，最早在 2001 年成立資安會報

網路科技的快速發展帶來了人類文

明進步,也衍生一系列負面問題例如網路成癮和網路犯罪。在這樣的背景下,政府的資安政策與法制逐步成熟。

何全德表示,經歷陳水扁總統、馬英九總統到蔡英文總統等三位總統、共六個總統任期,不同政府的時期,資安政策也經歷演變與調整,資訊安全已經成為政府與社會普遍關注的共同議題。

1996年,臺灣開始踏上電子化政府的道路,政府開始意識到資訊安全的重要性。然而,當時的資安工作,主要偏重於宣導保護資料和電子郵件安全,對於資安風險的認識還不深刻,主要仍是透過行政指導的方式推動資安工作。

當政府逐漸意識到需要跨部會協調、推動資安工作時,在2001年,陳水扁政府時期,率先成立行政院國家資通安全會報,專門負責協調各部門間的資安工作。這樣的行動,也彰顯出臺灣資安政策的發展,已從早期單純的宣導,往制度化和法制化邁出最重要一步。

2016年蔡英文總統上任後,提出了「資安即國安1.0」戰略,並於同年八月成立了行政院資安處,負責草擬《資安法》,於2019年元旦正式實施。

他解釋,《資安法》的制定是臺灣資安政策發展的里程碑,該法規定各級機關應該配置的資安專責人員數量,並訂定《資通安全責任等級分級辦法》,明確列出各級機關的資安責任等級,還律定了各機關的防護水準,從根本上提高國家的資安防禦能力。

政府不僅強調了法制基礎,還積極投入資安相關建設。何全德表示,在國科會主委吳政忠的支持下,政府在科技預算內撥出25億資安專案經費,開始建立資安監控中心(SOC)和資安情資分享中心(ISAC)等。

在蔡英文總統任內,資安更是被視為重要議題,她推動了「資安即國安」1.0和2.0的國家戰略,從積極成立行政院

資安處,強調資安在國家安全中的重要性;也接著成立資安院,接手執行資安政策、協助政府處理資安事件,以及培養資安人才等任務。

在蔡英文政府時期,臺灣的資安政策雖然取得重大進展,但仍面臨著新的挑戰和問題,政府仍將繼續加強法制建設和執行力度,提高資安防禦能力。

面對未來,他說,政府除了繼續加強法制建設和執行力度,提高資安防禦能力。同時,政府還將加強對資安意識的普及和培訓,積極培養更多的資安專業人才,同時推動資安即國安戰略。

即將於今年五月二十日就職第十六任總統的賴清德,也提出「五打七安」政策,即打擊「黑、金、槍、毒、詐」,也將治安、食安、道安、公安、校安、居安,以及網路資通安全這七項,列為重要的安全工作,可以看出,資安也將是未來賴清德總統重要政見之一。

要求上市櫃公司設立資安長,是資安發展重要里程碑

在臺灣,隨著國家資安戰略的制定成立資安組織,並制定《資安法》相關法規,包括公務機關及特定非公務機關,就有法規遵循義務,例如規定A級機關要做滲透測試、成立SOC(資安監控中心)等,相關的資安需求就會帶動

資安市場的發展,也會逐漸演變成資安市場的商機。

現任國安會秘書長顧立雄在金管會主委任內,配合國家政策推動金融機構的資安,後續也有金融資安行動方案1.0、2.0陸續推出,對於金融資安的作為提出很明確的規範。

何全德認為,金管會要求上市櫃公司分級、分年成立資安專責單位、設立資

> 數位轉型的加速和全球淨零轉型的推動,都將進一步擴大資安產業的市場空間。
> —— 資通安全研究院院長 何全德

安部門主管,尤其是設立副總等級資安長的要求,更是臺灣產業資安的重要里程碑,「這也讓資安長暨資訊長後,成為企業營運時重要的主管。」他說。

何全德表示,資安院成立就是為了支持和協助政府及關鍵基礎設施(CI),做好資安防護、人才培訓,以及產業資安相關的技術研發,幫國家培養各式的資安人才。

資安院出面訂定適用臺灣的「資安職能基準」

過去,美國曾發布NICE網路安全人才框架,定義7大類別、33個專業領域,以及52個工作角色;到了2022年10月,歐盟網路安全局(ENISA)亦發布ECSF網路人才技能框架,定義出資安團隊12種角色,為資安人才的分類和培養提供了重要參考。

他認為,這些框架定義不同類型的資

中華資安國際
CHT Security

Empower Your Security

資安專業服務
紅隊演練、SOC監控、IoT/OT檢測、滲透測試、MDR威脅偵測應變服務

上網資安防護
新世代防火牆、入侵防護、DDoS防護、HiNet WAF、防駭守門員等

自主研發產品
SecuTex 先進資安威脅防禦系統、弱點管理、資安攻防、ISAC等平台

身分識別產品
CypherCom 端對端加密通訊系統、Secure Element 硬體安全元件等

資安顧問諮詢
ISMS/PIMS 導入、資訊安全評估、PKI建置規劃、資安架構規劃等

整體解決方案
資訊安全、網路架構、軟硬體整體解決方案規劃及建置

www.chtsecurity.com

SERVICE@CHTSECURITY.COM 02-2343-1628 | 04-2369-2214 | 07-262-6260

安角色和相應的技能要求，為資安人才的培養和評估提供了標準和依據。

何全德表示，資安院在這樣的背景下，由資安院人培中心出面，參考美國NICE和歐盟ECSF的框架，建立通用於臺灣的「資安職能基準」，並將臺灣資安人才依不同職能類別和專業領域，

> 未來的資安不僅是技術防禦，更應該注重資料保護和系統架構的安全性，零信任則是更加安全和靈活的架構，可以有效地保護系統和資料。
>
> —— 資通安全研究院院長 何全德

分為19種，也會定義相應的知識、技術和能力（KSAs）；進一步而言，根據這套基準可制定相應的課綱、教材和測驗，以培養評估資安人才的能力。

「資安人才的培養，是保障國家和企業資訊安全的重要保障。」何全德說，而人才培養工作是資安院的重要職能之一，通過制定和推廣資安職能基準，資安院可透過更理想的方式，對資安人才進行培養和評估，確保其具備所需的專業知識和技能，提高資安人才整體水準。目前資安院先推出資安長班，以及資安事件工程師班，在這種職能訓練之

外，未來還會辦理高階實戰班人才；因為資安要分不同產業領域，必須做適地化，且根據不同產業做不同教材。

他認為，資安院作為支持和協助政府和關鍵基礎設施（CI）的資安工作的單位，可以扮演數位強力膠的關鍵角色，透過幫助企業和組織更精確了解自身資安需求，從而更好地配置資源，提高資安整體水準，也能更精確地表述企業與組織本身培養哪些人才，以及自己需要哪類人才，讓需求更精確。

何全德也觀察到，這個數位時代的資安需求持續攀升，也催生出許多資安新創公司，他們不僅提供純粹的資安服務，還讓一些傳統SI（系統整合商）開始跨足資安業務，這也促使資安產業化的發展趨勢。

作為資安風險較高的金融業，對資安解決方案的需求更是持續增加，何全德表示，金融機構積極尋求更有效的資安保護方案，應對不斷變化的威脅和攻擊，不只為資安技術創新和應用提供巨大商機，也成為資安市場發展一大驅動力。

然而，資安不僅是個行業，它還需要不同領域之間的合作和交流，例如，金融業與資安公司的合作、政府與企業的合作等，這種跨領域的合作促進了資安市場的健康發展。在這樣的趨勢下，我們可預見資安市場將會繼續成長，為各行業帶來更多機遇和挑戰。

從技術、管理和教育面落實，確保人員、系統和資料安全

資訊安全一直是臺灣數位化發展的關鍵，何全德表示，面對技術持續變化、資料持續增加，可以從兩個三角形來思考資安的因應策略。

第一個三角形，是強調技術、管理和教育訓練在資安工作的重要性。他指出，透過資安技術的自主研發，加上落實資安政策的管理、稽核與執行，並且藉由教育訓練的方式，把重視資安的全民資安意識，深植每個人的腦中。

「資安院還有一個重要任務，就是要提升全民資安意識，」何全德認為，政府和企業要開展相對應的資安宣傳活動和教育訓練外，也必須提高終端使用者（End User）對資安的重視程度。

第二個三角形，是從人員、系統、資料這三個面向來看。何全德認為，人員就涉及兩個重要議題：人員安全和人才儲備；其次是系統保護，最後是資料保護。何全德說，這是具有戰略思考的保護策略，需從多個層面確保資訊安全，因為未來的資安不僅是技術防禦，更應注重資料保護和系統架構的安全性，ZTA（零信任架構）是更加安全和靈活的架構，可以有效保護系統和資料。

他也提醒法律的重要性，法律應該與時俱進，以應對不斷變化的資安挑戰。何全德表示，政府可以通過法規和採購政策，提高企業和組織的資安意識和能力，從而全面提升國家資安水準。

面對未來，「應該要持續關注AI在資安領域的應用」他表示，AI發展為資安領域帶來新的機遇和挑戰，例如，AI在漏洞掃描、攻防演練的應用，都可以藉此提高資安防禦效率和能力。

他也強調韌性（Resilience）的重要性，因為韌性已經是資安領域的重要趨勢，不僅要做到資安事件的溯源，連資安防禦也必須做到向左移動到開發端等，才能應對日益複雜的資安威脅。

因為資安是全球性的問題，他認為，臺灣需要加強國際合作和交流，共同應對跨國的資安威脅，保障全球資訊安全的同時，也就是保障臺灣的網路安全。

文⊙黃彥棻、攝影⊙洪政偉

NEITHNET

關鍵在地情資
化解遲駭危機

ACCELERATE YOUR INSIGHT

掌握精準在地情資
助企業主動遏制異常行為
避免遭受零時差攻擊

NEITHInsight
威脅情資資料庫

NEITHViewer
內網惡意威脅鑑識

NEITHSeeker
端點惡意威脅鑑識

NEITHDNS
上網行為管理

NEITHLink
企業安全上網加速器

騰 曜 網 路 科 技

產品洽詢 info@neithnet.com | 04-2327-0003

吳宗成

臺灣科技大學
資管系特聘教授

學校教育至少要能培養出資安人手，期許成為博派資安人

資安人才培養分成人手、人才和人物，當學校畢業後可以成為具有一定知識水準、
理解特定事物的「人手」，擁有扎實基本功，也懂得廣泛閱讀學習

熱，以免阻礙未來的發展。

吳宗成強調，資安人才培育的重要性。他認為，成為優秀的資安人才，需具備跨領域專業能力，而且，資安教育應從基礎知識到進階能力全面覆蓋。

此外，他還提到應該要提升全民資安意識，因為目前許多資安政策制定者，和年輕世代的數位原住民之間有著極大的數位落差，更呼籲，應該將資安教育納入學校課程和社會培訓，從根本上提升全民的資安意識。

推動全民資安教育，因為資安問題就是所有人的問題

資安問題已經成為全球性問題，而政府在制定相應政策時往往會面臨著諸多挑戰。在政策制定方面，吳宗成舉例指出，為了做到民眾有感，政府往往更關注鋪橋造路等基礎建設，至於如何解決資安問題，往往因為沒選票而忽視。

此外，政府在面對資安問題時，往往會與產業、社會之間存在認知落差，這對於資安政策的制定和執行而言，都會帶來一定的困難。

隨著科技的發展，像是線上付款、行動支付等新型支付方式，正逐漸成為趨勢。然而，吳宗成更看重這些新技術所帶來的資安風險，他也說，對於將最新科技應用內化的數位原住民而言，這些風險無法避免。他強調，政策制定者和數位原住民的數位落差，可能會導致嚴重資安問題的數位應用或服務，因此，需要更多努力來推動全民資安教育。

資安教育需要從早期開始，吳宗成表示，可以從寫程式的方式去了解系統、教導如何辨識資安威脅，以及如何避免資安風險。然而，他認為，現在的資安問題早已不僅是技術問題，更是涉及整個社會的安全問題，使資安意識融入生活的方方面面變得尤為重要。

吳宗成指出，政府在推動資安方面仍然面臨著許多挑戰，與其他領域不同，資安問題涉及的，不僅是技術層面，還包括社會、政治、經濟等多個方面。因此，他說，政府需要更加注重全方位的資安管理，包括加強法規制定、推動資安教育、提升監管力度等。

面對資安問題的嚴峻挑戰，吳宗成主張推動全民資安意識的建立。他強調，資安不只是高階專家的事情，而是每個人都應該關注的重要問題。因此，政府應該積極推動資安教育和培訓，提高全民對資安問題的認識和理解。

人才培育三階段，從人手、人才到人物

在資安領域，人才培育一直很重要。吳宗成從三十多年對資安研究和資安人才培育經驗，將人才發展分三階段，資安人手、資安人才，以及資安人物。

他認為，資安人才培育應從基礎的「人手」培養開始，逐步提升到「人才」和「人物」層次。然而在這過程中，資安領域確實存在人手、人才、人物之間的斷層，這也成為值得關注的問題。

吳宗成對人手、人才、人物的區分，提出了明確定義。他說，「人手」是指具有一定知識水準，可以理解特定事物的人；「人才」則是有能力應用特定事物的人；而「人物」則是具有聲望，被他人認為是某種領域的專家。在資安領域中，這三個層次之間存在著明顯的差距，尤其是在人才和人物方面的培養上，更多都是當事人自學努力、不斷專精研究的成果才有的榮耀。

吳宗成進一步解釋，基本的「人手」通常可以根據他人的指示行動，缺乏主動性和獨立思考能力，他期待學生畢業後，至少能扮演好人手的角色。

進階的「人才」具有一定的主動性和

資訊安全在當今社會日益受到重視，成為眾多產業和政府機構關注的焦點之一。然而，資安的發展過程中也面臨著各種挑戰，而這些挑戰往往不只是技術，更牽涉到人、政策和社會等多個層面。臺灣科技大學資訊管理系特聘教授吳宗成對於資安領域的發展和挑戰有著深刻的見解，他指出，資安產業的發展需要適當的熱度，但又不能過

獨立思考能力，能夠在一定程度上主導自己的行動；最高階的「人物」具有影響力和領導能力，能夠引領他人一起思考和行動。

他坦言，目前資安領域大多數的培育工作，其實多集中在人手的培養，而人才和人物的培育相對較為缺乏。儘管有許多人加入了資安領域，但真正具備能力且具有影響力的資安專家仍然稀少。這種培育斷層，使得資安領域在人才的供應，面臨嚴峻的挑戰。

韓國最著名的 Best of the Best（BoB）資安菁英人才培育計畫，每年培訓一、二百名全國頂尖的資安人才，並將他們推薦到各個產業和不同領域工作。

吳宗成表示，臺灣已經參考 BoB 推出 AIS3 的資安菁英人才培育計畫，但資安需要培養各種不同層次的人才，不只是菁英級別的專家。

因此，產業對資安人才的需求，也應該將納入培訓計畫，以培養更多的資安人才和人物。他認為，這類計畫式的資安人才培養，除了能夠解決資安人才短缺的問題，還能夠促進更多優秀人才在培訓過程中嶄露頭角。因此，將產業需求納入資安培訓計畫的做法，有助於培養更多具備跨領域專業能力的人才，進而推動整個資安領域的發展。

對於資安人才的培育，吳宗成認為，除了學校教育，還可以透過在校、在職和社群等多種途徑，培育不同層次的資安人才，但是，這些都是需要長期的投入和努力，才能夠取得實質成效。

扎實的學養是跨域人才基本功

在資安領域，具備產業專業的資安人才的培養一直是重要課題。吳宗成認為，成為優秀資安人才需具備跨領域的專業能力，扎實的學養基礎很重要。

他指出，資安領域的基礎能力包括電資、資管和數學等基礎科學能力，也必須懂線性代數、離散數學、統計學等計量數學，其他像是基本的程式語言、程式設計、資料結構、演算法、作業系統、計算機結構、網路系統、資料庫系統等，都是基本知識能力。

他也提到資安圈的進階能力，包括密碼學、破密分析、大數據分析、人工智慧、機器學習等理論創新能力；系統安全（軟硬體）、網路安全、資料庫安全、雲端計算、行動運用、數位鑑識等工程研發能力；甚至包括關鍵基礎設施、電子商務、金融支付、電子治理、隱私保護、智財保護等應用及管理能力。

> 資安不只是高階專家的事情，而是每個人都應該關注的重要問題。因此，政府應該積極推動資安教育和培訓，提高全民對資安問題的認識和理解。
> ——臺灣科技大學資管系特聘教授 吳宗成

因相關能力與人才培養不易，他感嘆臺灣面臨嚴重資安人才斷層與短缺。

資訊安全不僅是技術性問題，更是關乎國家安全的嚴肅議題。因為資安的重要性在於，不僅涉及企業的正常運作，還直接影響個人的生活。這種跨越企業和個人層面的影響，使得資安的重要性不言而喻。

培養跨域資安人才挑戰大

吳宗成坦言，在資安人才培育方面，我們面臨著一系列挑戰。首先，跨領域的專業能力要求高，他說，從資安管理、資安技術到資安法律，跨域人才培育需要學生具備廣泛的知識和技能，這也對教育機構提出了更高的要求。

其次，教育機構和企業需要投入大量的時間和精力進行培訓和引導，只不過，這樣的培訓工作是長期的耕耘過程，往往難以量化成具體的成效，並且缺乏即時的績效評估標準，使得資安人才培育更加困難。

第三，政治因素的影響也不可忽視。例如，馬英九政府時期的服貿協議都對資安人才培育帶來一定的影響。而且，政府對於培育資安人才的政策，同樣對資安人才培育產生影響，因此，政策制定者需更加重視資安人才的培育。

例如，臺灣資安人才培育計畫已經推行多年，並且得到政府相關部門的大力支持，像是針對資安菁英人才提出的「AIS3 新型態資安暑期課程」即為一例，不僅獲得教育部及其他部門提供相應的資源支持，連帶許多往下延伸到高中生的培訓課程，都讓資安人才培訓可以繼續往下扎根。

第四，現行的資安課程主要局限在研究所層次，而吳宗成說，這對於大學生來說，資安相關的課程選擇相對較少。因此，我們需要加強對大學生的資安教育，提供更多選修課程和實踐機會。

他認為，為了讓大學生畢業後都能具備資工、資管和資安的基本能力，不一

HCLSoftware

驅動「數位+」經濟

透過大規模且快速交付的革命性技術,
助力全球客戶成功轉型數位化+

26億+	1億	150萬行	3000萬美元	26000名
人每天都受益於我們的解決方案	個端點每天保護	程式碼每個小時掃描	新的自助式入口網站可以節省	員工為新的數位化工作場域提供支援

HCL軟體是HCL科技公司(HCL Tech)旗下的軟體業務部門,主要從事四大關鍵領域(數位化轉型、資料與分析、人工智慧與智慧自動化以及企業安全)解決方案的開發、行銷、銷售與技術支援,驅動數位+經濟。HCL軟體透過對產品的不懈創新,為超過20,000個組織(其中包括《財富》100強中的大多數與近一半的《財富》500強企業)提供服務,助力客戶獲得成功。

專業領域

我們提供的軟體為全球客戶實現轉型並滿足其未來需求

人工智慧和智慧自動化

實現人工智慧人性化並解決現實世界中的問題是業務成長的關鍵。人工智慧將有助於從每個企業的DNA層面推動智慧化決策。

資料和分析

用資料推動雄心勃勃的智慧化組織。我們保證飛機在空中翱翔,貨物供應源源不斷,每天處理數十億筆交易。

數位化轉型

我們用技術推動你的「數位+」經濟旅程,為你的客戶、員工和利益相關者實現體驗轉型。

企業安全

確保從應用程式到端點的安全性。在攻擊之前、攻擊期間和攻擊之後進行弱點偵測、緩解和補救。

雲端產品與服務

我們協助客戶基於數位化轉型實現全面雲端服務,並透過不懈的創新推動客戶成功。

定要獨立開設資安系，但針對現在的資工或是資管科系的學生，至少都要設立資安組，而且，不分組別的學生也都要修習資安的基本課程。

至於修課過程，應以三（基本）、三（核心）、四（興趣）的比例做課程選修的分配，他說，至少都要讓畢業的學生都懂得軟工、網路、資料庫、系統分析、資料結構、演算法和資安等基本能力，「這些課程都是讓學生大學畢業後，想到系統整合商（SI）工作要具備

入研究的領域，導致年輕老師比較難成為領域的專家，更難引領學術風潮。

吳宗成表示，因為資安人才培育是複雜而艱巨的任務，需要政府、教育機構和企業等共同努力、持續改革，才有辦法培養更多人才、保障國家資安。

期許能成為一個博派資安人

吳宗成在資安領域深耕超過三十年，他從 1976 年念碩士班開始接觸資安領域，對領域的學習迄今仍堅持不懈。回

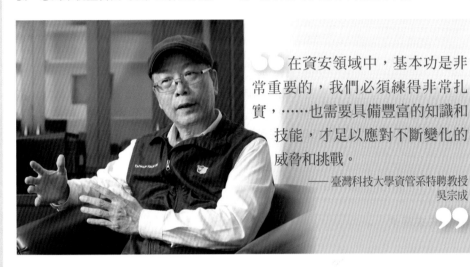

在資安領域中，基本功是非常重要的，我們必須練得非常扎實，……也需要具備豐富的知識和技能，才足以應對不斷變化的威脅和挑戰。

── 臺灣科技大學資管系特聘教授
吳宗成

例，每天擔水掃地，練成最上乘內功，才能教張君寶（張三豐）學會以柔克剛、創立太極。他說：「資安領域最怕的就是半瓶水、響叮噹的人。」

他認為，面對充滿挑戰的領域中，身為資安專家，也需要具備豐富的知識和技能，才足以應對不斷變化的威脅和挑戰，因此，廣泛閱讀也是必不可少。因為資安涉及多個領域，包括人工智慧、軟硬體、天文地理等各個領域，他說「只有不斷地學習和閱讀，才能夠跟上資安領域的最新發展。」

吳宗成很喜歡用「變形金剛」來比喻，他說資安人就要像博派機器人，不能只活在自己的世界，要懂人民生活感受並能提出對策，不能只懂學理、固守自己觀點、活在象牙塔。

他說，博派資安人就像變形金剛，可從「生成式」去變化，要博學多聞、活在人的世界中、懂得人民感受，並且要能夠提出對策，他期許每一個資安人，都能成為「博派資安人」。

的基本能力。」他說。

第五，在人才培育方面，老師扮演重要的角色，吳宗成說，現在的他更希望能夠扮演學生的「人生導師」，不只有專業領域的知識技能，而是攸關未來人生的發展方向應該怎麼走會更好。

因此，他現在收的學生也比以往少，要提供學生足夠的資源，也必須有更多時間了解學生、有更多溝通機會，他才能夠扮演好人生導師的角色。

此外，吳宗成也觀察到，因為教育部對於教師升等有一定的規範路徑，年輕的學者除了花時間在準備教學，也需要花費很多時間在教師升等。

他認為，這些教師升等壓力，也使得很多年輕的老師無法發揮創造力，也無法將心力放在某些特定、值得鑽研和深

憶當初學密碼學的時候，發現自己對數學理解不夠深入，但數學對於密碼學又非常，便痛下苦功，務求徹底讀懂。

其次，資訊領域的必修課程也是必不可少的，例如資料結構、演算法等，這些都是必須掌握的基本知識，甚至會去讀相關論文，不會因為只想知道答案而走捷徑。像是密碼學中的微積分是非常重要的學科，對於明文、密文的解密，如果懂得向量、懂得代數，就會覺得解密相對簡單。

在資安領域中，基本功非常重要，就像武術一樣，基本功不扎實，就無法應對複雜情況。因此，我們必須將基本功練得非常扎實，以應對各種挑戰。

吳宗成以金庸小說《倚天屠龍記》出現的少林寺藏經閣掃地僧覺遠和尚為

除了專業知識，溝通能力也是資安人必備能力之一。吳宗成表示，身為資安人要學習溝通，知道怎麼做到「下情上達、上情下達」，也須懂得「說人話」，就是不要講太多術語、不能只有同儕聽得懂，必須做到普遍溝通才行。

此外，金管會規定上市櫃公司要設資安長，公司資安治理要有高階主管層級，所以資安長也要懂得營運，也必須懂得簡報技巧。吳宗成認為，資安要和不同領域的人合作，若能具備良好的溝通能力，可幫助資安人更好地與他人合作，解決問題，具備良好的情商（EQ）也能更好理解和處理人際關係，才能有好的 CQ（溝通品質），對於團隊的合作和工作效率的提升，都有很大幫助。

文⊙黃彥棻、攝影⊙iThome

六大演練面向，持續驗證並提升藍隊核心能力

針對易遭受入侵的源頭演練，評估人員、技術、流程的防護強度

對外服務防護演練　　電子郵件防護演練　　端點防護演練

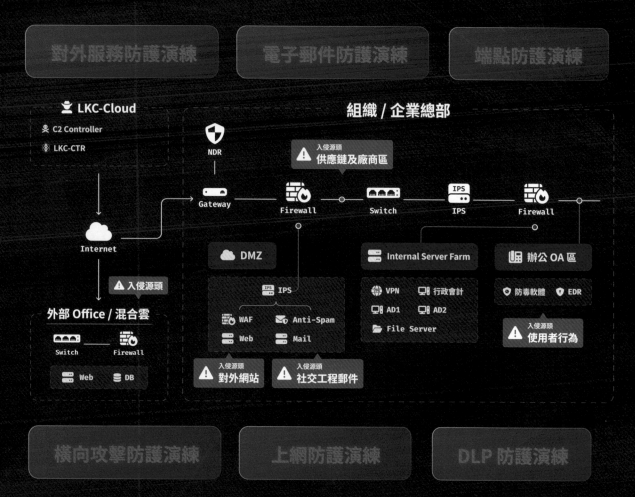

橫向攻擊防護演練　　上網防護演練　　DLP 防護演練

傳統解決方案無法企及的彈性

從 30 到 300 萬，從資安設備評估到整體資安演練，LKC ArgusHack 都能提供適合的解決方案

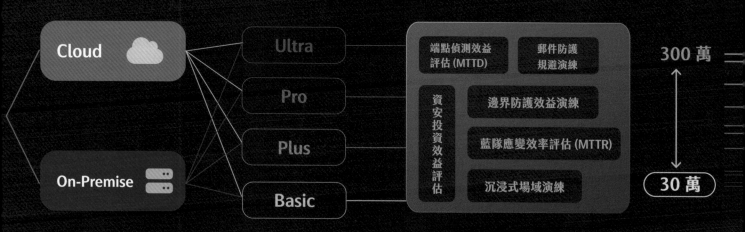

幾乎每年在政府機關、上市櫃公司或關鍵基礎設施等領域，都會發生重大資安事件，帶來財務損失、商譽損失、喪失客戶信任度、損害民眾隱私甚至危害國安等負面影響。例如：2016年7月第一銀行ATM遭盜領八千萬元，2023年2月和泰 iRent 發生 40 萬會員資料外洩，今年2月，中華電信與國安國防機關出現合約文件外洩。

第一金控副總經理兼資安長劉培文表示，相關的受駭單位都需要花費大量資源，去修復因為發生資安事件所帶來的後果，媒體廣泛報導而引發社會大眾的關注，也迫使企業必須正視資安的議題和風險。

今年初，臺灣證券交易所修訂重大訊息問答集，明確規範資安事件的「重大性」標準為：「當公司核心資通系統遭入侵以致無法提供服務，即必須重訊揭露。」面對近期政府透過修正相關法令，強化上市櫃公司一旦發生重大資安事件時，都應該即時發布重訊，他說：「倘若企業遭到的資安損失，達到股本的 30％ 或是新臺幣 3 億元以上時，就應該立即召開重訊記者會。」

不過，只用資安事件重大與否驅動企業對於資安的重視，其實是不夠的，劉培文認為，更關鍵的部分在於，企業的資安文化是否已經有所改變？是否可做到平時就從小處著眼、防微杜漸？

「企業的流程與資源決定了企業能做什麼，文化與價值觀則決定了企業不做什麼。」劉培文指出，只有從上到下、真正重視資安的企業，因為已有正確的文化與價值觀，才能夠看到輕微的事件與徵兆出現，或看到外部發生的資安事件後，便能夠在既有的流程與資源下，檢討事件背後的根因，甚至願意投資額外的資源、新的流程等，適度及早因應減降資安風險，形成良性循環以避免未來爆發重大事件。

有人說，資安在企業組織扮演的角色就像賽車的煞車，但劉培文認為，如果資安人願意擴大視野、綜觀全局，那麼，資安人可以扮演的就不只是煞車的角色而已，而是在拉力賽車中，坐在副駕駛座的導航員。

他進一步解釋，這個導航員在發展資訊安全策略和措施時，要觀察內外情勢、綜合考慮業務需求、用戶體驗和風險管理的因素，同時，還要適時地出聲提醒，以及有效溝通協調，確保資安措施不會阻礙業務的發展和創新，才能幫企業創造更大價值。

從 5S 來評估資安的進展與產業滲透率

資安認知是企業是否願意推動資安的重要關鍵，劉培文套用創新擴散理論來看，他相信認同資安重要性與價值的機關與企業，已經從 16％ 對技術有狂熱的創新者（Innovators），以及較有

第一金控副總經理
兼資安長

劉培文

企業重視資安的文化，不能只靠資安事件來驅動

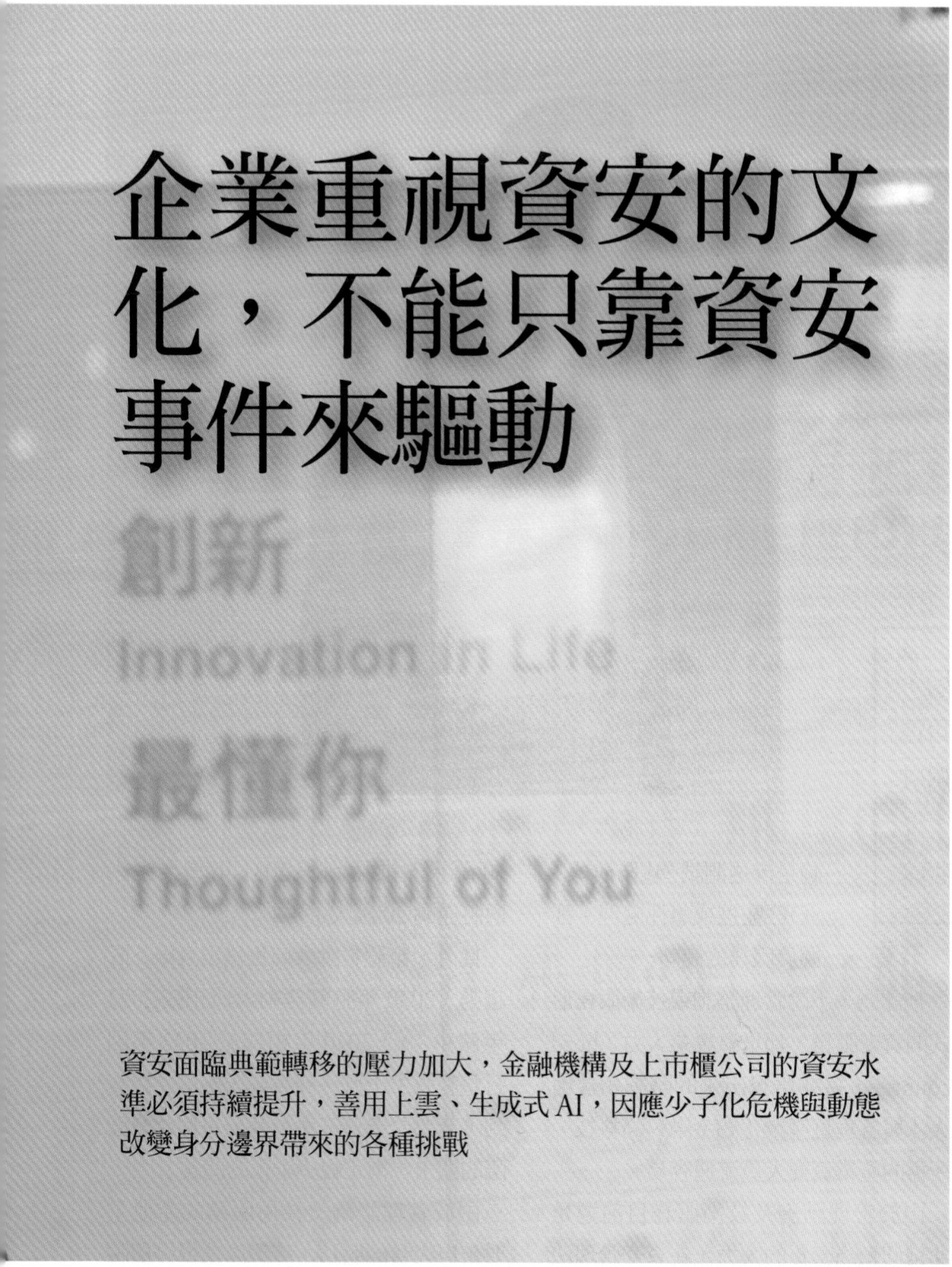

創新
Innovation in Life

最懂你
Thoughtful of You

資安面臨典範轉移的壓力加大，金融機構及上市櫃公司的資安水準必須持續提升，善用上雲、生成式 AI，因應少子化危機與動態改變身分邊界帶來的各種挑戰

派副總以上或職責相當之人兼任資訊安全長，並設置資安專責單位與主管。

2021 年 12 月，再針對上市櫃公司依資本額、業別及營收狀況區分為三級，以這樣的分級與分年推動方式，要求設立資安長、資安專責單位或資安專責人員。這樣的政策制定與推動創造了資安的需求，進而帶動資安的供給，讓資安人才與產業大幅成長，進而促成金融機構及上市櫃公司的資安水準提升。

前述例子可看到，透過每年滾動修改政策（Speed），逐步擴大政策適用的範疇（Scope）與規模（Scale），就能帶動實質與深度（Substantial）變革。

他也提及，金融資安行動方案 2.0 的精進的性質包括擴大適用、落實深化及鼓勵前瞻，例如金管會 2023 年擴大開放金融業上雲，就要求因應數位轉型及網路服務開放，增修訂自律規範，深化核心資料保全及營運持續演練，並鼓勵零信任網路部署，這些都是所謂的資安典範轉移（Shift of Paradigm）。

他說「這個時代唯一不變的就是時代一直在變，」業務與資訊的典範勢必不斷遷移，資安自然無法置身事外。

資安產業發展難逃少子化衝擊，需正視雲端布局的重要性

資安產業蓬勃發展有三大核心驅動力，劉培文指出，第一是全球地緣政治局勢變化和不穩定性，特別是中國崛起影響力擴大，伴隨中美貿易戰加劇。

其次，社會對於個人隱私權和數據保護意識的提高，人們對於個資與隱私侵犯的擔憂日增，各國政府對於數據隱私和資訊安全的法規和合規要求，也越來越嚴格。

第三，因為我們現在身處在第四次工業革命時代，數位技術、物聯網、人工智慧、基因工程等新興技術應用蓬勃發

遠見的早期採用者（Early Adaptors）的這群人，跨越創新鴻溝（Chasm），大舉向占比為 84% 的主流市場滲透。

所以，不論企業或政府如何推動資安，劉培文表示，重點在於如何運用 5S 來評估資安的進展，這 5S 包括：範疇（Scope）、規模（Scale）、速度（Speed）、深度（Substantial），以及典範轉移（Shift of Paradigm）。

他進一步說明，就是在每個不同產業範疇，都能做到讓資安滲透到每個業務線，並且每個業務線都能規模化，讓所有服務、產品及流程的整個生命週期，都能適時考慮資安，將有深度具實質影響力的資安控制措施設計在其中。

劉培文以自己身處的金融業為例，2020 年 8 月金管會推出金融資安行動方案 1.0，以鼓勵的方式，推動一定規模金融機構及純網銀率先設置資安長；隔了一年，也就是 2021 年 9 月，修改金控及銀行內稽內控實施辦法，當中的第 38-1 條，就明確要求銀行必須要指

> 如果資安人願意擴大視野、綜觀全局，資安人可以扮演的就不只是煞車的角色而已，而是在拉力賽車中，坐在副駕駛座的導航員。
>
> —— 第一金控副總經理兼資安長 劉培文

展，這很自然伴隨而來網路犯罪，以及駭客攻擊的猖獗。

臺灣資安產業不脫這三種驅動力形成的框架，但他坦言，來自中國的網路攻擊又比其他國家有過之而無不及，也是臺灣資安產業發展最關鍵的驅動力。因為面臨對岸長期持續攻擊，也讓臺灣在資安人才養成與培育有很大進步，而有這樣大量的防護需求及專業人才供給，自然也就催生資安產業的發展。

至於資安產業發展的挑戰，可將資安產業再細分，因為服務或產品形式不同，所需要的推動策略就不同。劉培文把資安產業概分為三類：管理諮詢、技術服務、軟體方案。

管理諮詢類賣的是國際經驗與品牌，特別是因為各國監理制度及國際標準要求，所衍生出的制度建立需求；技術服務類賣的是在地客製化的服務需求，不

論是滲透測試、攻防演練、SOC 監控或事件處理，都屬於服務的範疇。

他認為，不論管理諮詢或技術服務形式的資安服務，都是靠專業人力（head count），這些培養出來的諮詢和技術人才與各垂直產業（如金融、高科技）所需的產業資安人員流通容易。

由於管理諮詢及技術服務目前還是非常仰賴高素質的人力，在資安管理法施行，以及上市櫃公司被要求設立資安長與資安專責部門、人員，是否對資安產業與產業資安間對人才的競爭造成不良影響，還有待觀察外，劉培文直指，在人力問題背後，隱含的是臺灣面對少子化對各個產業造成的衝擊。

根據內政部統計，臺灣的出生率自2015 年開始一路下滑，每年減少大約萬名新生兒；2023 年上半年再創新低，只有 6 萬多名新生兒。低出生率連帶使社會新鮮人的人數大幅下降。教育部統計處指出，2018 年前畢業生人數還有

30 萬人，推估到了 2031 年畢業生人數將僅剩 20 萬人。

此外，整體勞動人口也呈現直線下降趨勢，2030 年整體勞動人口相較 2022 年減少 7%，2040 年相較於 2022 年則將整整減少 19%。簡言之，劉培文觀察到，若要改善資安產業甚至每個產業面臨的關卡，須正視少子化的問題。

由於管理諮詢及技術服務的產值主要來自人員的服務，產業產值很難擺脫線性成長，劉培文認為，若要期待資安產業的產值能有指數成長，勢必要靠國內自主研發的資安軟體解決方案。

但資安軟體解決方案嚴格來說，其核心主體是軟體，資安只是其中一項功能，比例上來說，劉培文表示，它更需要軟體開發與產業的量能，而這點可能是資安產業發展政策長期被忽略的。

他表示，臺灣的軟體解決方案還必須具備能與國際級廠商產品競爭的性價比，且這個性價比的比較，是要求性能必須達到一定水準，而非單純只靠低價

全球遠端連線領導品牌

在各種通用的平台上將世界各地的人、事物和地方連接串連起來

條件式存取

單一登入（SSO）

遠端管理

專屬信任連結（BYOC）

用戶群組與角色

主要功能與能力

OneAdmin

任務自動化

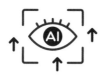
AI化速度提升

多用戶

可稽核性

專業代理 **Weblink** 展碁國際

台北總公司 TEL：(02)2371-6000　台中分公司 TEL：(04)2296-5811　高雄分公司 TEL：(07)335-2116
新竹分公司 TEL：(03)533 - 8136　台南分公司 TEL：(06)336 - 2000

策略或政策保護。

對產業資安來說，在選擇資安解決方案時，看重的是整體的安全程度、安全水準及性比，這也導致臺灣自主研發資安軟體解決方案的廠商，大多選擇利基市場，缺乏進入多功能、大規模且具國際競爭性市場的能量。

在此同時，臺灣自主研發的資安軟體解決方案還要面對更具挑戰性的未來，劉培文指出，特別是生成式 AI 出現，讓企業組織上雲（尤其是公有雲）的步調加快後，政府是否有政策引導國內軟體解決方案的廠商，在雲端及早布局是非常重要的。可以預期的是，在進入公有雲市場後，產業中大者恆大的趨勢，將會比過去在地端的市場更明顯。

開放金融業上雲，打破技術、業務和資安邊界

劉培文同時負責銀行資訊、資安及數位的發展，他一直在內部提醒銀行要面對未來競爭，一定要在 10 年內轉型為數位指數型銀行，也就是所有產品、服務及作業流程，都能夠以「軟體定義」、「AI 決策」及「數據驅動」。

他先以金融業為例，說明未來金融業資安推動重點的 5 個方向，分別是：1、極端情境下的業務持續；2、全面性的雲端安全架構；3、結合 AI 的零信任做法；4、敏捷價值交付的資安流程；5、供應鏈資安治理及管理。

他指出，金融業要面對極端情境下的業務持續，當然是因為臺灣面臨地緣政治衝突壓力升高，金融機構必須思考在境內主備中心均失能的狀況下，如何將民眾生活所需最小金融服務，集合在境外雲端運行、提供服務。

「金融業者未來是否能夠做到這點，當然與金管會在去年 8 月調整大幅開放金融業上雲的政策有關。」劉培文表示，上雲政策又與各銀行在進行的資訊

現代化相輔相成，因為不論服務中臺、數據中臺或核心系統轉型，其底層都仰賴雲原生的架構，因此雲端安全將成為銀行必須優先關注的第二個重點。而且因為政策的開放，銀行更容易也必須從多雲及混合雲的角度，重新思考雲端安全的架構與技術。

由於上雲加快，技術邊境及業務邊境將更快被打破，他認為也讓原本是金融資安行動方案 2.0 重點的零信任，其推動的深化與規模化，面臨更大壓力。

他進一步解釋，未來資安防護的挑戰

> 下個世代的「零信任」資安防護核心，最終也將如同業務與資訊的數位轉型一般，必須做到軟體定義、數據驅動，以及AI決策。
> —— 第一金控副總經理兼資安長 劉培文

是：須隨時監控、追蹤、評估與該身分相關的所有行為帶來的風險變動，並據此做風險變動評分，進而即時更動與實施對應此身份的資安政策，也因此動態改變與此身分相連的存取與防護邊界。如此細微與即時的管理，其複雜度與工作負荷，勢必遠超過現有資安單位以人力方式所能支應的情況。

學會用生成式 AI 的技術來解決資安問題

「資安永遠不是最終的目的，而是確保業務遂行的必要條件之一。」在 2022 年底生成式 AI 出現，2023 年金

管會大幅放寬金融業上雲後，劉培文相信，這對金融業的業務及資訊架構，將帶來革命性的轉變；資安也不可能停留在地端，必須要跟著上雲，同時學習如何運用 AI 來解決資安的各種問題。

他相信，下個世代的「零信任」資安防護核心，最終也將如同業務與資訊的數位轉型，必須做到軟體定義、數據驅動以及 AI 決策。而生成式 AI 的誕生，更加確立賦能了這個發展方向。

若資訊與資安部門能掌握金融上雲及生成式 AI 的技術能力，勢必也對金

融業的業務數位轉型添加柴火。劉培文認為，金融業將能更有底氣轉型，成為敏捷的組織，利用 DevOps／MLOps／DataOps 小步快跑，交付數位產品的價值，此時資安就必須向左及向右移動，嵌入開發端及營運端。

最後，當前述這幾點開始發展時，供應鏈資安管理的議題將更形嚴峻，不是單憑開發時運用 SBOM 或 SCM 軟體，以掌握軟體的來源及組成，還需同時考慮供應鏈及服務供應商的資安治理，確保大型供應商的資安品質及提升中小型供應商的資安水準，這些都是很困難的挑戰。文⊙黃彥棻、攝影⊙洪政偉

關楗股份有限公司
KeyXentic Inc.

零信任無密碼管理平台

Keyper

拋開繁瑣的密碼時代，獨特的零信任解決方案，提供各種應用的多因素認證，進入無密碼身分驗證登入管理的新境界，可加強透過生物辨識，讓企業告別密碼疲勞的問題，打造一個堅不可摧的資訊安全環境。

< 多因素認證 　　< 單一管理介面 　　< 符合國際認證

< 多元系統整合 　　< 管理安全方便 　　< 智慧離線登入

優勢特色

實體金鑰與行動身分管理

- 安全金鑰搭配指紋辨識實現人證合一
- 結合NFC功能提供用戶體驗與便利性
- 多元手機身分認證應用程式，開啟用戶多樣性選擇

單一登入SSO流暢體驗

- 一次登入、通行全網，安全管理線上身分
- 支援多種安全協議，讓單一登入SSO更靈活 ·更安全

多元應用極簡無邊界

- 簡單生活，隨時享受安全便利的登入體驗
- 登入方式全面進化，離線、線上適用於各種應用場景的身分認證

自定義安全模式

- 全新強化身分驗證模式，安全無死角，方便無憂
- 安全自主掌握無密碼或多因子驗證

全方位掌控生命週期身分驗證

- 打破傳統界限，提供模組化無縫整合管理策略
- 高效管理功能，保障用戶身分始終處與安全狀態

官網：www.keyxentic.com 　　信箱：contact@keyxentic.com 　　電話：02-2883-4283

近年來，各種資安攻擊威脅經歷巨大的轉變，從以往的低調潛伏國家型駭客，逐漸轉變為現在高調且引人注目的目標式勒索，這種攻擊形式的改變，深刻的影響了社會大眾和企業對資安威脅的認知，迫使他們必須更積極地應對網路威脅。

趨勢科技臺灣區總經理洪偉淦提及，像是戰爭型態的改變，也對資安發展產生了重大影響。最具體的例子便是，2022 年爆發的烏俄戰爭，更清楚彰顯出，國與國之間的對立，已經演變成以資訊戰為前提的情報戰爭。

洪偉淦認為，這種戰爭型態的轉變讓人們意識到，現今的網路戰爭已經具有前所未有的影響力和危險性，也促使更多人對資安的重視。

資安政策制定和推動，對臺灣資安發展扮演關鍵角色。洪偉淦表示，政府應該針對不斷變化的威脅環境，制定相應的法規要求，以保護國家和民眾的資訊安全，同時政府也為企業提供必要的政策支持和保護，以帶動資安產業整體發展，例如政府提供企業資金支持和稅收優惠等措施以促進資安產業發展。

他以金管會為例，金管會修訂了上市櫃公司重大訊息公告程序，要求在發生資安事件時，必須發布重大訊息，這一舉措，不僅提高了企業對於資安的重視程度，更推動了資安市場的發展。

資安人才的培育和扎根，是資安發展的關鍵因素之一。洪偉淦表示，臺灣資安社群在國際競賽中取得了優異成績，引起了政府的關注，而在這段期間，有許多資安新創公司也應運而生，進一步推動了臺灣資安產業的正向發展。

洪偉淦認為，資安社群的興起，為臺灣提供了更多的資安人才，也為資安產業的未來發展注入新的活力；但是，政府對於資安人才的培養，不只是要提供相應的課程培訓，也應該通過配套的政策措施，吸引更多資安人才願意投入相

洪偉淦

趨勢科技臺灣區總經理

法遵議題是驅動臺灣資安產業發展關鍵

...

資安威脅態勢急轉直下，駭客明目張膽發動各種鎖定對象的網路攻擊，
大幅影響許多企業的業務正常運作與民眾的安危，相對而言，
也激發所有產業的防範意識，促成臺灣資安產業蓬勃發展的機會

關領域。例如，政府可以通過提高資安工作的薪資水準，並且改善工作環境等方式，藉此吸引更多資安人才願意投身資安產業。

資安對提升臺灣國際競爭力，及國際角色的扮演，都具有關鍵的作用力。

洪偉淦坦言，資安不僅僅是企業面臨的問題，也是國家面臨的問題，因此，政府不只要積極推動資安產業的發展，也應該將資安轉化為國家的競爭優勢，像是政府可以通過制定相應的政策措施，促進資安產業的穩健發展，同時，還可以為保障國家的資訊安全，提供更加堅實的基礎。

政府法遵要求，成臺灣資安發展主要動力

在臺灣資安產業的發展過程中，洪偉淦表示，政府的法規制定，對於塑造資安產業的發展方向和市場格局，扮演關鍵性的作用。長期以來，資安問題一直被視為重要議題，然而，隨著資安威脅日益增加，政府不得不加強相關法規制定，以應對不斷變化的威脅形勢。

首先，政府透過法規制定，規範企業因應資安事件的作為。他進一步解釋，金管會於 2021 年 4 月修訂了「臺灣證券交易所股份有限公司對有價證券上市公司重大訊息之查證暨公開處理程序」，將資安事件納入企業發布重大訊息範疇，也規定相應的處理程序。

政府這樣的舉措，規範上市櫃公司一旦發生資安事件，就必須立即發布相關的重大訊息，從而提高了企業對於資安的關注度，也使得資安管理成為公司營運不可或缺的一環。

其次，政府法規也對企業的資安管理機制，提出具體要求。例如，金管會要求上市櫃公司必須設立資安專責單位，並指派資安長負責資安事務。洪偉淦認為，主管機關的要求，不僅使得企業高層對於資安議題更加重視，也為資安市場帶來了更多的機遇和挑戰。

例如，金管會通過修訂內部控制制度處理準則，要求上市公司設置資安專責主管和資安專責人員，並將公司納入不同等級進行分類管理。這一舉措，同時強化企業的資安管理機制，進而提高企業對於資安議題的重視程度。

他表示，對於符合相關規定的公司而言，設立資安專責單位，已經成為一項必要的法規要求，政府通過對資安事件的規範、對企業資安管理機制的要求，

失，也是臺灣企業因單起資安事件，造成實質損失最大的事件。

洪偉淦表示，臺灣應該從台積電的資安事件中，要有更深刻的體會和學習。首先，台積電作為臺灣資安防護的模範生，爆發資安事件後，對各界帶來的震撼和衝擊，不僅在於事件本身造成的損失，更在於這次事件暴露了，即便是資安防護領域的佼佼者，也無法完全避免遭受資安攻擊的事實，這對臺灣資安產

體規範，藉此提升半導體產業供應鏈的安全性。洪偉淦表示，台積電的作為，除了提高半導體產業整體的資安水準外，更彰顯出，臺灣在相關產業的領導地位和影響力。

「資安議題不僅僅是技術層面的挑戰，更是一個管理和策略問題。」洪偉淦強調，台積電之所以能夠成功應對資安事件，不僅在於其技術能力強大，更在於其積極的管理以及策略措施。因此，如何從資安治理的角度出發，不斷完善企業的資安策略和流程，才能夠提高其對資安事件的應對能力。

> 資安是持續不間斷的過程，需要不斷地進行剖析和反思，只有讓資安成為企業的商業優勢，才能真正做到攻防兩端對等，才從被動防禦轉變為主動防禦。
>
> ——趨勢科技臺灣區總經理 洪偉淦

洪偉淦說，從全球爆發的Wannacry勒索軟體事件開始，大家就必須意識到，資安攻擊的形式和手法正在不斷的轉變，企業所面臨的網路威脅不斷增加，因此，面對持續演進的資安威脅時，不僅僅是消極被動的抵禦，更應做到主動積極的防護作為。

台積電發生資安事件對於臺灣帶來的影響是深遠的，他表示，企業除了要從該起資安事件吸取教訓，不斷完善資安治理並提高資安防禦能力外，更要思考，如何將資安轉化為企業的競爭優勢，才能夠應對未來更大的挑戰。

「資安不僅僅是一個保護系統安全的問題，更是一個企業的核心競爭力。」洪偉淦表示，資安是持續不間斷的過程，需要不斷地進行剖析和反思，只有讓資安成為企業的商業優勢，才能真正做到攻防兩端對等，才從被動防禦轉變為主動防禦。

以及對資安管理的落實，政府法規讓企業正視資訊安全的重要性，也帶動並促進資安市場的發展和繁榮、拓展資安產業的規模。

台積電將資安事件，轉成產業資安的動力

除了政府的法規要求外，洪偉淦認為，台積電在 2018 年 8 月 3 日所爆發的資安事故，對於臺灣整體的資安發展，也是一個重大的轉捩點。

台積電因為生產線電腦中毒，造成當機三天，該起資安事件，也讓台積電於當年的第三季，認列 25.96 億元的損

業而言，無疑是一次深刻的警醒。

然而，洪偉淦認為，更值得各界關注的是，台積電在事件後所展現的應對措施和後續行動。他說，台積電從爆發資安事件後，不僅積極強化了內部和外部的資安防禦作為，更重要的是，他們還將對資安的要求，拓展到整個半導體供應鏈業者，推出半導體供應鏈的資安標準，這一項舉措對於整個半導體產業的資安建設而言，提供了一個重要的範例和引領，具有深遠的意義。

台積電出面，聯合業界共同推動了半導體晶圓設備資安標準 SEMI E187，並且也發布相關資安標準導入指南等具

臺灣資安產業面臨規模化、產品化和國際化挑戰

臺灣資安產業的發展過程中，面臨著一系列挑戰和關卡，包括市場認知、資

HCL AppScan

HCL AppScan 具有多種檢測科技包括靜態分析(SAST)、動態分析(DAST)、交互式分析(IAST) 、軟體組成分析(SCA)自動化應用安全檢測既管理解決方案。HCL AppScan具備市場領先的掃描技術包括Secret, API, Container, SBOM, IaC, SSCS並提供地端/雲端/混合式部署方式。

企業在軟體開發生命週期(SDLC) 早期發現弱點能立即進行弱點修補仍然是防止駭客威脅的最佳方法。HCL AppScan透過與CI/CD整合來能使企業實踐Secure DevOps並自動化執行應用安全檢測。HCL AppScan也能與IDE進行整合使開發人員在開發過程中就能即時瞭解目前程式弱點狀況, 可透過Auto fix一鍵完成自動修補。

HCL BigFix

HCL BigFix為IT營運團隊提供持續合規性和智慧自動化功能。它簡化了管理流程, 降低了營運成本, 並增強了近 100 個作業系統版本的端點安全性。

BigFix提供統一的架構, 利用人工智慧技術, 有效管理並確保所有伺服器、桌上型電腦和行動裝置的合規性, 無論它們是在辦公室、家中還是在雲端。

核心產品與服務

HCL BigFix Workspace+

完全整合的統合式工作空間管理, 具有:

人工智慧驅動的員工體驗平臺

◎ 使用者裝置生命週期管理

▤ 合規性管理

軟體資產管理

⚠ 弱點管理

廣泛且開箱即用的補救內容

HCL BigFix Enterprise+

完全整合的伺服器基礎架構管理, 具有:

面向企業的智慧型runbook自動化

◎ 伺服器生命週期管理

▤ 合規性管理

軟體資產管理

⚠ 弱點管理

廣泛且開箱即用的補救內容

安產品的規模化、國際化以及供應鏈資安要求等方面。這些問題不僅影響著企業的發展，也牽動著整個資訊安全產業的未來方向。

第一個面臨的挑戰就是，如何提升市場對資安的認知，洪偉淦表示，許多企業高層對於資安的認知，仍然停留在將資安視為合規、不得不做的程度，並非將其視為業務上的競爭優勢。

他坦言，這種觀念的轉變需要時間和空間去理解，同時還需要外在環境的推動，像是，企業如何應思考如何將資安納入公司競爭力，將資安視為能夠提升產品安全性、提供客戶更安心服務的競爭優勢；另外，供應鏈業者對資安的要求，這不僅是合規問題，更是影響企業是否能夠進入市場的競爭優勢。

洪偉淦認為，臺灣資安產業面臨的挑戰，需要從企業能否認知資安是企業競爭優勢、資安產品如何做到規模化和國際化，以及供應鏈資安要求等多方面進行綜合考量和改進。

臺灣有許多資安公司在快速成長的過程中，面臨著如何實現「規模化」的困境。洪偉淦表示，公司如果要做到規模化，就需要擁有更多「產品化」的思維，但同時也要面對，規模化擴大之後「國際化」所帶來的種種挑戰。

他認為，唯有實現「產品化」，才能夠實現快速且大量的複製，公司才有辦法做到「規模化」；然而，公司做到規模化後，勢必朝向「國際化」發展，在這段過程當中，則需要大量資金投入，這也牽涉到臺灣在資本投資市場的改善，如何募得更多資金，有助於臺灣資安新創業者，進行海外市場的經營和拓銷，會是突破限制的重要關鍵。

臺灣資安產業發展面臨的五大挑戰與展望

過去十年，臺灣的資安產業經歷了蓬勃發展，但也面臨著不少挑戰。在這段時間裡，資安已然成為國安的一部分，然而，國際情勢的詭譎多變，以及資安威脅手法的演變，對於臺灣的資安產業發展提出了新的挑戰。

首先，凸顯資安治理的重要性。企業在談及如何應對未來的資安挑戰時，洪偉淦便強調了資安治理的重要性，因為，資安治理不僅僅是關於技術層面的防禦，更包括對資安政策的制定和執

> 技術的快速更新是資安產業永恆的挑戰，面對不斷變化的技術和威脅，企業需要不斷更新資安解決方案，以保護自身免受各種攻擊的威脅
> —— 趨勢科技臺灣區總經理 洪偉淦

行，以及對資產和流程的有效管理。他表示，透過良好的資安治理，企業才可以提高對資安威脅的應對能力，才能建立更為穩健的資安防禦體系。

其次，重視技術更新與資安管理議題。技術的快速更新是資安產業一個永恆的挑戰，洪偉淦指出，面對不斷變化的技術和威脅，企業需要不斷更新自己的資安解決方案，以保護自身免受各種攻擊的威脅；同時，良好的資安管理也是至關重要的關鍵，因為，企業需要確保已有的資安設備和解決方案，可以得到有效的管理和監控，才能夠確保其正常運作和有效性。

第三，落實法規的合規與資安實踐。隨著資安意識的提高，越來越多的法規和合規要求也在不斷出現。企業需要遵守這些法規，保證自身的資安運作符合相關的法律法規。然而，僅僅是達到法規的合規，還不足以確保資安，企業還需要將法規合規與實際的資安實踐相結合，才能夠確保資安措施能夠真正發揮作用。

第四，重視 PDCA 循環與持續改進。持續改進是資安管理的重要原則，通過不斷進行的 PDCA（Plan-Do-Check-Act）循環，企業可以不斷評估自身資安狀況，找出存在的問題和不足之處，並採取相對應的措施以進行改進。洪偉淦認為，這種持續改進的精神，對於確保企業資安的有效性，至關重要。

最後，洪偉淦則強調教育與培訓對於企業資安發展的重要性。他表示，資安意識的提升需要從基層做起，企業應該加強員工的資安教育和培訓，提高他們的資安意識和技能，才能以更加理想的方式，因應未來將面對的各種資安挑戰。文⊙黃彥棻、攝影⊙洪政偉

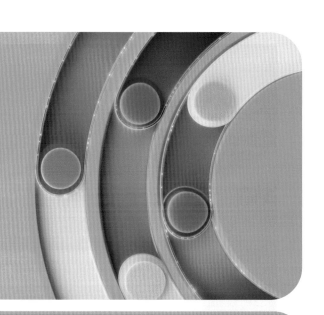

Microsoft Copilot for Security

借助生成式 AI 支援的助理，
以 AI 的速度和規模進行保護

Copilot for Security 4 大價值 提升資安工作準確度與滿意度

● **事件摘要**
迅速將複雜的資安警報提煉成簡潔、可行的摘
要，獲取事件的背景，並改善組織內的溝通，
實現更快地回應時間和流暢的決策過程。

● **腳本的逆向工程**
消除手動逆向工程惡意軟體的需求，使每位分析
師都能理解攻擊者執行的操作。分析複雜的命令
腳本，將其轉化為自然語言，並清晰解釋其中的
操作，同時高效提取腳本中發現的指標並將他們
與環境中的相對應實體進行關聯。

● **事件影響分析**
利用 AI 驅動的分析來評估資安事件的潛在影響，
提供有關受影響系統和數據的洞察，以有效地優
先處理回應工作。

● **引導式回應**
獲得針對事件回應的具體逐步指南，包括分類、
調查、遏制和修復的方向。相關深度連結建議的
行動，有助於更快地回應。

Copilot 運作結構圖

| 如何運作 → 使用者 → 下指令 | | | | 接受回應 |

Copilot for Security

編排器	編譯內容	插件	處理資訊	回應
確認初始內容並利用所有可用的技術來制定計劃	執行指令以獲得所需的數據內容來回答指示	分析所有數據和模式，提供智能的洞察報告	將所有數據和內容結合起來，語言模型將會生成一個回應	格式化數據

免費取得電子書
《通往 AI 的路徑：透過整合 XDR 和 SIEM 為強大的資訊安全防禦 AI 鋪路》

邱銘彰

奧義智慧創辦人兼執行長

臺灣資安產業在過去十年中，經歷了巨大的變革，從技術和社群層面到政府政策和產業實踐，都帶來了深遠的影響。

身為臺灣資安連續創業家、也是奧義智慧創辦人兼執行長邱銘彰表示，十年前，資安技術主要是以賣各種網路和資安設備為主，但隨著技術的發展，以及重視並專研各種資安技術的資安社群興起，起到了推波助瀾的作用，資安產業逐漸從設備銷售轉向了服務導向。

「先有了資安需求，就會帶動資安的供給，」他指出，像是 APT（Advanced Persistent Threat，進階持續性威脅）攻擊對於政府和企業帶來重大的威脅，為了解決這樣的問題，便開始有人創立提供 APT 攻擊解決方案的資安新創公司。

後來，政府開始從政策面支持資安產業的發展；更因為企業開始有更多的技術應用，連帶著，政府也從法規面對資安，開始有更多的規範和要求，帶動各界重視資安議題。

他以金融業為例，金融業在金融科技（FinTech）和 App 應用程式，有許多的資安要求，促使金融業必須將更多的資源和預算用於資安方面，這也讓金融業對於資安的重視程度和資源投入，甚至超過了政府。

許多企業對於資安的重視層面也有變化，近幾年，從以往只關心資訊安全（Information Security）轉變到網路安全（Cyber Security），而且，現在更重視整體的企業安全（Safety）。

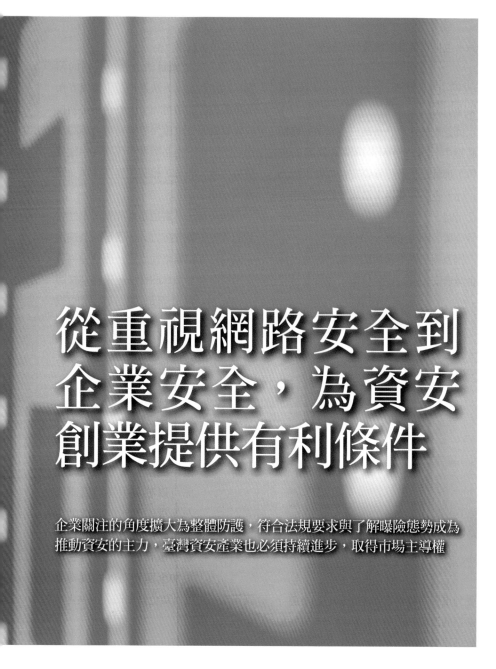

從重視網路安全到企業安全，為資安創業提供有利條件

企業關注的角度擴大為整體防護，符合法規要求與了解曝險態勢成為推動資安的主力，臺灣資安產業也必須持續進步，取得市場主導權

邱銘彰認為，這些變化來自於多方因素的影響，從技術的發展到政府政策的改變，都對資安產業帶來深遠的影響，也為後來許多資安新創公司的成立和發展，提供了有利條件。

資安即國安是挑戰，也是機會

在當今世界，資安已經成為國家安全的重要組成部分，特別是對於像臺灣這樣的國家來說，資安更是關鍵議題，因為任何資安漏洞，都可能對國家的穩定和發展構成威脅。

因此，過去幾年來，政府即將資訊安全納入國家安全政策的重要範疇，推出「資安即國安」的大政策方針，而透過這樣的政策方向轉變，對於政府在制定和執行資安政策上，已經產生了相當顯著的影響。

政府推出的資安政策，旨在提高國家的資安水準，保障國家關鍵基礎設施的安全，並應對不斷增加的資安威脅。隨著政府對於資安議題的認知和理解程度的提升，政府也開始意識到，資安不僅僅是企業和個人的問題，更是關乎國家安全的重要議題。

由於資安議題關乎國家整體的安全和長期發展，需要政府、產業界和社會各界的共同努力，才能有效應對。因此，許多接手政府資安政策和產業發展計畫的公務人員，在制定和實施資安政策時，會更加注重全局的規畫和整合，力求實現資安在國家發展中的全面性和保障範圍。

政府也通過與產業界的合作與協調，不只積極聽取各方意見和建議，制定更加符合實際產業需求的資安政策，更通過政策制定企業的資安規範，以應對日益增加的資安威脅與挑戰，做到保障國家、社會和企業的資訊安全。

此外，隨著政府對資安產業的支持和投資，促進資安技術的創新活力，推動資安技術不斷進步和提升，提升臺灣資安產業在國際上的競爭力以及能見度，帶動不同行業之間的跨界合作，形成不同產業的資安生態聯盟，這些突破對於臺灣資安產業生態系統而言，都是一種良性循環。

企業從重視資訊安全到資安治理，產業龍頭帶頭重視資安

過去，企業對資安的關注面向，主要是各種資安威脅和網路攻擊，但隨著資安意識的提高，現在資安已經逐漸轉向資安治理和量化風險。

邱銘彰表示，現在的企業逐漸意識到，資安不僅防禦威脅，還包括對資訊的保護和風險管理，從專注各種資安威脅轉而關注資安治理；不管是防範APT攻擊或是目標式勒索，早就成為資安部門的基本作為後，企業會更加關注資安團隊的效能和能量。

顯而易見的是，資安的定義也從傳統

的資訊安全，轉向更廣泛的安全概念，他指出，過去企業關注的是 Security，但現在我們更加關注的是 Safety；以前所談論的主要是資訊安全（Information Security），後來在意網路安全（Cyber Security），現在更重視的是企業安全（Safety），而不管是資訊安全或是網路安全，都是企業安全重要的一環，也反映了產業的發展與變化。

這樣的轉變，也意味著，企業不只需要關注威脅和攻擊，也必須關注牽涉到企業維運的系統安全性和穩定性，這同

時反映出，資安產業發展逐漸成熟，更體現了企業對資安有更高要求。

「有一些產業龍頭公司的資安舉措，對資安產業的發展起到了示範作用。」邱銘彰說，以 2018 年 8 月發生的台積電產線電腦中毒事件為例，這對全臺灣帶來重大衝擊，也引起了整個高科技產業的警覺。

他表示，許多產業龍頭公司因此紛紛加強對資安投入的資源和防範措施，也開始打造資安團隊，並且設立資安主管或資安長一職，承擔起企業的資安治理的重責大任。

邱銘彰認為，這些產業龍頭公司的資安舉措，不僅提高整個產業的資安意

識，也推動資安服務產業的發展。

法遵是企業願意投資資安的首要動機

邱銘彰表示，在臺灣資安產業的發展過程中，有一個因素扮演著關鍵的角色，那就是法遵。當資安合規要求成為主導，企業需要遵守法規才能獲得市場認可時，「資安不再只是成本，而是一個企業競爭的優勢。」他說。

因為對於法遵合規的要求，經常占據企業資安投資的主要份額，在資安日益受到重視的背景之下，企業不得不遵守嚴格的法規和標準，以保護個人資料和敏感訊息。

因此，法遵成為企業願意投資在資安的首要動機，而未遵從相關法規，則可能導致法律制裁和商業損失。當企業意識到，忽視資安可能導致嚴重後果，因此積極投資符合法規要求的資安措施時，邱銘彰認為資安將不再只是企業的「選擇」，而是不可或缺的要素。

他也將臺灣企業對資安投資分為三類，首先是抓駭客和抵禦網路攻擊的投資，這方面的投資比例正逐漸減少中，畢竟，隨著資安威脅的演變，企業開始轉向更為全面的資安解決方案，而不僅

是防禦特定攻擊。

再者，就是滿足法遵合規要求的預算，邱銘彰說：「法遵也是企業資安預算主要投資的項目，」因為企業必須投入大量資源，來確保其業務符合相關法律法規要求，也必須做到保護客戶數據資料和個人隱私，相關預算往往難有刪減的空間。

最後一種，其實也是邱銘彰最不想看到的資安預算安排方式，就是因為缺乏明確的目標和策略性規畫，而這種為資安預算而資安預算的作法，最終往往導致資安預算變成無效的投資，以及浪費。

因為法遵是臺灣資安產業發展的關鍵因素，邱銘彰表示，隨著法規要求和資安投資的持續增加，臺灣的資安產業將繼續蓬勃發展；而隨著政府的介入，他也期望，未來數位發展部可以制定中央的資訊資安架構，作為企業推動相關工作的重要參考依據，這不僅有助於企業制定出更加全面和有效的資安防護策略，也可以為企業和個人提供更安全的數位環境。

善用 CTEM 及紅藍隊的攻防演練，降低企業資安風險

以往，我們常將資安防禦視為被動反應，只在受攻擊時才採取行動。然而，現在的資安環境已經發生了變化，我們需要更加重視主動防禦，這意味著，不管是政府或是企業，都需要提前做好準備，對可能的威脅和攻擊進行盤點和識別，以便及時採取措施防範。

對此，邱銘彰特別提到 IT 市場調研機構 Gartner 在 2022 年提出的 CTEM（Continuous Threat Exposure

> 只有成為資安產業的一份子，成為資安產業的玩家，才能為產業的進步和發展做出貢獻，才能具有話語權以及影響力。
> —— 奧義智慧創辦人兼執行長 邱銘彰

NETRON
網 創 資 訊

亞太區最大 Anti-DDoS 供應商

全方位一站式雲端整合顧問服務

7X24hr 中英雙語線上維運服務

進階合作夥伴
(ADVANCED CONSULTING PARTNER)

AWS 進階合作夥伴認證

AI智能助手 NAVI

AI Chatbot
KM 系統結合

Netron網創資訊專注於協助客戶導入
AI技術，透過我們的AI產品-Navi與KM
系統結合，提供知識庫分類、快速部
署、使用者權限管理、持續軟體更新、
容器化架構、提示詞優化及用量統計等
六大特色。

這套系統旨在提升企業運作效率，同時
確保資料安全與成本控管，讓企業在市
場變化中快速響應，加速創新步伐。

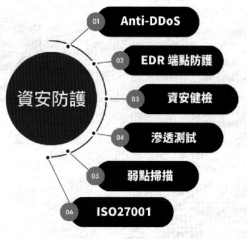

資安防護

Netron網創資訊
網路防護與安全整合服務的專家

提供DDoS防禦、WAF、防網路機
器人等服務，為近兩千家客戶提供
豐富資安防護經驗，確保企業資安
不受外洩。

ISO 27001	MSP	MSSP
專業規劃建置與轉版輔導	託管服務供應商	資安託管服務供應商
Netron網創資訊的資深顧問團隊，提供專業的ISO 27001輔導服務，協助企業組織順利轉版至最新標準。	Netron網創資訊提供專業雲端託管服務，強調效能與穩定性，融合自動化管理與技術諮詢，助力企業快速成長，拓展IT能力。	以專業雲端託管經驗為基礎，不斷提升雲端資安服務，選擇Netron網創資訊，讓資安成為您成功的加速器。

Management，持續曝險管理），就會是一種新型態的資安管理模式。

CTEM 就是希望可以管理並解決企業內部環境中，各種無止盡的曝險清單，例如漏洞清單，希望可以做到識別並優先修復，對企業影響最大的風險曝露點，迅速識別出最危險的攻擊路徑，而非一味追蹤無數個漏洞。

邱銘彰認為，CTEM 結合資安防禦與業務營運，可以更好地理解並評估資安威脅，做到及時發現漏洞，還能發現企業無法修補的潛在風險，進而提高企業整體的資安防禦能力。而 Gartner 也預測，到 2026 年，根據 CTEM 計畫確定安全投資優先級別的企業，將減少三分之二的漏洞。

此外，在資安防禦中，紅隊和藍隊分別扮演著非常重要的角色。他說，紅隊負責模擬攻擊，以測試系統的安全性和防禦能力，從而發現和修補可能存在的漏洞和弱點；而藍隊則負責量測系統的邊界，以及評估可能攻擊路徑，可以做到提前發現和預防潛在的威脅。

因為資安是一個永遠在變化的領域，在資安防禦中，團隊協作是至關重要的。我們需要建立一個高效的團隊，將不同專業領域的人才聚集在一起，共同應對資安挑戰。只有通過團隊的協作和合作，我們才能更好地應對日益複雜和多變的資安環境。

資安創業初心，為了改變產業現況並擁有話語權

作為多年持續受到矚目的臺灣資安創業典範，早在 2005 年邱銘彰就創辦第一間資安公司：艾克索夫（X-Solve），主要是針對惡意文件提供防護並作惡意程式分析的廠商，並在 2007 年成功賣給美商阿碼科技（Armorize）。

接著，邱銘彰在 2011 年又協同其他創業夥伴成立新的資安公司：艾斯酷博（Xecure Lab），主要鎖定當時大家最關注卻也最難解決的 APT 攻擊，因為該公司產品可以成功偵測 APT 惡意郵件，以及 APT 惡意程式，也在 2014 年成功賣給在美國上市的以色列安全公司 Verint（威瑞特）。

經歷兩次成功的資安創業後，邱銘彰在 2017 年 11 月，又協同吳明蔚和叢培侃共同創辦奧義智慧，是臺灣最早以人工智慧（AI）角度成功切入資安領域的資安新創。

身為資安連續創業家，邱銘彰回顧創業初心，有著對資安產業滿滿關注和使命感。

他坦言，創業的初心之一，就是想要改變資安產業的現狀。因為在過去，許多人對資安產業抱有負面看法，認為它充滿了問題和挑戰。

然而，作為資安連續創業家，邱銘彰堅信「不能只是把嘆氣當做結尾，」他創業就是要積極地思考如何改變現狀，藉由提出創新的解決方案，積極參與資安產業的發展，促使資安產業朝向更加穩健的發展道路。

他認為，只有成為資安產業的一份子，成為資安產業的玩家，才能為產業的進步和發展做出貢獻，才能具有話語權以及影響力，例如，可以通過積極參與產業活動、學術交流，以及與學校合作培育新人，做到努力擴大自己的影響範圍，積極推動資安產業的發展。

邱銘彰表示，企業、學術界和政府應該攜手合作，加強對資安人才的培養和引進，培養出更多具有專業知識和創新能力的人才，為產業的發展提供強而有力支持，才能夠共同推動資安產業的創新和發展，建立起更加完備和穩健的產業生態系統。

邱銘彰也深信：「技術創新是推動資安產業發展的關鍵。」隨著科技的不斷進步和演變，資安技術也將不斷更新和升級，也也成為資安產業發展的新動力和新機遇。

由於奧義智慧是以 AI 切入資安領域的公司，邱銘彰認為，人工智慧技術的發展，如 ChatGPT 等，也對資安產業產生深遠影響。這些技術的應用，不僅提高資安攻擊的智能化水平，也為防禦提供新的思路和工具。資安人員需要不斷學習和適應，以應對新興技術帶來的挑戰。**文⊙黃彥棻、攝影⊙洪政偉**

> 66
> 在臺灣資安產業的發展過程中，法遵扮演著關鍵的角色，當資安合規要求成為主導，企業需要遵守法規才能獲得市場認可，此時，資安不再只是成本，而是企業競爭的優勢。
>
> —— 奧義智慧創辦人兼執行長 邱銘彰

HCL Digital Solutions

數位化轉型

當前,數位化轉型需要互連平臺,以便為客戶、
員工與合作夥伴提供跨所有介面的使用者友好
且個人化的體驗。行動與自助服務選項的整合簡
化了流程,而低程式碼解決方案與模組化元件使
得新服務的快速開發與部署成為可能,擴大了
對組織創新的參與度。

透過新的自助服務入口網站節省費用達

**3000
萬美元**

利用改進的數位化體驗

為超過 **2.6萬**
名客戶員工提供支援

每天透過行動應用程式處理

60萬
份索賠

節省 **50%**
的應用程式開發成本

Lufthansa   Cardinal Health   NATIONAL BANK

Dillard's The Style of Your Life   Al-Futtaim   EDISON

我們的解決方案

- 客戶體驗
  Commerce Cloud, Unica, Discover.
- 數位化解決方案
  DX, VoltMX , Domino, Sametime, Connections, AppDev

HCL Marketing Cloud是一個端到端的行銷解決方案,幫助行銷人員計畫、執行與分析大規模的全通路行銷活動。使用者可以在高度細分的受眾中建立出站活動與旅程,並在入站與出站通路中即時協調個人化的接觸點與旅程。

HCL Commerce Cloud是一個企業電子商務解決方案,具有最豐富的數位商務解決方案功能集,適用於B2B或B2C等所有的平臺與商業模式,具有出色的使用者介面、智慧搜尋功能與眾多的店面選項範本。

HCL VoltMX & HCL Domino是協助組織進行數位化轉型的低程式碼應用程式開發平臺。Domino協助實現核心業務流程的自動化,Volt MX協助公司開發行動與多重體驗應用程式,透過快速交付迅速實現資源的最大化並降低複雜度。

我們幫助世界各地的公司改變業務運作、協作和參與的方式。

如欲瞭解更多資訊,請瀏覽:https://www.hcl-software.com　　洽詢專線: 00 801 127 961

過去十年，臺灣資安業界發生的事情很多，TeamT5 杜浦數位安全創辦人兼執行長蔡松廷表示，最重要的關鍵有兩件事情。

首先，就是蔡英文總統於 2016 年就任以來，率先制定「資安即國安」的政府資安核心戰略方針。

臺灣面對嚴峻的資安環境，各種網路攻擊沒有減少、網路環境更沒有變得更安全，甚至因為臺灣是中國網軍長期鎖定攻擊的對象，這也讓臺灣整體的網路環境所面臨到的資安威脅，比起其他國家更為嚴重。

他說，這個「資安即國安」戰略帶出來的結果，是政府資源的投入，以及各界的重視，像是經濟部工業局到數發部資安署及數位產業署成立等，投入資安能量變大，讓做產業的能量也變大；另外，這個戰略同時影響臺灣產業對資安的態度，包括民間企業、CI（關鍵基礎設施）對資安的重視大於以往，產業的需求也對資安產業帶來直接影響。

蔡松廷也不諱言，「資安即國安」已經是臺灣推動資安發展的重要里程碑，因為臺灣遭受中國強大網路攻擊，最早可以追溯到二十多年前，只不過，當時不論政府、企業甚至是資安產業等，對中國網軍攻擊的反應都很有限；而真正開始有資安資源的投入，嚴格來說，是近十年、近八年的事情，尤其是「資安即國安」資安戰略政策推出後，「有人推著走，進展會比較快。」他說。

其次，就是各種法規對資安的要求，都會是滋養臺灣資安產業環境的土壤，也是推動臺灣產業資安的基礎，從資通安全管理法到相關細則的實施，以及金管會對於上市櫃公司各種資安要求都包含在內。「內在資安戰略政策，驅動外在產業資安的需求。」他說。

在網路威脅多元化，迫使企業必須正

TeamT5 杜浦數位安全創辦人兼執行長

視資安風險議題，加上政府支持以及政策作多的鼓勵下，過去十年來，也有不少臺灣資安新創公司在這片土地扎根、茁壯，以威脅情資研究分析立足臺灣、揚名世界的 TeamT5（杜浦數位安全）也是其中一家資安新創業者。

蔡松廷坦言，在臺灣做資安新創是一條辛苦的路，在資安短缺、人才不足、臺灣市場規模太小、海外市場拓展困難，以及缺乏導師引領的種種挑戰中，他希望所創立的公司可以用臺灣自己的

資金和人才，創造出可以被複製的資安新創成功模式。

臺灣資安市場規模太小，不利資安新創公司發展

臺灣四面環海、是一個小島，蔡松廷認為，臺灣資安產業還沒有真正蓬勃發展的原因，跟市場的規模不夠大，有著直接關係。

這些年來，雖然比以前增加很多資源、也多了很多資安預算及重視，但整

TEAMT5
: Cyber Threat Hunters

用臺灣人才、資金和產品，找出可複製的新創成功模式

資安新創公司勢必要走出臺灣，才能獲得更多發展資源，然而，人才短缺與如何發揮技術的價值，也都是必須克服的挑戰

體而言，對於拓展產業規模的效果還是有限的。畢竟，很多人重視資安，但仍局限在某些特定的產業別，他認為，嚴格來說，真正重視資安的還是少數，還沒有做到普遍重視資安。

也因為臺灣資安市場規模不夠大，假設資安業者推出很成功的資安產品，但臺灣市場的回報相對有限，如果是在市場規模比較大的國家，例如美國甚至中國等，情況就不一樣了，「你同樣做一件成功的事情，但美國市場可以獲得的

投資報酬率高，比起臺灣是十數倍的回收效果。」他說，這些市場的回報，就是能否繼續支持這家資安業者繼續發展的重要原因。

臺灣以往最成功的例子就是趨勢科技，蔡松廷表示，趨勢科技因為很早就鎖定到日本市場發展，這是一個願意為軟體付費的國家，多年下來，趨勢科技在日本市場也有很深的耕耘。

現在雖然有資安服務型業者，例如中華資安公司和安碁資訊等，都預計或已

經在臺灣上市櫃的計畫，也希望藉此爭取市場上更多的資源，但蔡松廷認為，事實上，以臺灣目前的市場規模，想要再孕育出另外一家跟趨勢科技規模一樣大的資安公司，難度是非常高的。

畢竟，他坦言，對臺灣資安業者而言，產業規模如果要做大，一定得進入其他海外市場；當然，如果是進入美國市場，不論從募資到上市，早就有一套完善的流程可以參考和複製，只是臺灣目前還做不到。

臺灣資安新創公司還沒有出現可被複製的成功模式

「當初想要創業的初心其實很簡單，就是覺得資安好玩、對於可以把有熱情的興趣專長，轉換成可以賺錢、可以賴以維生的工作有興趣。」蔡松廷表示，原本只是玩資安技術，但後來越來越投入，資安就變成事業了。

當興趣變成事業之後，很多事情和想法就有所轉變，他認為，創業和玩技術不一樣，創業要能夠成功，技術只是其中的一環，必須還有很多其他不同因素交互作用。

關於自家公司技術、威脅研究、技術開發等層面的水準，蔡松廷都有足夠的信心，不論對於亞太地區的威脅了解、追蹤技術的方法和經驗，或者是資安事件處理經驗和能力，以及如何對抗APT攻擊者等，在他們與很多國外業者的交流過程中，已經得到印證。而這也是蔡松廷最自豪的部分，擁有世界一流的研究和技術，是支持蔡松廷繼續走下去的動力。

他認為，臺灣資安新創的未來還是要走出臺灣才行，不然在臺灣可以獲得的資源實在很有限，除非像TXOne（睿控網安）從母公司趨勢科技及創投拿到足夠的資源，第一時間就衝向國際市

> 在臺灣做資安新創是一條辛苦的路，在人才不足、海外市場拓展困難、缺乏導師引領的種種挑戰中，希望可以用臺灣的資金和人才，創造可被複製的成功模式。
>
> ── TeamT5杜浦數位安全創辦人兼執行長 蔡松廷

場，然而，像是趨勢科技或是 TXOne 的創業過程，其實都難以被複製。

的確！在這個時代，臺灣資安廠商的發展，還沒有一個成功模式可以參考複製，大家都還在努力摸索，試圖找出從臺灣出發的資安創業成功模式，現在檯面上資安新創公司各擅勝場，創業很好玩但也很辛苦，但他最煩惱的事情是，沒有人可以指導、分享經驗，告訴他接下來資安創業該怎麼走才是對的路。

他進一步解釋，像是以色列的公司，只要做對一個技術或產品後，這家新創公司的未來發展，從募資、擴張、IPO、與美國市場直接連動、產品行銷等，各種人才都齊備，更有很多的成功模式和典範，提供新創業者獲得相關資源並學習，這樣就可以讓新創業者少走很多冤枉路。

他認為，臺灣資安公司成功模式還沒有建立，目前看起來很成功的一兩家公司，也不是所有人可以模仿複製的，還需要一點時間去塑造。

可以幫客戶解決問題的技術才有價值

從創業多年的經驗來看，蔡松廷認為臺灣有很多技術高手，卻極度缺乏「怎麼轉變知識和技術變成有價值的東西」的人，背後彰顯的問題就是，許多做技術的人，並不是真正知道「這個技術要解決什麼問題」。他說：「懂得怎麼解決甚麼樣的問題，技術才會有價值。」

因為現在的產業環境，有太多製造問題的人，但最終要知道怎麼解決問題，才可以彰顯技術帶來的價值，這也是現在許多資安人缺乏的能力。「資安人必須要轉換思考層面，從了解技術怎麼帶給客戶價值、可以替客戶解決問題的技術才有價值。」他說。

舉例而言，資安人員要懂得勒索軟體、加密入侵技術、比特幣……等，如果可以找出客戶願意付錢、請你用懂得的技術，幫忙企業解決防勒索軟體的問題，這就是技術的價值，更是一個好的創業題目。

當然，要發揮技術的價值，不只需要具備足夠的知識，也要花時間了解客戶，但是，客戶是政府部門或民間企業，各自面對的問題並不一樣。只有鎖定正確的客戶標的、能夠深入淺出了解需求後，才能根據對資安的了解，選擇適合客戶的技術，設計的產品客戶才願意買單。

全方位資安智慧平台
Security Intelligence Portal (SIP)

看得到風險，才能管理風險

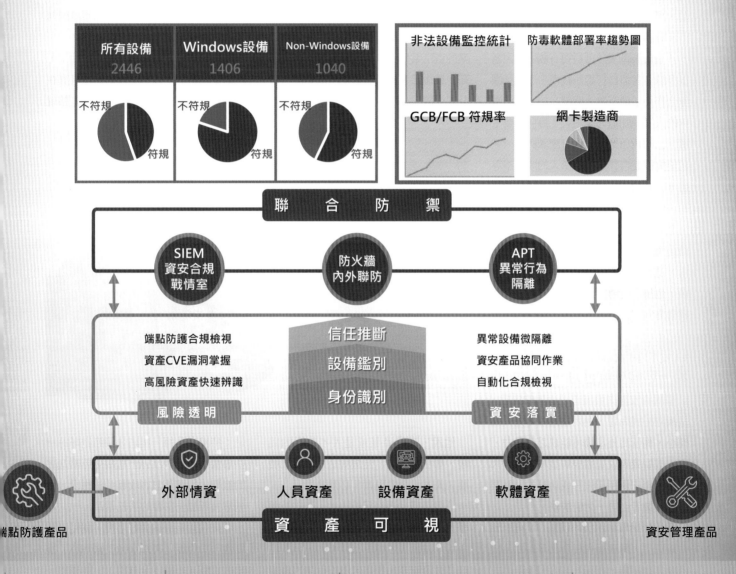

Dr. IP IP資源管理系統　｜　資訊資產風險評鑑系統　｜　Smart AD網域組態盤點管理系統　｜　GCB/FCB 檢核系統

ZTA 零信任管理系統　｜　數位身份資產管理系統　｜　NAC++ 資安智慧部署管理系統

TEL：(02)2712-2195
e-mail：sales@e-soft.com.tw
https://www.e-soft.com.tw

只不過，蔡松廷也發現，臺灣很多資安人才在解決客戶的問題上，落後外商很多，這也是很多臺灣客戶為什麼喜歡買外商產品的原因。很多人都在問，臺灣資安業者怎麼跟外商競爭？

他說，「只要可以讓客戶覺得，臺灣的產品『比較適合』客戶使用，就會願意下單。」所謂的適合，除了預算，還包括服務、適合臺灣環境、解決客戶問題、可偵測中國網軍 APT 攻擊、客戶信任等因素，但仍是漫漫長路。

「資安要創業，就得要有團隊，因為很多駭客習慣自行鑽研技術、不擅長團隊合作。」他認為，關鍵在於，組織團隊的人必須知道怎麼用人，每個人要了解自己的角色定位，也有團隊概念、並且能夠彼此合作，因為個人的成功不等於事業的成功，團隊其實是不可或缺的，要做到一加一大於二。

蔡松廷說：「我們公司靠團隊成功經營越南市場，執行長一次都沒去過越南，這是我們的驕傲，培養好的團隊之後，也讓我有時間思考未來策略規畫和經營方向。」

只要有資安創業成功的模式，就一定會有號召力

臺灣資安產業發展首要面對的挑戰，是國際拓展問題，例如臺灣市場先天規模小，經營海外市場可能缺乏競爭力，出國推廣業務就是需要資金和人才，因為臺灣資安新創還沒有成功模式，對很多創投業者而言，估值很差。

蔡松廷最感到困擾的就是「沒有導師可以問」，財務面有投資人可以問，但市場怎麼拓展、布局、切入，他目前只能和其他同為資安創業的同業人士，交流彼此對市場的經驗與想法。

他不諱言，很多創投業者鼓勵他直接進入美國市場創業，因為有太多成功經驗，有太多人可以帶著你走到成功階段，「當然！（貿然）去美國，死得也很快。」他笑著表示。

臺灣產業發展失衡，也造成人才失衡，蔡松廷表示，有許多頂尖人才都在竹科，許多資安高手也都被台積電、聯發科等大企業挖走，加上人才外流嚴重，很多人都在美國、高科技製造業、外商工作，最後才會到臺灣本土業者；另外，少子化不只影響資安產業，各大產業都受到類似衝擊。

蔡松廷表示，他甚至曾經對一個剛畢業的資工系碩士生，開出前所未有的高薪，最後那名碩士生還是選擇到高科技公司任職。

> 資安創業需要靠團隊的力量，組織團隊的人必須知道怎麼用人，每個人要了解自己的角色定位，也有團隊概念、並且能夠彼此合作，做到一加一大於二。
>
> —— TeamT5杜浦數位安全創辦人兼執行長 蔡松廷

他說，不論產業或是人才失衡的問題，都很難解決，但這就是臺灣產業發展、人才流動的現實，必須接受。

「創業成功要有足夠人才，以維持競爭力，」蔡松廷評估該公司的 SWOT 分析，技術人才還算有競爭力，但其他像是做資安產品規畫、資安行銷、資安銷售業務等，都經常都找不到合適的人，像是資安行銷、產品規畫人才，必須自己培養，要找到有能力做海外資安市場的業務人員更難。

綜合而言，他認為資安新創公司要生存下去，遇到的最大難題就是「推到海外、成功落地、持續成長」，海外市場一定要有當地團隊經營市場，但是，經營海外市場不一定要馬上成立海外辦公室，一定要有當地的代理商才行。

韌性決勝！在有限的時間內，將每個環節做好

面對國際情勢詭譎多變，加上資安威脅手法更難以偵測，臺灣未來應該如何「做好資安」呢？

蔡松廷表示，答案是維持「韌性」，因為資安戰線太長，怎麼把韌性落實在每一個資安環節是大考驗，關鍵點就是：持續在「每一個防守環節做好每一件事情」，這是沒有止盡還得持續進化的旅程，須跟著駭客攻擊手法應變，時刻掌握新漏洞影響的系統環節。

「如何短時間內做好應變，就是一種韌性。」他說，可以參考美國 NIST 推出的 CSF（網路安全框架），從事前、事中、事後不同階段，知道做哪些事情能夠增加韌性；有框架和方法之後，就是要投入資源、培養人才，真正了解如何做好資安，以及如何落實資安的治理。文⊙黃彥棻、攝影⊙洪政偉

預視威脅 掌握全局
Identity 帳號安全態勢管理

奧義智慧科技

XCOCKPIT
IDENTITY

特權帳號分析　　**AD 攻擊手法偵測**　　**攻擊路徑模擬**

帳號衝擊分析

運用 AI 模擬帳號的衝擊分析，
預視駭客的攻擊路徑 (Attack
Path)，洞悉企業的特權邊界

監測威脅先兆

監控異常的特權帳號活動，
即時偵測各種常見 AD 帳號
攻擊手法，識別攻擊先兆

稽核帳號安全

時時監測帳號安全設定，包含
密碼設定原則、帳號鎖定原則、
異常權限設定等

* 主要針對地端 Active Directory (AD) 帳號和雲端 Azure 物件進行偵測 * 根據需求可提供一次性或訂閱制的服務方案，詳細資訊請洽業務團隊

奧義智慧科技 (CyCraft Technology) 是一間專注於 AI 自動化技術的資安科技公司，
於日本、新加坡設有子公司。受到 Gartner、IDC、Frost & Sullivan 的多項認可，並獲
淡馬錫控股旗下蘭亭投資 (Pavilion Capital) 的強力支持。

contact-tw@cycraft.com　　886-2-7739-0077

歡迎申請試用

資安社群在臺灣資安產業的發展過程中，扮演重要的關鍵角色，臺灣駭客協會理事長、也是資安公司戴夫寇爾執行長翁浩正表示，早期資安社群的領導者，因為對資安有高度熱情並具備理想性，透過分享知識與組織活動為目標，成功凝聚志同道合的人。他說，這些社群帶頭者的領導和努力，也為資安社群的形成，打下堅實的基礎。

資安社群擁有獨特的文化，例如各種次文化和迷因梗圖等，翁浩正認為，這些文化元素為社群的參與者，提供歸屬感和向心力。此外，定期舉辦的活動也吸引了許多外界的人參與和投入。

許多資安社群都仰賴志願參與的義工，組織和舉辦活動，促進交流和互動，還提高參與者的資安技術水平和認識。但是，近年來，不僅是資安社群，許多社群都出現萎縮現象，翁浩正認為，主要是疫情和人們對線上活動的偏好，開始有許多社群的實體聚會改為線上，參與人數也呈現下降趨勢。

隨著時間推移，社群成員結構發生變化。早期願意花時間投入社群活動的成員減少，新一代成員更注重生活和工作平衡，對社群的投入也相應減少。

為了保持社群的發展和存續，翁浩正也意識到，社群的領導者必須開始進行有意識的傳承和管理，但是，制度化的管理方式雖然可以幫助管理社群，社群成員不一定認同這種管理方式。

臺灣的資安社群在過去十年取得可喜的成就，但也面臨一些挑戰，他表示，藉由社群領導者和成員的共同努力，臺灣的資安社群將繼續發展壯大，並為臺灣資安產業做出更大貢獻。

臺灣資安社群的傳承和持續是最大挑戰

首先，翁浩正表示，我們需要認知

翁浩正

臺灣駭客協會理事長、
戴夫寇爾執行長

HIT_

社團法人台灣駭客協會
ASSOCIATION OF
HACKERS IN TAIWAN

社群發展要有意識進行傳承，更應提供舞臺並讓參與者有收穫

臺灣資安社群的發展面臨世代交替挑戰，也必須體認積極推動體制內改革、不被既有框架綑綁，是資安領域能夠不斷成長的動能

到，社群的參與者對資安的熱情是存在的，但也面臨歸屬感不足的問題。過去如 HITCON 或是 TDOH 等，提供讓資安愛好者聚集的平臺，但隨著時間推移，社群的經營目前遇到困難。

最主要的挑戰是其實就是社群的傳承和持續。翁浩正坦言，社群的發展往往依賴於帶頭者的領導和激勵，但隨著時間的流逝，後續新的領導者難以順利接棒，社群的傳承變得困難。

因為缺乏持續的領導和組織，使得社群的活力逐漸下降。他認為，若想要維持社群的活力，定期的聚會是必不可少，但如何吸引新成員的參與，並讓社群形成凝聚力，是需克服的難題。

再者，隨著網路學習管道的增加，他觀察到，有許多人更傾向於通過線上途徑學習資安知識，而不是參加實體社群活動。這使得實體社群活動的參與人數減少，社群的凝聚力受到影響。

第三，缺乏好的、有凝聚力的平臺，使資安社群成員難建立歸屬感，他說，因為沒有吸引人、激勵人、讓人長期參與的平臺，也使社群發展受限。

臺灣的資安社群正面臨一些挑戰，但同時也有應對之策。翁浩正表示，社群的領導者應該開始注重「有意識的傳承」，提供機會給新成員參與組織和活動，鼓勵他們發揮創造力和領導能力，這都有助於社群的持續發展。

他認為，定期舉辦各種活動如讀書會、研討會，能提供交流學習的平臺，有助於增加社群凝聚力和吸引力。

社群對臺灣資安產業的貢獻

透過資安社群的參與和活動，不僅加強資安專業人士之間的交流與合作，也提升整個產業的水準和競爭力。

翁浩正表示，資安社群通常被視為學習型組織，這意味著他們對於最新的資

安威脅和技術變化，有著敏銳洞察力。相較之下，許多企業和資安公司往往專注於解決眼前遇到的資安問題，缺乏對未來趨勢的研究和預測能力。資安社群通常能夠更早發現新的資安威脅，反應更為迅速。

他表示，資安社群的核心是技術交流和知識分享，在這樣的環境中，專業人士可以分享他們的經驗和見解，共同探討資安領域的挑戰和解決方案；而透過這種開放式的溝通和合作，資安專業人士也能夠獲得更多的學習機會，提高自身的技術水準。

因為資安社群不僅關注當前的資安問題，還致力於進行前瞻性的資安研究。翁浩正指出，通過對未來資安趨勢的探索和分析，資安社群能夠提前預見可能出現的威脅，可以為產業的發展提供有價值的建議和方向。「這種前瞻性的研究對於資安產業的成長和創新至關重要。」他說。

他說：「資安社群也是人才培育和交流的重要平臺。」新進人員藉由參與各種大大小小的活動，就有機會與行業內的資深人士交流，學習經驗和技術。這種交流不僅促進了個人的成長，也有助於培育更多的資安專業人才，為產業的

未來發展注入新的活力和動力。

更多社群參與者，傾向參加網路活動勝於實體聚會

資安社群在過去和現在的差異則是不斷演進的過程，翁浩正表示，不管是從參與人數的變化，到參與方式的轉變，社群的本質和影響力也不斷改變。在這個過程中，最需要抱持的心態就是：不斷學習和調整，才能夠應對新的挑戰和機遇。

> 資安社群的領導者應該開始注重「有意識的傳承」，提供機會給新成員參與組織和活動，鼓勵他們發揮創造力和領導能力，這都有助於社群的持續發展。
>
> —— 臺灣駭客協會理事長、戴夫寇爾
> 執行長 翁浩正

過去，參與社群活動的人數比現在多，因為網路資源相對較少，當時，人們更習慣透過實體聚會和活動建立社群。然而，隨著網路的普及和教育資源的增加，有越來越多人更傾向於通過線上平臺來參與社群活動，例如，在社交媒體加入群組或討論區，參與網路論壇或線上會議等。這種參與方式的轉變反映人們對於便利性和彈性的需求，同時反映科技在社會生活中日益重要的作用。這也導致實體聚會的參與人數直線下降。儘管如此，社群仍然是人們聚集，分享興趣和經驗的重要場所。

網路教學資源的增加，也為人們提供了更多學習的機會，但同時帶來了更多的競爭和壓力。在這種情況下，翁浩正

表示，社群的角色就變得更加重要，因為社群可以提供支持和共享資源的平臺，協助社群成員應對各種挑戰。

在社群的演進過程中，我們需要不斷學習和調整。過去的經驗和教訓，可以幫助我們更好地應對當前和未來的挑戰，同時也應該保持開放的態度，不斷嘗試新的方法和工具。他說：「關鍵在於『要持續做對的事情』，」這意味著，社群運作需要不斷評估和調整參與的策略和行動，以確保社群在變化的環境中，仍保持活躍和有影響力。

創業者從社群找尋三觀相符的工作伙伴

「每個人資安創業過程，都是獨一無二的，無法被複製。」翁浩正說道，但他也肯定，資安社群與資安創業之間，存在微妙而重要的連結。這種連結不僅有助於促進資安產業的發展，還可以為創業者提供豐富的人才和支持。

首先，他表示，通過參與社群活動，創業者可以找到志同道合的夥伴和專業人才，因為資安社群的成員，通常都是對資安技術充滿熱情的人，具有豐富的專業知識和經驗，是許多資安創業團隊中，不可或缺的一部分。

此外，社群活動也是促進交流和合作的平臺，創業者可以通過與其他成員的互動，得到寶貴的建議和回饋，都有助於自身的成長和發展。

翁浩正肯定，資安社群活動也是資安創業者，可以了解潛在合作夥伴的一個重要途徑。通過參與演講、競賽等活動，創業者可以觀察社群成員的品性、能力，以及對資安技術的熱情程度等，進一步篩選合適的合作夥伴，這有助於建立具有共同目標和價值觀的團隊，也能提高創業的成功率和效率。

資安社群通過舉辦各類活動，分享最新的資安技術和趨勢，為行業注入新的

活力和創新力；社群也為資安行業人才的培養和成長，提供良好的平臺，吸引了越來越多的人投身資安領域，推動了整個行業的發展和壯大。

社群參與者除了可以找到志同道合夥伴，也可以找到增加工作履歷的實習機會，透過積累資安實踐的經驗，擴展人脈關係，可以在行業中建立聲譽和影響力，這對社群成員未來就業或創業，都可奠定良好基礎。

然而，資安社群與資安創業之間的連結，也可能帶來一些衝擊。首先，社群活動需要投入大量的時間和精力，這可能影響創業者的日常工作和生活。此外，社群成員的品質和能力也不盡相同，有些人可能只是單純參加活動，而沒有真正的貢獻和價值。因此，創業者需要謹慎評估社群活動的利弊，選擇適合自己的參與方式和節奏。

制定資安法是轉捩點，可借鑑 CSF 和 CDM 框架

政府在臺灣資安發展扮演引領和推動的重要角色。二十年前，政府成立行政院資通安全會報，這是重要的里程碑，也為後續成立技服中心奠基。

翁浩正表示，2018 年資安法的制定更是另一個重要的里程碑，這使得資安議題從 nice to have 變成 must to have，從而提升資安的重要性和緊迫性。政府的行動和政策制定，影響著企業、供應鏈和媒體各界對資安的認知和行動，也將資安議題提升到了更高的層面。

資安是需要全社會共同參與的問題，需要從上而下的推動和引導才能取得成功。所以，在推動資安發展的過程中，政府和領導者的積極參與和呼籲，不僅能有效引導整個社會的行動和努力方向，對於資安的重要性和必要性的認知，也需要從領導者和政府開始，逐漸滲透到整個社會。

學習和借鑑國際經驗和框架，對於資安的發展是很重要的。翁浩正舉例，美國 NIST 的網路安全框架 CSF（Cyber Security Framework），以及美國銀行前首席安全科學家 Sounil Yu 提出網路防禦矩陣 CDM（Cyber Defense Matrix）安全模型，都是成熟且經過試煉的資安框架，可做參考和借鑑。

他認為，透過運用這些框架和最佳實

踐，臺灣可以更好地了解現況，制定適合自己的資安策略和措施，從而提升資安水準和競爭力。

事實上，此刻被形容為 VUCA 時代，即具有異變性（Volatility）、不確定性（Uncertainty）、複雜性（Complexity）和模糊性（Ambiguity）。翁浩正認為，資安威脅的特性在這樣的背景下，更顯得多變和複雜；而攻擊型態和環境複雜且未知，都會讓人慌張、覺得做什麼都不夠。但他說，我們不應被這些不確定性困擾，而是要積極應對，建立資安韌性，使我們能夠應對各種挑戰。

做為資安革命者，對內改變規則且對外尋求創新

資安對臺灣的重要性不言而喻，隨著資訊科技的發展，不僅是個人和企業，

整個國家也面臨前所未有的挑戰。在這樣的背景下，我們要以革命者姿態，積極參與並推動改革，確保資安。

對於資安問題，翁浩正表示，我們應將自己視為革命者，積極參與並改變現有的狀況。這也意味著，必須在規則內參與，並尋求從內部進行改革。因為我們這樣，不能被固有的思維框架所束縛，而應該敢於挑戰現狀，尋求創新和

> **對於資安問題，我們應將自己視為革命者，積極參與並改變現況，不能被固有思維框架束縛，尋求創新和改進，才能保持競爭力，應對不斷變化的威脅。**
>
> ── 臺灣駭客協會理事長、戴夫寇爾執行長 翁浩正

改進。只有這樣，才能在資安領域中保持競爭力，應對不斷變化的威脅。

回顧過去的十年，臺灣在資安領域取得了顯著的進步，無論是在技術研發、政策制定還是資安意識的提高方面，都取得了令人矚目的成就。這得益於政府、企業和個人的共同努力，以及整個社會對資安重要性的認識和提高。在未來，我們應該繼續保持這種努力，持續把資源給願意多貢獻、多努力的參與者，共同推動資安事業的發展。

儘管臺灣在資安取得進步，但威脅仍然存在，而且，資安問題永遠都在，尤其在國家層面上的資安威脅，是不會消失的，我們需要做的不是根據特定的敵人去應對，而是要把原本該做的事情做好，建立強大的資安體系，提高自身資安水準。文⊙黃彥棻、攝影⊙洪政偉

資安監控與事件應變 /

- SOC委外監控服務
- 資安事件應變/鑑識
- MDR服務
- 資安健診
- SecuTex NP/ED

數位身分認證與識別 /

- PDF Sign 線上文件簽章系統
- S/MIME 郵件憑證
- FIDO生物特徵認證解決方案
- Block Chain區塊鏈解決方案
- Smart ID多元身分識別
- Cloud HSM
- 金融憑證解決方案
- 車聯網資安

企業架站與APP防護 /

- DDoS防護服務
- ANDs先進網路防禦系統
- HiNet WAF網站應用程式防火牆
- HiNet IPS入侵防護
- HiNet SSL憑證
- 滲透測試/弱點掃描/APP檢測/紅隊演練

企業邊界與閘道管控 /

- NGFW/UTM資安設備
- FireExpert防火牆管理
- xTrust零信任網路系統

資安評級與管理合規 /

- 風險之眼服務
- ISMS/PIMS 顧問輔導
- 電子郵件警覺性測試
- VANS資通安全弱點通報平台

物聯網與工控安全 /

- IoT檢測
- 工控(ICS)資安
- 關鍵基礎設施防護

勒索、木馬、網路釣魚防治 /

- 企業防駭守門員/進階版
- 檔案安心存/VES
- xDefender情資聯防系統

服務網址：https://secure365.hinet.net 服務專線：0800-080-365

PROACTIVE CYBER DEFENSE

網海領航
堅強護衛

旗艦級服務　領航企業　守護資訊安全

www.cht.com.tw

中華電信
Chunghwa Telecom

企業資安

十年資安心裡話

今年是臺灣資安大會十周年，回顧過去十年，資安已經是國家安全等級的議題，我們邀集 27 位專家，暢談這段期間重要的資安人事物、應該記取的經驗、值得鼓舞的成就，以及對未來政策制定或是產業發展的建言或期許

台積電企業資訊安全處長

屠震

圖片來源／屠震

資訊安全管理觀念與心態

1：永續性

沒有任何國家或企業能免於網路攻擊。應對安全問題是日常必須，需要持續警惕和準備以減少風險。必須實施可持續的控制。

2：做對基本工作

根據美國眾議院對 Equifax 違規事件的報告（超過 1.4 億個個人信息被泄露），掌握基本的網路安全實踐可以防止重大的安全事件。此外，廣泛報導超過 99％的雲端網路安全事件都是由於配置錯誤造成的。

3：建立有意義的安全關鍵績效指標

在安全方面，沒有單一的解決辦法，因此組織建立防禦層，有時稱為深度防禦。關鍵績效指標應設計為捕捉和測量每一層控制的預期有效性。，例如，許多組織報告有關的邊緣阻擋的垃圾郵件或釣魚郵件的數字，防火牆非軍事區阻擋的被感知的互聯網掃描。儘管這些數字可能令人印象深刻，通常在每月數百萬以上，但對安全幾乎沒有價值，我將其稱為「用來對付坦克的步槍」。這是一個例子：一個有意義的關鍵績效指標是展示病毒越過第一道防線，被第二道防線檢測並發出警報。這將有助於改進第一道防線。

4：專注於關鍵績效指標例外管理

在我們建立穩健和有意義的安全關鍵績效指標之後，每個關鍵績效指標項目，必須有一個合理的目標。接下來，安全組織可以專注於監控和管理未達到確定目標的關鍵績效指標項目。

5：數據保護必須關注普通員工

大多數數據泄漏事件來自「無惡意圖」的員工，要麼是出於無知，要麼是為了尋找捷徑。組織的實際影響和損失，可能與由犯罪駭客造成的相同。

6：熟悉風險評估，補救成本，知道風險補救措施優先順序

資安主管必須掌握這些技能。安全是由風險發現推動的，有限的資源下，應將緩解成本納入風險補救優先順序。重要的是，要注意：不是所有風險都需要完全補救，有時可以接受風險。您有勇氣向首席執行官傳達這一點嗎？

鴻海科技集團資安長兼鴻海研究院執行長

李維斌

2014 年發現第一個針對企業的比特幣勒索軟體攻擊，十年過去，勒索軟體已成為最大網路犯罪類型，背後的網路犯罪集團一直有新血加入和我們滿手的技術債，讓這場戰爭看不到盡頭。未來十年的勒索軟體會是什麼樣子？我們又該如何因應？

面對一堆標新立異、快速在市面上流行的 buzzword（流行語），迷惑著高層和干擾我們，必須讓自己的專業跟上變化，才有能力判斷這些 buzzwords 裡面有多少是真的？還是 hype（炒作）？這是一項挑戰，我們必須警覺，並讓專業事實能說人話，以免工作被流行語言迷惑干擾。

強大的 AI 可以用於造福人類，也可能被用作武器。關於 AI 安全問題，目前沒有萬全的應對之策。除了擔憂，資安人對此能有什麼積極的作為？

口口聲聲喊資安很重要，實際現場卻是「做起來次要、忙起來不要」令人尷尬的窘境。但隨著資安意識越來越高，法遵對資安的要求越來越多時，聽其言觀其行，且看面對資安的作為是否會因此而有所翻轉。

面對資安事件的發生，不是「if」的假設性問題，而是「when」早晚發生的現實，提高資安防禦和應變能力應該是最佳的回應，但我們也應理解許多企業在考慮資安投資時會面臨成本和回報的迷思。因此，資安需要高層的積極參與和支持，以共同權衡這些挑戰，並促進組織更積極地投資於資安。

資安是個人能想到唯一有敵人存在的學問，這也容易造成舊經驗很快不適用，但新典範的建立卻缺乏前例可循的場景，專業人員的價值能要被重視才能強化逆境中適應的能力。

反常規的思維方式常使我們成為資安規則和實踐的執法者角色，但資訊安全是一項集體責任，我們必須進化成更具戰略性的領導角色，將資安規則和實踐與核心業務聯繫起來。我們必須要有能力連接各方利害關係人，促進彼此協作，才能更好因應不斷變化的挑戰。套句吳宗成老師的話：資安不是一個人的江湖，沒有你，沒有我，只有我們！

國泰金控副總經理

林佩靜

過去幾年，資安事件發生頻率和損失都持續攀升，主要原因包括：高度數位化發展帶來新的資安風險、地緣政治影響加劇資訊戰的發生、疫情爆發推動大規模遠距辦公讓防守邊界變得更加模糊、生成式 AI 快速發展讓影音詐騙越趨擬真等…，資訊安全面臨前所未有的挑戰，資訊安全議題已成為學校、企業、政府及國家必須面對的顯學。

現今各企業都積極的推動數位轉型，因為高度的數位化，不論在經營模式、商品規劃與服務面項上，均面臨非常大的創新挑戰。

另外加上新興科技的發展，包括雲端、大數據、區塊鏈、API 及 AI 等，也已經高度運用在企業的活動，因此企業的資安策略思維，除了要持續築高牆強化防護之外，更要在持續提高監控、高度管理供應鏈安全、強化各種演練、以及提升應變處理能力等，強化企業面對各種資安風險的韌性，確保企業在面對資安事件時可以快速因應與復原。

駭客攻擊手法勢必會持續翻新，甚至變得越來越專業和隱蔽，目前看起來各類攻擊事件也是不減反增。

因此，無論是企業還是個人都要提高意識，公私部門更該攜手聯防，建立全社會從消費金流到生活理財一個安全、穩健、可持續的資訊環境，保護資料和交易環境安全。

富邦金控資安長

蘇清偉

圖片來源／蘇清偉

10 年前的我是一個警察，當時主要工作任務是「依法維持公共秩序，保護社會安全，防止一切危害，促進人民福利」，這也是警察的使命，當然，也包含了保護人民生命財產的安全。

在 5 年前，宴請轉換公司的老長官，在杯觥交錯中，突然被問及：「有興趣轉換跑道嗎？金融資安」，當時發生許多駭客盜取個資、入侵金融機構、勒索攻擊等事件，尤其金融更是駭客最想攻占的產業，因為錢就在電腦裡，內心盤算，這是一個危險且具有高度挑戰性的工作，必須 7*24 小時面對來自四面八方的攻擊，可以勝任嗎？

轉換跑道 5 年了，保護好客戶的資產，是金融資安的核心任務之一，秉持警察緊急事件應變能力，以「早期預警、應變制變」策略，提升資安應變能力、及精進事件分析技能，才能面對一波又一波不曾間斷的網路攻擊，守護客戶的安全。

未來，在數位轉型、金融科技、普惠金融的帶動下，以及如未能有更好的防治駭客之道，金融資安將面臨更嚴峻的挑戰，「十年磨一劍」，利劍可以拿出來了嗎？或是再磨下一個十年呢？

國際票券金融公司副總經理兼資安長

羅天一

首先，正名及思維改變。在傳統資安場域當中，因為以資訊相關考量為主，是故安全的考量大都以商業的正常營運為主，所以，在資料上，著重文字與數字資料型態的保護，以及實體網路、設備的防護。

隨著各種載具及場域的出現，需要防護的範疇已跨域及跨國並涵蓋生活場域，所以，其資料更是「跨態」。除了文字、數字，更包含了圖形以及影音等不同型態的資料，如果仍然沿用「資安」兩字，多數人會認為那是「資訊單位」要負責的事。

但若以「場域」安全二字來考量，其所涵蓋的應與「人身及財產」的安全，或許以「數位安全」來取代「資訊安全」更為貼切，而且要由資訊單位所需負責的「資安思維」，轉變為全民都需有的「數位安全思維」。

其次，策略改變。若以「人身及財產」來考量，那數位安全就需評估風險及保險兩項策略：

一、**數位安全風險評估及管理**：可分為風險識別、風險分析和評估、風險處理，以及監控和複審等階段，實施方式上可參考國際標準如 ISO/IEC 27001 和 NIST 框架，建立與管理風險。

二、**數位安全保險**：是一種管理網路和資訊安全風險的策略，目的在減輕安全事件（如數據洩露、網路攻擊等）的財務影響。企業組織或個人可評估和建

立數位安全保險需求、選擇合適的保險產品及建立保險策略。

數位安全保險可能是一種風險轉移工具，但它並不能替代安全防護措施，而可將其視為一個損失賠付補償工具。通過評估、選擇合適的保險產品，並且建立有效的保險策略，如此應該可以較好地應對數位安全風險

合勤投資控股資安長

游政卿

回顧過去十年，科技產業的資安形勢可謂風起雲湧，資安事件層出不窮，駭客攻擊手法更是多姿多彩。新興技術快速發展為企業帶來嶄新挑戰。

面對快速變化的威脅，產業界逐漸認識到資安不再是單一部門的責任，而是與企業生存發展息息相關的關鍵因素。特別是隨著數位轉型的推進，企業核心業務與資訊系統緊密相連，漏洞可能導致災難性後果。因此，企業必須以攻擊者的角度審視內部系統，將資安納入產品設計、開發和服務交付的每個環節，並以高標準來推動資安政策的實施，將之視為事業策略的核心支柱。

新興技術的應用，如雲端、工業物聯網、供應鏈整合等，雖然帶來創新，卻也擴大攻擊面。傳統的邊界防禦已無法應對，企業需要升級為以情報驅動的主動防禦策略。利用人工智慧、機器學習等技術，及時偵測、回應資安威脅，對已知和未知風險進行超前部署，以應對多變的挑戰。

除了內部努力，產業安全的提升還需要產業鏈的協同合作。近年來供應鏈攻擊事件頻傳，突顯協力廠商風險管理的重要性。企業需要將資安要求推廣到每一個合作夥伴，並通過情報分享、聯合演練等方式，共同建立可信賴的供應鏈安全網，以應對整體威脅。

展望未來，隨著 5G、人工智慧、量子運算等技術的成熟，數位經濟將迎來更大的變革。產業必須警惕未來的資安挑戰，及早做好防護和風險管控，以贏得先機和信任。這需要企業內部及官產學研各界通力合作，從人才培養、創新研發、標準制定到法規調整等各方面共同努力，共建良好產業資安生態。

總而言之，產業數位化轉型已成不可逆轉的趨勢，而資安則是這場變革的重要保障。它不僅僅是一項成本，更是商機領先的關鍵。企業應以靈活、開放、共享的態度迎接變化，將資安納入企業文化，建立安全韌性並保持高度警覺、迅速應變的態度，開創安全、繁榮、可信賴的產業新契機。

台灣大哥大資訊長

蔡祈岩

圖片來源／蔡祈岩

過去十年來，臺灣在資安意識的提升方面取得了顯著進展，這種變化橫跨了各行各業，包括公營和民營企業。

在這段期間，我們見證了這些企業對資訊安全的投入日益增加，不僅反映了對保護數據的重視，也突顯了整體社會對於資安威脅的認知提升。

令人鼓舞的是，臺灣的資訊安全產業不僅穩步發展，更孕育出許多成功的新創公司。這些公司在國內外市場上都表現出色，推動了創新技術的發展和應用。

然而，儘管已經取得了一些成就，我們仍有潛力可以更進一步。目前的成果雖然值得慶賀，但我們完全有能力達到更高的標準。

展望未來十年，期待臺灣在全球資安領域達到世界一流的水準，在全球資安舞臺上發光發熱，不僅保護國民的安全，也為全球資安治理貢獻臺灣的智慧以及力量。

銀行資安主管

李嘉銘

感謝蔡福隆先生在強化金融業資訊安全防護方面所做的努力和貢獻，他的領導和影響力有助於提高整個金融業對資訊安全的警覺性和應變能力，保障了金融系統的穩定和安全。蔡福隆先生以他的學術背景和豐富經驗，擔任金融監督管理委員會主任秘書，並在行政院主計處和金融監督管理委員會等單位歷任多個高階職務。他在金融業資訊安全方面的貢獻是多方面的，特別是透過他的領導力來提升金融資訊安全的能量與跨機構聯防，從以下五大面向：

1. 公私協作：提倡政府與各級別公會共同合作，協力分工，根據不同的資安需求給予協助，同時與其他國家的資安組織建立情資分享，以更好地掌握國際資安情勢。

2. 差異化管理：着重強調政府提供重視資安的組織文化，鼓勵設置資安負責單位或人員，並遴聘具資安背景的董事或顧問，以及執行資安長、資安專責單位等措施。

3. 資源共享：支持金融業建立虛擬監

控應變指揮中心，負責全天候的資安監控，並鼓勵金融機構在風險評估和管理上進行資源共享。

4. 激勵誘因：呼籲系統化地培育金融資安專業人才，增加校園內資安相關領域的師資，並鼓勵資安人員取得相關證照以提升專業能力。

5. 國際合作：主張加強國際合作，與他國共同應對資安挑戰，共享經驗和技術，建立更安全的國際金融環境。

金管會主任秘書

蔡福隆

圖片來源／蔡福隆

在「資安就是國安」的政策宣示下，這十年來對資安的意識與防護水準都有顯著進展。其中令人欣喜的成果：

1. 資安法的施行，讓資安正式法制化：資安法對政府機關、財團法人及關鍵基礎設施等資安防護要求，有具體成效；同時辦理資安法業務需求，亦需增加各單位人員編制及待遇。整體而言均有相當大的助益。

2. 一定規模的金融機構及上市公司要求設置資安長、成立資安專責單位：讓資安長制度可以在民間企業萌芽，使公司高層重視資安，可以爭取更多的資源投入到資安工作上。資安部門的成立，讓企業可聘用更多資安專業人員，充實資安人力。

3. 八大關鍵設施資安聯防體系的成立，提供領域內相互技援。讓各個機關不再單兵作戰，可以用團隊的方式來與駭客對抗。

尚待努力之處：

1. 企業資安仍有待加強：由於資安法範圍並未納管企業，企業受駭客攻擊的風險日增，惟企業對資安的意識及資安資源的投入尚待加強。

2. 國內資安產業企待轉型：國內資安產業仍以引進或代理國外資安產品為主，自行開發的資安解決方案或產品仍少，易為國內資安產業發展瓶頸。

3. 資安仍屬勞力密集的產業及工作：如何導入自動化及 AI 的模式，協助低階資安工作人力的轉移，提升生產力，刻不容緩。

未來的期望：

1. 公私協力合作：資安不是一個人的武林，需要產官學研公會等單位合作與努力，才能打造國家資安防護長城。

2. 資安要超前部署：資安部署永遠要走在駭客的前面，才能免於受駭客挨打；同時，要膽大心細、隨時保持高度警戒，才能永保安康。只有資安作得好，大家才能沒煩惱。

3. 資安人才培育要多面向化：人才培育除了資安專業領域外，仍要熟稔網路、作業系統、應用程式、資料庫等相關資訊課程。

行政院公共工程委員會副主任委員

葉哲良

為回應產業、學界人士呼喚逾 20 年的政府資訊服務採購革新作為，112 年 9 月工程會偕同數位部，發布《資訊服務採購作業指引》；後續亦將發布《資訊服務採購經費估算編列手冊》，以「指引」取代「修法」程序，加速革新腳步，其中包括採不訂底價最有利標（固定費用／率）、遏止買菜送蔥（機關恣意要求回饋）、多元爭議協處、預算合理編列、強化資安因應駭客攻擊等主軸納入指引，引導機關與產業界合作辦好資訊服務採購。

而在化解積累 20 年的議題過程中，遭遇重重挑戰。以強化資安防護為例，我們達成下列目標：

一、建立資安基本要求，快速導入契約，增強應變韌性：工程會 112 年 9 月訂定「各類資訊（服務）採購之共通性資通安全基本要求參考一覽表」，機關人員管理的資通系統，可依資安法核定防護需求等級，參考一覽表擇定資安項目，即時導入個案契約落實執行。

二、編列一定比率資安經費並獨立列項統計：在計畫層面，依「六大核心戰略產業推動方案」，各機關提報中長程計畫，應就其資訊建設經費編列一定比率之資安經費；在個案採購層面亦應依「資通系統籌獲各階段資安強化措施」單獨佔列資安經費並達一定比率。

未來，因應資訊雲端化及循環經濟趨勢，政府以取得雲端服務代替傳統購買的模式，將成為資訊採購主流，但不論採購人員的心態、主會計制度、採購契約內容，都必須有新思維、新轉變。

因此，我期待能持續凝聚各方專業及共識，建立雲端服務專用的契約範本，引導機關邁向雲端。

另外，在資安部分，將統計各部會年度資安經費佔 IT 的佔比，並與全球相關領域數據比對，以供施政參考，達資安與國安同時兼顧的目標。

中華資安國際總經理

洪進福

非常恭喜臺灣資安大會創造了令人驚奇的資安黃金十年，我個人有幸躬逢其盛，可以見證這段歷史的發展，也為

受惠臺灣資安大會的產業助力，致上萬分的敬意與謝意。

圖片來源／洪進福

2015 年以來，資安趨勢和技術開展成為臺灣資訊安全領域的重要盛事，促進產業交流與知識分享；接續的「軟硬兼施，攻防並重」開啟資安實戰案例和技術分享，吸引了更多來自產業界的參與者，規模擴增；再以「進化與變革」為題，聚焦資安趨勢的變化和新興技術的應用，也增加了工作坊和培訓課程。

2018 年開辦了「臺灣資安館」，提供我國資安業者一個面向市場的平臺，2019 年更是首度增加了「Asia Cyber Channel Summit」，為國內資安產業建立鏈結國際市場、擴展國際資安商機的跨界合作和國際交流平臺，吸引了更多國際知名的資安公司和專家。

2020 年後的大會更強調了整個資安產業生態系統的重要性，打造產、官、學、研的合作，也開展更多的創新活動和競賽，鼓勵青年學子參與資安領域，助力資安人才培育。

而在近年的大會主題當中，更重視資安技術與產業的創新應用和合作模式、探討網路安全和個人隱私的保護、人工智慧對資安的影響等議題。

臺灣資安大會毫無疑問是國內最大最具有影響力的資安盛會，期許未來可以擴大國際資安交流的規模，提升成為「亞太最大最具影響力的資安盛會」，也可以思考將全世界都關注的區域網路資訊安全合作、詐騙或網路犯罪防治合作等議題納入對話，不但藉此可以提升影響力，也可以幫上芸芸眾生。

綜觀臺灣資安大會歷年的發展，可以看到其不斷擴大的規模、日益豐富的內容，反映臺灣在資安領域的積極探索和創新精神，也為全球資安領域的發展做出了積極的貢獻。祝福臺灣資安大會再創更豐碩、更巔峰的黃金十年！

TXOne 睿控網安執行長

劉榮太

臺灣資安產業日益蓬勃，政府高度重視資訊安全並高舉著「資安及國安」的大旗，過去十年來的資安人才培育，

圖片來源／劉榮太

以及資安政策與制度的實施，也取得了顯著進展。

事實上，國內的資安產品公司在這段時間也開闢一條成功之路，代表了臺灣在資安技術領域的實力已經從產品化、市場化的階段發展至企業軟體形式，並朝向全球市場邁進。

臺灣一直以來憑藉高科技製造業聞名全球，然而，軟體的產值相對較低，鮮少有軟體公司能夠成功上市或透過併購走向國際舞臺，尤其資安更是一個獨特的利基市場。

然而在約莫十年前的 2013 年八月，Proofpoint 併購了阿碼科技；隨後在同年十二月，Trend Micro 併購了威播科技；2014 年二月，Verint 又併購了艾斯酷博。短短半年間，三家國內資安公司相繼被國際大廠併購。

原本這些國內資安公司以技術為主，對於自有品牌的商業模式和全球產品行銷相對陌生，然而，透過與國際大廠的合作，這樣的經歷對於資安人才的全球視野和運營能力，帶來莫大幫助。

十年後我們回顧今天，有 Cybavo（博歐）被 Fintech 獨角獸 Circle 高價併購，

CyCraft（奧義智慧）獲得新加坡創投的資金，TeamT5（杜浦數位安全）獲得日本創投的投資，而 TXOne（睿控網安）的 B 輪增資，更是全年度臺灣最大的投資案。這些公司已經走向國際，為全球客戶提供 Fintech、IT、OT 等不同領域的服務。

如今臺灣不再是新創的荒島、軟體的荒漠，我們擁有技術實力，並且具有臺灣人獨特的勤奮和以客為尊的精神。只要我們能夠緊密鏈接全球資金，並且在品牌建立和全球運營下功夫，相信未來十年我們一定可以開創新局，實現產業的升級。

XREX 共同創辦人暨集團執行長

黃耀文

我創辦的第一家新創公司是資安軟體公司阿碼科技，產品與服務的推廣、與最後成功出場，被

圖片來源／黃耀文

美國納斯達克上市公司 Proofpoint 併購，我認為其中一個關鍵要素是「出海」，是否可以成功打入臺灣以外的大型國際市場。

臺灣資安產業有足夠的人才，也有很大的潛力能開發出國際級的產品，但是，是否能夠成功擴大至一定規模，維持長期獲利與發展前景非常重要。

這也讓我們了解到，整體產業發展的關鍵，在於如何讓這些公司擁有國際競爭力，無論是從相對鄰近的日本市場開始延伸，又或是進入像美國這樣具有指標性的大型海外市場。

在這次我們第二次創業，成立區塊鏈金融機構 XREX，特別觀察到在區塊鏈產業合規技術（RegTech）的需求正快

速增長，而目前大多數 RegTech 廠商主要服務歐美市場，尚未有強大的亞洲市場的供應商。

我認為臺灣絕對有實力做出服務亞洲市場的頂尖 RegTech 產品，並且這個市場的迅速成長，也為現在的資安廠商提供值得思考的新機會。

VicOne 汽車網路威脅研究實驗室
副總裁及趨勢科技全球核心技術
部門資深協理

張裕敏

歷經 Shellshock 漏洞、Heardbleed 漏洞、WannaCry 勒索蠕蟲、Log4j 漏洞、SolarWind 供應鏈後門等一連串資安事件之後，2024 年又迎來開源軟體 XZ Utils 被植入後門事件。

這十年間，我們目睹了許多重大資安事件的發生，這些事件揭示了資訊安全領域的諸多問題，包括漏洞管理不夠、資安應變不實、災害復原緩慢、經費缺乏以及資安人員不足等等。

Heardbleed 漏洞的存在讓許多企業陷入了困境，因為他們無法及時修復漏洞，這導致駭客有機可乘，進而取得關鍵資訊進行後續入侵。而 WannaCry 勒索蠕蟲的快速傳播，暴露企業在資安人員不足的情況下無法迅速應對的問題，造成了巨大的危害和損失。

「資安很重要」這句話我們常常聽到，但是當系統急著上線的時候，企業往往會妥協資安，這成為了一個普遍存在的問題。除非企業曾經親身經歷過資安事件危機，否則他們往往難以意識到資安的重要性，也難以真正投入資安工作的落實之中。

然而，我們也見證到了一些企業，甚至是個人，對資安有極高的重視和執行力。他們不僅落實了資安措施，還時時刻刻保護著機密資訊，這些企業和個人是值得我們學習和效仿的典範。

希望在未來十年，資安能夠得到更加充分的重視和投入。我們期待著在未來的問卷上，能夠寫下「資安經費充裕、資安人才濟濟、企業落實資安比率超高」的感想，這代表著我們在資訊安全領域取得了巨大的進步和成就。

安永管理顧問公司總經理

萬幼筠

圖片來源／萬幼筠

我國資安從成為政府關鍵風險開始，進展至成為產業政策，並更進一步成為國家安全戰略，甚且成為國家競爭力利器，作為善盡地緣政治的聯盟義務，均與國家發展的脈絡一致。國家資訊安全戰略從官方、公營機構，亦透過資料保護、數位競爭戰略，推動至民間大量投資參與，形成一股創新來源力量。

人才培養是目前的硬傷，除了學校的培養緩不濟急，社會與產業的自行培養，除少數關鍵產業外，接大量從政府挖角人才，使得資安人才與產業契合度還有進步空間。目前許多資安防禦概念，還停留在網路安全底層防禦，缺乏高階與產業應用級的資安人才。

由於產業風險的差異性高，演化成有營業秘密保護、個人資料保護、假新聞防禦等諸般需要，因此資安治理訓練與實戰能力的培養乃我國欠缺。

另針對數位革新的未來趨勢，包括量子資安、人工智慧資安、供應鏈資安等，我國均呈現政策著急、推動與民間認知沒法跟上，這是監理機關與數位部會須注意的面向。

但資安成為企業風險與企業社會責任之不可或缺，也是整體國家風險管理能力最值得鼓舞的成就.

BSI 英國標準協會東北亞區總經理

蒲樹盛

科技風險在過去十年緊追在屢創全球氣候高溫的環境風險後，但是，隨著科技應用蓬勃發展，而這些風險卻仍舊看不到解方，以及減緩的跡象。

我們可以從下列三點觀察。

1. 全球科技風險惡化：科技風險從數年前的網路安全、個資隱私保護，以及關鍵基礎設施中斷，演變為因 AI 科技導致的假消息，以及數位力量集中化，在在顯示因科技力落差而形成的「強者恆強」失衡局面！

2. 全球環境風險居高不下：環境惡化導致的永續風險已經成為全球的共識。多數國家及國際客戶已明確要求 2030 供應鏈碳中和、2050 淨零碳排。

3. 風險管理與法遵要求趨嚴：因風險無法獲得控制，導致日趨嚴格的法遵要求，令組織的管理成本持續增加。

以歐盟為例，2018 年為保護個人隱私制定全球最嚴格的 GDPR，最高罰責為違反組織之全球營收的千分之 4；2023 通過數位服務法，最高罰責為違反組織之全球營收的千分之 6；而近期通過的 AI 法，更將最高罰責提高為違反組織之全球營收的千分之 7。由此可見科技高度發展與風險的重要性！

因為數位轉型與永續轉型將成為組織韌性最關鍵的要素。因此,企業也應該強化數位應用發展與數位安全,建立數位信任環境,並以數位轉型方式減少能耗與碳足跡,以數位應用幫助組織淨零碳排,讓環境永續得以實現,為未來世代提供永遠發展機會。

KPMG 亞太區政府領域資安主持人
暨安侯企管執行副總經理

邱述琛

圖片來源／邱述琛

很開心臺灣非常努力地訂定了資安法,終於有明確法源基礎,可用以推動各項工作,但是,在推動過程中,也發現了法遵涵蓋程度(例如:資安法目前僅涵蓋政府機關、關鍵基礎設施業者及特定非公務機關,尚未包括其他產業)和推動(對應政策要求的實際作業方式與經驗分享)的困難之處。

其實資安工作千頭萬緒,非常辛苦,既要技術、更要用心。資安的理想很崇高,但實作還是得從基礎做起,特別是法遵要求,建議可能先從「作得到」開始,再逐步朝「作得好」努力!

也很開心臺灣成立資安署,除了有更多專業人力投入資安工作規畫與推動,因為資安署也要實際遵守並執行各項資安法遵要求,所以,更有機會找到適用的技術工具,並發展出可實作的技術方案與 SOP。

資安署本身透過實作,也可以發現政策與實作間的距離,除了可以將更新、更好的作法分享給其他單位,減少大家的學習曲線,在推動進程中,更可以用與其他機關一起合作的方式推動,達到事半功倍的效果。

資安推動很不容易,一定要群策群力,透過相互學習、彼此交流,才能以最有效的方式一起進步。

雖然發現缺失很重要,但是,改善缺失更重要,而改善缺失的基礎,就是要有「作得到」的方法,這樣才能有效地讓其他單位不再犯相同的缺失。相信在大家的不斷努力之下,臺灣的資安將不只是國力,更可以創造國利!

安永諮詢服務公司執行副總經理

曾韵

圖片來源／曾韵

觀察過去十幾年諮詢顧問公司服務的重點,從協助客戶建立資訊安全管理機制、營運持續管理機制、個資管理機制等著重預防性控管領域,移轉到個資或營業秘密外洩調查、資安事件調查等事件鑑識與應變處理的協助,到後來更著重在偵測機制的建立,以期即時發現與損害控制,資訊安全領域不再著重在特定面向而轉向全面發展。

此外,近幾年隨著各種新興科技運用與數位轉型議題,對於資訊安全人才的要求,不再只是傳統的技術或控管的訓練,更加要懂得法律、瞭解業務才能更加協助企業做更好的治理規畫。

市場對資安的需求持續增加,而資訊安全人才的專業分工愈加細化,也更難培育。我們已經可以看到政府或一些組織推出的人才職能地圖,各個學校也設立了資安的學位,期望可以看到系統化的資安人才培育方式,快速培養大量人才提供企業。更建議企業組織也應該規畫人才培育計畫,以協助既有的資安人才能夠快速提升、跟上日新月異的資訊安全議題。

勤業眾信聯合會計師事務所
執行副總經理

簡宏偉

圖片來源／簡宏偉

經過多年來各位先進的努力,臺灣的資安逐漸開花散葉,尤其在法制化、產業化,以及政府機關內化的部分,都達到一定的成效,這不是只有資安領域的功勞,而是各領域跨界合作,從產業界、學界、社群等方方面面的投入,才能夠達到的,未來有幾項挑戰,必須要克服。

1、帶領產業走向國際。

臺灣人才的能力和智慧是資安產業最重要的資本,這幾年資安產業在臺灣的發展,涵蓋面夠廣,接下來,是要往國際發展,競逐國際資安市場。主事者必須要建構一個整合平臺,讓不同資安業者可以聚合、成為具備高度專業和特色的資安服務,找出我們的利基點,進而開拓新藍海。

2、協助企業內化。

企業將本求利,法遵僅是最低要求,主事者必須和企業共同找出資安的切入點,將資安從成本轉型為投資,也要協助資安部門和企業的業務結合,才能讓董事會重視資安,將資安提升到治理層級,才能內化、成為企業的重要基礎。

3、提升資安到下一階段。

傳統的防護架構和觀念已經不足以應對現在複雜的環境,資安必須轉型為主動式防禦作為,落實真正的韌性,將防禦邊界往外擴展,善用大量資料進行分析,從事前告警轉化為事前防制。

4、整體數位法律架構。

這是目前最缺乏也是最急切要做的，主事者應該要從整個國家的角度，提出整體數位法律框架，讓各方均有所遵循，尤其必須重視 check and balance 的制度設計。

臺灣大學資訊管理系教授

孫雅麗

圖片來源／孫雅麗

10年來資安攻擊事件越來越多，攻擊手法與態樣也同步愈來愈複雜、智慧化與多元；資安議題不再局限於技術層面的防禦，更加入資安治理與管理、以及開放軟體及供應鏈攻擊等重要議題。

臺灣資安大會創辦以來，我也多次參與，不管是以學者的身分，或是以官方身分參與，都能夠將我認為重要的議題與訊息跟大眾交流，也能從大會所邀請的產業廠商代表的演講與參展中，獲取寶貴的資訊，這是一個重要的平臺，謝謝 iThome 主辦單位的用心與認真，受益良多。

臺灣科技大學資管系教授兼
資通安全研究與教學中心主任

查士朝

這些年來資訊科技不斷的發展，資安事件的影響也越來越大，社會大眾以及各國政府也更加重視資訊安全。可以觀測到以下的趨勢：

1、萬物皆有風險：從 2016 年 Mira 病毒肆虐以來，大家發現各式各樣的連網設備，皆有可能被攻擊，甚至可能被當作跳板去進攻其他設備。因為這些作業科技與實體世界相連接，也會造成實體生命財產的損失。

2、駭客攻擊手段多樣化：黑帽駭客會採用各種直接或間接的方式，入侵企業系統，甚至透過收集網路上已經外洩的資料，去對其他企業發動攻擊。

3、國家級駭客與駭客集團的威脅：近來有許多國家支持的網軍或黑帽駭客進行駭客活動，因為有額外的資源支持，因此可以進行更大規模的資料收集與攻擊，甚至會將資訊戰作為戰爭的一種手段。

4、新興資訊科技帶來的資安威脅：企業使用 AI 等新興科技時，需要評估會不會因此造成資料外洩等問題；在另一方面，雖然這些科技可以用來偵測資安攻擊，但是，目前會被用來進行深偽詐騙或進行攻擊等，這也使得企業或組織面臨更大的威脅。

展望未來，資訊安全工作沒有停止的一天，許多舊式資訊設備即便在某時點沒有弱點，不代表之後沒有弱點。只有透過不斷的接收相關的威脅情資，以識別可能的威脅並進行因應。

而駭客投注來進行攻擊的資源，可能遠大於企業的資安預算，也需要與國家或其他組織合作，共同推動資安。因此，除了識別重要的資訊資產，並且採用主動式防禦外，可能更要認為資安事件一定會發生，而預先規劃好因應策略。

陽明交通大學資訊工程學系教授兼
網路工程研究所所長

黃俊穎

資安十年的「變」與「不變」。

圖片來源／黃俊穎

近十年來資訊科技突飛猛進！若要用一個字形容，那大概就是「變」。新興技術包括：物聯網、區塊鏈、量子計算、人工智慧、5G/6G、衛星通訊，以及無人機、自駕車等等，都在這幾年陸續落地。

新技術的推廣使得數位轉型不可避免，唯有導入新技術，產業才能在激烈競爭下領先同業。而這些變化不僅影響個人和組織對於資安的需求，也改變資安人才的培育方式。

在資安需求方面，數位化程度的提升讓環境面臨越來越多的資安挑戰。過去較為封閉的系統和網路環境逐漸開放，讓系統的可攻擊面愈來愈廣。而隨著大數據和人工智慧的應用，對於資料隱私的要求也日益嚴格。我們需要擁有更加全面和多樣化的資安解決方案，以應對不斷演變的威脅環境。

人才需求和培育方式也有所不同。個人有幸參與這十年來社群、學界、和業界在資安人才培育的工作。有別於傳統專注於教科書上的理論，資安人需要具備更廣泛的技能和知識。國家需要資安產業，更需要產業資安。資安意識必需推廣和普及。而資安人才培育除了理論基礎，也要結合實際案例和模擬演練，提升實作能力和問題解決能力。

即使技術變化劇烈，我們仍有機會以不變應萬變。不變的是資安人依然需要紮實的基礎能力，並對技術保有不減的熱誠和學習態度；變化是新技術發展的必然結果，也是數位轉型帶來的挑戰和機遇。唯有不斷學習和創新，資安人才能夠滿足組織日益增長的安全需求，並在不斷變化的資安領域中保持優勢。

臺灣大學資訊工程學系副教授

蕭旭君

圖片來源／蕭旭君

因為大眾的數位素養增加且個資外洩事件頻傳，近年社會各界對網路隱私和資安的重視程度與日俱增。

回憶起這十年來的大事件，歐盟於2018年生效的一般個人資料保護規則（GDPR）是一個重大里程碑。GDPR賦予歐盟的公民更多對個人資料的自主權，要求企業在蒐集和處理資料時必須經過使用者的明示同意，這項法規不僅影響了歐洲，也為世界各國的隱私法規立下典範。

不過，在追求個人隱私的同時，也產生了隱私和國家安全之間的張力。近年恐怖主義、戰爭威脅、網路犯罪、兒少相關犯罪與詐騙等等，導致不少國家透過修法或加強管理手段，如英國通過調查權力法案（Investigatory Powers Act 2016）賦予政府權力調閱網路上的資料與紀錄，更多人也聽過中國的金盾工程為加強對網路內容審查和過濾。

2019年底爆發的COVID-19疫情，更讓隱私與公共利益之間也形成拉鋸。為加強疫調的效率，多國政府啟動手機追蹤等防疫科技，有效助力疫情管控，卻也引發了隱私遭侵犯的質疑。

近年大型語言模型（LLM）的興起與生成式AI普及，資料收集和使用的規範相對缺乏，其是否大規模出現隱私洩漏問題，值得國人重視。

從上述案例可見，在隱私權議題與公眾利益、國家安全等核心價值常常不可避免地產生張力。面對這些「對峙」，需要在科技、法律與社會等不同層面，尋求最佳的權衡。

從技術面來看，隱私強化技術相關創新研究是重要課題，如加密與匿名通訊技術、隱私保護資料分析、零知識證明等，期能最大限度實現隱私保護，且不損害功能性、可用性和系統效能。

此外，立法與社會也扮演關鍵角色。需要透過制定合理、明確的法律規範，明確界定隱私權的範圍，並建立必要的隱私保護機制。同時，提升全民的資安與隱私意識，形成「直覺型」尊重個人隱私的社會共識，也是不可或缺。

元智資訊管理學系助理教授

王仁甫

圖片來源／王仁甫

非常感謝李德財院士擔任國安會諮詢委員，為總統擬定資安即國安1.0戰略，促成《資通安全管理法》、《國安法》2-2條，以及《情工法》修法，使關鍵基礎設施的資安建設有法可遵，讓資通電軍成為準情報機關，再邀請國內資安產業提供量能，協助8大關鍵基礎設施聯防體系的建構，打下我國資安韌性的基礎。

後續李漢銘諮委因應境外敵對勢力網路戰威脅升溫，升級資安即國安戰略至2.0，啟動主動式防禦資安體系。

但隨著境外敵對勢力運用AI技術，將網路戰升級為資訊混合戰，資安防守範圍，也擴展至防詐騙及阻擋認知作戰，故臺灣仍須要設立資訊服務法、AI法規、6G應用法規，及修調資安管理法、個資法等相關法規，加大大學研究經費支持，連結資安產業技術，共同培育資安跨領域人才量能，以及提供國內自主研發資安產業發展基金，加速該產業研發量能，擴展國際品牌及通路，期待政府研擬資安即國安3.0戰略，提出防護智慧臺灣的完整資安藍圖。

TXOne Team Lead of TXOne PSIRT
and Threat Research

馬聖豪

圖片來源／馬聖豪

資安過往被認為是做駭客生意的壞事，或僅是少數寡頭巨獸般存在的大企業、國防產業、政府才需在意的問題。

十年來諸多組織、學界、社群與政府的聯合努力下，已開花結果並成熟，如臺灣駭客協會、HITCON、AIS3與數位發展部，民間已從過往的排斥、到現在大多臺灣企業內部開始落實資安產品導入、與程式碼品質的審核以減少產品端上的高風險漏洞發生等。

其中CYBERSEC（臺灣資安大會）的大力努力推動功不可沒，提供臺灣本地研究社群，類似對岸烏雲與吾愛破解般的豐富舞臺，與遭受攻擊風險的企業得以交流成長，唯有攻守方攜手進步，才能創造難以攻破的安全組織與產品。

在可預見的未來，如GPT驚艷全球，人工智慧與大語言模型將逐步取代高度繁複且注重人力卻核心的工作任務，如程式碼稽核、一線客服諮詢、定點巡邏無人機與自駕車等。

然而，任何有程式與軟體存在之處便存在的資安威脅、在輔以人工智慧技術之自動化的未來，軟體將逐步接管我們賴以生存的真實物理世界，使資安行業在全球總行業的比例愈發顯得重要。

現在的我們正處於關鍵時代，期待與

CYBERSEC 社群研究能量一同成長，並為臺灣乃至全球關鍵零組件地位守護安全、建構更加安全的世界以抵禦來自跨國攻擊的惡意。

TXOne 威脅研究經理、
HITCON CISO Summit 總召

鄭仲倫（Mars Cheng）

圖片來源／Mars

過去十年，資訊安全領域無論在臺灣或全球，都逐步成長為顯學，受到政府和企業高度重視，逐漸形成了成熟的供需生態鏈。在美國，成立網路安全暨基礎設施安全局（CISA／DHS）；在歐盟，推出一般資料保護規則（GDPR）。

臺灣除公布《資通安全管理法》，增強政府單位資安防護，金管會也促進上市櫃公司強化資安管理，這系列措施持續強調資安日益受重視的趨勢。作為資安從業人員，我們對整體環境朝向更為完善階段的發展抱持深切期待。

同時，為了解決資訊安全人才供應的問題，多國政府和學術機構不遺餘力，從學校開始著手培育人才。例如：臺灣的教育部，推出先進資通安全實務人才培育計畫（AIS3），韓國有 Best of Best（BoB）計畫，日本設有 Security Camp，而在亞太地區，亦有 Global Cybersecurity Camp（GCC）等國際訓練和交流項目，逐漸讓資安人才供給趨向穩定。雖然補齊業界對資安人才的巨大需求仍需時日，但已是好的開始。

我們期望未來資安不再是特定政府單位或企業關注領域。資安無處不在，與每個人的生活緊密相連。將資安普及

為全民必備的通識，讓大眾對於資安威脅擁有基本且完整的了解，從而建立全民的資安素養，預防各式潛在的網路威脅和攻擊，我想該是接下來的願景。

在 2022 年的臺灣駭客年會，我們特意開放一定數量的免費票，希望吸引更多人接觸、認識並了解資安。然而，普及資安知識並非一蹴而就，期待與資安領域的同仁攜手，共同為產業乃至於大眾日常生活建構更安全的網路環境。

CRETIX Security
（ aka Hacker.org.tw ）前站長

陳浩維

1. 盼當責機關擔起資安施政主導角色，回應國民期待：以保衛國家資訊安全為首要任務，應成為更主動的政策推動者和執行者，將有限資源用於符合職責與格局的事務，期盼當責機關效法美國資安最高主管機關：網路安全暨基礎設施安全局（CISA），大力主導各級政府資安作為，並與產業深度合作推升整體資安發展。

2. 加強民眾與專家資安施政的參與及貢獻：即使是資安從業人員，未必清楚業務主管機關、架構和業務範疇。若能確立角色與職責，有助於政府政策溝通和推行，民眾或企業遇資安問題時，能循途徑尋求協助。而在專家參與方面，可仿效 CISA Cybersecurity Advisory Committee 架構，於數位發展部或國家資訊安全研究院設立資安諮詢委員會，廣納國內外資安從業領導者，藉由專業意見和資源為資安施政貢獻心力。

3. 任命國家資安長及資安領域無任

所大使：對內參考美國政府依 Cyberspace Solarium Commission 國會報告而立法設置的白宮國家資安長辦公室；從國家層級推動資安戰略，任命有實戰經驗的專責資安首長擔任國家資安長，賦予權責有效統籌政府部會資安戰略的貫徹。對外 Taiwan Can Help 策略可延伸運用臺灣資安領域的無形資產和聲譽，拓展網路安全外交（Cyber Diplomacy）；設立臺灣首位資安領域無任所大使，作為與歐美資安大使的交流對口，促進國際資安合作，貢獻該領域經驗與技術能量，推動臺灣網路空間的國際政策和資安發展的正面影響力。

4. 內部威脅須與外部威脅並進重視：在資安實務方面，（一）建立完善的安全查核制度：由專責單位（如美國責成國防反情報與安全局 DCSA）執行持續查核；確保政府機關內部和外部合作單位、承包商等各級涉密人員，皆依安全存取等級接受初始和持續查核，確實掌握可存取政府機敏資訊的人員名單，加強資料保護避免外洩。（二）應建構應對內部威脅的資安能量和政策：當今資安技術和架構改變，由服務面或伺服器攻擊對內部機密的影響較收斂；反而人員滲透或失誤等內部風險的損失更高。針對保護內部秘密，政府或企業可仿效美國根據總統行政命令，要求關鍵基礎設施或重要政府機關設置內部威脅應對計畫（Insider Threat Program）；以現役員工、第三方協力人員及離職員工為對象，在兼顧隱私保護下，打造預防、偵測、調查內部威脅的職能，嚴格施行機敏資訊存取的權限管控（如套用最低權限原則）及持續追蹤資料流向。另主動蒐集可能的內部間諜風險資訊，減低未授權資料外洩的可能性。當臺灣將資料和資訊保護控管拉高到與歐美同級，有助於更緊密的國際交流及合作。

F5 改寫 AI 時代的應用安全-
API Security Everywhere

2031年將有超過10億個 API 在使用，72% 的
企業使用兩個或更多的雲端服務供應商，面對
混合和多雲架構的複雜性，您需要全面的 API
安全解決方案，輕鬆識別所有應用程式的所有
API 端點，並監控異常活動或影子 API，包括
阻止可疑請求和端點，以保護和強制執行政
策，讓企業能夠自信地進行創新。

F5 Distributed Cloud API Security

發現並保護每個端點，透過在開發和生產層使用自
動偵測，即時偵測並阻止 OWASP API Top 10 中列
出的攻擊。

分散式安全性

F5在您的API所在的各處運作 - 在資料中心、跨雲端、邊緣環境、行動應用程式背後以及在您的第三方服務整合中。

可視性與自動API發現

提供全面的可視性、洞察力和高度訓練的機器學習,輕鬆識別API使用模式,持續發現並自動保護API背後的關鍵業務邏輯。

生命週期安全

透過 CI/CD 工具或領先的 API 管理供應商,將安全性整合到 API 生命週期流程中。

機器學習維護一致的安全性

採用基於API模式學習、自動風險評分和基於機器學習的流量監控保護,提供積極的安全模型。

創新結合數位策略與安全性

F5將API安全性與數位策略相結合,並簡化操作,加快從開發到部署和維護的應用程式現代化進程。

生成式AI開啟資安新變革

AI資安 2024

在生成式AI應用的大勢之下，使得偽造新聞
與精準網路釣魚造成嚴重危害，但同時也為
資安防禦帶來不同的新面貌，甚至成為扭轉
攻防不對稱態勢的新利器

撰文、攝影⊙羅正漢

生成式 AI 崛起，是強化資安的大好機會

對資安領域而言，生成式 AI 被寄予厚望以扭轉攻防不對稱態勢，3 月底微軟展示 AI 資安助手之後，多家廠商的這類功能相繼亮相，使 AI 資安邁向新階段

這些年網路威脅加劇，資安人力卻總是補不滿，如何翻轉攻防不對稱的局勢是資安發展重心，而 AI 應用正是大家期待已久的技術。

回顧 2023 年生成式 AI 應用成形與爆發，資安界憂心攻擊者的技術門檻大幅降低，能發動更大規模且複雜的攻擊。但是，水能覆舟，亦能載舟，生成式 AI 同樣有助於資安，催生出新的防護作法。

儘管通用生成式 AI 問題持續受探討，AI 監理規範也正持續發展，像是建立 AI 風險驗測方法，評估 AI 生命週期的資訊與資料安全需求，以及 2023 年下半的種種指引與立法，雖然確保生成式 AI 的安全性很重要，不過，鎖定領域專屬的局部應用，也已經是重要的發展方向。

基本上，資安業者採用 AI/ML 提升本身產品與服務的能力，早就已經不是新鮮事，甚至越來越多廠商強調，他們發展的資安解決方案要以 AI 為中樞，而在 GPT-4、PaLM 2、Llama 2 等多個大型語言模型（LLM）引領之下，不僅帶動當前的生成式 AI 興起，也再次掀起 AI 資安浪潮。

因此，這一年來生成式 AI 的應用，不僅微軟與 Google 的一舉一動備受熱烈關注，許多資安大廠發展與導入的態度也很積極，令人驚喜的是，臺灣多家資安業者也不落人後。

在 2024 年可以預見的是，對於資安領域而言，生成式 AI 可望帶來完全不同的新面貌，而且，也有許多資安專家

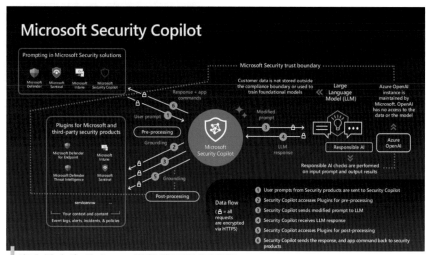

資安結合生成式AI，微軟帶頭掀起風潮
微軟 2023 年 3 月 29 日預告，將推出全新 Security Copilot，掀起資安領域結合生成式 AI 的旋風，他們指出該應用將成為資安人員的 AI 助手，後續並公布 Security Copilot 的運作架構，說明資安人只要送出指示（prompt）、接收答覆，背後運作全由這個 AI 助手負責，而且，旗下多項資安產品都將支援 Security Copilot。圖片來源／微軟

盼望，這樣的技術，能夠成為資安人員因應威脅的救星，幫助縮短攻防不對稱的嚴峻態勢。

因此不論企業規模大小，勢必都要了解當前的生成式 AI 發展概況，才能更好設想未來如何提升資安防護。

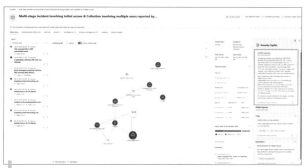

微軟將生成式AI整合至旗下資安產品
根據微軟 Microsoft Defender XDR 初步試用計畫資料，可看出 Security Copilot 嵌在網頁介面右側，幫助快速總結事件，分析腳本與程式碼，提供建議行動，以及撰寫報告。圖片來源／微軟

微軟敲響 AI 資安助手第一鐘，大量新應用與生成式 AI 有關

早在 2014 年，我們就看到美國一家名為 Tanium 的新創公司，發展資安軟體結合自然語言，使用者透過口語化文字輸入提問，就能盤查企業電腦網路。

到了 2016 年，對話機器人（Chatbot）開始步入主流，但當時仍處於自然語言理解階段，還需改進對話管理與自然語言生成；在 2018 年，GPT-1 誕生，促成新一波 AI 應用。

到了 2023 年，基於 LLM 的生成式

AI 技術不僅爆紅，其資安領域上的應用潛力，也有目共睹。

首先，在 2023 年 3 月 29 日這一天，微軟發表整合 GPT-4 大型語言模型的 Security Copilot，目標是協助資安人員完成相關工作，相隔一個月之後，Google 發布整合自家 Sec-PaLM 大型語言模型的 Security AI Workbench 平臺。

這些產品新功能的預告，意味著新時代來臨──將生成式 AI 技術整合至各種資安產品和服務。

接下來幾個月，這兩家大廠宣布將生成式 AI 的技術，擴大至眾多產品線。以雲端服務為例，像是 Microsoft 365 Copilot、Duet AI for Google Workspace 等，而這些輔助生產力工具的 AI 助理，吸引許多用戶目光。在端點裝置，例如個人電腦與手機，微軟針對 Windows 系統，預計提供 Copilot in Windows 輔助功能，最新 Google Pixel 手機的相片魔術橡皮擦、提高解析度功能，背後也是導入了生成式 AI。

更重要的是，還有各式資安產品，也都將擁抱這波新浪潮，包括微軟的 Microsoft Defender XDR、Sentinel、Intune，以及 Google 的 Chronicle 等。

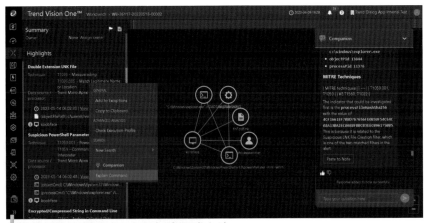

趨勢科技AI助手在2023年底正式上線

趨勢科技打造的 Trend Vision One 平臺 AI 資安助手 Trend Companion，2023 年 6 月發表，在 11 月 27 日正式推出。根據他們展示的介面，這個 AI 助手不僅能夠提供事件摘要與分析報告，也可幫助快速分析攻擊腳本，並將結果以口語方式說明，讓資安人員與團隊更快了解威脅。圖片來源／趨勢科技

微軟、Google 兩家雲端巨擘率先引領風潮

究竟生成式 AI 的出現，會讓各類資安產品帶來哪些改變？

以微軟為例，在 2023 年 11 月公布的 Microsoft Defender XDR 預覽版當中，企業將可藉助嵌入的 Security Copilot 功能，達到多項應用效益，例如：不需撰寫複雜的查詢指令，可節省時間並減少發生錯誤的機率，可幫助快速摘要事件、分析腳本與程式碼，能提供引導式回應機制，

幫助操作人員對事件採取動作，同時，還能用自然語言產生 Kusto 查詢語言（KQL），以及能夠讓撰寫事件報告的作業變得更有效率。

而且，幾日之後，微軟接續發出預告，表明將會整合 Microsoft Defender XDR/Sentinel 及 Security Copilot，放置在同一個管理平臺。

Google 在 12 月也宣布 Duet AI in Security Operations 正式上線，這是適用於資安維運的生成式 AI 助理，供所有 Chronicle 用戶使用，可簡化威脅偵測並給予回應，協助歸納與分類威脅資訊，將自然語言輸入轉換為查詢指令並執行複雜分析，提供案例資料與警報的自動摘要，以及提供後續步驟建議，以

改善事件回應時間等。

同時 Google 還預告，未來幾週，所有的 Duet AI 服務，都將包含新的多模態模型 Gemini，這也顯示出，近年生成式 AI 能力與日俱增，其技術水準正在快速提升與進步。

多家資安業者同樣擁抱生成式 AI，臺廠也趕上這股熱潮

不只是微軟與 Google，事實上，在那段期間，短短幾個月之內，有多家資安廠商紛紛跟上這股風潮，顯然都是看重生成式 AI 在資安應用的潛力與優勢。

如微軟一發表 Security Copilot 之後，網路威脅情報業者 Recorded Future 的動作很迅速，在 2023 年 4 月 11 日宣

思科展示用AI助理簡化網路防火牆規則管理

2023 年 12 月 6 日思科揭露 AI 助手功能，在思科 Cisco Defense Orchestrator 管理介面，將可叫出 Cisco AI Assistant Beta 的功能，以自然語言聊天方式，查詢防火牆政策，詢問如何建立防火牆資安政策，並快速獲得規則建議。

Trend Vision One

AI 驅動 資安平台全視野

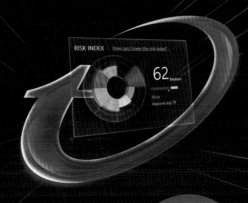

活動網站

Agenda
趨勢科技大會議程

漏洞連環爆！剖析各產業軟體漏洞生命週期特性與應對策略	別讓你的雲變成烏雲,提高雲端安全可視性是您唯一的選擇 (CyberLAB)	零信任安全存取 (CyberLAB)
一天只睡兩小時！誰來拯救資安調查人員千頭萬緒、睡眠不足的痛苦！？我有辦法！	解析 Earth Krahang 針對多國政府機關的攻擊活動	EarthEstries:瞄準政府和科技業進行網路間諜活動
雲端事件處理與資安事故調查報告撰寫	被玩爛的勒索病毒又有新花招了！Linux勒索病毒的防禦對策	你很 Genius？！駭客也是！
消失的邊界,供應鏈資安新思維	開放式關鍵基礎設施:電信網路的攻擊媒介	

攤位活動

輕鬆・質感・資安人

參與展區集點活動即可換取『無印良品』好禮及tokuyo Play玩美椅舒心按摩服務

Trust me, I'm a security expert (but always verify)

布，在自家的網路威脅情資（CTI）平臺整合 OpenAI GPT，他們強調可藉此幫助企業整理龐大資料，並且緩解網路安全技能短缺的情形。

接著，是資安風險管理業者 Security Scorecard，他們在 4 月 25 日宣布，其服務將整合 OpenAI 的 GPT-4，可用自然語言回答網路風險問題，像是：找出評分最低的 10 家供應商，顯示過去一年有哪些重要供應商遭入侵等，讓用戶在風險管理決策上可以更有效率，並可針對需要優先處理的網路安全風險，提出緩解的建議。

另一家資安業者 SentinelOne 也選在此時跟進，在 4 月 26 日公布整合生成式 AI 的 Purple AI，強調對話式 AI 可以讓威脅獵捕變得容易，讓威脅分析變得簡單，當中說明 Purple AI 的應用特

性。像是分析人員想搜尋特定威脅時，可輸入環境是否感染 SmoothOpreator 的語句，而不需建立以入侵指標（IoC）形式的手動查詢，在此同時，指出 Purple AI 對資料蒐集與網路安全領域的理解，使它能夠快速確定事件鏈，並向分析師總結出潛在的複雜威脅情況。

特別的是，臺灣有資安業者更快發展生成式 AI，並且早於上述公司。例如，前幾年參與 MITRE ATT&CK 評估計畫、受國際關注的奧義智慧，於微軟 Security Copilot 發表後，在 4 月 6 日這天，該公司就宣布將推出「XCockpit」自動化資安威脅管理平臺，並會導入 AI 虛擬分析助手於其中。

該平臺不僅整合既有 EDR 與鑑識調查的產品，日後還將增加 AD 安全與 ASM 的功能模組，更關鍵的是，他們

強調，該平臺是依循 AI-Assistant-as-a-Service 概念而打造，可建構 AI 自動化的事件應變流程，協助第一線 SOC 資安人員及資安團隊，讓事件處理精準度與速度大幅提升。而這個 XCockpit 平臺，已在 2023 年 7 月上線。

趨勢科技對話式 AI 資安助手 11 月正式上線

2023 年底，也就是最近一個多月以來，有更多資安大廠發布了相關消息，我們看到趨勢科技、思科、Fortinet 都有應用生成式 AI 的進展。這也意味，其實還有更多廠商已經在進行，並且陸續對外發表，突顯此一新技術的應用漸成主流。

尤其是臺灣出身發展到全球知名的趨勢科技，先是在 2023 年 6 月發表生

生成式AI對資安前線人員的兩大效益

將生成式AI技術帶入資安產品，2023年開始有科技大廠提出相關規畫，展示這類功能的預覽效果，到了年底，我們更是看到資安業者宣布對話式AI助手正式推出。像是：趨勢科技11月27日正式推出Trend Companion，以及Google在12月15日宣布Duet AI in Security Operations上線，而不僅止於提供預覽版或公開測試版。

幾家臺灣資安廠商也跟隨這股浪潮，例如，奧義智慧也發展出AI虛擬助手，後續在2023年7月上線的XCockpit平臺，也整合生成式AI技術。

從多家科技大廠的應用說明來看，現階段，我們已經可以進一步解析其效益，簡單分成下列兩大層面：

效益一：提升資安監控、偵測與回應的效率

以往彙整大量資料來源與分析，可能需要耗費數天，因此前幾年資安界就已開始重視用AI/ML模型輔助分析監控的作法，如今在生成式AI的協助下，不僅能夠提供具備情境感知的大量資料與事件關聯分

析，只要透過提示或是自然語言的查詢，可以帶來下列5種助益。

（1）針對資安事件或異常的警示，快速提供事件摘要；（2）大幅加速分析查詢與調查效率，資安人員透過自然語言的文字敘述表達，即可快速從大量日誌與其他資料搜尋到關鍵資訊；（3）快速分析腳本與程式碼，給出簡單易懂的解釋；（4）很快給予使用者因應上的建議，或是直接產生回應的自動化腳本，（5）提示或詢問後也能給予選單提示按鈕，將簡化使用者操作與設定流程，讓使用者點擊確認後就能自動執行。

換言之，這將提升SIEM系統、偵測與回應系統，以及安全維運中心（SOC）的效率。而識別潛在威脅能力提升的好處很明顯，意味著減少平均偵測時間（MTTD）、平均回應時間（MMTR），對企業而言，應變速度越快，資安狀況相對也會越好。

甚至我們看到有些業者特別強調生成式AI的好處，認為這種技術將帶來前所未見的效率。

例如，Fortinet表示，AI可將辨識和控制威脅的處理時間，從超過20天之久大幅縮短至不到1小時，以及將資安威脅調查和回應緩解措施所需的時間，從超過18小時，縮短至15分鐘或更短。奧義智慧也有同樣觀察，他們表示，警示建單時間可縮短至3分鐘，案情調查時間（MTTI）也只需要15分鐘。

效益二：可簡化資安產品查詢與操作，甚至帶來新變革

過往資安產品若是操作遇到問題，或是遇到不熟悉的警示事件，通常人員需要查找操作手冊，或是聯繫原廠請求技術支援，現在有了對話式的AI助理，將帶來完全不同的操作體驗，這是因為，現在可透過自然語言，以一問一答的方式來查詢資料，並獲得設定的建議，甚至更簡便，完全不用提問，讓使用者點選預設好的功能按鈕項目，也就能直接得到答案。

更關鍵的是，不僅僅是可以在資安管理與大量資料查詢上帶來效益，在資安事件因應上帶來輔助決策或AI決策的效益，從

成式 AI 資安助手 Companion，7 月提供部分客戶使用，並在 11 月 27 日正式推出 Trend Companion，開放所有客戶使用。

因此，以正式推出時間來看，這個能以自然語言聊天的 Trend Companion，甚至領先於更早預告的 Google 與微軟。

基本上，趨勢科技這項功能整合於自家 Trend Vision One 整合式資安平臺，可透過自然語言的聊天介面提供服務，該助手不僅提供事件摘要與全面分析報告，還能解釋攻擊警報，關聯攻擊戰術與技巧，並清晰展示影響範圍。它還能將簡單語言轉換成正式的查詢語法，提高事件查詢的精準度。

值得注意的是，他們還提到令我們印象深刻的應用情境，那就是：幫助識別利用合法工具的寄生攻擊（LotL），例如，能解析一段 PowerShell 腳本的目的與運作，並產生人員能夠容易理解的解釋內容。

另一家網路與資安大廠思科，也有這方面的功能進展突破，在 2023 年 12 月 6 日，我們參加該公司舉行的墨爾本亞太區年度用戶大會時，看到他們現場發表全新 AI 助手 Cisco AI Assistant，而且首先強調的應用場景是在防火牆規則管理，包括：可用自然語言簡化相關查詢與操作，並能主動提供規則分析，以及改進的建議，像是清除重複或多餘的規則，藉此強化企業防火牆管理，以降低防火牆規則因設定複雜可能帶來的安全風險與挑戰。

當時，我們看到這方面的實機展示，在 Cisco Defense Orchestrator 雲端管理介面上，用戶可以叫出 AI Assistant Beta 版來對話，另外在 Cisco 防火牆管理中心介面上，也同樣能有此應用。思科表示，這個 AI 助理之後也將擴及該公司旗下各產品線。

還有一家資安業者 Fortinet，12 月 15 日也宣布推出生成式 AI 助理，他們將此功能命名為 Fortinet Advisor，並表示已在 FortiSIEM、FortiSOAR 產品開放公開預覽版、供用戶使用，其特色包含：可幫助解析資安威脅告警事件，提供事件分析摘要，當中將包含情境說明，以及潛在影響解釋的內容，並且提供緩解措施指南與回應 Playbook 的範本，並可用自然語言輸入提問，就能向 Fortinet Advisor 諮詢資安建議。

值得我們注意的是，綜觀 Advisor 這一命名，其實也意味著，生成式 AI 不只是化身助手，也可視為虛擬諮詢顧問。未來這項功能應用也將擴大，預計擴展至 40 多個 AI 驅動的解決方案。

已有研究顯示，資安研究人員正積極使用生成式 AI

除了上述資安業者的動向，對於資安研究人員而言，在他們目前的工作領域，也呈現積極應用生成式 AI 的情況。

例如，2023 年 10 月聞名業界的漏洞懸賞平臺 HackerOne，特別為此公布《駭客驅動安全報告（Hacker-Powered Security Report）》，當中列出幾個須重視的態勢，像是：結果顯示高達 6 成比例的資安研究人員，正利用生成式 AI（GenAI）開發各種駭客工具，目的是發現更多的漏洞，也有 66％ 的研究人員表示，正在或準備利用生成式 AI 來撰寫報告。

無論如何，用 AI 幫助資安早已是大勢所趨，生成式 AI 技術更是最新的利器。儘管現在只是這項技術爆發的第一年，還有很多進步空間與創新擴展，但

操作面來看，更是完全簡化人員的相關操作流程。

這樣的操作體驗變革，不僅對於新進人員帶來幫助，對於資深研究員同樣有助益，因為透過這樣的效率提升，可以讓資安人員專注於更具戰略性，以及複雜性的任務。

而有了這些技術突破，不僅可促使大型資安團隊更有效率，對於人力不充沛的中小企業而言，在這方面獲得的助益可能是更大。

除此之外，過去幾年全球資安界常探討如何解決資安技能落差，以及資安人力不足等困境，而當時就已經期盼，AI 資安發展能緩解人力的問題，同時也減輕資安人員的工作負擔，如今在生成式 AI 帶動下，確實替資安應用帶來新的轉機。

綜合來看，AI 應該可以讓資安人員可專注於更重要的任務，是相當務實的改變。我們甚至期盼，資安培訓工具未來也能融入生成式 AI，讓人員更容易學習不同領域的資安知識。

市面上的生成式AI資安應用一覽

廠商名稱	技術／服務／產品名稱
思科	Cisco AI Assistant
奧義智慧	AI虛擬資安分析師
Fortinet	Fortinet Advisor
Google	Duet AI in Security Operations
微軟	Security Copilot
SentinelOne	Purple AI
趨勢科技	Trend Companion

資料來源：各家業者，iThome整理，2023年12月

我們可以預期，生成式 AI 資安的潛力相當被看重，尤其是快速處理大量資料的能力，以及用自然語言交流的能力。

整體而言，隨著 2024 年的到來，企業可能要意識到，當生成式 AI 逐漸融入資安產品，預料將成為資安團隊未來的一份子，甚至期盼是企業資安的神隊友，但 AI 也將會讓那些沒有道德底線的攻擊者，發展更多自動化攻擊的武器，並且會讓社交工程問題加劇，這些新挑戰，我們同樣要積極因應，因為，新的 AI 時代已經來臨。文⊙羅正漢

用生成式 AI 幫助資安蔚為風潮，臺灣有資安業者已跟上技術主流

生成式 AI 資安應用不只全球大型 IT 與資安廠商關注，臺灣有多家資安業者展開實際行動、推出具體可用的功能，有些廠商不僅發展 AI 虛擬助手，甚至指出最大變革將在彈性的介面與使用者體驗

用生成式 AI 幫助資安應用，不只是微軟與 Google 的一舉一動受廣大關注，在邁向 2024 年之際，我們更是可以發現，已有幾家臺灣資安業者率先投入發展，並且實際端出可應用的產品。這不僅突顯臺灣資安業者的技術實力，也顯示他們及早布局、持續關注之餘，也累積實作經驗，才能在技術浪潮的一開始，就有了相關成果與進展。

有哪些臺灣業者行動最積極？2023 年 5 月臺灣資安大會期間，也就是微軟預告推出 Security Copilot 之後沒多久，資安新創奧義智慧宣布將 AI 虛擬分析助手導入新的 XCockpit 平臺，提供中文案情摘要與處置建議，7 月上線。

接下來是趨勢科技，6 月宣布 Trend Vision One 整合式資安平臺，提供自然語言聊天介面的 AI 助手 Companion，7 月開放部分客戶使用，最近 11 月 27 日，已正式向所有客戶開放這項應用。

另外，資安監控委外服務商安碁資訊在本月舉行的年度媒體資安講堂，也首度透露，他們要用 ChatGPT 幫助資安服務與資安工作，並制訂 3 大發展方向，目前發展進度已達到 7 成。

顯然，在許多資安業者都高喊 AI 資安，以及國際大廠陸續用生成式 AI 幫助資安之下，我們確實看到臺灣已有資安業者，同樣看好新技術帶來的創新與機會，並在 2023 年已積極展開相關行動，2024 年我們也期盼更多臺灣資安業者能夠需與時俱進。畢竟，駭客積極利用生成式 AI 的狀況，若資安業者未善用 AI 自動化，

奧義智慧推資安新平臺，將 AI 虛擬分析師融合到資安事件的處理流程

臺灣資安新創奧義智慧今年 7 月正式推出 XCockpit 平臺，當中內建 AI 虛擬分析助手應用，強調工作流程才是關鍵，可做到自動化案件管理，AI 自動化鑑識，以及提供建議措施，直接解決使用者的需求。奧義智慧表示，將 AI 虛擬分析師融合到資安事件的處理流程，也能大幅減少平均偵測時間（MTTD）、平均調查時間（MTTI），讓資安團隊運作可量測且更有效率。圖片來源／奧義智慧

在 XCockpit 平臺上的 AI 虛擬分析師，能提供中文案情摘要，也能針對一段經過 Base 64 進行編碼、命令列的指令內容分析，並提供處置建議。圖片來源／奧義智慧

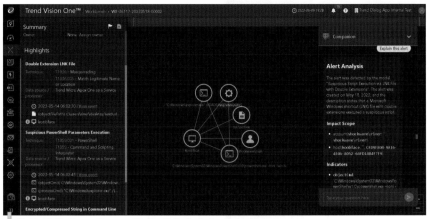

趨勢科技推AI助手，讓多種角色都能易於使用

資安大廠趨勢科技在 Trend Vision One 平臺上，加入 Trend Companion 這項 AI 助手功能，以說明以自然語言的聊天介面提供服務的好處，可讓資深的資安專家、剛入行的新手、資安長還是事件處理專員，這些不同角色都可根據自己的需求，獲取定制化的資訊，這種高度彈性的介面，將使每個人都能有效利用他們的服務。圖片來源／趨勢科技

在 Trend Vision One 平臺的介面上，設計 Companion 可解釋命令列功能選項，可解析一段 PowerShell 腳本的目的與運作，幫助識別利用合法工具的寄生攻擊（LotL）。圖片來源／趨勢科技

可能無法跟上日益加劇的威脅態勢。

與工作流程整合是關鍵，從解決用戶問題的角度出發

關於用生成式 AI 幫助資安這件事，奧義智慧有很深刻的想法，該公司創辦人邱銘彰特別說明了他們的發展策略。

他指出，應從解決前線人員問題的目標開始設想。因為，目前資安人員使用資安系統時，面對各種警示，通常會看到介面上有相當多的資料需要解讀，因此，這裡的最大挑戰在於，未完成充足訓練的人員根本看不懂，即便廠商培養這方面的人才，也很容易被挖角。

所以若在資安領域善用生成式 AI，快速產生事件摘要、建議措施，直接解決使用者需求。更重要的是，大幅減少平均偵測時間（MTTD）、平均調查時間（MTTI），使事件解讀更有意義。

同時，這也將改變資安團隊運作效率的量測。而在奧義智慧自家的 XCockpit 介面上，已經將這兩項指標直接顯示於首頁儀表板，作為重要觀測指標。

關於生成式 AI 在操作體驗上帶來的簡化，其實我們陸續從各家廠商發展看到例子，並認為可能帶來新的變革，像是可藉由一問一答方式查詢，也能點擊

AI 給出的建議按鈕執行，還有 AI 自動建議通知的形式，讓操作更簡化。

邱銘彰也有同樣看法，他認為，最大變化就是發生在使用者體驗，他預見資安系統 UI 介面將朝向更簡潔發展，因為過往資安系統的介面很複雜，需要顯示相當多的資料，但從用戶角度而言，只要能夠解決問題就好，這才是根本。

此項見解可從奧義智慧所展示的 XCockpit 平臺介面得到印證，當中並未特別設計自然語言輸入的對話框。

邱銘彰表示，他們的工單管理系統已能自動整併案件，使用者只需點擊就可看到自動調查結果，包括手法、攻擊來源與出建議等，即便一段 Base 64 編碼的內容、命令列的指令內容的分析，也只要點擊選項，就會提供易懂的說明。

他並以近期展示為例，當時他們進行紅藍隊演練，AI 資安系統可做到「當偵測到攻擊發生到哪，針對攻擊的解說也就可以到哪」，彷彿遊戲直播。

邱銘彰強調，現在很多業者的生成式 AI 應用，都是產生威脅情資的輔助說明，但整合工作流程才是關鍵，並要讓生成式 AI 能做資安決策，不只是單純提供操作輔助，如同自駕車 Level 2 與 Level 3 的差異。他認為，這是臺灣資

安廠商發展 AI 功能可思考的方向。

如此看來，奧義智慧已設想將生成式 AI 與工作流程深度整合。不過，對於交由 AI 決策，邱銘彰表示，用於資安可以，但人命相關的請不要交給 AI。

另一個我們好奇的問題是：過往資安業者就已經在使用 AI/ML 模型，與生成式 AI 相比，究竟有何具體差異？

邱銘彰解釋，以奧義智慧而言，他們過去開發三個 AI 小模型，以此來讓案情分析做到更準確，第一個 AI 模型幫助挑出重要的事件，第二個 AI 模型可組成案情結構並將事件軸串起，第三個 AI 模型能將案情解說成中文並產生建議，而他們的 CyCraftGPT，目前版本是基於可商用 LLM 模型 Mistral 而打造，當中還有以臺灣習慣用語來訓練。

總合而言，CyCraftGPT 與先前 AI 模型的使用並不衝突，而是可以更好將多個 AI 模型的效果串聯起來。

另外，邱銘彰也預測，不僅資安系統 UI 會朝向簡潔設計，還會出現很多聊天機器人，這就如同 ChatGPT，介面其實只是對話框形式，無複雜 UI 設計。

他還透露公司目前最想解決的兩個

安碁資訊看好ChatGPT應用，聚焦三大發展面向

對於 ChatGPT 的應用，資安監控委外服務商安碁資訊同樣看重相關效益，該公司在 2023 年 12 月揭露他們聚焦三大方向，包括：自動化檢測工具開發、資安文件知識庫建立，以及資安實務問題諮詢。例如，應用 LLM 建立資安知識庫，將提升內容的正確性，同時也能減少編寫弱點範本的時間。他們並表示，這些項目都已經在進行，目前完成度大約是 7 成。

問題：一是產品手冊與說明書查詢；另一是國外資安情資新聞彙整，幫助資安長更好理解，也改進資安服務的體驗。

建構高度彈性介面，新手、老手，以及資安長都可受益

很早躍上國際舞臺的趨勢科技，產品線龐大，2021 年打造 Trend Vision One 整合平臺，以 XDR 為核心、結合更多功能，他們的 AI 資安助手有哪些助益？

他們表示，Trend Companion 是利用自然語言的聊天介面提供服務，可帶來很多幫助，不論事件摘要與分析報告、解釋攻擊警報與關聯攻擊戰術與技巧，並可清晰呈現影響範圍等，還能幫助識別利用合法工具的寄生攻擊（LotL），產生讓人員可以易於理解的解釋內容。

趨勢科技也闡釋這些幫助的效益，不僅擴大並加速資安維運，更大意義是幫助每個不同角色，使每個人有效利用趨勢科技服務，關鍵就是 AI 助手 Trend Companion 帶來的高度彈性介面。

例如不只資深分析師面對複雜環境時，要以此快速追蹤威脅，AI 也能幫助資安新進人員，無論資安長或事件處理專員，每個人都將可獲取定制資訊。

由於生成式 AI 特性就是能夠分析龐大的資料集，並理解與摘要資訊內容，還能產生新內容，因此，趨勢科技明確指出，生成式 AI 與傳統 AI/ML 最大差異，就是在於其高度的彈性和能力，以及用自然語言來接受命令和回答問題。

而這樣的特性，對於處理資安事件尤其重要。因為這些事件通常涉及廣泛的知識和繁瑣的查詢工作，如今有了 AI 自動助手，將能快速生成查詢腳本，解釋複雜事件，並且調用 LLM 內部的知識，這將大幅提高使用者的工作效率。

Nvidia探討用生成式AI強化資安的3種方式

用生成式AI幫助資安，是2023年之後相當火熱的IT議題，我們看到微軟、Google等多家資安業者，積極打造AI助理幫助資安人員，然而，解決資安問題的作法不僅止於此，還有GitHub Copilot新發展的AI漏洞過濾系統，將能用於幫助開發人員，可在開發階段就及時阻擋不安全程式碼的寫法，包括寫死憑證、SQL注入與路徑注入等。

對於一般企業、非資安公司而言，我們該如何設想生成式AI的應用，幫助組織內部的資安強化呢？

在2023年底，我們看到有一家企業公開說明相關應用，特別的是，這家公司就是以GPU聞名全球、因AI晶片再度成為市場焦點的Nvidia。該公司資安長David Reber Jr.特別發表專文介紹，闡述3種應用生成式AI加強資安的方式。

儘管Nvidia公司並非資安產業，但他們是從自身企業角度去設想，加上本身對於生成式AI的理解，並實際提出企業可發展與關注的方向，也相當值得借鏡。

David Reber Jr.首先強調的是，資安攻擊速度與複雜性的逐漸增加，已經讓人類分析師無法有效應對，因為資料量過大，無法手動篩選。面對這樣的時局，他指出，當今最具變革性的工具──就是生成式AI。

如何用生成式AI加強資安？

第一種方式，從開發人員開始，首先，要給開發人員一個安全開發的副駕駛。

David Reber Jr指出，每個人都在安全中扮演一個角色，但不是每個人都是安全專家。因此，這個開始是最具戰略性的意義，以指導開發人員撰寫的程式碼，都遵循安全最佳實踐。而Nvidia本身也正於工作流程中建立這樣安全副駕駛，他們認為，資安助手是將生成式AI應用於網路安全的第一步。

第二，使用生成式人工智慧來幫助分析漏洞，尤其是已知漏洞。畢竟每個程式碼的背後，可能根植於數十甚至數千種不同的軟體分支和開源項目中。而Nvidia也測試了這個概念，像是讀取公司所使用的軟體，及其支援的功能與API政策，而幫助識別修補的結果，將加快人類分析師的速度，最多可提升4倍。

第三，用LLM填補不斷增長的資料缺口，這裡的情況是指，少有用戶分享資料外洩資訊，所以很難預測攻擊，此時可借助生成式AI建立合成資料，模擬未曾見過的攻擊模式，或填補訓練資料的空白，讓機器學習系統在實際攻擊發生之前，可以學會如何防禦。

對於 AI 技術的優勢，趨勢科技認為，以傳統的機器學習（ML）而言，準確性良好，主要用在偵測惡意程式，尤其是變種惡意程式；生成式 AI 對理解惡意程式的意圖及威脅入侵事件處理，更加合適。因此，他們預期生成式 AI 資安應用持續擴張。例如在 XDR 平臺的搭配下，經過長期學習，將可跨不同資安產品的事件，提供資安處理建議。

聚焦自動化工具開發，以及資安知識庫與問題諮詢的應用面

另一家資安監控委外服務商安碁資訊，應用雖不是針對資安產品面，但他們 2023 年底向臺灣媒體揭露公司發展近況時，提到借助 ChatGPT 幫助資安服務與資安工作，預計發展三大方向。

該公司技術副總黃瓊瑩表示，這些面向分別是：自動化檢測工具開發、資安文件知識庫建立，以及資安實務問題諮詢。上述應用的發展都將基於生成式 AI，其核心為 GPT-4，不過，因為這些用在公司內部，他先要強調遵循三大原則：「不輸入公司內部敏感資訊」、「不輸入客戶相關機密資訊」、「不將對話用作大型語言模型的訓練資料」。

關於具體應用場景，黃瓊瑩表示，以自動化工具開發為例，工程師整理使用者開發需求時，可透過 LLM 協助，生成初步架構、程式碼語法，有效降低溝通與開發成本。同時 LLM 能協助撰寫單元測試，降低正式運行的錯誤發生。

再者，LLM 應用有助於建立資安知識庫，提升內容正確性並減少編寫弱點範本的時間；至於資安實務問題諮詢的應用，由於 LLM 能分析客戶提問，提供相關資訊，將加速回應客戶。

不只是生成式 AI 技術，黃瓊瑩也提及公司應用其他 AI 技術的最新進展。他指出，深度學習與生成式 AI 的概念不同，生成式 AI 是有創作（造）力的，會依其訓練模型而產出相對的資訊。

以安碁資訊 2023 年導入的 Auto Encoder 技術而言，是學習輸入到輸出的複雜映射關係，依此建立特定行為模型，當新資料輸入後，將能判斷與以往不同的行為；2024 年安碁資訊將發展用 AI 引擎決策判斷資安事件，可透過每月蒐集大量資料，結合現有已知資安事件的處理經驗進行監督式學習，成果將是：僅需新收到的特定日誌紀錄，即可由監督式學習的結果判定資安事件。

換言之，資安事件判定不需預先設計規則，降低人力投入。此外相關巨量資料也能結合機器學習，產生異常偵測、預測分析及歸類等模型，提升效率。

生成式 AI 資安擴及開發人員

綜觀此一態勢，不論中小資安業者或國際資安大廠，在生成式 AI 資安的發展上，已找出適用面向並付諸行動。

對於臺灣資安產業而言，應該也要設法積極採取行動。畢竟，當攻擊者都在用生成式 AI 讓攻擊伎倆大幅進化，防禦者若是完全沒有任何想與因應動作，或是仍未察覺新技術所帶來的各種改變，恐怕會面臨相當危險的局面。

無論如何，資安界期望多面向用 AI 助攻，包括內容過濾、未知漏洞檢測、密碼安全、惡意程式分析、異常偵測、釣魚偵測、事件應變訓練等。如今生成式 AI 成形，也將帶來更多應用發想。

儘管大家都知道，科技發展一直是雙面刃，我們預期 AI 將升級既有威脅手法與破壞規模，或是帶來新的威脅，但在許多防護層面的實踐作為上，我們也能設法善用其特性，有機會做到更自動化的偵測，以及更快速的反應。

而且 AI 幫助資安的層面不只資安產業，軟體開發也受惠。像提升開發人員生產力的 GitHub Copilot，2023 年新增基於 LLM 的 AI 漏洞過濾系統，可用於撰寫程式碼，避免應用系統存在漏洞，能藉此提升資安。**文⊙羅正漢**

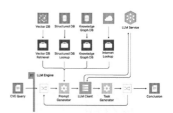

CVE Query: Is CVE-2022-42890 exploitable in morpheus:v23.07.00a?

Prompt Generator: << Adds up-to-date CVE info and checklist items >>
LLM Client: Checklist item 1: is the component in product? Verify container running Apache Batik + determine version. Vulnerability affects v1.0 to 1.9.1
Action: Software Bill of Materials QA System
Task Generator: Search for Apache Batik in the SBOM QA System

Nvidia用生成式AI找CVE漏洞

對於使用大型語言模型（LLM）引擎於資安，Nvidia 展示找出容器中 CVE 漏洞可利用性的情境，並說明設計架構與運作流程。例如當我們提問：「這個 CVE 在我的容器中是否可利用？」為了能夠解答這樣的問題，背後需要知道的資訊很多，在 LLM 引擎運作之下，經由提示生成器、LLM Clinet 到任務生成器，只問一次並不足以得到答案，總共經過 4 次執行才得到結論。
圖片來源／Nvidia

特別的是，Nvidia 展示一項實證結果是改進魚叉式網路釣魚（Spear Phishing）的偵測，在 Morpheus 應用框架與生成式 AI 搭配之下，優於既有解決方案成效，可從 70% 提升至 90%。

綜合而言，生成式 AI 融入資安產品，已是大勢所趨，而對於企業與組織而言，在內部資安強化規畫上，是否想過用生成式 AI 解決問題？無論是打造或採用開發人員適用的安全助手，促進漏洞問題可以更早被解決，以及應對漏洞管理的挑戰，藉助生成式 AI 之力，幫助識別與修補工作，都將是企業在 2024 年可以思考的議題，甚至從中衍生出更多元的應用發想情境，讓我們可以有更多餘裕與工具去因應層出不窮的資安挑戰。**文⊙羅正漢**

uniXecure 智慧資安 全域聯防 2.0

ZTA 零信任

Defense Together

MSSP
維運託管服務

亞洲資通安全
服務領導品牌

訂閱資安服務
一站式資安服務

DevSecOps
開發營運

OT/IOT/工防

代理國內外
30 個以上
資安品牌

智慧資安科技股份有限公司
uniXecure Technology Corporation

服務專線　02-8798-6088 分機 1100

電子信箱　rachellin@unixecure.com.tw

台北據點　114 台北市內湖區基湖路 35 巷 13 號 8 樓

moc　HEIS　Smart Email Security Cloud

CybergymIEC　ENTRUST　illumio

invicti　INTELLIGENT WAVE INC.　iSEC information security inc.

Marubeni　OPSWAT.

outsystems　Smart Cloud WAF

tufin　UCOM 恆逸 教育訓練中心　UPAS

立即掃描下載
全域聯防 2.0 終極指南

透視 AI 帶來的 7 大風險

AI 是 2024 年之後無法忽視的重要議題，企業在思考未來各種 AI 發展和應用時，都必須意識到，駭客和各種網路犯罪集團也在使用 AI，以提高攻擊入侵和詐騙成功率

自從 ChatGPT 從 2023 年橫空出世以來，這種一問一答的方式，展現出「類人類」的互動模式，也讓背後的生成式 AI 模型成為各界關注的熱門議題。

當 AI 變得越來越聰明的時候，許多人也開始擔心，不了解未來人類應該如何面對這麼聰明的 AI。

甚至於，也有不少調研預測機構開始在觀察，想了解在未來社會中，究竟會有多少人類社會存在的工作，將可能會進一步被 AI 所取代。

臺灣 KPMG 安侯企管顧問執行副總經理林大馗表示，回顧 2023 年，生成式 AI 對於人類社會帶來了重大衝擊，我們也必須正視並體認到：AI 已經是進入 2024 年之後，不管是企業或組織，甚至是個人，都無法被忽視的重要議題之一。

他也表示，當企業營運開始思考未來各種 AI 發展和應用，以及使用 AI 提供新產品和服務的同時，大家必須意識到：包括駭客和各種網路犯罪集團在內，也在使用 AI 來提高其攻擊入侵和詐騙成功率。

因此，隨著 AI 應用越來越普及，林大馗則點出，AI 本身面臨的 7 種資安風險，並從四步驟拆解 AI 攻擊鏈，強調 AI 在某些最新的、專業領域的應用上，仍有其局限；而 AI 如今也成為駭客詐騙、偽冒身分利器時，於是隨之成

為企業和一般民眾必須留意的風險。

AI 在暗黑情境的應用日漸廣泛，資安風險也與日俱增

「AI 對人類帶來的威脅，其實比氣候變遷更為急迫，」林大馗特別引述深度學習泰斗、神經網路之父 Geoffrey Hinton 的觀點指出，人類已經找出減碳的路徑或方向，只要去落實，情況可能會好轉；但關於人工智慧的發展，大家目前根本「置身迷途」。

其實，特斯拉執行長馬斯克在 2018 年 3 月，就已提出「AI 比核彈還要來的危險」的觀點；美國國會在 2023 年舉辦人工智慧影響的公聽會，聯邦參議員霍利（Josh Hawley）也警告：「生成式 AI 的規模宛如網際網路的全球布局，可能釀成類似原子彈的巨大災禍」。

甚至，ChatGPT 推手 OpenAI 的 CEO 阿特曼（Sam Altman）也表示，生成式 AI 的出現好比「印刷機發明」，雖然能改善和創造工作，但他對 AI 可能對世界帶來的危害，更是深感憂心。

因此，林大馗也觀察到，隨著 AI 應用越來越普遍，不僅開始有一些暗黑情境的 AI 應用，甚至還帶來相關的危機。

他說，目前 AI 暗黑應用可從三個主要方向來看，包括深偽（Deepfake）詐欺技術的使用、更有智慧的駭客攻擊，以及更多企業機敏資料外洩的風險。

他指出，暗黑的情境也帶來危機，在

三大AI暗黑情境應用帶來的7種趨勢

暗黑情境	發展趨勢
深偽技術帶來的各種詐欺危機	1. 依據世界經濟論壇的預測，到了2026年，網路上可能有超過90%的內容，將由人工智慧生成。 2. 中國大量使用各種深偽技術，導致民眾對駭客輕鬆獲取金融資訊，感到憂慮。
更智慧的駭客攻擊	3. 社交工程手法引發資安事件，數量將會大量上升。 4. 自動化生成的駭客工具，也大幅降低進入駭客產業的門檻。 5. DAN模式遭到濫用，可產生涉及不道德或是非法的建議。
更多的資料外洩危機	6. 大型企業因使用生成式AI，上傳大量機密資料而造成營業秘密外洩的疑慮。 7. 超過50種惡意App假冒ChatGPT，企圖魚目混珠。

資料來源：臺灣KPMG安侯企管顧問，iThome整理，2024年2月

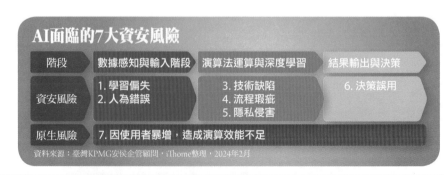

AI面臨的7大資安風險

階段	數據感知與輸入階段	演算法運算與深度學習	結果輸出與決策
資安風險	1. 學習偏失 2. 人為錯誤	3. 技術缺陷 4. 流程瑕疵 5. 隱私侵害	6. 決策誤用
原生風險	7. 因使用者暴增，造成演算效能不足		

資料來源：臺灣KPMG安侯企管顧問，iThome整理，2024年2月

拆解駭客針對AI攻擊的4大步驟與手法

拆解步驟	步驟1 勘查標的及研發攻擊武器	步驟2 竊取存取權限	步驟3 執行惡意程式並匿蹤、擴散	步驟4 持續滲透組織並造成危害
意涵	攻擊方發動廣泛的機器學習威脅，如操縱機器學習模型輸入、繞過機器學習模型的安全性利用機器學習模型的漏洞等。	攻擊方可能從供應鏈的某部分，獲取機器學習系統的初始存取權限，目標系統可能是一個網路、行動裝置，或是一個感測器。	攻擊方在機器學習的程式碼當中，放置惡意程式碼	攻擊方為了避免系統重新啟動、更改憑證等，會因此中斷他們繼續存取的權限，而留下一些文件
手法	• 數據注入攻擊 攻擊者將惡意數據注入機器學習模型的訓練數據 • 對抗樣本攻擊 攻擊者使用對抗樣本來欺騙機器學習模型 • 模型竊取攻擊 攻擊者竊取機器學習模型的訓練數據或模型的權重 • 模型劫持攻擊 攻擊者控制機器學習模型的輸入（例如Prompt、Injection）或輸出，進而劫持模型	• 獲取用戶名或密碼或API金鑰 • 網路釣魚 • 通過利用受信任的第三方外部供應商	• 將惡意程式寫入儲存庫 • 當機器學習模型存為pickle共享狀態時，使用pickle嵌入攻擊	• 帳戶操作，包含任何保留攻擊者對受感染帳戶的存取權限操作 • 植入容器映像，以便建立持久性

資料來源：臺灣KPMG安侯企管顧問，iThome整理，2024年2月

深偽技術帶來的各種詐欺危機的暗黑情境應用，可以發現兩大發展趨勢。

首先，依據世界經濟論壇（WEF）的預測，到了 2026 年，網路上可能有 90% 以上的內容將由人工智慧生成。

舉例而言，在 2023 年 4 月，中國甘肅省網路警察發現搜尋引擎百度出現經查證後確認為虛假消息的新聞，內容聲稱：「甘肅省有一列火車撞到修路工人而導致 9 起死亡事故。」而這個由 AI 生成的假新聞，在同一時段，就有 21 個帳號發布相同文章，更達到 1.5 萬餘次的瀏覽量。

其次，由於中國大量使用深偽技術，也增加民眾對駭客能夠輕鬆獲取金融資訊的憂慮。

根據一篇 2023 年 5 月發布的新聞報導指稱，駭客使用先進的人工智慧軟體，說服中國北方的一名男子將錢轉給他的朋友，實際上，該筆金錢卻轉到一個詐欺帳戶。

而在駭客攻擊越來越智慧化的暗黑情境應用中，林大馗也觀察到三大發展趨勢。

首先，社交工程手法引發的資安事件會大量上升。例如，之前曾發生駭客偽造美國勞工部（DoL）的社交工程郵件，偽冒的網域以 dol-gov[.]com 取代正確的 reply@dol[.]gov，藉此取得受駭者微軟 365 的憑證。

其次，因為自動化生成的駭客工具，也大幅降低進入駭客產業的門檻。

資安公司 Forcepoint 的資安研究員 Aaron Mulgrew 表示，完全沒有任何撰寫程式經驗的他，可用 ChatGPT 快速寫出國家級複雜程度的惡意軟體，因此，他擔心任何人其實都可以輕鬆用 ChatGPT 打造駭客武器。

第三，ChatGPT 本身的使用方式上，有個不受 OpenAI 設計準則規範、可自由發揮的 DAN（Do Anything Now）模式，而這種模式一旦遭到濫用，就可以讓 ChatGPT 產出涉及不道德，或是非法的建議。

最後一個暗黑情境的 AI 應用，則會帶來更多機敏資料外洩的風險。

林大馗指出，許多大型企業因為使用生成式 AI，而上傳大量機密資料，造成營業秘密外洩疑慮。

最知名的案例就是，2023 年 3 月起，因韓國半導體公司三星電子允許員工使用 ChatGPT，因此，包括有傳言指出半導體設備測量資料、產品良率等內容，都被存入 ChatGPT 的資料庫。

因此，這也讓許多企業因擔心公司的商業機密遭到外洩，便禁止員工在公司擁有的資訊設備當中，使用 ChatGPT 這類型的服務。

資安專家 Dominic Alvieri 也發現，單是 Google Play Store 軟體市集，假冒

ChatGPT 名義而推出的「ChatGPT Plus」服務，已有超過 50 種惡意 App 假冒 ChatGPT，試圖魚目混珠，會在上當受騙的使用者裝置植入惡意程式。

解構 AI 引發的資安風險成因

因為各種新的 AI 應用，也讓資安成為重要議題。

林大鈞表示，AI 應用便引發資安攻擊手法的變革。原本的資安攻擊手法，例如：駭客會透過繞道潛伏的方式，滲透到企業內部，但當這些資安攻擊手法再加上 AI 後，就可以做到深度偽裝後、滲透企業內部，而不被察覺。

其他，像是以往的網路攻擊都是透過「知識」驅動，但加上 AI 後，就會變成是由「資料」驅動造成的網路攻擊。

另外，像是駭客原先就能藉由多點突襲的方式入侵企業，現在加上 AI 之後，就可以做到更精準地攻擊；甚至以往須透過專家創造才能完成的產品，當加入 AI 之後，就會成為某種「智慧製造」。

他認為，AI 應用讓原本企業面臨的資安威脅瞬間升級，變得更難以對應。而且 AI 不僅帶動各種網路攻擊手法發生質變，甚至 AI 本身也面臨資安風險。

林大鈞歸納出 AI 在不同階段預計要面對的 7 大風險成因，他分成：學習偏失、人為錯誤、技術缺陷、流程瑕疵、隱私侵害以及決策誤用等 6 大類；另外還可以加上第 7 種：因使用者暴增，而造成演算效能不足的原生風險。

學習偏失的主要原因是訓練數據的偏差，例如，使用了過時或不完整的訓練數據母體，或機器學習期的數據與實際情境不一致。

至於人為錯誤，則包含設計者或是使用者，對於演算法專業疏失，或其他人為道德與管理問題。

林大鈞認為，不論學習偏失或人為錯誤，主要都發生在數據感知，以及輸入階段面臨的資安風險。

他進一步表示，在演算法運算與深度學習階段，所面臨的資安風險有三大類型，分別是：技術缺陷、流程瑕疵，以及隱私侵害等。

其中，技術缺陷的資安風險，主要是設計者在演算法開發過程中，因為缺乏對使用者情境與安全性的完整設計，以及測試，進而產生演算法錯誤（Bugs）。

至於流程瑕疵造成的資安風險，主要是因為使用者未瞭解演算法或是技術的限制，進而產生過度依賴與誤用情境。

另一個常見的資安風險，則是因為演算結果濫用，導致侵犯當事人隱私權。

至於結果輸出階段與決策階段，林大鈞表示，資安風險包括決策者對於分析結果的錯誤解讀或誤用造成的決策誤用，以及演算法運算與決策效率仍待提升，導致演算效能不足的風險。

四步驟拆解 AI 資安攻擊流程

針對 AI 面臨的資安風險，我們可參考美國 NIST 提出的 MITRE ATLAS 框架（Adversarial Threat Landscape for Artificial-Intelligence Systems），也能從 MITRE 的戰術、技術和程序（TTP），看出 AI 的確面臨上述 6 大資安風險，包括學習偏失、人為錯誤、技術缺陷、流程瑕疵、隱私侵害，以及決策誤用。

針對 AI 的資安攻擊狙擊鏈，我們可拆解針對 AI 的攻擊方法為下列步驟。

一、勘查標的，以及研發攻擊武器

二、竊取存取權限

三、執行惡意程式，並且匿蹤、擴散

AI 是 2024 年之後大家所無法忽視的重大議題之一，臺灣 KPMG 安侯企管顧問執行副總經理林大鈞表示，企業思考未來各種 AI 發展和應用時，都必須意識到：駭客和網路犯罪集團都在使用 AI，以便提高攻擊入侵和詐騙成功率。圖片來源／臺灣 KPMG 安侯企管顧問

四、持續滲透組織，並且造成危害

在第一個步驟當中，駭客會勘查標的，以及研發攻擊武器。林大鈞指出，像是駭客等攻擊方，會廣泛利用機器學習模型，了解與熟悉各種威脅形式，如操縱機器學習模型的輸入、學習如何繞過機器學習模型的安全性，並知道如何利用機器學習模型的漏洞。

如果再經過進一步的細分，我們可了解從哪些面向操控機器學習模型輸入，例如，分成下列模式：首先是數據注入攻擊，便是攻擊者將惡意數據注入機器學習模型的訓練數據。

第二是對抗樣本攻擊，由攻擊者使用對抗樣本，以此欺騙機器學習模型。

第三是模型竊取攻擊，攻擊者竊取機器學習模型的訓練數據或模型的權重。

最後，就是模型劫持攻擊，相關的攻擊者通過控制機器學習模型的輸入，例如 Prompt（詠唱）、Injection（注入），或是輸出，以此劫持模型。

在這些機器學習模型當中，輸入錯誤資料之後，會改變最後的產出結果。

到了步驟二，則是竊取存取權限。

林大鈞表示，攻擊方可能從供應鏈的某部分，獲取對機器學習系統的初始存取權限，鎖定攻擊的目標系統，可能是一個網路、行動裝置，或一個感應器。

而在這個步驟當中，最重要的目的在

於：獲取用戶名稱、密碼、API金鑰，或是藉由網路釣魚、通過利用受信任的第三方外部供應商，進入企業組織內部以獲取相關的存取權限。

接著是步驟三，重點在於：執行惡意程式並匿蹤、擴散。

也就是說，攻擊方會在機器學習程式碼中放惡意程式碼，例如，可以將惡意程式碼寫入儲存庫；或是當模型存為pickle共享時，便可以使用pickle嵌入攻擊（pickle是Python專屬的序列化／反序列化模組，可用來儲存機器學習的模型）。

最後的步驟便是：持續滲透組織並造成危害。

林大鈞表示，攻擊方為了避免重新啟動、更改憑據等作為，有可能會中斷他們繼續存取的權限，所以會留下一些文件，而這些文件包括：帳戶操作，也會包含任何保留攻擊者對受感染帳戶的存取權操作，甚至會藉由植入容器鏡像以建立持久性。

而在步驟四持續滲透的過程中，攻擊方也會透過下列三種方式，以便達到他們滲透到組織內部的目的。對此，他進一步提出解釋。

方式一是繞過防禦，畢竟攻擊方會想盡辦法避免「在整個入侵過程中被偵測到」的技術。

方式二則是攻擊方藉由滲透手法，試圖竊取機器學習的產物，或者取得有關機器學習系統的相關資訊。

林大鈞指出，不論駭客是製作對抗性數據，以影響機器學習模型的結果，或是透過投毒使模型性能變差，還是發起大量請求以癱瘓服務，或者是發送大量無關緊要數據，使組織花時間審查不正確的推論，甚至透過加密大量數據，以勒索金錢補償等方式，最終影響機器學習模型的正確及效能。**文⊙黃彥棻**

ChatGPT目前仍難承擔專業責任

這兩年來，大家對ChatGPT的觀感變化很大，起初驚艷其互動表現，接著察覺回覆答案其實存在很多錯誤，後來甚至發現ChatGPT執行的效率變差。

臺灣KPMG安侯企管顧問執行副總經理林大鈞坦言，該如何讓「人工智慧」不要變成「人工誤會」，避免AI成為治理的陷阱，是大家在關注並應用AI時，必須注意的重點。

實測ChatGPT能否當報稅顧問，結果顯示仍有很大進步空間

為了印證生成式AI到底有多聰明，是否真的可以取代專業服務，林大鈞表示，他們本身也特別以稅務專業的問題進行測試，驗證「以ChatGPT作為報稅顧問是否可行？」。

KPMG稅務服務部執業會計師張智揚實際以臺灣綜合所得稅申報作為情境測試，並將納稅人的家庭成員、撫養狀況、薪資收入、投資獲利等基本資料輸入ChatGPT，之後他們發現，ChatGPT的確能針對單純的個人情況，依據臺灣所得稅法答出正確的免稅額及扣除額；不過，針對比較複雜的扶養親屬狀況，例如，學齡前或七十歲以後的長輩等，ChatGPT提出的答案有誤。

若進一步詢問深入且涉及需要判斷的問題，例如：應該如何申報最有利？或是夫妻應該要合併計稅或分開計稅、實際可列舉扣除項目、是否有其他特別扣除額？列舉扣除額等節稅建議，ChatGPT提供的建議不僅非常局限，甚至出現錯誤的答案。

生成式AI須克服5大弱點

林大鈞根據他們實測的結果為例表示，目前看來，生成式AI要能提供真正專業顧問諮詢服務，例如稅務專業諮詢等，至少還需要克服五大弱點。

他表示，第一個存在的弱點就是對最新規範適法能力不足，畢竟，生成式AI的訓練樣本並非最新資料，所以，只要是針對最新規定的詢問，例如：2023年臺灣綜合所得稅調高免稅額、標準扣除額、薪資與身心障礙特別扣除額、課稅級距，以及2023年新增的民眾協助烏克蘭難民，賑濟烏克蘭捐贈項目得以全額列報捐贈列舉扣除額等相關新規定，生成式AI的ChatGPT都無法正確處理。

再者，引導使用者的能力不足。他認為生成式AI需由使用者「完整提問」相關情境，以及背景資料後，才有機會提供正確答案，然而，一般使用者對稅務規則並不熟悉，往往無法提供完整資料或背景說明。

第三，經過實際測試發現，ChatGPT處理複雜問題的能力不足。林大鈞表示，生成式AI僅提供簡單稅務問題的基本建議，若遇複雜的稅務情境，經過東拼西湊而產生錯誤答案的機率非常高。

第四個弱點是擔責能力不足。國外已有許多利用生成式AI開發的人工智慧稅務輔助系統，例如加拿大的TaxGPT.ca，但在聲明中即清楚提到：TaxGPT.ca目的是提供友好和平易近人的方式，讓使用者開始學習稅務，並不是稅務計算器或專業稅務顧問，所以並無法承擔相關的稅務責任。也就是說，生成式AI提供的答案不管對錯都只是參考，也不需要承擔任何責任和義務。

最後一點，就是對於隱私的保護能力不足，林大鈞表示，這也是大家最擔心的事情之一。因為報稅資料涉及許多個人隱私，雖然多數生成式AI都強調不會蒐集使用者的隱私，但實際上，有許多實驗證明，系統還是會「暗中記住」線上提問者的個資，而且，使用者也無法確認其資料保護的能力，因此仍存在高度隱私風險。**文⊙黃彥棻**

最重要的必須
萬無一失
Security for What Matters Most

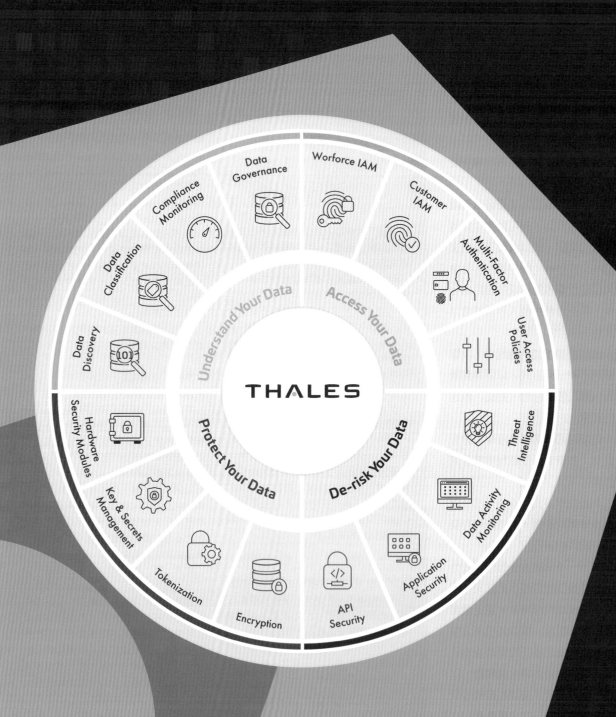

THALES

Building a future we can all trust

imperva
a Thales company

關鍵應用程式、API、數據及
個人資料的全方位保護

Imperva Application Security
應用程式及API自動保護

CipherTrust Data Security Platform
發現、保護、控管機敏資料

Imperva Data Security Fabric
即時偵測威脅及保護數據

更多關鍵資料安全保護資訊
請掃描觀看我們的影片

因應企業 AI 應用風險，建立治理框架

為了成功推行人工智慧（AI），組織與社會必須能相信 AI 會做出正確的決策，而且 AI 不會做出錯誤的決定，促進人工智慧解決方案取得信任，讓「生成式 AI」提升到「生產力 AI」

面對各種生成式 AI 的應用日益普及，固然帶來便利，但越來越多人更關注 AI 治理可能面臨的風險。

臺灣 KPMG 安侯企管顧問執行副總經理林大馗表示，進一步參考 SSDLC（安全的軟體開發生命周期）、各國家的 AI 法案和各種 AI 標準，我們可以發現，若要落實 AI 的風險治理，可先從落實數據治理、雲端治理、資訊治理，接下來，才能再進一步做到 AI 治理，繼而推動 AI 治理最終目的：利害關係者都願意相信演算法會做正確的決定。

而他認為，不論企業或是組織想要做到 AI 治理，都應該建立一個可供參考的框架，進而提升 AI 的信任度，並且做到 AI 的風險評估，以及 AI 的治理，這些都會是整個人類社會必須共同面對的重大挑戰。

先做到數據、雲端、資訊的治理，才能做到 AI 治理

「慎始！」林大馗表示，所有的 AI 應用最重要的，就是剛開始要決定「範圍」，包括：科技應用情境與治理範圍。

然後做到「分析」科技應用責任後，再「識別」目標使用者應用的目的與情境，下一步，便可以「評估」AI 應用情境與適法性風險。

後續須做到「數據治理」：評估數據品質風險，確認資料來源與正確，也須對相關 AI 應用進行「AI 風險評估」；接著進行「資訊治理」：評估其他雲端服務與資訊設備面向衝擊，例如，所運用的演算法是否可能遭受其他攻擊，或是隱私保護缺陷等風險。

接著，進入「決定 AI 應用範圍與發展生命週期階段」，選擇演算法或第三方大型模型，並且在 AI 設計過程「融入隱私與安全」，同時做到保存相關處理記錄，接下來，還要進行「演算法調校與測試」：不僅要做到演算法效能與安全分析，還要測試數據深度學習，並且要確認演算法是否能夠滿足需求。

最後，在導入、部署與深度學習後，還是要做到「持續監控」與改善，並對

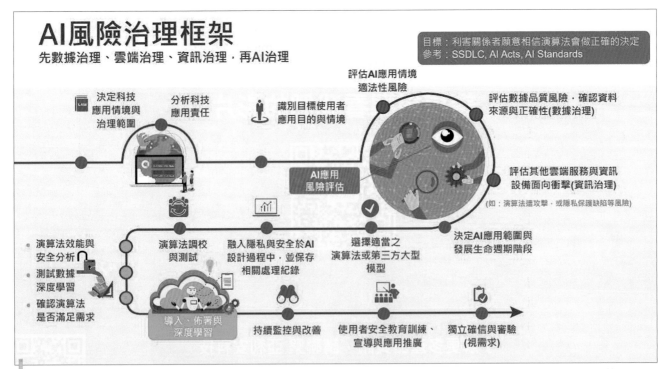

參考安全的軟體開發生命周期、各國 AI 法案和多種 AI 標準後，KPMG 認為，企業與組織若欲落實 AI 的風險治理，可以先從數據治理、雲端治理、資訊治理之後，再來做到 AI 治理，目的就是要做到利害關係者，願意相信演算法會做正確的決定。圖片來源／KPMG

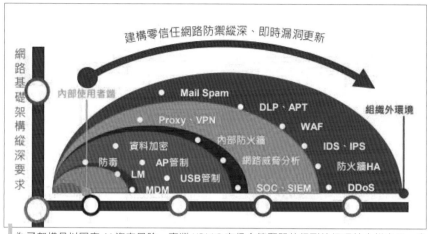

建構零信任網路防禦縱深、即時漏洞更新

網路基礎架構縱深要求

內部使用者端

Mail Spam

DLP、APT

Proxy、VPN

WAF

組織外環境

資料加密

內部防火牆

IDS、IPS

防毒

AP管制

網路威脅分析

防火牆HA

LM

USB管制

MDM

SOC、SIEM

DDoS

為了架構足以因應 AI 資安風險，臺灣 KPMG 安侯企管顧問執行副總經理林大馗表示，企業必須打造基礎網路架構的韌性，從內部使用者到面對組織外的環境，都必須建構具備零信任的網路縱深防禦，並做到即時漏洞更新。圖片來源／KPMG

使用者進行安全「教育訓練」、宣導與應用推廣，還可以視需求，進行「獨立確信與審驗」。

AI 成為駭客詐騙、偽冒身分利器，「眼見為憑」不再成立

對企業和組織而言，該如何架構 AI 資安呢？林大馗說，包括強化基礎網路架構韌性，以及打造多層次零信任架構（Zero Trust），這些都是可行的方法。

他進一步指出，目前 AI 已經可以做到的方式，包括：使用 AI 來訓練防禦系統，識別和防禦 AI 攻擊；也可以建構多層次網路安全措施，提高防禦 AI 攻擊的有效性。

另外，也要做到定期更新安全軟體和修補漏洞，減少 AI 攻擊的成功率；提高員工的安全意識，可以幫助員工識別和防禦 AI 攻擊。

對此，林大馗特別提出一個例子，內容是生成式 AI 遭網路犯罪集團濫用，以此提高虛擬犯罪效率。

因為這些隱藏在網路背後的虛擬綁匪，已經能夠做到利用語音複製、SIM 卡挾持、ChatGPT 以及社群網路分析與傾向（SNAP）模型，尋找最有利可圖的目標並執行詐騙。

又或者這些網路犯罪份子都開始利用

AI 工具，建立層層自動化蒐集資訊、發掘魚叉式網路捕鯨，或以愛情詐騙手法攻擊高知名度受害者。他坦言，現在蓬勃發展的生成式 AI，已經成為軍火庫，駭客能藉此發動各種網路攻擊、入侵，甚至，可以成功達到詐騙目的。

另外，也有駭客成功利用深偽技術（Deepfake）偽冒身分驗證。

他表示，現在的 AI 深偽變臉技術，已經可以製造出逼真的虛假影像和聲音，仿真度極高，加上 AI 變臉軟體還內建許多來自不同人種的臉部圖片，甚至連名人、明星照片也有，可以讓使用者自由選擇性別及種族。

他指出，這些遭到偽冒的深偽影像，就算從正面觀看，都可以做到以假亂真，很容易讓民眾誤判，以為偽冒者就是被害者本人、檢警或名人。

當生成式 AI 做到以假亂真，林大馗指出，企業對網路基礎架構也會有縱深防禦要求，從企業組織內部的使用者開始，一直到要面對組織外的風險，在整個工作環境的範圍之內，都必須布建各種基礎的資安防護設備，目的就是要做到建構零信任網路架構，並且能夠即時進行漏洞更新修補。

林大馗表示，單靠基礎的資安防護設備，並不足以對抗這些生成式 AI 對企

業、組織甚至是個人帶來的資安風險。

所以，我們還必須做到進階防禦強化的要求，例如，在公開影片當中，添加專屬雜湊值，或是安全憑證；或善用現階段機會，趁深偽技術存在未能完整學習受複製對象側面的技術缺陷，可要求以適合生物認證的方式來識別對象，像是左右轉頭 90 度並維持一小段時間，因為若是利用深偽技術所偽造的影片，可能產生人臉閃爍的情況。

以其他作法而言，我們可擴大運用「MFA 多因子認證」，要求使用者必須通過兩種以上的身分認證機制，之後才能取得授權。

另外，可以採用零信任「永不信任、總是驗證」的資訊架構，包含以每個連線為基礎，評估每個資源請求者的存取要求等機制，避免使用一次性驗證後，就可以長時間與完全取用所有服務的傳統做法。

甚至，我們要能讓使用者建立「眼見不為憑」的警覺，使一般民眾充分理解到：過去習慣的「有圖有真相」的心態，已經到了必須改變的時候，不然，這就可能淪為一種「看片都上當」的習性。

利用 3 種方式提升 AI 方案的可信任度

為了成功推行人工智慧（AI），組織與社會必須能夠相信 AI 會做出正確的決策，而且 AI 不會做出錯誤的決定，KPMG 目前提出名為「人工智慧風險控制與管理」的框架。

這個框架包含 3 種促進人工智慧解決方案取得信任的方法，希望透過提升演算法的信任，讓「生成式 AI」可以提升到「生產力 AI」。

林大馗指出，這些方式分成：（1）與其他決策方法／模型來做結果比對；（2）介入理解與驗證人工智慧模型；

① 與其他決策方法(模型)來做結果比對	② 介入理解與驗證人工智慧模型	③ 於可控的環境中發展人工智慧解決方案
● 其他可靠的決策方法或許不存在。 ● 更換模型或開發替代方案，並不是總是可行的。 ● 如果有其他決策來源，為何需要發展人工智慧解決方案？	● 模型或許過於複雜，以至於人類無法解釋或理解。 ● 模型使用像深度神經網路(Deep Neural Networks)之技術，是眾所皆知地難解釋。	● 於安全的環境中，技術人員使用嚴謹之方法論，並不能保證品質結果。 ● 於資料科學領域中，使用較嚴謹的方法，與AI領域所常使用的敏捷與較前瞻的方法可能有所違背。

然而每種方法皆有其限制

KPMG「人工智慧風險控制與管理之治理框架」協助於此三種方法中，定義出最優之控制措施組合。

為了成功推行人工智慧，組織與社會必須能相信它會做出正確的決策，並且不做出錯誤的決定。KPMG為此提出「人工智慧風險控制與管理」框架，期盼透過三種方法的運用，促使人工智慧解決方案的發展與應用能夠得到更大的信任。圖片來源／KPMG

以及（3）於可控的環境中發展人工智慧解決方案。

他也進一步解釋，舉例說明3種方式可能面臨的結果。

若以（1）與其他決策方法／模型來比對結果，可能面臨下列幾種情形：其他可靠的決策方法或許不存在；更換模型或開發替代方案，並非總是可行的；如果有其他決策來源，為何還需要發展人工智慧解決方案？

若採用（2）介入理解與驗證人工智慧模型的方法，也可能面對模型或許過於複雜，以至於人類無法予以解釋或理解。因為模型本身使用深度神經網路（Deep Neural Networks），眾所皆知，這項技術的運作原理很難解釋。

如果是採用（3）在可控的環境中發展人工智慧解決方案，同樣會面臨挑戰。例如，於安全的環境中，技術人員使用嚴謹的方法論，並不能保證品質結果；在資料科學領域中，使用較嚴謹的方法，與AI領域常用的敏捷與較前瞻的方法，可能有所違背。

林大鈞坦言，無論用何種方式提高AI解決方案的信任度，但實際上，都

有其限制。

對此，KPMG發展出一套「人工智慧風險控制與管理的治理框架」，期盼協助組織與企業利用上述三種方法，定義出最優良的控制措施組合。

落實 AI 資安整備度之餘，也必須培養 AI 治理團隊

面對 AI 甚至是生成式 AI 的日益發展，組織、企業甚至是個人是否都已經做好足夠準備？

而面對 AI 時代的來臨，我們又該進行何種前瞻的資安布局呢？

林大鈞認為，所有的組織和企業應該要做到 AI 資安整備度分析，以及培養AI 治理團隊智識與人才地圖。

在 AI 資安整備度分析方面，我們可以從下列五個面向來看，包括：人才投入、研發與市場經營、生態鏈合作、基礎建設、法規。

先從人才投入的面向來看，企業與組織要能夠做到外部機構的 AI 資安協同合作、AI 安全開發，以及使用 AI 解決方案的宣導活動，以及制定 AI 安全性的指引與實務守則。

而從研發與市場經營的面向來看，企業須提高對 AI 安全能力的必要資源投入、制定國家對 AI 發展的限制與安全規範，落實相關規範與監控機制。

針對生態鏈合作的面向，包括 AI 的 API 管理、數據品質、資料交換安全、開放資料（Open-Data）治理等，需要處理的內容包括：

● AI 事件通報與處理
● AI 威脅、漏洞和安全控制情資
● 如何和外部機構合作，有效處理 AI 相關事件
● 定義／開發／使用特定的網路安全度量或指標
● 監控 AI 系統生命周期的安全水平
● 要求 AI 利益相關者進行動態風險評估
● 對違反數據和模型完整性進行制裁

關於基礎建設面向中，像是數據、演算法、通訊等，都包含在內，要處理的對象，則包括：監控開發人員、關鍵基礎設施廠商等 AI 利害關係者，都要採取合宜的安全控制措施，以及定義 AI 利害關係者的安全控制措施。

最後的法規面向，涵蓋AI道德規範、

AI標準、AI與數據治理相關法規，例如歐盟人工智慧法案（AI Act），以及歐盟個資法GDPR等。因此，我們要處理的內容，包括：法規盤點與風險識別；監控AI資料集的完整性和品質；並建立認證或評估機制，以評估AI系統安全。

要推廣和應用AI，企業在AI治理團隊與人才地圖，除了「詠唱師」，還需要「調音師」。

林大鈞表示，在人才投入的面向，企業成立當責AI治理委員會、制定AI策略，以及延聘治理顧問，並落實AI安全性的指引，以及實務守則。

如果是在研發與市場經營面向上，企業與組織除了要制定AI策略，以及延聘治理顧問，也必須要設立AI安全稽核師和AI生命週期安全小組。

至於生態鏈合作面向上，要成立資安事件管理小組，成立針對AI威脅、漏洞和安全情資的管理小組，以及AI生命週期安全小組，對於AI生態鏈與委外廠商，也必須成立相關的管理小組。

至於基礎建設面向上，企業除了要有AI策略與治理顧問，也必須要有AI生態鏈與委外廠商的管理小組，以及網路安全小組。

最後在法規面向上，企業則要有數據品質管理的管理小組、數據法規專家小組，以及建立認證或評估機制，以評估AI系統安全性。

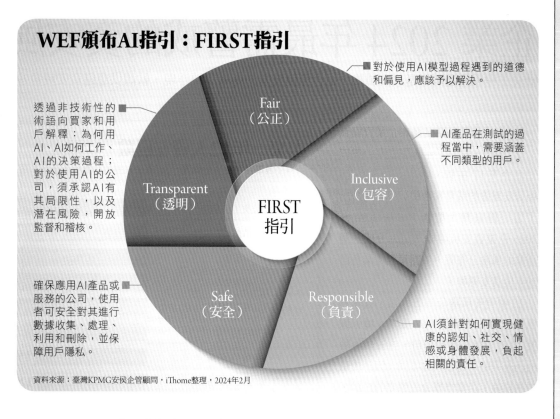

WEF頒布AI指引：FIRST指引

■ 對於使用AI模型過程遇到的道德和偏見，應該予以解決。

透過非技術性的術語向買家和用戶解釋：為何用AI、AI如何工作、AI的決策過程；對於使用AI的公司，須承認AI有其局限性，以及潛在風險，開放監督和稽核。

■ AI產品在測試的過程當中，需要涵蓋不同類型的用戶。

Fair（公正）
Transparent（透明）
FIRST 指引
Inclusive（包容）
Safe（安全）
Responsible（負責）

確保應用AI產品或服務的公司，使用者可安全對其進行數據收集、處理、利用和刪除，並保障用戶隱私。

■ AI須針對如何實現健康的認知、社交、情感或身體發展，負起相關的責任。

資料來源：臺灣KPMG安侯企管顧問，iThome整理，2024年2月

想開發安全可信的AI應用，可依據WEF的指引設計

林大鈞認為，對於設計各種AI產品或服務，我們可以參考世界經濟論壇（WEF）在2022年3月發布的指引《Artificial Intelligence for Children》，其內容統稱為FIRST指引，包括五大項目，分別是：Fair（公正）、Inclusive（包容）、Responsible（負責）、Safe（安全），以及Transparent（透明）。

「公正」是從公司文化和流程層面，解決人們如何開發AI模型，以及AI模型在使用中，所受到道德方面的影響與偏見問題。

「包容」則是留意到AI模型如何與來自不同文化，以及不同能力的用戶公平互動，所以，在產品測試的過程中，需要包括不同類型的用戶。

所謂的「負責」，主要是因為AI相關產品常反映當下最新的學習科學和科技應用範例，畢竟，最終發展AI，就是要做到如何實現健康的認知、社交、情感或身體發展，並負起相關的責任。

關於「安全」要求，主要是因為AI技術須做到保護用戶和購買者的數據，因此，應用AI提供產品或服務的公司，應該要披露其如何收集和使用數據及如何保護數據與用戶隱私，也允許用戶隨時選擇退出，並刪除他們的數據。

「透明」則是要求提供AI產品或服務的公司，必須要能夠以非技術的術語向買家和用戶解釋為什麼要使用AI、AI如何工作，以及如何解釋AI的決策過程；使用AI的公司也必須承認AI有其局限性和潛在風險，並且開放監督和稽核。

林大鈞指出，所有組織或企業用AI的初衷，都是為了提供更好的產品和服務，若能參考上述這份簡稱為FIRST的AI應用指引，不僅可提供保護，降低AI對於孩童造成的可能風險，也是應用AI須關注的重點。文⊙黃彥棻

企業 2024 年最需警戒的資安風險

社交工程手段連兩年是最高風險，結合深偽技術的商業詐騙浮現，軟體供應鏈資安威脅遭低估

今年是我們第四度發布企業資安風險圖，彙整了 422 家大型企業或知名企業 IT 主管、資安主管對於 25 項資安風險的威脅和衝擊評估，繪製出了這一份臺灣大型企業用的 2024～2025 企業資安風險圖，還細分成 6 個產業的風險分布圖，揭露每個產業各自的年度資安態勢。

25 項資安風險分為三大類，攻擊者風險 5 項、攻擊途徑的風險 8 項，以及 12 項攻擊事件的項目。這三類風險的因應策略，有很大的不同，因應攻擊者的風險，企業得學會攻擊者的思維，像是參考 ATT&CK 資安框架，來了解可能遭遇的網路攻擊手法，來設計攻防演練和強化自身防護能力的參考。

而對不同的攻擊途徑，則得考慮企業對不同途徑（這往往也是面對顧客的服務通路）的依賴程度，來強化對關鍵通路的資安，設計專門的防護機制。而在資安事的對策上，偵測能力和應變能力是關鍵，可以提前發現可疑行跡來阻斷災情，也能在災情真的發生後，快速應變和緩解，盡可能降低損失。

每一年企業所面臨的資安態勢都會變化。企業可以依據每一年，自己所屬產業的資安風險圖，來了解這三大類風險項目的發生可能性及衝擊高低。越是出現在第一象限的資安風險，就越是得高度警戒的項目，也是資安資源優先投入的重點，尤其我們都會整合風險高低和衝擊高低，歸納出當年的必要風險和次要風險，這兩項就是企業在未來一年高度可能發生，也是非提前防範不可的資安風險。

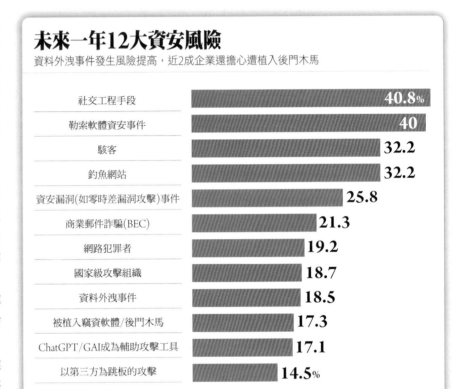

未來一年12大資安風險

資料外洩事件發生風險提高，近2成企業還擔心遭植入後門木馬

項目	百分比
社交工程手段	40.8%
勒索軟體資安事件	40
駭客	32.2
釣魚網站	32.2
資安漏洞(如零時差漏洞攻擊)事件	25.8
商業郵件詐騙(BEC)	21.3
網路犯罪者	19.2
國家級攻擊組織	18.7
資料外洩事件	18.5
被植入竊資軟體/後門木馬	17.3
ChatGPT/GAI成為輔助攻擊工具	17.1
以第三方為跳板的攻擊	14.5%

資料來源：2024 iThome CIO大調查，2024年4月

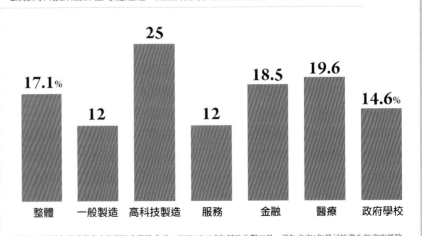

多少企業擔心未來一年遭生成式AI濫用攻擊

2成5高科技業自評極可能遭遇，近2成醫療與金融業也是

整體	一般製造	高科技製造	服務	金融	醫療	政府學校
17.1%	12	25	12	18.5	19.6	14.6%

說明：百分比為該產業多少比例的企業將「ChatGPT/GAI成為輔助攻擊工具」視為未來1年最可能發生的資安風險
資料來源：2024 iThome CIO大調查，2024年4月

今年的 12 大風險項目，前六項的內容和順序，的確都和去年相當，社交工程手段連續兩年名列年度最高風險（最容易發生的資安風險），4 成企業都認為未來一年極可能遭遇，二到六名依序是勒索軟體資安事件、駭客、釣魚網站、資安漏洞、商業郵件詐騙。

但是，去年名列第七的 ChatGPT 淪為攻擊工具的風險，在今年下滑到了第 11 名。今年大調查新增加的風險項目「被植入竊資軟體／後門木馬」則以些微差距，超越 ChatGPT 風險，成了今年第 10 項資安風險。

從整體產業風險來看，ChatGPT 風險看似下降，但進一步來檢視，會發現仍有很大的產業落差。高科技製造業是最擔心 ChatGPT 和 GAI 風險的產業，每四家就有一家高科技業者認為，自己未來一年非常有可能遭遇此攻擊。醫療業和金融業也都有將近 2 成企業擔心。去年特別擔心 ChatGPT 風險的政府機關（去年 21.7%）和一般製造業（去年 23.2%），在今年都大幅下滑到 15% 以下。2022 年開始爆紅的 ChatGPT 和 GAI，企業經過一年嘗試、模索，開始從驚喜和擔憂，轉為更務實的看待，來評估可能的威脅風險處理。

運用深偽技術的商業詐騙，成為明確的資安新威脅

值得留意的有一項快速浮現的風險是「深偽技術（Deepfake）冒用事件」，今年有 8.5% 企業列為未來一年極可能發生的風險，這個比例在去年只有 4.4%，今年幾乎翻了快一倍。尤其是金融業，去年幾乎沒有金融業者擔心這項風險，但今年卻暴增到 14.8%。

早在 2022 年，美國聯邦調查局就發布警告提醒企業小心深偽技術的風險，但是，直到今年 2 月，在香港爆發了一

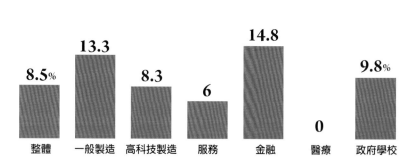

多少企業擔心未來一年發生深偽技術冒用
1成多的一般製造業與金融業CISO高度擔心

整體 8.5% ／ 一般製造 13.3 ／ 高科技製造 8.3 ／ 服務 6 ／ 金融 14.8 ／ 醫療 0 ／ 政府學校 9.8%

說明：百分比為該產業多少比例的企業將「深偽技術(Deepfake)冒用事件」視為未來1年最可能發生的資安風險
資料來源：2024 iThome CIO大調查，2024年4月

起結合商業郵件詐騙和深偽技術的詐騙攻擊，損失高達 2 億港幣。一家跨國企業員工收到駭客假冒總部財務長要求轉帳的郵件，雖然員工謹慎地要求視訊，但駭客偽造相關與會者的長相和聲音非常逼真，讓員工卸下心防而依照指示轉帳，事後才發現上當。這起真實的深偽商業詐騙事件，引起各界重視，金融界更是高度警戒。因此，在今年資安風險圖上，可看到深偽技術的風險程度明顯增加許多。

臺灣企業大大低估了軟體供應鏈資安威脅的風險

還有一項排名不高但值得企業資安長留意的資安風險，今年資安大調查中，只有 4.0% 企業擔心未來一年發生「軟體供應鏈資安事件」，在 25 項風險中名列倒數第三，擔心的企業百分比甚至比去年 4.9% 還要更少。但這項臺灣企業格外輕忽的資安風險，卻是美國政府、大型跨國企業格外擔心的重大威脅。尤其在今年 3 月 29 日，發生了一起震驚 IT 界的 XZ 程式庫遭植入後門事件，攻擊者精心潛伏，扮演熱心的開

源貢獻者，花了 2 年時間參與開放原始碼軟體專案 XZ 程式庫的維護，來獲取其他開發人員的信心，為了就是暗中植入惡意程式碼。

這起事件發生在今年資安大調查執行時間後，從大調查，還無法看到這起事件對臺灣企業資安警戒心的影響，但在事件發生之前，臺灣企業普遍對於軟體供應鏈攻擊的威脅感，非常的低，從今年資安大調查結果，只有 4% 的企業擔心，就可以得知。隨著 XZ 程式庫資安後門事件爆發，軟體供應鏈資安勢必再次成為資安焦點，臺灣企業得改變心態，開始正視這項風險。文⊙王宏仁

問卷說明

iThome 資安大調查執行期間從 2024 年 2 月 15 日到 3 月 15 日，對臺灣大型企業、歷屆 CIO 大調查企業、政府機關和大學的 IT 與資安主管，進行線上問卷，有效問卷 422 家。填答者中，企業資安最高主管占了 62.8%，企業 CIO 則占了 71.8%。產業分布上，一般製造業 17.8%、高科技製造業 22.7%、服務業 23.7%、金融業 12.8%、醫療業 13.3%、政府與學校則占了 9.7%。

優先因應三大首要風險，小心零時差漏洞風險明顯提高

勒索軟體資安事件、社交工程手段和駭客是未來一年整體產業的三大首要風險，資安漏洞與零時差漏洞的發生風險明顯提高，更多 CISO 擔心，ChatGPT 遭駭客濫用和雲端供應商淪為攻擊跳板的衝擊將更嚴重

未來一年，企業要面臨三大首要資安風險是勒索軟體資安事件、社交工程手段和駭客的威脅，次要風險則是釣魚網站和資安漏洞（零時差漏洞）的攻擊事件。這五項是企業資安資源未來一年必須優先聚焦的課題。這幾項威脅向來都是企業最大資安挑戰。

勒索軟體威脅的風險最高、衝擊最大

勒索軟體資安事件，連續四年在企業資安風險圖中，名列在首要風險項目中。今年有 5 成企業評估，一但發生勒索軟體資安事件，將對企業帶來高度嚴重的衝擊，破 4 成企業更擔心，自己在未來一年，極有可能會遭遇到勒索軟體資安事件。勒索軟體資安事件，不論發生風險或衝擊影響，都比去年更高，是今年首要資安風險。

今年更有多個勒索軟體組織開始鎖定亞洲，甚至鎖定臺灣的企業。例如勒索軟體駭客組織 GhostSec、Stormous 發 起 的 雙 重 勒 索 攻 擊，利 用 GhostLocker 2.0 勒索軟體，鎖定中東、非洲、亞洲的企業。而去年 4 月開始攻擊美國、韓國的勒索軟體駭客組織 RA World，攻擊範圍也擴展到德國、印度，現在更鎖定臺灣和拉丁美洲。這些都是企業得留意警戒的威脅來源。

若從產業別來看勒索軟體資安事件，過半數一般製造業，淨比例高達 56%（淨比例指極可能發生的企業占比減掉極不可能發生的企業占比），超過半數企業將這項資安事件視為未來一年不可避免的挑戰。

從災情衝擊來看，除了金融業和政府學校，其餘一般製造、高科技、服務和醫療業都將勒索軟體視為衝擊最大的威脅，尤其醫療業，每三家就有兩家擔心會帶來大災情。

社交工程手段最需警戒的途徑

在各種攻擊途徑中，社交工程手段是企業最需警戒的途徑，遠高於釣魚網站、商業郵件詐騙、第三方跳板等。超過 36% 企業評估明年會遭遇來自這類手法的攻擊。近 6 成政府學校、破 4 成金融業和醫療業，都擔心今年到明年極可能發生社交工程攻擊。阻斷社交工程攻擊途徑的最好對策，也是最關鍵的就是員工資安素養的訓練，提供更多手法講解、演練測試來提高員工的警覺，同樣是今年重要防護課題。

駭客年年都是對企業威脅最大的攻擊者，今年也不例外，而且是今年名列資安風險圖中，對整體產業威脅程度名列第三的風險項目，僅次於勒索軟體資安事件和社交工程攻擊。

三項資安威脅今年開始升溫

今年還有三項企業必須留意的資安態勢變化，「以雲端供應商為跳板的攻擊」、「ChatGPT/GAI 成為輔助攻擊工具」以及「資安漏洞（零時差漏洞攻擊）事件」，前這兩項威脅預估可能帶來的衝擊程度，也比去年更高，而最後一項則有明顯有更多企業自認明年會遭遇。這三項都是企業數位轉型和擁抱新興科技時，得面對的資安新課題。

在 2023 年 ChatGPT 成了許多企業積極嘗試的熱門新興技術，但是也淪為攻擊者的攻擊強化工具，用來展開各種自動化入侵攻擊，或是變造更細緻的釣魚手段，甚至是設計高度客製化社交工程手段。企業得更多方面的強化作為，來因應這些伴隨而來的風險。整體產業約有一成企業評估未來一年極可能遭遇此威脅，從產業來看，高科技製造業最擔心 GAI 工具遭濫用的威脅，另外也有一成多醫療業者擔心這威脅。

上雲資安威脅在這幾年逐漸浮現，來自企業大力推動 IT 現代化，積極上公雲的緣故，尤其是金融業與醫療業，主管機關在這兩年都大幅放寬了上雲的法遵規範，讓企業更積極上雲，但也同時提高了企業上公雲風險。

最後一項「資安漏洞和零時差漏洞攻擊事件」，這是企業資安長明年擔心的風險。隨著越來越多零時差漏洞的曝光，甚至出現了少數 CVSS 十分滿分的威脅，更考驗企業快速更新和修補系統的能力，否則就得面臨鎖定新漏洞的攻擊手法。文⊙王宏仁

整體產業未來一年資安態勢大剖析

半數企業預估未來一年最可能遭遇到勤索軟體資安事件、社交工程手段和駭客攻擊也是2024年首要風險。企業資安資源還有餘裕，名列第一象限的11項高風險、高衝擊的資安項目，都是2024年需要明顯受到更多CISO的關注

【整體產業】2024企業資安風險圖（2024～2025）

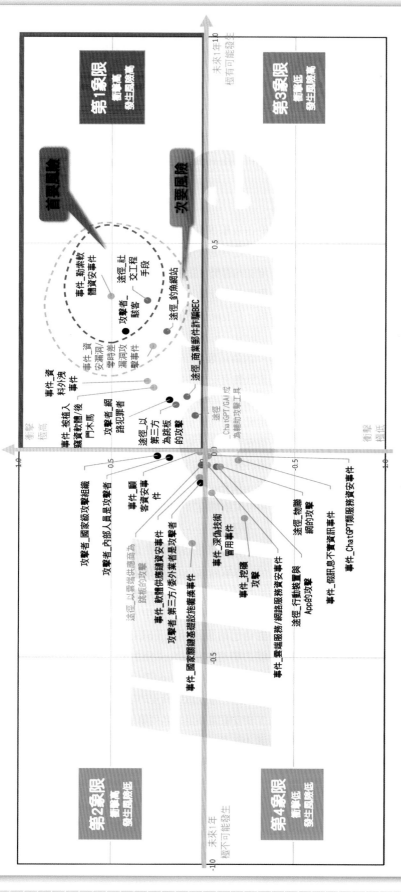

企業資安風險圖製作說明：在iThome 2024年CIO暨資安大調查中，由企業自評各資安項目的兩項指標，一項是該項目對企業帶來的衝擊程度（衝擊極高和衝擊極低），另一項是這個項目未來1年的發生風險（極可能發生與極不可能發生），再換算成不同程度的量化數據來製圖。垂直軸是項目對企業的衝擊，位置越往上代表衝擊越大，水平軸是企業未來1年發生該項目的風險，位置越右，代表可能性越大。紅色字的項目是今年預估發生風險很高者，歷屆CIO大調查大型企業，政府機關和大學的IT與資安主管，顯提高者為紫色文字。【問卷說明】大調查執行期間從2024年2月15日到3月15日，對臺灣大型企業、政府機關和大學的IT與資安高主管，進行線上問卷。有效問卷422家，其中62.8%填答者為企業資安最高主管。

資料來源：2024 iThome CIO大調查，2024年4月

一般製造業 2024 資安態勢

勒索軟體威脅連續四年成為一般製造業首要威脅

勒索軟體資安事件是一般製造業今年最需警戒的首要風險，值得注意的是社交工程手段和資安漏洞攻擊的衝擊今年明顯提高了，假訊息不實資訊事件的發生風險也比去年更高，都得留意

連續四年，勒索軟體資安事件是一般製造業威脅最大的資安風險項目，而且發生風險連年提高，超過 5 成一般製造業者自認未來一年極可能遭遇這類事件，擔心這項威脅的企業，比去年還多了 5%。過半一般製造業者尤其擔心，一發生就會帶來重大衝擊。

勒索軟體是一般製造業未來一年首要風險

雖然勒索軟體是製造業最擔心的威脅，但過去幾年受害的企業，大多是大型製造業者，但從 2022 年開始，許多駭客組織轉型成勒索軟體即服務（RaaS，Ransomware as a Service）的模式之後，更多發動攻擊的犯罪團隊出現，攻擊目標，在 2023 年開始從大型企業，轉向中型企業，甚至是中小企業，尤其一般製造業的資安防護人力和資源都嚴重不足，更容易遭駭。

從勒索軟體態勢分析機構 Coveware 在 2024 年第一季勒索災情分析報告中，百人規模以下遭攻擊企業的比例達到 28%，中型企業遭攻擊的數量這 2 年更出現持續提高的趨勢。不過，從攻擊途徑來看，途徑不明的比例越來越高，在 2024 年第一季將近 5 成，這也顯示出攻擊者的手法越來越多元或越來越懂得隱匿行蹤，而透過釣魚手法入侵來勒索的比重大幅減少，另外，透過軟體弱點入侵的比例則與 2023 年相當，

約占攻擊事件的一成多，值得注意的是，透過遠端存取入侵的攻擊途徑則有增加的趨勢，這是一般製造業者要降低勒索軟體威脅，必須特別警戒的資安重點，若能減少遭遠端存取的風險，也能同時降低勒索軟體攻擊的風險。

因為這幾年一般製造業不時傳出勒索軟體資安事件，因此也相當注重資料的備援，今年有 48％一般製造業將異地備援列為資安投資重點。這些努力，資安長評估，未來一年，勒索軟體資安事件對一般製造業的衝擊規模，略微下降，有 9% 一般製造業者今年開始不再將勒索軟體視為高衝擊的威脅。

不過，在對企業資安能力的信心上，一般製造業是各產業中偏低者，以 60 分（大致有信心）為及格線，整體產業平均是 67.1 分，但一般製造業的信心分數只有 64.4 分，其中，一般製造業對自己的復原能力（64.4 分）和保護能力稍有信心（66.4 分），但對偵測能力的信心最弱（61.7 分）。導致一般製造業難以做好資安的阻礙因素，員工資安意識不足是名列第一的原因，高達 48% 的一般製造業者自評是該項原因，其次是預算編列不足。

一般製造業在 2024 年的平均資安預算平均約 360 萬元，是各產業中最低者，但和 2023 年相比，他們的預算其實達到兩位數的成長，大幅增加了約 12.1%，成長力道是各產業中最高者，

這也反映出一般製造業今年格外正視資安的態度。有 42.7% 的企業要進一步推動資安轉型，採取如主動防禦作法、資安左移，另有 24% 一般製造業今年要投資零信任身分與設備鑑別。

釣魚網站、社交工程、BEC 和駭客都是次要風險

一般製造業未來一年還得留意四項次要資安風險，包括了來自釣魚網站、社交工程手段、商業郵件詐騙這三個攻擊途徑的威脅，以及來自駭客發動的攻擊。參與調查的資安長們自評，社交工程手段的發生風險雖然比去年略低，但是一但發生了，帶來的衝擊預期會明顯比去年更高。因此，過半數一般製造業，今年會投入資源投入員工資安訓練，來提升他們的資安意識。

在這份企業資安風險圖中，雖然列出了 25 項資安風險項目，當企業資安資源有限時，可以先將資安資源投入到第一象限的資安風險項目，也就是發生風險高且對企業衝擊影響高的項目，整體來看，一般製造業在 2024 ～ 2025 年要留意的第一象限風險有 11 項。

還有一項威脅還不大，但是發生風險明顯比去年增加不少的資安風險，就是假訊息不實資訊事件的影響。今年比去年多了 6% 的一般製造業者，評估自己未來一年極可能發生這類資安事件，因而開始提高警覺。文⊙王宏仁

一般製造業未來一年資安態勢大剖析

勒索軟體資安事件是一般製造業今年最需警戒的首要風險，值得注意的是社交工程手段和資安漏洞攻擊的衝擊今年明顯提高了，假訊息不實資訊事件的發生風險也比去年更高，都得留意。

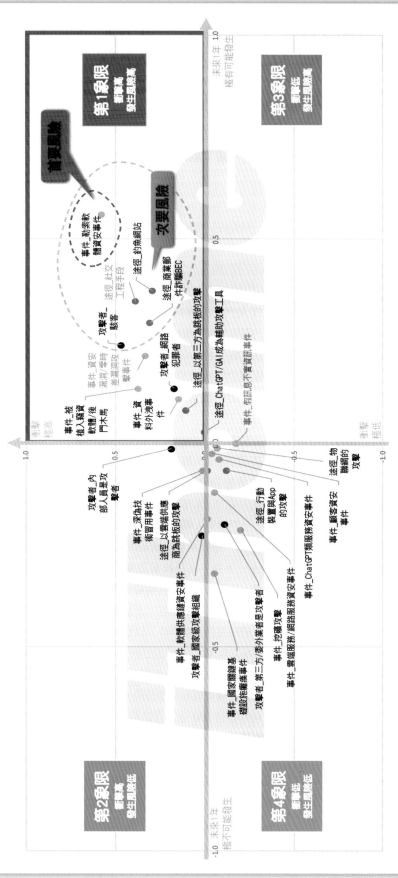

【一般製造業】2024企業資安風險圖（2024～2025）

企業資安風險圖製作說明：在iThome 2024年CIO暨資安大調查中，由企業自評各資安項目的兩項指標，一項是該項目對企業帶來的衝擊程度（衝擊極高和衝擊極低），另一項是這個項目未來1年的發生風險（極可能發生和極不可能發生），再換算成不同程度的量化數據來製圖。垂直軸是項目對企業的衝擊，位置越往上代表衝擊越大，水平軸是今年預估發生風險明顯提高者，綠色字項目是今年預估發生風險明顯提高者，歷屆CIO大調查企業，對臺灣大型企業、政府機關和大學的IT與資安主管明顯提高者為紫色文字。【問卷說明】大調查執行期間從2024年2月15日到3月15日，有效問卷422家，其中62.8%填答者為企業資安最高主管。

資料來源：2024 iThome CIO大調查，2024年4月

111

高科技製造業 2024 資安態勢

勒索軟體仍是首要風險，但雲端資安風險今年快速浮現

未來一年勒索軟體資安事件對高科技業的威脅特別高，遠高於駭客和資安漏洞，得特別警戒。ChatGPT 遭濫用和雲端服務資安事件的威脅今年快速浮現，成了風險高衝擊大的新威脅

上雲浪潮帶來了高科技製造業新的資安風險，雲端服務（網路服務）資安事件從去年的第四象限（低風險低衝擊），一舉進入了第一象限（高風險高衝擊）。超過 1 成高科技製造業者資安主管開始認為，未來一年，自家企業極可能發生雲端服務資安事件。

高科技製造業的首頁資安風險和一般製造業一樣，都是勒索軟體資安事件的威脅，高達 57% 高科技業者認為，一但發生，就會產生重大衝擊。隨著 2022 年開始，勒索軟體即服務（RaaS，Ransomware as a Service）的模式出現後，勒索軟體攻擊事件暴增，更多犯罪組織採取這類攻擊，不只大型企業，2023 年更瞄準中型企業發動攻擊。

過去幾年以來，臺灣發生過多起知名高科技業者勒索軟體事件的災情，因此，在這兩年，高科技業者積極進行數位轉型同時，也投入不少資源強化這方面的防禦，例如強化資料備份還原能力，更積極修補資安漏洞等。也因此，擔心發生勒索軟體威脅的高科技業者，比去年少了 8%。

不過，資安漏洞（零時差漏洞）攻擊事件和駭客仍是高科技製造業未來一年必須高度警戒的次要風險，尤其，今年開始出現鎖定開源軟體社群的社交工程攻擊，攻擊者試圖在軟體供應鏈上游下手，植入後門程式，這也是高科技業者必須留意，一旦出現這類資安漏洞，得第一時間趕快修補。

積極推動 IT 現代化，得更警戒雲原生和上雲的資安風險

IT 現代化是高科技製造業者數位轉型的關鍵工程，雲原生技術和上雲都是發展重點，尤其高達 3 成高科技業者為了因應企業永續的 ESG 布局，而決定提高上雲的比重。高科技製造業者在 2023 年底時，平均有 15.9% 的應用已經上公雲，到了 2024 年預估將進一步提高到 20.9%。高科技製造業在 2024 年的雲端投資也從 2023 年平均 666 萬元，在 2024 年增加到平均 932 萬元，上雲投資大幅增加了快 4 成，遠高於對 AI、邊緣運算、資安的預算成長力道。不過，高科技製造業如此積極上雲，也帶來了新的雲端資安挑戰。所以，對高科技業業而言，不論是雲端服務／網路服務資安事件，以雲端供應商為跳板的攻擊，這兩項風險的威脅，在未來一年明顯比 2023 年提高許多。

我們將資安信心水準分成 5 個等級，極有信心是 100 分，有信心 80 分，大致有信心 60 分，只有一點信心 40 分，沒有信心是 20 分。以 60 分（大致有信心）為及格線，整體產業資安信心水準平均是 67.1 分，高科技製造業的信心分數是 65.6 分，屬於中後段班，略高於一般製造業和醫療業。

那一項資安防護能力最弱？進一步從

NIST CSF 網路安全框架 2.0 版的六大面向來看，治理（Govern）、識別（Identify）、保護（Protect）、偵測（Detect）、回應（Respond）與復原（Recover）。高科技製造業對自己的復原能力（71.1 分）最有信心，這個信心甚至高於整體產業平均（70.2 分），但是，高科技業對識別能力的信心最弱，平均只有 62.7 分，甚至比一般製造業還要低。高科技業者擔心自己，較沒有能力辨識出未來可能遭遇的資安風險高低。我們所製造的這份 2024 ～ 2025 高科技業資安風險圖，正好可以作為資訊長和資安長未來一年資安布局和決策時的參考。

導致高科技業者難以做好資安的阻礙因素，員工資安意識不足是最大原因（50% 高科技業者如此認為），遠高於預算不足的問題（39.6%）。高科技製造業在 2024 年的資安預算平均約 648 萬元，高於一般製造業和服務業者，也比 2023 年增家了約 2.4%。

今年有高達 70% 的高科業者將強化資安視為今年的 IT 優先目標，也有 42.7% 的企業今年要進一步推動資安轉型，員工資安訓練、基礎的端點和網路防護，這兩項是高科技者未來一年兩大資安投資重點，特別的是，高達 45.8% 高科技業者今年要投入弱點評估，來了解自己積極上雲之後可能遭遇的新課題。文⊙王宏仁

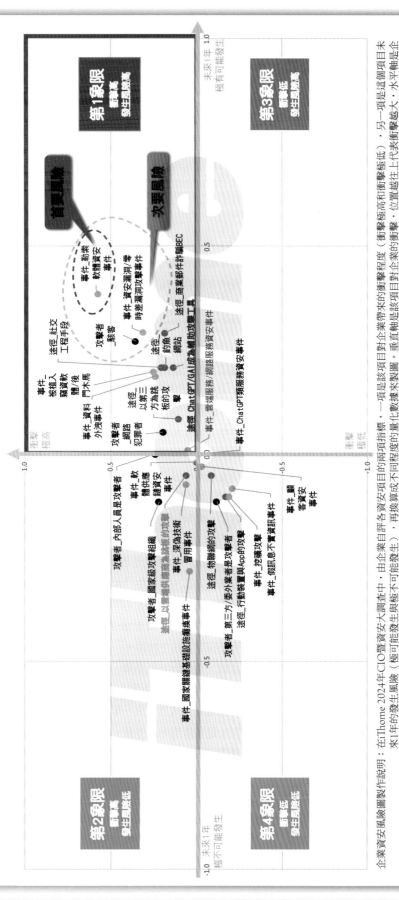

高科技製造業未來一年資安態勢大剖析

未來一年勒索軟體資安事件對高科技業的威脅特別高，遠高於駭客和資安漏洞，得特別警戒。ChatGPT遭濫用和雲端服務資安事件的威脅今年快速浮現，成了風險高衝擊大的新威脅

【高科技製造業】2024企業資安風險圖（2024～2025）

第1象限
衝擊高
發生風險高

第2象限
衝擊高
發生風險低

第3象限
衝擊低
發生風險高

第4象限
衝擊低
發生風險低

首要風險

次要風險

事件_勒索軟體資安事件
事件_資安漏洞/零時差漏洞攻擊事件
途徑_釣魚網站
途徑_商業郵件詐騙BEC
途徑_社交工程手段
攻擊者_駭客
事件_被植入惡意軟體門木馬
事件_資料外洩事件
途徑_以第三方為跳板的攻擊
攻擊者_網路犯罪者
途徑_ChatGPT/GAI成為輔助攻擊工具
事件_雲端服務/網路服務資安事件
事件_ChatGPT類服務資安事件

攻擊者_內部人員是攻擊者
事件_軟體供應鏈資安事件
途徑_國家級攻擊組織
攻擊者_以臺灣供應商為跳板的攻擊
事件_深偽技術冒用事件
攻擊者_國家級攻擊組織
途徑_物聯網的攻擊
攻擊者_第三方委外業者是攻擊者
途徑_行動裝置與App的攻擊
事件_被竊取攻擊
事件_假訊息不實資訊事件
事件_國家關鍵基礎設施癱瘓事件
事件_顯容資安事件

未來1年 極有可能發生 1.0
未來1年 極不可能發生 -1.0

衝擊 極高 1.0
衝擊 極低 -1.0

0.5
0.0
-0.5

企業資安風險圖製作說明：在iThome 2024年CIO暨資安大調查中，由企業自評各資安項目兩項指標，一項是該資安項目的企業帶來的衝擊程度（衝擊極高和衝擊極低），另一項是該資安項目未來1年的發生風險（極可能發生與極不可能發生）。再換算成右與極右，位置越右，代表可能性越大。紅色字體為2024年2月15日到3月15日，對臺灣大型企業的IT與資安主管的調查，垂直軸位置越上代表衝擊的量化數據來製圖。水平軸這個項目對企業衝擊越大，位置越往上代表衝擊越大，位置越右預估衝擊越高者，兩項皆明顯提高者，隸屬CIO大調查企業，政府機關和大學的IT與資安主管，線色字為今年預估衝擊越高者，居臺灣大型企業資安最高主管。【問卷說明】大調查執行期間從2024年2月15日到3月15日，進行線上問卷，有效問卷422家，其中62.8%填答者為企業資安最高主管。

資料來源：2024 iThome CIO大調查　調查時間：2024年4月

113

服務業 2024 資安態勢

資安風險排序變化大，社交工程風險今年竄升首要風險

社交工程和勒索軟體是服務業未來一年兩大首要資安風險，另外，假訊息不實資訊的發生風險明顯提高了，第三方跳板的攻擊和網路犯罪者的衝擊影響也比去年更大，都得警戒

隨著疫情零接觸商機紅利逐漸消失，這兩年服務業積極整合推動OMO 線上線下整合，大舉上雲來推動數位轉型，更開始深化各種數據運用的可能性，服務業是唯一一個連續三年IT 預算兩位數成長的產業，而 OMO整合後的複雜性，也讓服務業面臨更多樣化的資安風險和網路威脅。

資安風險項目排序大變化，社交工程風險和衝擊突然竄升

服務業資安風險圖第一象限（高風險高衝擊）的資安項目，從去年的 12 項，到了今年多了一項，增加到 13 項，除了今年新增的「被植入竊資軟體／後門木馬」也進入樂第一象限，「商業郵件詐騙 BEC」今年開始進入第一象限，成了必須留意的新威脅。

資安風險項目優先順序變化大，去年名列次要風險的社交工程手段，今年和勒索軟體資安事件並列為兩大首要風險，甚至今年比去年多了 18% 的服務業資安主管開始認為，社交工程手段將對企業帶來重大衝擊。社交工程和勒索軟體的威脅是服務業在 2024 ～ 2025必須優先因應的兩大首要風險。

去年名列首要風險的駭客和釣魚網站威脅在今年的排名出現些微下滑，6% 服務業者不再認為釣魚網站的衝擊很大，也多了一成業者自評，未來一年不太可能遭遇駭客攻擊。

不過，仍有不少服務業者相當擔心駭客和釣魚網站威脅，依然是服務業者不可忽視的次要資安風險項目。

隨著服務業越來越仰賴數位通路，以第三方為跳板的攻擊和來自網路犯罪者的威脅也比往年更高，服務業資安主管認為這兩項對企業的衝擊，明顯比去年增加了不少，尤其今年多了一成服務業資安主管認為，第三方跳板攻擊將帶來重大衝擊而相當警戒。另外，商業郵件詐騙的衝擊程度也比去年更高，因此，這項資安風險從去年的高風險低衝擊的第三象限，首度在今年進入了高風險高衝擊的第一象限。

在 OMO 發展下，上雲依舊是服務業今年 IT 重心，服務業是各產業之中，最積極擁抱公雲，雲原生技術採用率最高的產業。服務業在 2024 年底，平均將有 31.7% 的應用搬上公雲，35.6%的應用都採用雲原生技術。

也因此，相較於其他產業，服務業者更為重視雲端安全，多達 28% 的服務業者將雲端安全列為未來一年的資安投資重點，是各產業中最多者。

影響服務業做好資安的最大原因是資安人手不足，只有 7 成服務業有專職資安人力，遠低於其他產業，今年有 4成服務業者想要招募資安人手。服務業今年的資安預算平均達到 584 萬元，比去年大幅提高了 12.5%，資安預算成長率是各產業最高者。今年也有 4 成

多的服務業要積極推動資安轉型，採用主動防禦、資安左移等作為。今年有14% 服務業者要投資軟體開發安全，更 有 24% 服 務 業 者 要 擁 抱DevSecOps，這個比例和金融業的採用企業比例相當，也遠高於其他產業。

從 NIST CSF 網路安全框架 2.0 版的六大面向來看，治理、識別、保護、偵測、回應與復原。服務業對每一項的信心都高於整體產業平均，沒有哪一些特別弱，其中，服務業對自己的復原能力（71.5 分）最有信心，而對識別能力的信心最弱，平均只有 65 分，不過，這個識別能力分數已經比醫療、一般製造和高科技業者的信心分數高了不少。服務業資安主管擔心自己，較沒有能力辨識出未來可能的資安風險。

ChatGPT 類服務資安風險開始浮現

在各個產業中，服務業最積極擁抱生成式 AI，多達 11% 的服務業者正式在關鍵系統、工作場所或對外的產品服務中採用生成式 AI，這個比例遠高於其他產業，高達 3 成服務業者開始用ChatGPT 等生成式 AI 技術來提高員工生產力。服務業也開始專注生成式 AI帶來的風險，今年資安大調查中可以看到，服務業得格外留意，ChatGPT 類服務資安事件是威脅成長幅度最大的風險。文⊙王宏仁

服務業未來一年資安態勢大剖析

社交工程和勒索軟體是服務業未來一年兩大首要資安風險，前者的衝擊將往年更高。第三方跳板的攻擊和網路犯罪者的衝擊影響也比去年更大，都得嚴戒。雖然假訊息不實資訊的衝擊不算太大，但未來一年的發生風險明顯會比去年更高

【服務產業】2024企業資安風險圖（2024～2025）

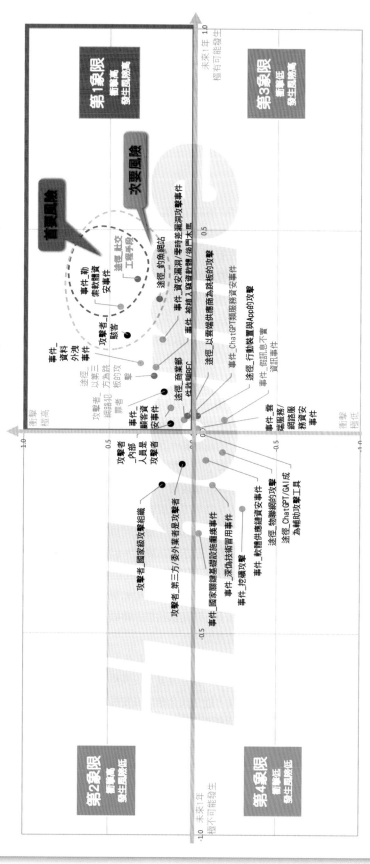

企業資安風險圖製作說明：在iThome 2024年CIO暨資安大調查中，由企業自評各資安項目的兩項指標，一項是該項目對企業帶來的衝擊程度（衝擊極高和衝擊極低），另一項是這個項目未來1年的發生風險（極可能發生與極不可能發生），位置越往上代表衝擊越大，水平軸則是企業未來1年發生該項目的風險。代表可能性越大。紅色字的項目是今年預估衝擊明顯提高者，綠色字項目是今年發生風險則明顯提高者。歷屆CIO大調查企業，對臺灣大型企業IT與資安主管，進行線上問卷。有效問卷422家，其中62.8%填答者為企業資安發展最高主管。【問卷說明】大調查執行期間從2024年2月15日到3月15日，對臺灣大型企業IT與資安主管，進行線上問卷。有效問卷422家，其中62.8%填答者為企業資安發展最高主管。

資料來源：2024 iThome CIO大調查，2024年4月

四大常見資安威脅明顯升溫，BEC 和供應鏈資安風險更突然驟增

金融業 2024 年資安態勢出現很大的變化，資安威脅更多樣化，資料外洩事件、勒索軟體資安事件、商業郵件詐騙和軟體供應鏈資安事件威脅明顯提升

顧客資料是金融業最重要的數位資產，也是攻擊者最覬覦目標。資料外洩事件和勒索軟體資安事件這兩項與顧客資料息息相關的資安事件，金融業未來一年發生的風險明顯大增，是今年得格外留意的重大威脅。不只如此，2024 年金融業資安風險圖第一象限中，14 項高風險高衝擊的資安風險項目，和 2023 年的項目有很大的變化，2 項威脅升溫的資安風險而入榜，也有 2 項風險的威脅下降而離開第一象限，其餘 12 項排名也有很大變化。

社交工程手段和駭客威脅，連續兩年都是金融業首要資安風險，社交工程的發生風險，還比去年略高了一些，金融業者得更加提防。去年金融業資安風險圖中的次要風險只有一項「國家級攻擊組織」，今年的風險圖則不只這一項，還新增了 3 項風險，包括了發生風險驟增的資料外洩事件和勒索軟體資安事件，今年比去年多達 14% 金融業者自認未來一年極可能發生資料外洩和勒索軟體資安事件，更比去年多了 22% 金融業擔心勒索軟體產生的重大衝擊，因此在今年成為金融業必要風險。

另外，資安漏洞（零時差漏洞）攻擊事件的威脅，在 2021 年時的風險頗高，甚至名列第三名高風險項目，因為金融業積極強化 IT 現代化、汰換老舊系統，而在近兩年略有改善而威脅感下滑，但是到了今年又開始升溫，尤其來自軟體供應鏈上游產生的資安漏洞，更是讓人防不勝防，隨著金融業積極擁抱雲原生技術，採用更多開源軟體和元件，軟體供應鏈風險是 2024 年衝擊上揚的威脅，連帶地也讓金融業者更擔心，來自上游發生的資安漏洞或後門。

結合深偽技術的商業郵件詐騙攻擊風險大增

另外還有一項今年突然竄起的威脅是結合了「深偽技術（Deepfake）冒用事件」的商業郵件詐騙（BEC）攻擊。尤其今年 2 月，在香港爆發了一起合了這兩者的詐騙攻擊，引起全球金融圈高度重視。駭客不只假冒了總部財務長要求匯款的詐騙郵件，分公司員工就算察覺到異常而要求視訊驗證，但駭客利用深偽技術，假造了整個視訊會議，AI 偽造了高層和同僚的長相和聲音，讓該員工卸下心防而依照指示轉帳，損失高達 2 億港幣。

這起事件在今年度資安大調查之際對外曝光，讓金融業資安長格外警戒這項威脅，近 2 成金融業資安長，今年首度將這項風險視為未來一年可能發生的資安威脅，甚至有 15% 資安長認為一但發生將對企業帶來重大衝擊。

小心 7 項威脅衝擊明顯提高，5 項發生風險增加

今年所調查的 25 項資安風險項目，多達 7 項風險，在今年都多了 1 ～ 2 成的金融業者列如高衝擊清單，這個新興高衝擊項目的數量，遠高於其他產業，這也反映出金融業資安態勢在今年出現了很大的變化，7 項衝擊明顯提高，5 項發生風險明顯增加。在金融資安風險圖中，兩者皆提高的項目，以紫色文字標記，只有風險大增者以紅色文字標記，而今年只有衝擊明顯增加者則以綠色文字標記。

金融業今年資安投資平均 6,373 萬元，比去年大幅增加了 11.2%，達到兩位數的成長，更有 73.5% 金融機構今年要持續擴編資安人力。今年更有高達 61.1% 的資訊長和資安長，將推動資安轉型列為年度重要目標，要推動如主動防禦、零信任、資安左移等作為。在主管機關鼓吹下，今年近 4 成金融業要投資零信任身分與設備鑑別，2 成則甚至還要進一步投資零信任網路推斷與信任推斷等。趕搭生成式 AI 浪潮，5 成金融業者開始驗證或測試 GAI 金融應用的可行性，同時積極提高員工的 GAI 資安意識，強化機敏資料保護。

整體來說，金融業未來一年在第一象限中高風險高衝擊的 14 項資安風險項目，金融業資安主管必須審視自家資安風險與這份整體產業資安風險圖的落差，對於自己不夠重視，但卻是業界高度警戒的項目，今年得改變心態，開始正視。**文⊙王宏仁**

金融業未來一年資安態勢大剖析

金融業2024年資安態勢出現很大的變化，超過13項資安威脅進入衝擊高風險的第一象限，都得警戒，而且所面臨的資安威脅比過去更加多樣化。資料外洩事件、勒索軟體贖資安事件、商業郵件詐騙和軟體供應鏈資安事件威脅明顯提升

【金融業】2024企業資安風險圖（2024～2025）

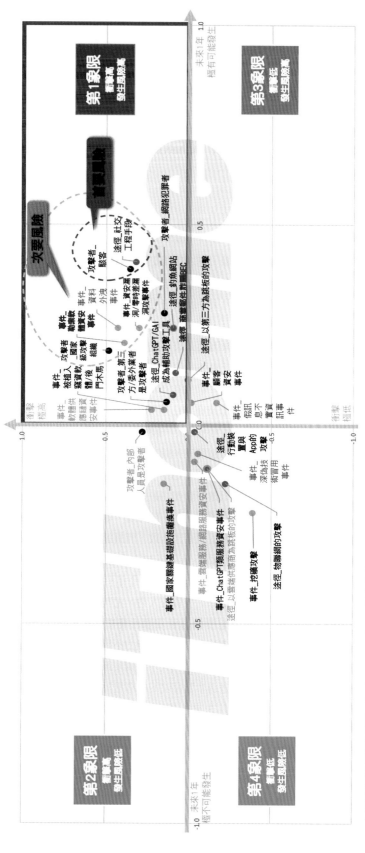

企業資安風險圖製作說明：在iThome 2024年CIO暨資安大調查中，由企業自評各資安項目的兩項指標，一項是該項目對企業帶來的衝擊程度（衝擊極高和衝擊極低），另一項是這個項目未來1年的發生風險（極可能發生與極不可能發生），再換算成不同程度的衝擊。垂直軸是項目對企業的衝擊，位置越往上代表衝擊越大，水平軸是企業未來1年發生該項目的風險，位置越右，代表可能性越大。紅色字的項目是今年發生風險明顯提高者，綠色字項目是今年預估衝擊明顯提高者，兩項皆明顯提高者為紫色文字。【問卷說明】大調查執行期間從2024年2月15日到3月15日，對台灣大型企業、歷居CIO大調查企業和大學的IT與資安主管，進行線上問卷。有效問卷422家，其中62.8%填答者為企業資安最高主管。

資料來源：2024 iThome CIO大調查，2024年4月

117

資安態勢明顯不同，不只風險多樣化更有四大威脅明顯升溫

醫療業今年資安態勢和去年大不同。勒索軟體、駭客攻擊者、第三方跳板攻擊和雲端供應商跳板攻擊的衝擊明顯提高，國家級攻擊組織的攻擊者更常出現，ChatGPT 資安事件和濫用的衝擊和發生風險都雙雙驟增

疫情過後，這幾年醫療業趁著核心HIS 系統十年一次的升版需求，積極展開 IT 現代化，主管機關大幅鬆綁了電子病歷上雲規定，推動醫療資訊服務業 SaaS 化，掀起了一波醫院上雲、擁抱雲原生技術的浪潮，但是，新核心、新架構、新技術帶來和傳統截然不同的 IT 複雜度和挑戰，讓醫療業面臨更多樣化的資安風險考驗，醫療業今年資安態勢，跟去年有很大的不同。

勒索軟體是醫療業未來一年最需要警戒的首要風險，4 成醫院評估自己未來一年極可能發生，更有 6 成資訊與資安主管評估，一但發生，就會帶來重大威脅，醫院意識到的勒索軟體衝擊威脅感，明顯比去年更高。不只勒索軟體，醫療業明年還得高度警戒兩項次要威脅，社交工程手段和來自駭客的威脅。尤其醫院對駭客攻擊的威脅感，也有不少醫院資訊和資安主管，比去年更擔心駭客攻擊帶來重大衝擊。

不只臺灣如此，過去一年，國際上，醫療保健業發生了多起重大資安事件，涵蓋了網路攻擊、勒索軟體攻擊和以第三方為跳板的攻擊事件，甚至出現了系統因勒索軟體當機而導致醫院營運停擺的重大災情。

醫療業是各產業中，對自家資安能力信心最低落的產業，進一步從 NIST CSF 網路安全框架 2.0 版的六大面向來看，醫療業有兩項能力的信心特別弱，

識別能力（59.2 分）和偵測能力（59.7 分），而且這兩能力的分數更是跌破了及格線。在六項資安防護能力上，醫療業是各產業唯一一個出現不及格信心水準的產業，反映出他們在這兩項能力嚴重不足，不只比較沒有能力辨識和制定對策來因應未來可能遭遇的資安風險，也缺乏更強的偵測能力，可以快速發現遭駭客攻擊的跡象來阻斷攻擊。

醫療業在 2024 年的資安預算平均約995 萬元，高於一般製造業、高科技製造業和服務業，但是，這個預算比去年大幅減少了 25.3%。不過，導致醫療業者難以做好資安的最大阻礙因素是，資安人手嚴重不足的問題，超過 66.1%醫院是這個原因所致，而且遠高於員工資安意識不足（46.4%）和預算編列不足的問題（46.4%）。今年有 4 成醫院想要招募更多資安人力，尤其是 8 成醫院都想要招募資安事件應變能力的人才，來強化自己偵測能力不足的弱處。威脅分析或鑑識人才、資安系統維運人才也是過半數醫院的招募重點。

醫院未來一年資安投資重點以員工資安訓練、基礎端點與網路防護、應用程式安全防護這三項為主。不過，今年每兩家醫院，就有一家要展開資安轉型，採取主動防禦、零信任、資安左移等作法，約 2 成醫院今年要導入零信任身分與設備鑑別，約 8.9% 甚至要採用零信任網路分段。

臺灣曾在 2019 年時，發生過一起攻擊二十多家醫院的勒索軟體事件，促使政府近幾年大幅提高了對醫院的資安要求，更在資安管理法中將醫療業納入關鍵基礎設施中納管，這些作為的確大大提高了醫院對資安的投入和強化，但是，隨著醫院這兩年展開各項數位轉型工程，醫療業也得開始具備新世代的資安思維和能力。

未來一年高衝擊高風險資安威脅高達 15 項

整體來看，未來一年，醫療業在第一象限（高衝擊和高發生風險）的資安風險項目高達 15 項，是各產業中最多者，所面臨的資安威脅，有 6 項的發生風險與比去年明顯增加很多，更有 8 項資安威脅，今年比起去年有更多醫院擔心帶來重大衝擊。

在今年的資安風險圖中，以紅色來強調今年發生風險明顯提升的項目，而用綠色文字來呈現衝擊程度明顯增加的項目，若是發生風險和衝擊程度都明顯提高則以紫色文字來強調，醫療業者有四項這類紫標的風險項目，其中三項屬於第一象限中的紫標風險，包括了資安漏洞（零時差資安漏洞）攻擊事件、ChatGPT/GAI 成為攻擊輔助工具，以及 ChatGPT 類服務資安事件，另外一項紫標風險則是雲端服務 / 網路服務資安事件。**文⊙王宏仁**

醫療業未來一年資安態勢大剖析

醫療業今年的資安態勢和去年大不同。勒索軟體資安事件、駭客攻擊者、第三方跳板改擊和雲端供應商跳板改擊的衝擊明顯提高，國家級改擊組織和第三方委外的攻擊者更常出現，ChatGPT資安事件和發生風險都雙雙驟增。

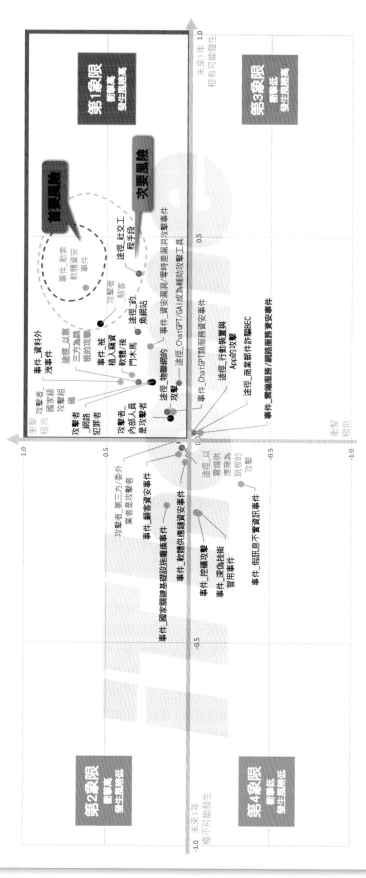

【醫療業】2024企業資安風險圖（2024～2025）

企業資安風險圖製作說明：在iThome 2024年CIO暨資安大調查中，由企業自評各資安項目中，一項是該項目對企業帶來的衝擊程度（衝擊極高和衝擊極低），另一項是這個項目目未來1年的發生風險（極可能發生與極不可能發生），再換算成不同程度的風險。位置越右，代表可能性越大。紅色字的項目是今年發生風險明顯提高者，綠色字項目是今年資安風險明顯關和大型企業，歷屆CIO大調查對象，對臺灣大型企業，政府機關和大學的IT與資安主管，進行線上問卷。有效問卷各422家。其中62.8%填答者為企業資安發展最高主管。

資料來源：2024 iThome CIO大調查，2024年4月

國家級攻擊組織連 2 年成為首要威脅，零時差漏洞修補得更及時

國家級攻擊組織和一般駭客都是政府與學校未來一年的首要風險，但得留意，前者帶來的衝擊比過去的預期更大，社交工程手段、零時差漏洞衝擊和釣魚網站的發生風險則比去年還要更高

政府與學校面臨的資安態勢，向來與其他產業有很大不同，今年也不例外。國家級攻擊組織和一般駭客是未來一年，政府學校的首要資安威脅。這是和其他產業最大的不同。尤其是國家級攻擊組織的威脅，高達 4 成政府機關資安主管認為，未來一年極可能遭遇這類攻擊，更有 6 成政府資安主管擔心，一但遭遇就會帶來重大衝擊。

國家級攻擊組織對政府學校的威脅，在 2021、2022 年時，雖然都是政府學校資安風險圖第一象限的高衝擊高風險威脅，但在排名上，還落後於社交工程手段、資安漏洞等其他類型的風險，可是，從去年開始，這類攻擊不論在發生風險和衝擊的排名上都明顯提高，在 2023 年的政府學校資安風險圖中，國家級攻擊組織的威脅，首度成為首要風險，和一般駭客的威脅並列。今年也不例外，這兩大威脅，同樣是 2024～2025，政府與學校未來一年最需要警戒的首要風險。

7 項資安風險態勢更嚴重

若比較去年和今年資安風險態勢的變化，高達 7 項資安風險的威脅態勢明顯比去年更大。首要風險中的國家級攻擊組織的衝擊比去年更大，次要風險中的勒索軟體資安事件不論發生風險或衝擊都明顯提高，其餘兩項，社交工程手段和資安漏洞（零時差漏洞）攻擊事件

則是發生風險比去年更高。第一象限風險中，另外還有兩項值得特別留意，釣魚網站威脅的發生風險比去年明顯更高，而資料外洩事件的衝擊也預期會比去年更高。最後一項態勢不同的資安風險是位於第四象限邊緣的「行動裝置與 App 的攻擊」，政府資安長預期明顯會比去年帶來更大的衝擊。雖然這項威脅的發生風險較低，但一但發生，可能會出現預料之外的影響。

中國駭客網攻戰略三大改變

去年，以資安態勢分析聞名，現為 Google Cloud 行政總裁的 Mandiant 創辦人 Kevin Mandia，揭露對中國駭客網路攻擊戰略最新的分析，有三大轉變值得政府學校資安主管特別留意。

第一項是中國駭客近年逐漸捨棄了社交工程手法，轉為更系統性的挖掘零時差漏洞，一但發現這類漏洞，就有能力一次性發動大規模攻擊，帶來更強大的破壞力。而且第二項改變是，他們不只有計畫性地挖掘零時差漏洞，還經常鎖定網通設備，這幾年多起攻擊事件，後來發現就是中國駭客鎖定知名網通設備零時差漏洞。甚至在 2023 年 1～9 月間發現的 62 個零時差漏洞攻擊，一大部分是中國駭客所為。最後一項改變是，中國駭客網路攻擊朝向複雜匿蹤方式，大量挾持家用或中小企業路由器、IoT 等設備，來打造一個遍及全球的網

路攻擊跳板，不只讓事件調查進度緩慢，更難以溯源追查。代表政府學校得更留意各項零時差漏洞的通報和修補，一但出現高風險零時差漏洞，得盡快修補或先採取緩解、避險的作法。

政府學校在 2024 年的資安預算平均約 2,491 萬元，僅次於金融業，但遠高於其他產業，而且，政府學校資安預算連年成長，今年增加了 11.8%，高達兩位數，也是各產業中資安預算成長最高者。不過，導致政府學校難以做好資安的最大阻礙因素是，資安人手嚴重不足的問題，高達 6 成政府學校資安人力不足，另有 4 成則因系統老舊而讓政府學校難以做好資安，這都是政府資安主管長期的重要課題。受限於法規，政府機構資安人力擴編規模有限，但今年仍有 35% 政府學校想要招募更多資安人力，其中 8 成政府機構想要招募具備威脅分析或鑑識能力的人才。

政府學校未來一年資安投資兩大重點，仍是基礎端點與網路防護，以及員工資安訓練。不過，今年有高達 7 成政府機關想要推動資安轉型，遠高於其他產業，41.5% 政府學校要導入零信任身分與設備鑑別，26.8% 政府機關要導入零信任網路分段，更有 24.4% 機關要導入到更進階的零信任信任推斷。在零信任架構採用上，政府學校是領先各產業，不論是採用廣度和深度，都是名列前茅。文⊙王宏仁

政府學校未來一年資安態勢大剖析

國家級攻擊組織和一般駭客都是政府與學校未來一年的首要風險，但得留意，前者帶來的衝擊比過去的預期更大，社交工程手段、零時差漏洞衝擊和釣魚網站的發生風險則比去年還要更高

【政府與學校】2024企業資安風險圖（2024～2025）

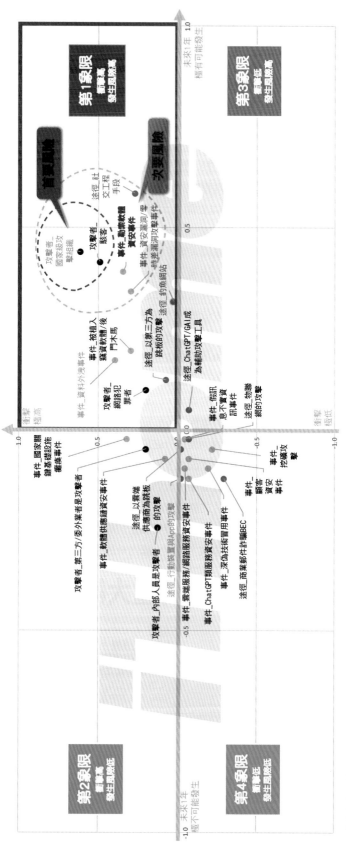

企業資安風險圖製作說明：在iThome 2024年CIO暨資安大調查中，由企業自評各資安項目的風險（極可能發生與極不可能發生），一項是該項目對企業的兩項指標，一項是該項目對企業帶來的衝擊程度（衝擊極高和衝擊極低），再換算成不同程度的量化數據來製圖。垂直軸是該項目對企業的衝擊，位置越往上代表衝擊越大，水平軸是企業未來1年發生該項目的風險，位置越右，代表可能性越大。紅色字的項目為今年發生風險明顯提高者，綠色字項目是今年預估衝擊明顯提高者，歷屆CIO大調查大型企業，對臺灣大型企業，政府機關和大學的IT與資安主管。【問卷說明】大調查執行期間從2024年2月15日到3月15日，對臺灣大型企業，政府機關和大學的IT與資安主管，進行線上問卷，有效問卷422家，其中62.8%填答者為企業資安最高主管。

資料來源：2024 iThome CIO大調查，2024年4月

臺灣企業資
安現況剖析

2023 年臺灣上市櫃公司屢遭網攻，中小企業災情大增

勒索軟體是主要威脅，受害產業不只高科技與電子製造，尤其 2023 年下半開始，藥局、汽車、電機、觀光、塑膠、化學、生技等傳統製造與服務業，都已嚴重受到威脅，沒有產業可以置身事外

在各大新聞傳播媒體的報導當中，我們這幾年來經常看到上市櫃公司遭遇網路攻擊的新聞！國內頻頻傳出企業發生資安事件，持續引起企業與民眾的廣泛關注。

單是 2024 年 1 月就有 3 家上市公司（京鼎、恩德、柏文）公告資安事件重大訊息，並且發生在同一個星期之內，到了 2 月，又有 6 家公司（美琪瑪、富野、瑩碩生技、建準、昶昕、中華電）公告發生資安相關事件。

事實上，臺灣企業在 2023 年公開的資安事故確實是增加的，尤其是下半年事件揭露相當密集。根據今年初我們進行回顧，發現過去一年，共有 17 起遭網路攻擊的資安事件重大訊息，而且還有其他 6 起與資安事件相關。

這樣的結果，並不只是反映臺灣企業所面對的資安態勢，日益嚴峻，更重要

的意義在於，近 3 年前證交所對於重大訊息處理程序的修訂，促使越來越多上市櫃公司公開重大資安事件的相關資訊，讓投資人進一步了解企業經營狀況，也讓國人更了解資安風險。

有了上市櫃公司的示範，也間接促進更多企業與組織，願意主動公開他們面臨的資安危機，讓臺灣遭受網路攻擊的情況，能夠更真實地反映出來。而非許多資安事件只有資安業界知道，但因為這些受害公司擔心家醜外揚而不願意公開這方面的資訊，導致大家都不夠了解威脅的嚴重性。

資安透明度提升之餘，雖然上市櫃公司揭露的狀況大多相當簡單扼要，但從這些揭露當中，我們還是找出一些值得大家關注的關鍵資訊。

首先，隨著企業更願意開誠布公、坦承資安事故，再加上國內外加速推動數

位轉型、遭受惡意軟體與駭客攻擊的範圍持續擴大、地緣政治引發的衝突等因素，使得臺灣上市櫃公司資安事件公告的數量，比起 2021 年與 2022 年明顯增加，不僅受害的產業相當廣泛，發生資安事故的中小企業明顯變多。

單是發布遭網路攻擊重大訊息的公司，過去一年就有 17 家

過去一年以來，有多少上市櫃公司發布資安事件相關的重大訊息？根據各公司在臺灣證券交易所（證交所）與證券櫃檯買賣中心（櫃買中心）揭露的資訊來看，至少有 17 起遭網路攻擊的資安事件重大訊息公告。

在這些重大訊息的標題，都明確說明他們遭遇網路攻擊事件，以個別公司而言，2 月有飛宏，3 月有宏致、立德，4 月有微星、金鼎科，6 月有環天科，

2023上市櫃公司資安事件重大訊息一覽

資料來源：臺灣證券交易所公開股市觀測站，iThome整理，2024年3月

華航 中華航空 CHINA AIRLINES
市場產業別 上市－航運業
公告標題與說明 華航針對媒體報導提出說明（針對會員資料被公開在國外論壇，說明接獲匿名網路勒贖信件後已報警及依法通報）
1月14日

和泰車 和泰汽車
市場產業別 上市－汽車工業
公告標題與說明 澄清自由時報報導（說明旗下和雲行動服務公司的iRent資料庫個資曝險問題已改正）
2月1日

裕融 裕融企業股份有限公司 Yulon Finance Corporation
市場產業別 上市－其他
公告標題與說明 針對媒體報導提出說明（說明旗下格上汽車租賃公司會員訂單資料的可被任意查詢問題的已經有所因應）
2月6日

華航 中華航空 CHINA AIRLINES
市場產業別 上市－航運業
公告標題與說明 華航已全面加強資安系統防堵 配合警方偵辦個資事件（說明查出委外電商平臺系統連線異常，5千多筆會員資料遭擷取）
2月12日

飛宏 PHIHONG Phihong 50
市場產業別 上市－電子零組件業
公告標題與說明 公司發生網路資安事件
2月13日

7月有中華、大樹，8月有日馳，10月有諾貝兒、羅昇，11月有中華化、雄獅、中石化、大江。

母公司代替集團子公司公告資安重訊的有2家，例如，3月，鋼聯代表旗下的台鋼資源發布；5月正新代表旗下Cheng Shin Rubber USA發布。

值得注意的是，關於2023年資安事件相關的重大訊息，並非只有這17起，在我們統整相關資訊時，發現還有6起重大訊息的發布，其內容是回應與個資曝險或個資及資料外洩相關事件，只是單看該則重大訊息的標題，可能無法得知與資安事件有關。

因此，以2023年全年而言，我們找到至少有23起資安事件相關的重大訊息。

網攻威脅重訊2023下半年頻傳，經常出現密集事件公告

以上市櫃公司遭網路攻擊的情況來看，在2023年17起事件中，我們可看出2023下半態勢最值得關注。

這是因為上半年受害產業，多是科技業與電子零組件，下半年類型大增，遍及多種傳統產業，涵蓋藥局、汽車、自行車、觀光、化學、塑膠等。

而且，有同產業接連遇害的情況。例如，7月底大樹醫藥公告遭遇網路攻擊事件，10月初擁有了丁丁連鎖藥局的諾貝兒寶貝，也公告遭網路攻擊。

11月下旬由於資安事件重訊發布得相當密集，更是引發關注。例如，首度出現一日有兩家公司揭露遭遇網路攻擊事件，包括：旅遊業「雄獅」、塑膠工業「中石化」，甚至在同一星期，還有生技業「大江」也揭露遭駭。

資安重訊呈現的資安事故冰山一角！實際遇害數量更多

綜觀上述資安事件重大訊息的發布，

確實讓企業與外界感受到，2023網路攻擊威脅態勢日益升溫，但是，臺灣企業遭受網路攻擊的嚴重程度，是否真有如此嚴峻？

過去企業資安威脅看似不普遍，先前他們遭遇網路攻擊，多半是態勢嚴重而被民眾揭發才曝光，但近兩年來，政府要求上市櫃公司的資安事件揭露，使得更多事件浮出檯面，不一定代表整體威脅總量的增加。

2023年的臺灣資安威脅態勢是否惡化？曾協助處理許多企業資安事故的資安業者趨勢科技，提出他們的看法，該

威脅延續至2024，兩個月來的資安重大訊息達到9起

公告日期	公告公司	公告標題與說明
1月16日	京鼎	本公司公告部份資訊系統遭受駭客網路攻擊事件說明
1月17日	恩德	本公司公告部份資訊系統遭受駭客網路攻擊事件說明
1月19日	柏文	本公司旗下「健身工廠」會員個資遭駭客竊取事件說明
2月5日	美琪瑪	本公司公告部份資訊系統遭受駭客網路攻擊事件說明
2月5日	富野	本公司旗下分公司資訊系統遭受網路攻擊
2月15日	瑩碩生技	代子公司歐帕生技醫藥股份有限公司公告部分資料遭受駭客網路攻擊事件
2月19日	建準	本公司發生網路資安事件
2月26日	昶昕	本公司公告部份資訊系統遭受駭客網路攻擊事件說明
2月29日	中華電	說明本公司疑似資訊外流事件

資料來源：臺灣證券交易所公開股市觀測站，iThome整理，2024年3月

宏碁 acer
市場產業別 上市－電腦及週邊設備業
公告標題與說明 說明媒體報導（針對宏碁印度售後服務系統遭駭事件，說明係商業夥伴密碼保存與管理不當，造成產品維修等資料外洩）

立德 LEADER
市場產業別 上市－電子零組件業
公告標題與說明 電子部份資訊系統及備份系統遭受網路攻擊事件說明

3月6日

3月8日

3月14日

3月28日

4月7日

宏致 ACES GROUP
市場產業別 上市－電子零組件業
公告標題與說明 公司部份資訊系統遭受駭客網路攻擊事件說明

鋼聯
市場產業別 上市－綠能環保
公告標題與說明 代子公司台鋼資源股份有限公司公告說明部份資訊系統遭受駭客網路攻擊

微星 msi
市場產業別 上市－電腦及週邊設備業
公告標題與說明 公司部分資訊系統遭受駭客網路攻擊（同時在公司網站公告）

公司台灣區暨香港區總經理洪偉淦指出，對比 2023 年上市櫃公司重訊發布數量來看，企業資安遭駭的數量成長幅度，其實並沒有特別高，但事件總量確實有稍微提升，原因是去年有更多攻擊是針對防禦較弱的中小企業。

具體而言，2023 年的攻擊態勢確實高於 2022 年，就他們經手的事件來看，事件數量大概多了 3 成的比例，若與資安威脅相當嚴峻的 2021 年相比，2023 年則是略微提升。

為何會有這樣的變化？洪偉淦進一步解釋，認為這幾年出現的網路攻擊活動，尤其是勒索軟體攻擊，正處於型態轉變的時期。

以 2021 年的攻擊而言，通常都是大型駭客集團發起，其攻擊目標也是相當知名的企業，使用的手法通常比較精進，也會要求很高的贖金。

然而，在 2021 年勒索軟體肆虐的情況下，全球執法機構開始加強合作，以打擊網路犯罪活動。因此，2022 年成為攻擊者轉型的時刻，許多駭客組織開始轉向勒索軟體即服務（RaaS）的模式，也就是攻擊者提供平臺或服務，讓其結盟夥伴以低門檻方式發動勒索軟體攻擊。也導致 2022 上半資安事件數量下降，下半年資安事件再度上升。

到了 2023 年，洪偉淦認為，網路攻擊事件的數量，不僅明顯恢復到 2021 年的水準，甚至還有所超越，最主要的原因也是 RaaS 型態下，使得攻擊變得普及且易於實施，也導致發起攻擊的團體變多。但他強調，現在受害者的結構，已經與過去有所不同，兩年前的狀況，多是大型企業遭鎖定，如今 2023 年後，則多是中型企業遇害。

而在攻擊目標轉向之下，由於這些中小企業的資安水準，其實存在一定的落差，因此也讓攻擊者無需用到極其複雜的手法，就能得逞，這些歹徒只要用以前的攻擊方法，就足以造成影響。

這也造就資安事件數量增加的狀況——每個事件的勒索金額較小，但受到的攻擊數量較多。

而隨著中小企業網路攻擊遇害比例增加，洪偉淦也直言，過去這些規模的公司很少有資安事故調查的需求，但現在已經變得常見。

由於上市櫃公司對於發生的資安事故，並未具體列出類型，但因為勒索軟體肆虐全球，態度很猖獗，也讓所有人好奇：這些受害的公司是否就是遭遇勒索軟體的攻擊？

洪偉淦指出，在趨勢科技的觀察中，大多上市櫃公司遭網路攻擊，其實都是遭到勒索攻擊。基本上，2023 年民間企業遭遇的資安事故，幾乎都是勒索攻擊，少有針對民間企業的 APT 攻擊，APT 主要目標還是政府。

不過要注意的是，勒索攻擊的型態並不全然是加密勒索，因為「偷資料的勒索」也逐漸成為常態，有些甚至是鎖定重要個資竊取的勒索。

對於這些勒索攻擊的現況，我們同樣掌握到許多事件。例如，去年底我們接觸國內一家建築工程顧問公司，得知他們遭勒索軟體攻擊，且情形嚴重，後續我們從網路上諸多資安情資中，又發現國內另一家建築工程顧問公司，被勒索軟體組織列為受害者。這兩家公司並非上市櫃公司，因此檯面下還有很多企業遭駭的狀況。

「不要以為中小企業就不會遭受駭客網路攻擊！」，過去就有許多資安業者這麼提醒，從這幾年的全球與臺灣企業實際受害消息來看，已經反映了這樣的情形，如今看來，駭客鎖定中小企業的攻擊態勢，更加明顯。

儘管歐美等國際執法單位正持續努力，打擊勒索軟體團體的網路基礎設

2023上市櫃公司資安事件重大訊息一覽

資料來源：臺灣證券交易所公開股市觀測站，iThome整理，2024年3月

金鼎科 KING'S METAL FIBER TECHNOLOGY
市場產業別 興櫃－其他
公告標題與說明 公司部分資料遭受駭客網路攻擊事件

正新 MAXXIS
市場產業別 上市－橡膠工業
公告標題與說明 代子公司 Cheng Shin Rubber USA, Inc 公告部份資訊系統遭受駭客網路攻擊事件說明

中華 CMC
市場產業別 上市－汽車工業
公告標題與說明 公司發生網路資安事件

4月14日　**5月14日**　**5月30日**　**6月19日**　**7月24日**　**7月28日**

誠品生活 誠品生活
市場產業別 上櫃－文化創意業
公告標題與說明 說明經濟日報112年5月14日14時10分網路新聞即時報導（針對誠品疑個資外洩狀況，表示將配合數服部通知前往說明）

環天科 GlobalSat WORLDCOM GROUP
市場產業別 上櫃－通信網路業
公告標題與說明 公司部分資訊系統遭受駭客網路攻擊

大樹 大樹藥局
市場產業別 上櫃－生技醫療業
公告標題與說明 公司遭受駭客網路攻擊事件

施，緩解這方面的威脅，但不同攻擊者或重起爐灶的攻擊者，仍頻頻發起攻擊，這是企業必須體認的現況。

無論如何，單以上市櫃公司的狀況來看，不同產業遭受攻擊的狀況也很明顯，威脅態勢也已經延續到 2024 年。

因為今年前兩個月，資安事件重大訊息就有 9 件，等於平均每月 4.5 件，比例上明顯增加。

除了監管的壓力，滿足合作夥伴對資安的需求更是挑戰

在關注網路攻擊事件增加之餘，我們也想了解的是，現在的資安事件重大訊息揭露，可能出現那些問題？又帶來哪些好的影響？

例如，從上述明確指出遭遇網路攻擊的事件來看，這些重大訊息的內容，幾乎有著大同小異的事件描述，內容相當含糊不具體。下面舉出兩例：

● 「本公司資安團隊於查知遭受網路攻擊時，已全面啟動相關防禦機制，並委請外部資安公司技術專家共同處理，依法通報相關部門，已持續加強資訊安全管理。」

● 「自偵測到部份資訊系統遭受駭客網路攻擊，資訊部門已全面啟動相關防禦機制與復原作業，同時與外部資安專家協同處理。」

我們找來分析上市櫃公司年報資安揭露現況的專家解讀，他曾在 2022 臺灣資安大會向大家報告此事。

根據安永企管副總經理陳志明的觀察，以 2022 年上市櫃公司年報來看，當時雖然已經要求公司需登載公司的資安管理作為，資安風險的影響，以及發生資安事件的因應，但是，如果以資安事件的部分來說，多數公司的揭露狀況並不理想，甚至比透過重大訊息公告所揭露的還要少。

不過，單就上市櫃公司的資安事件重大訊息揭露而言，儘管公告內容變得制式化，但還是有其意義，至少讓大家能意識到網路攻擊事件的發生。若是以前，這些資安事件只有等到媒體曝光，才會引起大家注意，或是只有在業界流傳，無法獲得廣泛關注。

而且，企業也不用害怕揭露重大資安事件，畢竟在 2019 年中美貿易戰後，以及中國長年維持清零政策，臺灣在此局勢迅速發揮出本身的優勢，事實證明，有相當多臺廠營收暴增，遠高於 2018 年以前的業績。加上近年國際資金熱潮，造就許多公司的股價持續攀升，對於從 2021 年開始發布資安事件重訊的公司，這些公司的股價與 EPS 依然水漲船高，並未因資安負面消息而受到嚴重影響。

陳志明指出對於這些上市櫃公司而言，只要不是大規模、持續無法復原的情況，勒贖攻擊並非最痛的點。

真正對企業帶來極大影響的，是受制於廠商彼此在合約上的罰款規則，以及未來可能有損失訂單的狀況。像是一旦企業外洩合作夥伴的重要機敏資料，其壓力將遠高於主管機關的規範。

換言之，企業所面對的更大壓力，將會是在如何滿足客戶要求，以及客戶對於資安的需求。

又或是企業的資安防護問題，開始在投資銀行間流傳，後續又被客戶看到，引起更多不同層面的壓力。

當然，政府監管的力道也不可小看，只是，主管機關也需要考量上市櫃公司的規模大小不一，若要一體遵循，也不適合規範太嚴。

重大訊息揭露企業資安事件的要求顯著，促高層關注資安

關於重訊揭露資安事件帶來的意義，洪偉淦也很有感觸。過去他在一些針對

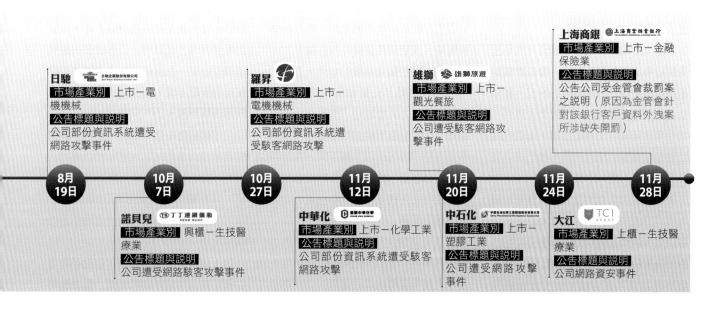

125

高階主管或董事會的資安演講中，說明駭客如何入侵時，大家的反應平淡，但談到重大資安事件揭露時，大家就比較敏感，會提出更多問題。

他認為，過去普遍企業在意資安事故的層級，就是落在資訊主管、資安主管，但是現在在講到重大訊息揭露的話，公司在意的層級就會拉高，起碼負責營運執行的高階主管會注意，還有像是法務、財務等，甚至公司董事會。

換言之，只要與公司重大訊息發布有關的任何狀態變化，管理階層就會意識到，這些是公司經營必須在意的。

企業內部人員的態度也有轉變，因為，過去資安事故發生，只要沒拖垮公司的營運或是業務，高階主管不想瞭解太多，反正資訊單位能處理就好。後續的資安改善動作，往往仰賴這個資訊主管或者資安主管是否有能力，與上層好好溝通，爭取到足夠的資源。

如今我們可以想見的是，一旦要發布重大訊息，這時企業將會面對來自投資人、股東，以及主管機關證交所的壓力，而對於老闆們來說，就會更想進一步理解這件資安事故的情況，以及是否要發布重大訊息。

在臺灣證券交易所與證券櫃臺買賣中心的規範之下，國內超過 1,700 家上市櫃公司，以及 300 多家興櫃公司，只要重大資安事故發生，將面對投資人、股東、主管機關的壓力，而這樣密切受到眾人關注的情勢，都將促使資安更被企業高層重視。文⊙羅正漢

企業因個資外洩受罰，也開始發布資安重大訊息

近年個資外洩事件的發生，屢屢成為社會新聞矚目焦點，過去一年來，上市櫃公司在重大訊息也開始揭露這方面的資訊，而部分公司因此遭罰的狀況也浮上檯面

對於 2023 年企業資安事件頻傳的現況，在關注勒索軟體駭客鎖定上市櫃公司攻擊，正持續造成更多的危害之餘，另一個企業同樣要正視的風險，是個資曝險、機敏資料與個資外洩的發生，現在對國內普遍企業已經帶來更多的影響。

在近年詐騙橫行之下，個資外洩早已受到社會大眾的廣泛關注，像是詐騙份子可以清楚說出民眾訂單的狀況，屢屢登上社會新聞版面。如今我們注意到，這些事件若出自上市櫃公司，他們也開始發布這類重大訊息公告，我們總共發現有 6 起這方面的事故。

更不容企業忽視的是，不只個資相關的重大訊息 2023 年更常見，最近幾個月以來，我們接連看到上市櫃公司發布的公告很特別，因當中說明因違反個人資料保護法（個資法）受主管機關開罰，這一現象的出現，突顯企業經營層需更重視個資保護。

個資外洩消息不斷受媒體關注，近一年也登重訊版面

先看看 2023 年臺灣上市櫃在證交所公開資訊觀測站發出的重訊，哪些與個資曝險，或個資及資料外洩有關？

首先，關於個資曝險的事件，有兩起均發生在 2 月。先是和泰汽車發布重訊，這篇公告的標題是「澄清自由時報報導」，說明旗下和雲行動服務公司的個資曝險問題已改正；接下來，還有裕融的重訊發布，標題是「針對媒體報導提出說明」，描述格上汽車租賃公司的個資曝險問題，已經及時因應。

在資料與個資外洩方面，華航揭露資料外洩事件，該公司在 2023 年 1 月先是發出說明媒體報導的重訊，以回應會員資料被公開在國外論壇的情形，2 月他們再次發布重訊，揭露了先前事件已有新的後續發展，說明查出委外電商平臺系統連線異常，並公布確切影響範圍，有 5 千多筆會員資料遭擷取。

3 月宏碁發布相關重大訊息，內容是針對印度售後服務系統遭駭事件，以針對媒體報導方式說明，公布該公司的具體調查結果，指出是因為商業夥伴密碼保存與管理不當，因此造成產品維修等內部資料外洩。

5 月誠品發布重大訊息，是針對疑似個資外洩的事件，以回應媒體報導方式說明。緣由是許多網購民眾接獲詐騙電話，且詐騙方清楚民眾的訂單內容一事，他們表示，將配合數位發展部通知前往說明。

從上述的重訊發布來看，儘管不容易從標題看出與資安議題相關，需要各界

進一步的檢視與關切後續發展，不過，比起過去重大訊息少有說明這方面的消息，有廠商願意公布這方面的狀況，已有很大的差異。

3 家上市櫃公司因個資外洩，受個資法與銀行法裁罰

對於企業而言，不只需要留意 2023 年個資相關重訊的增加，還有一個新的轉變需要重視，那就是：出現企業因個資外洩事件遭主管機關裁罰，並且發布重大訊息的情形。

最近我們整理到數起案例，由於這些都是先前資安事件發生的後續，多數企業可能還沒注意到此一態勢。

為何我們這麼說？2023 年臺灣上市櫃公司遭網路攻擊的資安事件重大訊息，總共有 17 個，特別的是，其中兩起事件，我們發現其實與該公司後續的重大訊息有關，而且是涉及個資法的裁罰；有一起事件也相當特殊，發生在金融業，也與個資外洩有關，但主管機關是依銀行法處置。例如：

（一）諾貝兒 10 月公告遭受網路駭客攻擊事件，經過 3 個禮拜，該公司發布另一則重大訊息：「公告本公司接獲高雄市政府裁處書罰鍰乙案」，說明該公司違反個人資料保護法第 27 條規定，依同法第 48 條規定，遭高雄市政府處以 15 萬元罰鍰。

（二）雄獅 11 月公告遭受駭客網路攻擊，2024 年 1 月，該公司發布另一則重訊：「公告本公司受交通部裁罰案之說明」，當中指出兩個月前遭駭客網路攻擊，導致發生該次資安事件，並受到交通部依違反個人資料保護法第 27 條第 1 項，處以 200 萬元罰鍰。

（三）上海商銀在 11 月發布受金管會裁罰的重訊，內容乍看未涉及資安事件，但在同一日在金管會召開的例行記

者會，恰巧提出這方面的清楚說明。金管會當時表明，是針對該銀行客戶資料外洩所涉缺失，依據違反銀行法第 129 條第七款，處以 1 千萬元罰鍰，並要求 4 大監理事項。因此，這起重訊事件，其實也與個資外洩情事有關。對於受高度監管的金融業，主管機關金管會可運用的資源與規範也明顯更多。

企業需重視 2023 年個資法修法，裁罰金額與方式已改變

由於過去上市櫃公司的重大訊息發布，我們很少看到這方面的資安事件，但 2023 年後的變化卻是如此明顯，這背後的原因是什麼？雖然大家可能已經注意到去年個資法修法，還有個資保護委員會將要成立，但這些動向對企業又呈現出何種意義？

對此問題，關注個資法遵議題超過十年的達文西個資暨高科技法律事務所所長葉奇鑫表示，自從前幾年我國不斷傳出個資外洩與詐騙事件，如今政府對於個資保護的規範，是越來越嚴格。

對於 2023 年個資保護的態勢變化，他認為，從 2022 年下半年開始，整個個資保護的氛圍，就已經變得不同。不論是否為上市櫃公司，都會受到兩大監管壓力，一是中央目的事業主管機關，一是 165 反詐騙諮詢專線，如果是上市櫃公司，還會面對來自證交所、金管會的壓力。個資法的修正不僅影響上市櫃公司，也將影響普遍企業。

2023 年 5 月個資法修法通過後，6 月 2 日生效，更是帶來新的轉變。因為違反個資法的罰鍰從過去 2 萬到 20 萬元，修改為 2 萬到 200 萬元，情節重大者可處 15 萬元到 1,500 萬元。

裁罰的方式也有變化，之前是要求限期改正、不一定會罰，現在是逕行處罰時同時命令改正，也就是「一定會罰」。主要是因為政府展現積極打詐的決心，將這些機制涵蓋於打詐 5 法。

從這一年來的臺灣個資外洩開罰的狀況來看，可以印證這個觀點。例如，數位部產業署在 2023 年 5 月，就曾針對蝦皮開罰，該公司個資保護程序沒做

近期3家上市櫃公司因個資外洩裁罰，發布重大訊息

諾貝兒

2023年10月7日 説明本公司遭受網路駭客攻擊事件

2023年10月31日 公告本公司接獲高雄市政府裁處書罰鍰乙案
（高雄市政府以諾貝兒寶貝違反個人資料保護法第27條規定，依同法第48條規定裁處罰鍰新臺幣15萬元整）

雄獅

2023年11月20日 説明本公司遭受駭客網路攻擊事件

2024年1月17日 公告本公司受交通部裁罰案之説明
（依據交通部113年1月12日交授觀業字第1133000076號函所諭，就雄獅112年11月20日遭受網路駭客攻擊，致發生該次資安事件，違反個人資料保護法第27條第1項。該主管機關核處200萬元。）

上海商銀

2023年11月28日 公告本公司受金管會裁罰案之説明
（公告項目：M26遭受重大損失或資安事件；説明依據金管會官方網站112年11月28日公告，上海商銀有未完善建立及未確實執行內部控制制度之情事，違反銀行法第45條之1第1項及其授權訂定之「金融控股公司及銀行業內部控制及稽核制度實施辦法」第3條、第8條第1項第2款第2目規定，核處1,000萬元。）

資料來源：臺灣證券交易所公開股市觀測站、iThome整理，2024年3月

好，委外廠商未落實監督管理等，且屆期仍未改正，甚至態度惡劣，被開罰當時最高的 20 萬元。

到了 2024 年 1 月，雄獅因兩個月前遭駭事件，被交通部依個資法開罰 200 萬元。之所以罰鍰增加，就是因為個資法裁罰金額與方式改變，至於重罰的原因，我們推測可能與該公司是近年第二次遭駭有關。

單就上市櫃公司而言，我們還發現，先前數位部產業署在 2023 年 5 月也曾針對誠品生活開罰，到了下半年，我們則是看到諾貝兒、雄獅發布遭個資法裁罰的重大訊息。相較之下，之前誠品發生這類狀況時，並未發布這方面的重訊，顯然，現在這方面的資訊揭露，將開始成為業界常態。

不僅如此，企業需體認到：現在需要更明確的揭露個資外洩事件。

最近我們注意到，在 2024 年 1 月，上市運動休閒業者柏文發布的重大訊息，公告了旗下健身工廠會員個資遭駭客竊取事件的說明，雖然這發生在 2023 年 7 月，但在重訊標題上，已經清楚寫明事件與個資遭竊有關。

我們也發現證交所最近修訂規範。在 2024 年 1 月 18 日公布的新版「重大訊息發布應注意事項參考問答集」，首度明確規範資安事件的「重大性」標準，包括：公司的核心資通系統、官方網站或機密文件檔案資料等，遭駭客攻擊或入侵（包括遭入侵、破壞、竄改、刪除、加密、竊取、DDoS 等），致無法營運或正常提供服務，或有個資外洩的情事等。即屬造成公司重大損害或影響。言下之意，涉及個資外洩的資安事件，確實已經明訂要發布重大訊息。

對於這些現況變化，葉奇鑫指出，

2023 年只是開始，當企業看到越來越多同業揭露遭遇駭客攻擊、以及揭露因個資法被罰，會更明確感受網路攻擊的風險，察覺法規已有變化。

一年後個資保護委員會成立，屆時個資規範要求再升級

為了讓大家更清楚個資保護規範的態勢，葉奇鑫針對近年我國個資保護的重要變化，提出詳細說明。

自 2021 年 8 月開始，行政院決議成立行政機關落實個人資料保護執行聯繫會議，到了 2022 年 7 月，行政院訂頒「新世代打擊詐欺策略行動綱領」，此後一旦公司發生個資事故，就必需通報主管機關，然後主管機關要通報國發會與資安主管機關，還要副知中央主管機關（行政院），若是大型事件，更是會親自召開會議出來管。

換言之，從 2022 下半年開始，建立這個標準流程之後，變成每件個資事故都不會逃過政府的監管。這也意味著，未來個資保護將成為企業更大的挑戰，其原因就是：政府開始加重打詐的力道，立法院也通過這方面的修法。

2023 年新版個資法的推出，對企業而言，有兩點需要特別重視。

首先，第 1 條之 1，增訂「個人資料保護委員會」為個資法主管機關，此事的源頭是 111 年憲判字第 13 號，大法官要求要設立個資保護專責機關機制，也就是專責機關。如今，這個備受外界關注的個資保護委員會，已在最近 2023 年 12 月成立籌備處。

其次，第 48 條，針對違反安全維護義務，修正裁罰上限與方式，改為應處 2 萬元到 200 萬元的罰鍰，情節重大者更是可處 15 萬元到 1,500 萬元，並且是逕行處罰時同時命令改正。相較之下，過去這方面最高罰鍰，只有 20 萬

個資保護法制不再空轉，專業人力逐漸到位

企業不是不知道個資保護的重要性，因為個資法從2012年實施以來，應該已經引發大家對這方面議題的重視與討論，但由於多年來幾乎看不到相關事件的裁罰，使得只有少數企業願意主動做好個資保護，不少企業仍在觀望、態度消極。

之所以早期少有個資法裁罰，我們認為，這很可能與相關配套不夠健全有關，不只是缺乏個資主責機關，也缺乏充足的專業人力資源。

據我們瞭解，現在已有很大的改變。例如，過去在法務部時代，負責個資法法制的人力，其實只有3個科員與1個科長，而且這組人馬其實同時負責8個法，個資法

只是其中之一。

而近年國發會接手之後，就國發會的法制協調處而言，在10個負責的人員當中，就有超過半數具備個資法專業能力。

而且根據去年12月行政院發布的相關消息指出，光是個資保護委員會籌備處的初期編制，就有36人，整體編制的員額更高達89名。

可以想見的是，日後企業面對個資外洩事件時，政府在法制面推動工作的專業人力能量大增，那時將完全不可同日而語。

換言之，以後企業組織面對個資外洩事件的局勢，就可能面臨30多位負責個資法制的人力，而不是只有4個人在兼辦。

個資保護不力更成企業營運風險！企業除了關注上市櫃公司因資料外洩受裁罰，以及2023年個資法修正，更要注意的是，個資保護委員會籌備處已在2023年12月揭牌，屆時個資規範與要求裁罰還會更升級。圖片來源／行政院

元，僅要求限期改正，不一定罰。

葉奇鑫提醒，未來的個資規範與要求還會再升級。這是因為，個資保護委員會組織法的通過，預計是在2024年底或2025年第一季，也就是說，之後就會設立成為正式機關。屆時，個資法裁罰將會邁入下一篇章。不像過往一直沒有專業且獨立的主責機關，而且個資法也勢必將迎來第3次大修法。

過去沒做好個資保護的準備，如今企業不能再無視

從最近的企業因個資外洩遭罰案例，我們可以發現存在裁罰機關不同的情形，像是雄獅是受交通部裁罰，諾貝兒是受高雄市政府裁罰，因此，不全然是中央目的事業主管機關。

對此，葉奇鑫認為，就目前現況來看，的確會有管轄重疊的狀況，這可能需要政府縱向與橫向的溝通協調。畢竟，不論地方政府或中央目的事業主管機關，兩者同樣有這方面的權限，而一家公司如果跨不同產業，也可能受不同主管機關所管轄。這的確是未來政府監管上，需要注意的問題。

但對於企業而言，重點是不要以為只是外洩用戶的個資、事不關己，因為，現在已經有上市櫃公司遭個資法裁罰200萬元的情形。

葉奇鑫認為，光是注意其他公司受個資法開罰這件事就是好的開始，很多企業不知道2023年個資法已修法。

「只有知道規範現況，才能更主動因應。」葉奇鑫強調，普遍企業因為還沒出事，所以可能沒有感覺，但是，現在只要一發生這類狀況，企業若是仍沒有準備，就會遭受很大的衝擊。

這是因為，現在針對個資外洩事件，政府的行政檢查是整套在進行，還會有附帶檢查，也就是不僅止於這次事件所發現的問題，還針對公司整體個資保護、資安盤查。以瞭解公司在事件中應負責任，並決定輕罰與重罰。

如果企業平常沒有做好個資保護，不論是程序書、管理規定、個資盤點，當事件爆發、企業在面對行政檢查時，往往連這些基本文件都繳交不出來，此時面臨重罰的可能性自然更高。

雙管齊下！政府祭行政裁罰與行政規範，提供實作指引

最後我們要提醒，企業不只面對上述個資保護行政裁罰，還需留意各產業也有對應的行政規範需遵循。

針對不同產業，各部會將制定個人資料檔案安全維護管理辦法，若企業違反規定，政府同樣可以開罰。

這部分最受矚目的焦點是，近年國內電商個資外洩情形越來越嚴重，因此，數位發展部2023年10月依據個資法第27條第3項規定，訂定「數位經濟相關產業個人資料檔案安全維護管理辦法」，要求訂定安全維護計畫，並可派員到場實施個資檢查。若業者違反這項辦法，最重將開罰1500萬元。

受此項規範約束的產業，涵蓋綜合性電商，還有軟體出版業、其他資訊服務業，以及第三方支付服務業等。

值得企業關注的是，這些個資維護管理辦法涵蓋了多種產業。換言之，不是只有電商相關業者要重視。

以個人資料檔案安全維護管理辦法而言，針對的產業還有很多，單以近期來看，還包括：綜合商品零售業，製造業及技術服務業等眾多產業。

另一方面，有些企業可能仍不知如何保護個資，對此國內主管機關也打算出手幫忙，正在制定相關實作指引文件，引導企業落實。

例如，為了幫助電商業者落實個資保護，數位部在12月釋出指引手冊：「有關電商業者落實數位經濟相關產業個人資料檔案安全維護管理辦法參考指引」，讓缺乏這方面認知的企業，至少能有一份可依循的資訊，以落實個資保護與管理。而從參考指引來看，也可看出不僅是電商業者，也有針對資訊服務業、網路連線遊戲事業等的指引。

綜觀上述態勢，不論上市櫃、所有不同產業的公司，對於提升個資保護的能力，不論管理面、技術面，都不能像過去毫無任何作為。文⊙羅正漢

美國政府與企業如何強化個資防護？

在關注臺灣上市櫃公司遭個資法裁罰之餘，我們也持續注意國際這類監管議題的態勢。以美國為例，當地企業向美國緬因州檢察長辦公室通報事件，使得事件調查報告曝光於外界，因此我們可以發現，這些公司除了通知受影響的用戶，還會提供一年免費信用監控與身分竊盜保護服務，顯然與臺灣相比有很大的不同。

對此，葉奇鑫表示，美國在一些法制面上很特殊，像是檢察長可以代表全州州民對企業提出資料外洩相關的民事訴訟，因為當地有這個制度，企業就會面臨很大的訴訟風險，甚至可以看到上百億的求償，因此會對企業經營帶來相當大壓力。

相對而言，臺灣這方面的訴訟風氣並不興盛，這也使得上市櫃企業經常認為，事件發生對實質財務風險不高，這是臺灣可以改進的部分。

但他也指出，國內在某些方面其實已有進步，像是當發生資安事故時，需要提交事件調查報告，主管機關的報告也要通報至國發會（或未來的個資保護委員會），審完才會結案，因此管控程序已經建立，只是事件調查報告沒有對外揭露；關於通知受個資外洩事件影響用戶，現在也有嚴格規定，需要依照政府機關提供的公版發送通知，當中需寫明被駭客攻擊，及說明如何因應。

臺灣上市櫃企業發布資安重大訊息背後的挑戰

臺灣企業頻頻遭駭客網路攻擊，背後有哪些隱憂與挑戰？我們特別關注兩個重點，一是近年資安事件發生，有哪些常見問題值得企業重視，一是面對資安事件，企業應變現況又是如何？資安專家指出，使用 VPN 卻沒有做好安全管理是常見主因，而在資安應變團隊與程序的建立上，至今許多企業高層仍對這方面缺乏概念

臺灣上市櫃公司這幾年以來，因應證券交易所與櫃買中心的要求，若遭遇駭客網路攻擊，開始發布重大訊息揭露，使得更多臺灣發生的資安事故浮上檯面，雖然外界比過去更能瞭解當前威脅局勢，也讓所有公司高層更關注資安，但大家往往只從中得到處理結果，很難有機會瞭解到，這些資安事故問題如何發生。

而且資安事件重訊的內容大同小異，如下所示：

- 「本公司資安人員於查知遭受網路攻擊時，於第一時間啟動相關防禦機制，並與外部專家協同處理及進行復原。」
- 「自偵測到部份資訊系統遭網路攻擊，資訊部門已啟動防禦機制與復原作業，同時與外部資安專家協同處理。」

經由上述簡單說明，雖然能得知這些公司發生資安事故，但我們無法看出是否已經查出事件發生的原因，以及當下事件應變的概況。

回顧這些資安事故重大訊息的揭露，有哪些是企業需要特別重視的？對此，我們特別詢問一些曾協助上市櫃公司進行資安事故調查與應變的業者，請他們談談下列兩個層面的觀察：一是企業資安防護可能存在哪些常見破口，導致事件發生？一是事件發生後，企業是否有足夠的應變能力？

TWCERT/CC提供應變3大階段的參考指南

面對資安事件發生，為了讓國內企業更懂得應變，台灣電腦網路危機處理暨協調中心（TWCERT/CC）在 2023 年 6 月發布《企業資安事件應變處理指南》，內容涵蓋事前準備、事中應處、事後改善。

事前準備	事中應處	事後改善
1、資安工具準備	1、資安事件偵測與分析	1、檢討目前的資安管理制度是否需調整
2、資安事件分類分級	2、保存數位證據	2、檢視目前的事件處理程序是否合宜
3、訂定資安事件紀錄表	3、資安事件應變與處理	3、資安事件情資分享
4、資通系統分級	3.1 DDoS的應變與處理	4、檢視其他主機、系統、設備
5、設立專責資安聯絡人員	3.2 勒索軟體的應變與處理	5、檢討防護設備是否足夠
6、規劃專業資安教育訓練	3.3 惡意程式的應變與處理	
7、規劃資安健檢	4、通知利害關係人	
8、建立情資交換與通報管道		

資料來源：TWCERT/CC台灣電腦網路危機處理暨協調中心，iThome整理，2024年3月

常見資安破口：使用 VPN 卻沒有做好安全管理

「今日很多企業遭遇到的網路攻擊事件，其實絕大多數都是資訊安全管理疏漏造成，並不是有什麼新的威脅出現。」趨勢科技台灣區暨香港區總經理洪偉淦認為。

至於有哪些常見資安管理疏漏，值得企業重視？

洪偉淦說：「做好資安，並不只是完成 Shopping list 就好，同時也要做好管理。」如高權限帳號沒限縮存取、防火牆未妥善設定，使用的 VPN 有漏洞未修補，這些都是常見問題。

舉例來說，近期有很多網路攻擊都經由 VPN 入侵，而且發生在高階主管身上，並且缺乏嚴格的身分驗證和授權機制；許多企業伺服器服務都放在虛擬平臺執行，但虛擬平臺 root 權限竟然沒有妥善保護。

對於上市櫃公司透過重大訊息揭露遭駭現況，安永企管副總經理陳志明同

樣很有感觸，他指出之所以這些企業發生資安事故，大多是缺乏管理的人為疏失問題。

例如，有VPN漏洞未及時修補而遭濫用，又或是VPN帳號權限管理出問題，甚至為了省錢而有多人共用帳號的情形，也發生員工離職後、其帳號仍具有存取權限等。他強調，這些都不是特殊個案，而是普遍常見的狀況。

為提醒大家避免這些問題，陳志明認為，以國內資安通報體制而言，TWCERT/CC的位階、角色很適合，能為上市櫃公司提供協助，因這個組織專門負責民間業者的資安通報。而且，能將一些事故案例，藉由去識別化的方式分享出去，促進其他企業反思內部是否也有同樣問題存在。

當然，也不要忘記資安成熟度的概念，企業與組織需持續盤點出可能造成最大衝擊的網路威脅風險因子，一步一步著手處理漏洞修補與緩解的工作，以便降低整體資安風險。

綜觀上述狀況，顯而易見的是，國內許多企業在VPN與權限安全管控上，需要有更多的警惕性。

平心而論，這些如果是常見的企業經營管理疏失問題，就不應該一再發生，否則，只會顯現出臺灣企業環境的資安有多落後。儘管有些公司早已長期付諸相關行動、持續改善，但有些企業的高層仍未積極因應，直到這一兩年才體會資安重要性，但這都已不是藉口。

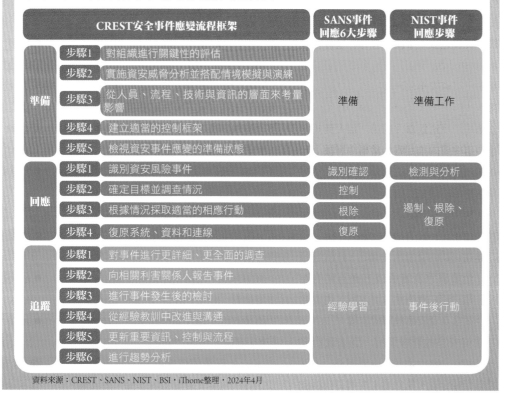

CREST安全事件應變流程框架

由非營利組織CREST提出的資安事件應變流程（Cyber Security Incident Response）架構，當中規畫3大階段、15個步驟，讓企業組織在建立這方面的策略時更有方向。此外，國際間還有SANS事件回應6大步驟（Incident Handler's Handbook），以及NIST電腦事件安全處理指南（SP 800-61v2）可參考，這些方法中的事件回應步驟其實很相似，差別不大。

CREST安全事件應變流程框架		SANS事件回應6大步驟	NIST事件回應步驟
準備	步驟1 對組織進行關鍵性的評估	準備	準備工作
	步驟2 實施資安威脅分析並搭配情境模擬與演練		
	步驟3 從人員、流程、技術與資訊的層面來考量影響		
	步驟4 建立適當的控制框架		
	步驟5 檢視資安事件應變的準備狀態		
回應	步驟1 識別資安風險事件	識別確認	檢測與分析
	步驟2 確定目標並調查情況	控制	遏制、根除、復原
	步驟3 根據情況採取適當的相應行動	根除	
	步驟4 復原系統、資料和連線	復原	
追蹤	步驟1 對事件進行更詳細、更全面的調查	經驗學習	事件後行動
	步驟2 向相關利害關係人報告事件		
	步驟3 進行事件發生後的檢討		
	步驟4 從經驗教訓中改進與溝通		
	步驟5 更新重要資訊、控制與流程		
	步驟6 進行趨勢分析		

資料來源：CREST、SANS、NIST、BSI，iThome整理，2024年4月

資安事件應變準備度仍低，多數企業尚未建立應變團隊

由於近年來上市櫃公司遭受網路攻擊的情況持續增加，除了要從治理與防護層面去強化資安，面對資安事故的發生，在瞭解普遍事故原因之餘，各家公司在資安事件應變的層面，是否具有足夠的準備？

過去三五年來，我們不斷看到資安界耳提面命，他們呼籲面對資安事件的可能發生，需要建立資安應變團隊，甚至要有應變的演練，才能在事件發生當下，能有獲得充分授權的指揮團隊，加速確認資安事件發生的手法及範圍，並根據現況來應變。

而這樣的作法，不只是出現在資安，其實也存在公共安全領域，像是COVID-19疫情期間成立的疫情指揮中心就是一例。

關於當前企業的資安應變力，洪偉淦認為，國內在這方面仍有待進步。

這是因為根據他們的觀察結果，大部分企業連資安應變團隊都沒有，更關鍵的是很多企業高層缺乏這些概念。

洪偉淦強調，面對資安事故發生，事故調查就是起手式。需要釐清損害範圍，才能知道可能損失有多大，入侵範圍有多廣，以及有哪些資料遭非授權存取，接下來，才是恢復營運正常。如果沒有這樣的資訊，要如何評估事件影響範圍與嚴重性。

只是，從最近一年的現況來看，洪偉

淤認為，大多數公司在遭遇資安事故當下，仍是處於焦頭爛額的狀態，無法在事故發生後按部就班處置。

如果更嚴格看待，本身已建立應變流程執行的手冊文件，而且內容是確切可行的企業，更是少之又少。

洪偉淦指出，如果企業應變做得夠好，其實過去兩年就不會有「是否該發重訊」的問題。因為，當企業建立應變團隊，將資安事故層級定義清楚，並讓每個事故等級都有不同的 SOP 流程可依循，一旦遭遇事件，第一線人員知道小型事件要向誰回報，當事件層級上升知道向誰回報，而在對外溝通上，不同角色也都能清楚該做的事。

綜觀上述情形，我們可以發現，問題的關鍵在於，仍有很高比例的企業，缺乏建立有關的緊急應變機制，這就是警訊，企業需重新審視這方面落實的現況，建立資安應變團隊與流程，也要建立企業自身資安故層級定義。

以資安事故層級而言，過去政府在「資通安全事件通報及應變辦法」，就提出相關定義。雖然這主要規範公務機關與特定非公務機關（8 大關鍵基礎設施），並非針對上市櫃公司，但當中就將資通安全事件區分為 4 個等級，這也是一種可參考的作法。

除此之外，我們也提醒上市櫃公司，在對外溝通的資訊上，要記得配合國內的法規政策，例如，在資安事件的重訊發布要求上，須依循現行規定的「重大性」標準來發布。

缺乏資安事件的應變能力？ TWCERT/CC 提簡易指南

由於企業與組織資安事故頻傳，但大多都尚未建立資安事件應變機制，我們該怎麼做？是否有參考資源？

台灣電腦網路危機處理暨協調中心（TWCERT/CC），在半年多前已有這方面的行動，在 2023 年 6 月，他們發布《企業資安事件應變處理指南》，可以幫助毫無頭緒的企業，瞭解資安事件應變的整體規畫、準備與行動步驟。

簡單來說，這份指南共有 3 個篇章，主要針對「事前準備」、「事中應處」、「事後改善」這 3 個不同階段，提供一些較具體的作業流程說明。

（一）在事前準備階段，有 8 個重要工作，包括：資安工具準備、資安事件分類分級、訂定資安事件紀錄表、資通系統分級、設立專責資安聯絡人員、規劃專業資安教育訓練、規劃資安健檢、建立情資交換與通報管道。

在此當中，關於資安事件分類分級，就是為了區分事件嚴重性，並建議依組織業務營運狀況畫分為 1 到 4 級。原則上，1 級資安事件是指影響部分資訊設備，組織仍然可以持續營運，2 級資安事件是非核心業務受影響、組織仍可持續營運，這兩種影響較輕微；3 級事件是部分核心業務受影響，4 級事件組織核心業務停擺。基本上，越嚴重的事件，處理速度其實也必須更快。

還有資安工具的準備，當中列出 5 種工具，包括：

● 網路環境檢測：Angry IP Scanner、Nmap、Snort、TCPView、Wireshark。
● 檔案檢測：VirusCheck、Msert、PE Studio、VirusTotal。
● 系統檢測：Autoruns、Eventvwr、ProcessExplorer、Regedit。
● 記憶體的取證：Volatility、FTK Imager。
● 弱點掃描：OpenVas、Nessus。

有了這些備妥的工具，一旦事件發生時，就能快速派上用場，減少因應時間的耽擱。

（二）在事中準備的階段，有 4 項重要工作，資安事件偵測與分析、保存數位證據、資安事件應變與處理，以及通知利害關係人。

這裡要提醒的是最後一點，企業在對外溝通上，其實有很多關係人需要聯繫，包含：客戶、系統使用者、上下游供應商、主管機關等，說明面臨的資安事件類型，以及處理的進度、影響的範圍與結果。

（三）在事後改善的階段，有 5 個面向需要顧及，包括：檢討目前的資安管理制度是否調整，事件處理程序是否合宜，資安事件情資分享，檢視其他主機、系統、設備是否有同樣弱點，以

企業為何難以揭露資安事件細節？

放眼全球，沒有企業敢擔保不發生資安事件，有許多公司都會主動坦承，我們也常看到國外媒體報導，但很少見到國內企業將內部的資安事件調查報告公開，示警其他企業注意同樣的威脅。

趨勢趨勢科技台灣區暨香港區總經理洪偉淦認為，若發現是新的零時差漏洞攻擊，導致各界可能曝險，以該公司協助處理的狀況而言，他們會在不透露客戶的情形下，向外界示警新威脅出現。

但是，今日很多企業遭遇的網路攻擊，其實絕大多數都是資訊安全管理疏漏造成，並不是什麼新的威脅出現。

而且，在這些資安事件揭露的當下，其實企業無法在很短時間內就完成事故調查，就另一方面而言，即便找出根因、弱點，但企業也不見得很快就能投入修補。

換言之，如果太早公布事件的問題癥結點，反而造成更大的曝險。因此，如果不是本次攻擊事件的主要成因，對外不見得要揭露太多，而且，若牽涉網路架構設計上的問題，所需要的改善時間，可能長達一兩年。文⊙羅正漢

及檢討防護設備或管理是否足夠。

這裡特別要提最後兩點，畢竟每次事件都是寶貴的經驗，除了針對這次事件的問題進行改善，企業也要進一步思考，組織內部其他主機、系統、設備是否有同樣的弱點，以及環境中是否有更多應設定但未設定的組態，進而採取行動、逐一檢視。

綜觀上述 3 大階段，雖然這裡的內容算是簡單扼要，但對於還沒頭緒的企業來說，將可快速瞭解資安應變要做的事，不只是「事中」與「事後」的行動要點，也涵蓋「事前」的準備，讓還沒有概念的企業，至少可以知道規畫方向，而且這些都是中文的內容。

但也要提醒大家的是，這些指引雖提供基本的參考方向，但各家公司的組織架構有別，狀況都不一樣，因此仍需要企業依自身需求設計與落實。

此外，在最近這一兩年來，金管會與證交所在闡述上市櫃公司資安措施政策時，持續推動上市櫃公司共享資安情資，加入 TWCERT/CC 的平臺，也是促進最新威脅情資的交流，並讓相關經驗可以成為教訓。

還可參考國際上的資安事件應變框架，提升應變策略

值得一提的是，國際間也有相關資源可以參考。我們過去報導這方面議題時，曾有多位專家提供建議，他們都認為：面對資安事件不能群龍無首，必須建立資安應變團隊，不論是實體的編制，或是虛擬的負責單位都行，並提到推動這些工作的一些重點。

例如，TeamT5 杜浦數位安全執行長蔡松廷指出，在這個資安應變團隊的背後，至少應建立三個任務小組，包括事件調查、災難復原與溝通協調，並讓對外的窗口能獨立運作，而且，所有負責人員都要做到同步協調。

部分遇駭企業發出多次重訊，展現透明度與誠意

多家上市櫃公司遭網路攻擊，需趕緊依照規定發布重大訊息，向外界揭露事件的發生，但往往所能公開的資訊相當有限，企業是否有更好揭露作法？

其實有少數受害公司，後續會發布新的重訊，說明最新的處理或調查情形。我們認為，這的確是不錯的方式，可讓外界更清楚因應情形。

以上櫃公司大拓－KY 為例，該公司曾在 2022 年代子公司發布重大訊息，雖然內容不多，但其實在日本大拓公司官方網站，公布了更多資訊。例如，事故發生當日就有事故公告，相隔 10 天之後，他們再度揭露資安事件調查結果，說明事發時間及確認是遭勒索軟體攻擊。在事故 30 天之後，該公司又發布第二版調查報告。

另一個例子是 2023 年初華航針對媒體報導資料外洩事件發布重訊，一個月後再發新的重訊，公布後續調查結果，說明查出委外電商平臺系統連線異常，並公布確切影響範圍，有 5 千多筆會員資料遭擷取。

2024 年 2 月建準的重訊也是如此，而且是相隔一週後就有事件後續說明，指出部分技術人員電腦的部分重要檔案被加密攻擊，無法解密，且該部分資料恐有外洩疑慮。文⊙羅正漢

關於參考資源方面，戴夫寇爾執行長翁浩正有具體建議，他推薦的實施框架，源自非營利組織 CREST，而在此資安事件應變流程（Cyber Security Incident Response）架構中共規畫 3 大階段，也就是「準備」、「應變」、「追蹤」並細分 15 個步驟來實施。

以準備階段為例，有 5 大步驟，包括：對組織進行關鍵性的評估，實施資安威脅的分析並且搭配情境的模擬與演練，從人員、流程、技術與資訊的層面來考量影響，建立適當的控制框架，以及檢視資安事件應變的準備狀態。

這裡要特別注意的是，第一階段「準備」至關重要，但容易被忽視，原因是企業缺乏這方面的意識、支持或資源。

整體而言，企業在進行資安事件應變時，應該要瞭解到：在資安事件發生前，就要超前部署預先做好整體規畫。

除了 CREST 安全事件應變流程框架，我們還能在資安領域找到更多參考資源，例如 SANS 提出的事件回應 6 大步驟（Incident Handler's Handbook），以及 NIST 提出的電腦事件安全處理指南（SP 800-61 Rev. 2）。

企業也可參考 NIST 網路安全框架（CSF），這裡涵蓋網路安全風險管理生命週期，事件應變也是其中一環。

例如，在 NIST CSF 的「識別」方面就指出，要有資安事件應變計畫；在「偵測」方面，也是支持事故應變與復原活動的成功關鍵，企業與組織才能及早看到攻擊跡象，降低資安事件所帶來的影響，而且，上述的工作都與事前的準備有所關連。

在 NIST CSF 的「回應」、「復原」方面，包含了事件管理、事件分析、事件回應通報與溝通、事件緩解，以及事件復原計畫執行、事件復原溝通，這些動作也對應到前面提到的事中應變。至於事後的改進，也將會涉及「防護」、「治理」的面向。

總體而言，大家對於火災等公安事故，許多企業都有制定緊急災害應變措施計畫，甚至定期進行演練，面對資安事故也應如此，需要有應變措施。

畢竟從上述現況來看，很多企業到現在還沒有這方面準備，面對網路攻擊事件接連發生的態勢，企業必須要有足夠的應變作為準備。文⊙羅正漢

服務供應商
風險管理

台積電 IT 硬體供應商遭駭，
公布事後檢討內容

遭勒索集團 LockBit 入侵，台積電供應商擎昊科技 2023 年 7 月發布資安事件更新公告，對於事後復原與檢討提出進一步說明

勒索軟體 LockBit 駭客在 2023 年 6 月 30 日聲稱入侵台積電，台積電指出已知悉 IT 硬體供應商遭駭，而被指為受害者的擎昊科技坦承遭駭，據了解，是勒索集團 LockBit 入侵擎昊科技內網中，發現受駭發現有台積電 TSMC 的資料，駭客便對外宣稱，已經成功入侵並竊取到台積電的資料。

從後續台積電與擎昊科技的回應來看，LockBit 本次公布受害者身分與事實不符，7 月 4 日緊急公開所有資料。

此次 LockBit 要求受駭企業支付 7 千萬美元等值比特幣或門羅幣等虛擬貨幣，8 月 6 日前若沒有支付贖金，會公開相關資訊。根據匿名資安專家追蹤該錢包網址，並沒有任何金額入帳。

TeamT5（杜浦數位安全）創辦人兼執行長蔡松廷（TT）表示，這次事件是 LockBit 最新版 RaaS（勒索即服務）：LockBit 3.0，最明顯的新增功能是加價延長的功能，如果受駭者支付 5 千美金，資料公布日期可延長 24 小時。

6 月中旬，美國網路安全暨基礎設施安全局（CISA）等單位發布報告指出，LockBit 是 2022 年與 2023 年最活躍的勒索軟體即服務（RaaS），從 2020 年至 2023 年第一季，受害組織多達 1,653 個，光是計算其在美國市場的相關攻擊，不法所得便超過 9,100 萬美元。

台積電未受駭卻被駭客集團指已受駭，動機不明

勒索軟體 LockBit 的威脅猖獗，6 月

駭客集團 LockBit 在暗網公布已入侵台積電。並勒索 7 千萬美元，最遲須在 8 月 6 日前支付贖金，否則公開資料；從這個畫面，我們看到 LockBit 3.0 新版勒索即服務擴充了加價延長功能，有人加價 5 千元，可延後公開資料 24 小時。
圖片來源／匿名資安專家

30 日於暗網公布台積電為受害者，勒索 7 千萬美元，當日下午台積電否認遭入侵並得知一家 IT 硬體供應商遭駭。

根據台積電聲明，他們知悉某 IT 硬體供應商遭駭，洩漏的資訊是該供應商協助的硬體初始設定，不影響台積電生產營運，原因在於所有進入台積的硬體設備，包括其安全設定，皆須在進廠後通過完備程序做相對應的調整，不會因出貨時的基本設定而受到影響。

台積電也表示，發生事件後依照標準作業程序處置，包括立即中止與該硬體供應商的資料交換，未來加強宣導供應商安全意識與確認安全標準做法宣導，此次駭侵事件已進入司法程序。

擎昊科技也在 6 月 30 日公告發生資安事件，說明他們發現遭駭時間發生是在 6 月 29 日上午，當日即向客戶通報，並與第三方資安團隊、客戶共同做損害控管；他們也指出，遭到網路攻擊並被擷取相關資訊的環境為工程測試區，而被擷取的內容是安裝設定檔等參數資訊，主要是因當中使用到特定客戶的公司名稱，因此引起攻擊者的注意，並

試圖經此途徑取得客戶機密資料。

從駭客外洩截圖看端倪

根據資安研究團隊 vx-underground 在 Twitter 貼文，勒索軟體 LockBit 在暗網網站公布台積電為受害者的資訊，也附上多張螢幕截圖，像是虛擬機器檔名有多家國內廠商名稱，透過濫用遠端桌面連線（RDP）進入內部環境，並顯現出弱密碼的普遍使用、以及攻擊者往往從供應鏈脆弱環節著手等議題。

此次駭客集團在推特公布照片，不久後便刪除。幸好有專家及時備份照片，從截圖可發現伺服器虛擬化主機名為 ESXi04.tsmc.com，上面有 49 個虛擬機器、3 個儲存設備和 14 個網路裝置。

圖中顯示的虛擬機器，列出使用的伺服器作業系統名稱及廠商的名稱，含搭配 Windows NT 的俊昇科技虛擬機器，搭配 Windows Server 2016 的智禾科技、鍵祥資訊、英寶科技、巨路國際、精誠資訊、安極思科技的虛擬機器。

另一張截圖內容是存取 HPE Nimble Storage 儲存系統網頁介面的 Windows

系統，駭客透過 RDP 登入這臺電腦，可看到郵件通知對象是台積電員工（ID 被遮蔽，域名是 tsmc.com）。

還有一張截圖，同樣是駭客透過 RDP 登入 Windows 系統，而且是以記事本程式開啟一個名為 ilo 的純文字檔，而這個視窗周圍的 Windows 桌面，有多個 ilo 相關的資料夾，意味著如果有機會能滲透到這臺電腦，就可能知道多臺 HPE 伺服器設定 iLO 5.X 版管理平臺的組態、甚至可以操作相關設定。

從這張 ilo 記事本截圖內容，我們也發現列出的登入帳號是 admin，密碼 password，可能表示匯出這組態的伺服器管理平臺 iLO 使用預設密碼、並沒有任何修改；另一張駭客在推特張貼的短文中，列出一批可用 HTTPS 連入的網址，部分網址後面列出「root P@ssw0rd」，可能表示有群主機採用這樣的帳號密碼組合，駭客一旦入侵這些實體或虛擬主機、內部橫向移動後，就能用密碼取得伺服器上的資料。

關於這些畫面解讀，匿名資安專家認為，可證明駭客企圖利用 tsmc 的資訊入侵 tsmc，也可推測台積電正在測試某些供應商產品，所以才需要輸入一些台積電的域名設定，但駭客揭露的 IP 位址等等，無法獲得進一步證明。

加價延長是 LockBit 3.0 版的新功能之一

蔡松廷表示，LockBit 應是目前最有名的勒索軟體組織，犯罪模式是將勒索

軟體提供犯罪者使用的 RaaS（勒索即服務），專注數位武器（勒索軟體）精進，且 LockBit 並無特別產業偏好。

這次台積電供應商遭駭的資安威脅事件，就是 LockBit 新推的 3.0 版勒索即服務，駭客集團推出 LockBit 3.0 時，還向廣大資安武林發起英雄帖，希望幫忙找 LockBit 漏洞。他指出該駭客集團不打俄語系國家，專注歐洲與美國。

蔡松廷表示，台積電供應商遭駭出現的「加價延長」選項，就是 LockBit 3.0 新功能，其他特色包括：修補 LockBit 2.0 勒索軟體漏洞；LockBit 3.0 加密速度更快，但跟 2.0 版差不多；大量部署公開或開源駭客工具，像是 Cobalt Strike、Rclone、WinSCP 和 PowerTool 等；持續使用最新零時差漏洞，例如，CVE-2023-0669，也就是 Fortra GoAnyhwere Managed File Transfer（MFT）系統的遠端程式碼執行（RCE）弱點。

他說，LockBit 2.0 版 2021 年第四季推出 LockBit Green，是專門針對 Linux 跟 VMware ESXi 等系統設計，但未看

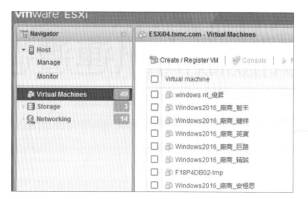

在名為 ESXi04.tsmc.com 的主機中，可看到這臺台積電合作的供應商名稱，包括：俊昇科技、智禾科技、鍵祥資訊、英寶科技、巨路國際、精誠資訊，以及安極思科技等 IT 公司。圖片來源／匿名資安專家

到 LockBit 3.0 專用於虛擬機器的變種版。

擎昊科技發布更新公告，提出事後三大檢討

擎昊科技後續對遭遇的資安事件發布公告，列出事後復原與檢討事項。

這次新揭露說明事件發生原因：第一，測試區環境防火牆版本未即時更新，第二，測試區密碼強度不足，第三，區內客戶名稱未作適當遮蔽。

第一點的測試區環境防火牆版本未更新是新提到的部分，或許是攻擊者入侵初期（Initial Access）的發動管道。這也顯現及時更新修補的重要性。

第二點是密碼強度不足，先前我們從匿名資安專家提供的駭客外洩截圖，看到這方面問題。像是一張 ilo 記事本截圖的登入資訊似有弱密碼情況，登入帳號是 admin、密碼是 password；有截圖列出一批用 HTTPS 連入的網址，部分網址後面列出「root P@ssw0rd」。

公告最後，擎昊科技表示，除上述檢討與補正，他們也將強化資安防護，規畫調整資安規範與網路架構，確保組織內部環境資訊安全，以及即時的監控。

文⊙黃彥棻、羅正漢

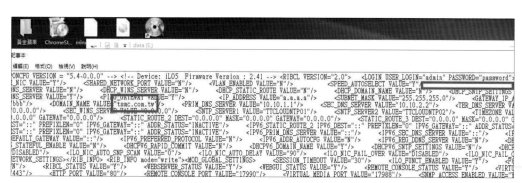

在先前對於這次事件的報導中，有位匿名資安專家指出 Lockbit 公布的 ilo 記事本截圖的登入資訊，像是登入帳號是 admin、密碼是 password 的情形。這也呼應擎昊科技更新公告當中的說法，他們指出，測試區存在密碼強度不足問題。圖片來源／匿名資安專家

軟體供應鏈
攻擊

駭客攻入軟體更新基礎設施，
軟體廠商訊連遭遇網路攻擊

研究人員揭露鎖定臺灣資訊業者訊連科技的供應鏈攻擊，駭客針對該公司的軟體基礎設施下手，上傳竄改的惡意安裝程式，訊連後續證實發生此事，他們也說明處理情形

研究人員揭露鎖定訊連科技的軟體供應鏈攻擊，該公司發布公告，指出在名為「Promeo」社群影片製作範本軟體安裝檔案裡，發現惡意軟體，已經著手清查，並更換軟體安全憑證。
圖片來源／訊連科技

供應鏈攻擊事故最近幾年越來越氾濫，隨著臺海情勢不斷升溫，針對臺灣IT製造商而來的網路攻擊行動，已成為全球各種產業不容忽視的資安威脅。

在2019年，華碩更新伺服器發生遭駭的資安事故曾引起各界高度關注，當時該廠牌的筆記型電腦自動更新工具程式Asus Live Update，部分版本遭駭客植入惡意程式碼，並且上傳至檔案伺服器，後續又有其他廠商遭遇到類似攻擊。

根據微軟威脅情報團隊進行的調查結果揭露，北韓駭客組織Lazarus旗下團體Zinc（亦稱Diamond Sleet）發起的供應鏈攻擊，這些駭客約從2023年10月20日開始，竄改多媒體內容處理軟體開發商訊連科技（CyberLink）的應用程式安裝檔案，植入惡意功能，一旦執行將會於受害電腦下載、解密、載入攻擊第2階段的惡意程式碼。

關於駭客團體Zinc的來歷，研究人員指出，這個組織主要鎖定的攻擊目標，是全球各地的媒體、國防、IT產業，目的是長期從事間諜活動，竊取特定人士或企業組織的機密資料，或是破壞目標組織的網路環境。該組織在攻擊行動中，也往往會使用專屬的惡意程式進行。

這起資安事故不同之處在於，過往臺灣廠商遭遇供應鏈攻擊，駭客的目標多半是IT設備的製造商，但這次被針對的是軟體業者，代表這些廠商也要重視相關資安防護。

安裝程式遭到竄改，且存放於訊連的軟體更新基礎設施

值得留意的是，上述駭客竄改的檔案，不僅使用訊連科技本身的的憑證簽章，本身也存放在該公司擁有的軟體更新基礎設施上。

惡意程式也檢查執行間隔限制，迴避防毒軟體偵測。

這起事故造成那些災情？根據目前已知的消息判斷，至少有100臺裝置受害，坐落在臺灣、日本、加拿大、美國等多個國家。但究竟這群駭客的目的是什麼？研究人員表示，仍有待確認，但他們發現這些駭客入侵軟體開發環境、竊取機密資料，他們認為可能已經向軟體供應鏈下游移動、進而攻擊更多企業與組織。

為了區隔其差異，研究人員將此惡意安裝檔命名為LambLoad，指出攻擊活動避開特定資安組態的電腦，例如部署FireEye、CrowdStrike、Tanium端點防護系統的電腦，並且企圖到受害的電腦，下載偽裝成PNG圖檔的第2階段惡意酬載，從而在記憶體內解密並執行另一個可執行檔，嘗試從C2方面接收駭客的命令。

針對這起供應鏈攻擊事故，訊連做出回應

對於上述研究人員的發現，在11月23日下午訊連科技發布了資安公告，坦承在產品「Promeo」的安裝程式發現惡意軟體，已經移除問題，他們也透過微軟、CrowdStrike、賽門鐵克、趨勢科技、Sophos的資安工具，清查旗下所有產品，確認其他產品不受這起攻擊行動影響。

後續他們將與微軟更新軟體安全憑證，並且指出在更新過程中，有可能導致用戶無法安裝訊連旗下的應用程式。

文⊙周峻佑

Okta 公布 10 月遭駭調查結果

經過 Okta 調查，2023 年 10 月發生的駭客入侵事件，可能因為員工個人 Google 帳戶或是裝置被盜，導致服務帳戶洩漏，使攻擊者得以存取 134 位客戶的檔案資料，並劫持 5 個客戶的對話資料

專門提供身分及存取管理服務的 Okta，在 2023 年 10 月 20 日，公開確認自家客戶支援服務遭駭的事故，相隔兩周之後，11 月 3 日揭露更多消息，說明已完成入侵事件調查，並表示共 134 位客戶相關檔案受影響。

根據 Okta 最新公布調查結果指出，攻擊者存取該公司客戶支援系統的 134 位客戶檔案，而特別的是，由於其中有一些檔案，包含了 Session Token 的 HAR（HTTP Archive）檔案，因此，可讓攻擊者用於劫持並控制 5 個客戶的 Okta 對話。

關於 Okta 客戶支援系統遭駭原因，Okta 安全團隊表示對方利用系統溝通的服務帳號（Service Account），但 Okta 對這個帳密的洩漏途徑一直無法完全確定，僅能透過調查結果猜測。

由於被攻擊者竊取的服務帳號，擁有查看與更新客戶支援檔案的權限，因此 Okta 安全團隊追查該服務帳號使用狀態，發現有一位員工在 Okta 管理的筆電，使用 Chrome 瀏覽器登入個人的 Google 帳號。

也就是說，這個服務帳號的使用者名稱和密碼，竟被同步存到員工的個人 Google 帳戶。因此 Okta 認為，有可能是這名員工的個人 Google 帳戶，或是個人裝置遭到入侵，而洩露當中存放的服務帳戶憑證。

對於整起事件影響，在為期 14 天的調查期間，Okta 表示並未在日誌找到可疑下載行為。該公司資安長 David

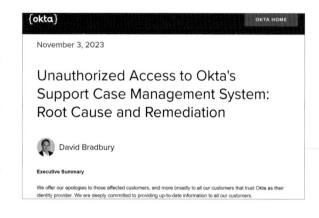

> November 3, 2023
>
> **Unauthorized Access to Okta's Support Case Management System: Root Cause and Remediation**
>
> David Bradbury
>
> **Executive Summary**
>
> We offer our apologies to those affected customers, and more broadly to all our customers that trust Okta as their identity provider. We are deeply committed to providing up-to-date information to all our customers.

2023 年 10 月 Okta 遭駭客入侵事件，起初經過兩周的調查，原因有可能是員工個人 Google 帳戶，或是裝置被盜，導致服務帳戶洩漏，攻擊者得以存取 134 位客戶檔案資料，並且劫持 5 個客戶的對話資料。

Bradbury 解釋，當使用者開啟並查看支援案例相關的附件時，會產生特定的日誌事件類型和 ID，不過，若使用者在客戶支援系統直接存取檔案頁籤，像這次攻擊者的行為，在日誌事件系統便會產生完全不同的記錄 ID。

目前 Okta 採取多項應對措施，包括停用受入侵的服務帳戶，並阻擋在 Chrome 登入個人 Google 帳戶，也在客戶支援系統部署額外的監控規則，另外，現在 Okta 管理員對話令牌可以綁定網路位置，當系統偵測到網路變更，Okta 管理員會被需要重新進行身分驗證，以進一步保護 Token 安全性。

Cloudflare 指責 Okta 未及時因應

特別的是，這個事件受害者之一的 Cloudflare，事件爆發後指責 Okta 未採取恰當的措施導致 Cloudflare 受害。

據 Okta 揭露時間軸來看，在 9 月 29 日，密碼管理業者 1Password 回報有問題，通知 Okta 客戶支援系統有惡

意活動，同日 Okta 啟動調查懷疑 1Password 遭惡意軟體或網釣攻擊。

10 月 2 日同為身分管理服務業者的 BeyondTrust，也向 Okta 回報他們發現可疑活動，在 10 月 12 日這天，有第 3 家客戶向 Okta 回報。隔天 Okta 收到 BeyondTrust 提供的一條線索：與攻擊者相關 IP 位置，並且在 10 月 16 日，鎖定之前未注意到的遭竊服務帳戶。

Okta 的做法仍引起用戶不滿，如 Cloudflare 就公開指責 Okta 未妥善處理，導致 18 日被入侵，雖然 Cloudflare 客戶資料不受影響，但攻擊者的確用偷到的 Token 存取 Cloudflare 的系統。

事故範圍擴大，存取該公司客戶支援系統的用戶皆受影響

到了 11 月 29 日 Okta 指出，他們確認駭客下載的資料，包含所有客戶支援系統用戶的姓名、電郵信箱，研判所有 Workforce Identity Cloud（WIC）、Customer Identity Solution（CIS）使用者可能曝險，但不含 FedRamp High、

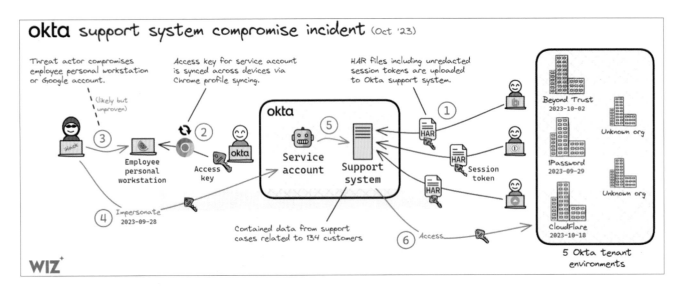

DoD IL4 用戶，因為這些環境採獨立支援系統，駭客無從存取，Auth0、CIC 支援案件管理系統也不受影響。

該公司指出，雖然駭客取得的資料多達 15 種欄位，但不含帳密或敏感個資，且大部分（99.6%）使用者僅提供姓名和電子郵件信箱，影響有限。Okta 亦尚未察覺這些資料遭到濫用的跡象。

Okta 內部支援案件管理系統遭駭客入侵，股價大跌 11%

Okta 傳出遭駭當天，股價即大跌 11.57%，以 75.57 美元作收。Okta 安全長 David Bradbury 說明，此一入侵將允許駭客檢視最近特定客戶因技術支援上傳的檔案，未波及 Auth0/CIC 案件管理系統，且因該系統與 Okta 生產服務是分開的，因此未影響營運。

在正常客戶支援流程，Okta 會要求客戶上傳 HTTP Archive（HAR）檔案，可用來追蹤瀏覽器及網站之間的交流，以供 Okta 複製客戶的瀏覽器行為並嘗試解決問題。只是，HAR 檔案有時也有機密資訊，像 Cookie 或會話令牌，這些足以讓駭客假冒合法使用者。

Okta 已通知受影響客戶，並協助客戶展開調查與採取必要措施，包括撤銷會話令牌。一般而言，Okta 建議客戶分享或上傳 HAR 檔案前，先刪除檔案中的所有憑證、Cookie 與會話令牌。

Okta 利用雲端軟體協助企業管理使用者登入應用程式的身分驗證，或讓開發者得以建置登入應用程式、網頁服務或裝置的身分驗證控制，《CNBC》分析，全球有些超大型企業採用 Okta 登入身分管理系統，包括 FedEx 及 Zoom 等，使 Okta 成為高價值攻擊目標。

另一方面，身為 Okta 客戶的資安業者 Cloudflare 則揭露了更多的細節。

Cloudflare 內部採用 Okta 的系統執行員工的身分驗證，而該公司是在 10 月 18 日察覺內部系統遭到攻擊，追查之下發現源頭為 Okta，駭客用 Okta 外洩令牌進入 Cloudflare 內部 Okta 實例，由於及早發現，Cloudflare 很快作出了因應，並無任何客戶系統或資訊受此一事件影響。此外，Cloudflare 是在 24 小時之後才收到 Okta 的通知。

Cloudflare 表示其遭遇情景與 Okta 描述相符，Cloudflare 員工近日建立並上傳支援紀錄（Support Ticket），駭客進入 Okta 客戶支援系統並檢視該檔案之後，挾持該紀錄的會話令牌，藉由所危害的兩名 Cloudflare 員工的帳戶，於 10 月 18 日存取 Cloudflare 系統。

整合 Okta 系統另一身分管理服務業

關於 Okta 支援系統的資安事故，資安廠商 Wiz 發布圖解，描述駭客進到 Okta 環境之後，因為 Okta 存放可用來追蹤瀏覽器及網站交流的 HAR 檔案，以便 Okta 支援團隊協助解決問題，但 HAR 檔案有時會存放 Okta 平臺的連線階段 Token，於是駭客就利用這些資訊潛入不同組織。圖片來源／Wiz

---

者 BeyondTrust 也在同天踢爆，該公司早在 10 月 2 日察覺，有人利用自 Okta 客戶支援系統偷來的會話令牌，企圖存取 BeyondTrust 內部 Okta 管理員帳戶，當時便曾通知 Okta。

Cloudflare 指責 Okta 沒有妥善處理此事，才令 Cloudflare 到了 10 月 18 日還受害，呼籲 Okta 應該更早通知客戶，也應利用硬體金鑰保障所有系統。

Cloudflare 建議 Okta 客戶啟用硬體雙因素身分驗證（MFA），詳細調查 Okta 實例所有密碼及 MFA 的變更，重設所有密碼，以及監控所有 Okta 帳戶、權限變更與新建的使用者，也應重新審視會話過期政策以限制挾持攻擊。

這並不是 Okta 第一次因為沒能及時通知客戶而受到批評，2022 年 3 月時，Okta 坦承駭客集團 Lapsus$ 危害一名第三方客戶支援工程師的帳戶，但 Okta 其實 1 月就知道此事，但未通知客戶。文⊙李建興、羅正漢、周峻佑

FBI 呼籲公私聯防對抗中國網攻

面對大 50 倍的中國駭客人數，美國聯邦調查局局長 Christopher Wray 坦言力有未逮，他呼籲政府、執法機關與民間產業協力分享情資，善用 AI 對抗失衡網攻局勢

美國是全球資安強國，然而，在因應外部資安威脅方面，已面臨重大挑戰。「就算集結 FBI 所有網路安全專家與情報分析師，全數應付中國的網路攻擊，在人數上仍遠遠不足。」美國聯邦調查局（FBI）局長 Christopher Wray 在華盛頓特區舉辦的 mWISE 資安會議說：「中國駭客人數是 FBI 所有資安專家的 50 倍以上。」面對攻防失衡局勢，他呼籲政府、執法機關與民間產業要公私協力，資訊分享，並且善用 AI 人工智慧技術，以便對抗層出不窮的各式網路攻擊。

而且，中國的駭客攻擊計畫比起其他所有主要的駭客國家加起來還要巨大。

Christopher Wray 說：「我們一直告訴任何肯聽的人，多年來，中國政府持續竊取美國的智慧財產和資料，可以肯定的是：中國不會坐視美國公司開發出改變這局面的技術，他們的攻擊絕對不會停止。」

而且，中國還會在其廣泛的駭客攻擊成果上，運用 AI 技術發展出更強大的駭客攻擊能力，加大攻防、互相較勁的差距。

善用 AI 對抗失衡的網攻局勢

AI 容易被濫用，Christopher Wray 指出，網路犯罪組織和敵對外國政府已利用這項技術。儘管生成式 AI 能夠協助守法公民提升生活與工作效率，「水能載舟，亦能覆舟」，這類技術創新的快速發展與普及，也使壞人更易生成深度

偽造（Deepfake）影片，以及惡意程式碼，有助於開發出更強大、複雜、高度客製與擴展性的武器。FBI 正在確定如何於倫理和法律的框架下，運用 AI 來達成任務，同時，也在識別、追蹤對手和罪犯如何使用 AI，從而保護美國在 AI 領域的創新。

面對中國、俄羅斯、伊朗和北韓政府發動的網攻，對全球的威脅有增無減，Christopher Wray 呼籲公部門與民間產業共同合作以對抗威脅。

他指出，發生在 2001 年的 911 恐怖攻擊事件，徹底改變 FBI 的工作與工作方式，他們也因此了解到，國家的安全有多麼依賴合作夥伴關係和資訊分享，而現今在維護網路空間安全的工作上，也不例外。

近年來 FBI 成功打擊網路犯罪的幾個案件，例如，Hive 勒索軟體組織、Qakbot、Cyclops Blink 僵屍網路的破獲與中止其運作，皆是執法機關與民間產業合作的成果。

Christopher Wray 指出，FBI 結合整個資安防護生態圈，例如，CISA（網

路安全暨基礎設施安全局）、NSA（國家安全局）、CIA（中央情報局）、CYBERCOM（美國網戰司令部），以及外國合作夥伴，擁有執法權利，以及情報能力，藉由打擊駭客和支持他們的服務——財務、通訊、惡意程式以及基礎設施，讓敵人付出最大的代價。

公私聯防，成功打擊勒索軟體組織

在 2023 年初，FBI 結束長達一年半的執法行動，成功摧毀肆虐全球的勒索軟體組織 Hive。

Christopher Wray 並指出，FBI 在上述行動進行的過程當中，悄悄得到存取 Hive 控制後臺的方法，因此得以駭入 Hive 的系統，找到了能解開加密的金鑰，因而受害者毋須付出總額約 1.3 億美元的贖金。接著，FBI 再與歐洲執法夥伴合作，於是，成功地查封 Hive 的伺服器和網站，使得這個犯罪組織無法正常運作。

2022 年 FBI 成功由遠端摧毀俄羅斯 GRU（軍事情報機構）建立的 Cyclops

對於網路威脅態勢的理解，如今必須考量國家的因素。美聯邦調查局局長 Christopher Wray 說，中國駭客人數多，超越 FBI 資安專家的 50 倍。想扳回攻防失衡，政府、執法機關、民間產業要合作，實現公私聯防。

Blink 殭屍網路,這項行動的成功進行,也是突顯公私聯防才能有效對抗網路威脅的例子。

Christopher Wray 說,隸屬 GRU 的 Sandworm 團隊在發動攻擊的過程中,將惡意程式植入數千臺設置在全球各地的 WatchGuard 防火牆。

而在這案例中,FBI 之所以能完全封鎖 Cyclops Blink,一方面是有創意地結合傳統的聯邦搜索令,以及境外執法權,另一方面,則透過與資安業者 WatchGuard 合作,從其他受害者的設備當中收集到更多樣本,讓 FBI 資安專家能透過逆向工程手法了解惡意程式,並且制定和執行一連串複雜的操作行為,進而切斷 GRU 與殭屍網路的命令和控制系統的通訊。

同時,FBI 也與 CISA 和 WatchGuard 合作進行威脅緩解工作,從受影響的設備中刪除惡意程式,並且在離開時,將後門關上,以防止俄羅斯駭客再次從這些地方入侵。

「今天網路威脅更加普遍,影響也更廣泛,帶來的潛在損害更是比以往任何時候都要大。」Christopher Wray 如此表示,透過資訊分享、情資分析的良性循環,最終在大家的通力合作之下,就可以保護國家的網路。

他強調,所有人都站在同一個立場,每一個步驟都是有戰略性,以及有目的地執行,不管最終誰得到榮譽,只要任務達成就好。對他來說,只要民間產業、政府機關,以及世界各地的眾多領袖,包括管理者和第一線的資安人員,聚集在一個房間裡,網路空間就會變得更安全一些。

國家資助駭客危害全球資安,伎倆與戰略越來越強大!

近年來中國網攻能力不僅大幅提升,攻擊策略也大轉型,逐漸捨棄社交工程手法,轉而發掘更具攻擊力的零時差漏洞,諸多知名網通設備皆淪為中國駭客挖掘零時差漏洞的目標,而在這次的 mWISE 資安會議當中,也引發許多相關的討論,讓大家知道此類資安威脅的嚴重程度與帶來的影響。

「在 1995 年,我們調查一起中國駭客入侵事件,才剛反查到一個連線點,就查出 IP 位址位在中國上海,很快就能判定為中國駭客。」Google Cloud Mandiant 行政總裁 Kevin Mandia 說:「但是,近年來中國網路攻擊戰略已經大幅轉變,他們的攻擊能力與匿蹤能力不可同日而語。」

回顧距今十多年之前(2013 年),Mandiant 率先發布全球第一份指證中國軍隊涉及網攻的「APT 1」調查報告,他們在持續追蹤駭客攻擊的足跡之後,證實位於上海市浦東新區的中國人民解放軍 61398 部隊,就是中國的網軍部隊,因此在資安業界聲名大噪。

「中國的網路攻擊能力已經到達一個全新境界。」在 APT 1 報告問世滿十年的時刻,Google Cloud Mandiant Intelligence 主席 Sandra Joyce 呼籲大家正視這方面的威脅態勢,她特別在 mWISE 2023 會議的媒體簡報指出,「中國已經有能力策畫複雜攻擊,而且,是連我們(Mandiant)都要花好幾個月才能弄清楚的網路攻擊行動。」基於這個原因,Mandiant 將中國提升到第一級網軍國家。

Mandiant 對中國駭客攻擊手法轉型的調查,總結出三大轉變,包括系統性挖掘零時差漏洞(Zero Day)、利用網通設備的漏洞來入侵企業或組織,以及挾持家用或中小企業路由器、IoT 等設備做為攻擊跳板。

而且,中國駭客攻擊已逐漸捨棄社交工程手法,轉為利用威力更強大的零時差漏洞。Mandiant 公司首席分析師 John Hultquist 指出,駭客利用零時差資安漏洞來發動攻擊,可以一次性造成大規模攻擊,因為,只要是使用相同的網通設備、具有相同零時差資安漏洞的企業或組織,駭客組織就可以藉此將他們一網打盡。

近年來好幾起重大的中國駭客攻擊事件,其實都是利用知名網通設備的零時差漏洞,諸如防火牆、VPN 伺服器、郵件伺服器等。John Hultquist 指出,這些事件明明白白告訴我們,中國是有計畫性地投入大量資源,系統性挖掘網通設備的零時差漏洞。

中國在 2021 年正式實施《網路產品安全漏洞管理規定》,要求任何人發現或得知網路產品安全漏洞,都必須通報中國工業和信息化部,不得自行公布。而這項不尋常、違背資安業界長年慣例的封閉情報舉動,也讓外界嚴正質疑中國可能藉此暗藏零時差漏洞,做為日後發動網路攻擊之用。也難怪 Sandra Joyce 說:「這些零時差漏洞的開發與用途,皆由中國人民解放軍集中控管,根本就是製造零時差漏洞的機器。」

中國網路攻擊另一重大的轉變,是建構一個擴及全球的網路攻擊跳板。中國駭客利用不安全的家用路由器、中小企業用的路由器或連網 IoT 裝置,先行入侵這些設備,將其組成一個龐大的傀儡網路。在一起美國軍事機構駭客入侵事件中,首先追蹤到的攻擊來源是美國境內的家庭路由器,再往後追查又是很複雜的網路跳接,就會讓整個調查行動進度緩慢。

中國網攻的大轉變仍在進行中,Sandra Joyce 認為,地緣政治事件勢必將導致更多網攻事件發生,這已是必然的趨勢。文⊙吳其勳

兩大中國駭客鎖定臺灣組織發動網攻

微軟指出中國於東亞進行廣泛的網路攻擊及認知作戰，臺灣為主要攻擊目標之一，中國在認知作戰中大量使用人工智慧生成內容，由於品質更好，影響力也有所擴大

近年來，在多個國家地區當中，經常出現中國、北韓發動的網路攻擊，早就已經是全球資安威脅的常態，微軟威脅分析中心（MTAC）也為此進行研究，在 2023 年 9 月初發表東亞數位威脅報告，指出這區域的數位威脅情勢正迅速變化，中國展開廣泛的網路攻擊和認知作戰。

研究人員提到，中國國家相關網路威脅發動的組織，有三個重點目標，分別是：南海周邊國家、美國國防工業，以及美國關鍵基礎設施。

值得注意的是，中國國家相關威脅團體對南海國家，以及臺灣的行動，特別活躍。這份報告提到，相關的行為，反映中國在東亞的經濟、防禦和政治利益變化，由於存在領土衝突、中國與臺灣的緊張關係，以及美軍的存在，這些因素皆是中國發動網路攻擊的動機。

鎖定南海國家，臺灣是情報收集的主要標的

目前有哪些駭客攻擊團體嚴重影響東亞地區的網路安全？微軟表示，首先是 Raspberry Typhoon（RADIUM），被視為南海周邊國家主要的威脅，該組織針對政府部門、軍事實體，以及與重要基礎設施相關的企業，諸如電信業，發動網路攻擊。事實上，從 2023 年 1 月開始，Raspberry Typhoon 行動就相當活躍，主要是進行情報搜集和部署惡意軟體。

另外，有兩個駭客團體的動向，也受

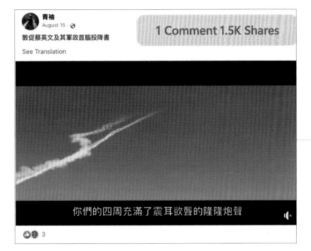

到資安界的密切關注，微軟指出，其中一個是 Flax Typhoon（Storm-0919），另一個網路攻擊組織則是 Charcoal Typhoon（CHROMIUM），共通點在於主要目標都鎖定臺灣。Flax Typhoon 曾攻擊電信、教育、資訊技術，以及能源基礎設施，Charcoal Typhoon 則鎖定臺灣教育機構、能源基礎設施和高科技產業。在 2023 年，這兩個組織也都鎖定與臺灣軍方合作的相關航太企業。

以攻擊目標而言，臺灣是中國國家網路威脅團體的重點，根據微軟 2022 年 1 月到 2023 年 4 月期間偵測到的事件，光是臺灣就超過 90 起，第二名是馬來西亞，超過 40 起，新加坡、菲律賓和印尼也都超過 20 起。

透過 AI 生成式工具來進行幾可亂真的認知作戰

除了網路攻擊，中國也發動大量認知作戰，在社交平臺成功與更多使用者互

微軟揭露中國的認知作戰行動，並點出臺灣是惡徒的重點攻擊目標。例如，這是駭客在臉書轉貼遊說臺灣向中國投降的影片，但引起研究人員關注的是，影片竟罕見地使用臺語配音。

動，微軟提到，從 2023 年 3 月開始，有些中國相關的行為者，在西方社交媒體帳戶，張貼生成式 AI 製造的視覺內容，操弄多種民眾意見分歧的議題，例如，槍支、暴力，藉以詆毀美國本土的政治人物，以及國家象徵。

此份報告也舉例說明中國對臺灣的認知作戰手法，包括：在社交媒體廣泛分享臺語影片，呼籲臺灣政府向北京投降，但影片觸及與分享數差距懸殊，換言之，影片被分享次數雖然很多，實際觀看的人卻很少，這代表該內容背後存在組織操作，成效看似不理想，但很難評估後續衝擊。因為就算這些影片只是造成少數民眾認知嚴重混淆，仍能擾亂整個社會和諧、激化對立，而使得民眾無法團結抵禦外敵。

微軟也提到，由於中國使用人工智慧生成的內容更精美，因此與過去品質低落的數位圖像或是庫存照片拼貼相比，更具影響力，他們預期中國應該會繼續改良這項技術，並且進行大規模部署。

文⊙李建興

141

2023 年第三季零時差資安漏洞激增

在 2023 年 9 月到 10 月上半，攻擊者挖掘零時差漏洞並利用於攻擊行動的情況更嚴峻，因為這短短 30 多天，有多達 20 個零時差漏洞用於攻擊行動，平均下來，幾乎每兩天就有 1 個零時差漏洞

對多數人而言，每當我們談到駭客挖掘並成功利用的零時差漏洞，可能認為都是微軟、Google、蘋果等大型科技公司產品的漏洞，又或是企業 IT、網通、資安設備的漏洞，其實，相關的資安威脅風險不僅止於此，光是 2023 年 9 月到 10 月之間，多家科技大廠宣布修補零時差漏洞，以及這些漏洞在短時間內就被廣泛利用的新聞不斷，而在整理這些消息的過程中，我們發現，有個議題需要大家格外重視，那就是：攻擊者找出這些漏洞、濫用的對象，有不少是涉及廣泛運用的開源程式庫與標準協定，因此，這些問題若不解決，後續往往造成更大影響。

而且，有些零時差漏洞遭利用，可能並無法在很短時間之內就能發現，在數個月之後，廠商、開源軟體社群、用戶因為有外部資安研究人員投入分析、調查，甚至發生大規模漏洞濫用攻擊才找出漏洞根源，之後才能著手修補。

基本上，關於零時差漏洞（zero-days），原本的定義是廠商公告他們掌握的漏洞，但可能當下無法提供修補、緩解方式，或是能提供這些補救措施，但用戶若不盡快處理，就可能形成資安防護空窗期，後來，隨著許多漏洞濫用事故早於廠商公告，我們對於零時差漏洞這樣的稱呼，也擴大適用的範圍，將漏洞在修補程式公開之前就被利用的攻擊納入，而這種行為也稱為零時差漏洞利用（zero-days exploited）。

因此，從過往諸多事件來看，零時差漏洞利用的活動可分為兩類，第一種，攻擊者先發現新的未知漏洞、用於攻擊行動後，經過資安業者或產品業者調查，才知道有這樣的零時差漏洞，需要打造修補程式；另一種則是有新的漏洞被公開，但還沒有修補程式釋出，因此將有零時差漏洞的風險，可能有攻擊者在修補釋出前成功利用，或是根本不會有修補的情形。

過程中，若要縮短漏洞防護空窗期，有賴於業者與用戶積極修補漏洞與部署補救與緩解機制，同時示警有哪些漏洞已遭利用，將這些情資傳播開來，讓大家對這些已知漏洞產生警覺，及早採取行動預防或因應。

值得關注的是，最近一個月，科技大廠修補零時差漏洞的新聞不斷，這些廠商在發布安全通告或釋出修補的當下，已表明獲知該漏洞已有遭利用的情況，由於這段期間消息相當密集，多到幾乎平均每週都有 3 到 4 起的情況，格外引發我們的關注。

在此同時，我們也察覺與以往的不同之處：有些零時差漏洞影響，其實比大家原先預估的廣泛，而且，有時不一定能很快發現攻擊者利用哪個未知漏洞。

2023 年攻擊者濫用零時差漏洞情況大增

攻擊者先發現漏洞並用於攻擊行動的情況，近期到底有多嚴峻？根據我們統計，2023 年 9 月至 10 月上半，出現多達 20 個零時差漏洞已遭利用的消息，逼近每兩天就冒出 1 個零時差漏洞的狀態，令人應接不暇。

這樣的漏洞數量很不尋常嗎？根據資安廠商 Mandiant 的零時差漏洞濫用研究報告，2022 一整年遭大規模濫用的零時差漏洞數量是 55 個，2021 年達到歷年最高，多達 81 個。

若是以上述統計數據，平均每個月有 4 到 7 個零時差資安漏洞，顯然，最近這一個多月來的零時差漏洞，數量快到達月平均的 3 倍，確實出現得相當頻繁且密集。

事實上，單就 2023 一整年而言，零時差資安漏洞數量之多，可能不只超越以往規模，而是呈現大暴增！在 9 月舉行的 mWISE 2023 大會上，Google Cloud Mandiant Intelligence 主席 Sandra Joyce 透露，2023 年截至 9 月初為止，已發現 62 個零時差漏洞被用於駭客攻擊，因此，2023 年的數量很有可能再創歷史新高。

再從個別廠商修補動向來看，從 2023 年初至 10 月 11 日，微軟已修補 24 個零時差漏洞，蘋果也已修補 16 個零時差漏洞。

整體而言，我們密切觀察這一個多月期間，看到有哪些業者的產品服務，遭零時差漏洞攻擊鎖定？包括：Google、思科、蘋果、微軟、Adobe、趨勢科技、Arm、Atlassian 等，較特別的是，有一些漏洞影響更深遠，包括涉及開源程式庫 libwebp、libvpx 的漏洞，以及 HTTP/2 協定的漏洞。

當然，幕後又是那些攻擊者先挖掘出未知漏洞，並且實際利用於攻擊行動，這些狀況都令人好奇。儘管許多網路攻擊事件的事件全貌仍有待公布，綜合上述這些零時差漏洞攻擊來看，有些攻擊的幕後黑手已被找到，這些攻擊者的身分與往年資安業者的揭露相當，包含，國家級駭客組織、商業間諜公司、勒索軟體組織等。

例如，9月6日思科公布漏洞警訊，多家資安業者也指出，發動漏洞濫用攻擊的是勒索軟體組織Akira；9月7日、11日，蘋果與Google發布零時差漏洞修補，根據加拿大公民實驗室指出，攻擊這些漏洞的團體，有商業間諜駭客公司NSO Group與其客戶；9月21日蘋果公布漏洞修補，加拿大公民實驗室與Google TAG小組指出，對此發動攻擊的是商業間諜駭客公司Cytrox/Intellexa及其客戶；10月4日Atlassian發布漏洞修補，微軟指出濫用此漏洞進行攻擊者是中國駭客組織Storm-0062。

釋出修補是當務之急，廠商與用戶都有責任

在這20個零時差資安漏洞攻擊中，除了導致的災情，修補的狀態仍是普遍企業關注焦點，我們也從中整理一些觀察到的現況。

一般而言，由於這些零時差漏洞攻擊涉及使用未知漏洞，因此大多數相關消息先聚焦在漏洞的通報，等到修補的釋出，再同時將未知漏洞公開，大多數零時差漏洞消息的曝光皆是如此。

特別的是，也有廠商選擇先公開揭露漏洞、提出緩解措施，後續才釋出更新修補。例如，思科在9月6日修補的零時差漏洞（CVE-2023-20269），就是先公告漏洞警訊並提出緩解措施，等到在9月27日發布暫時的修補更新，10月11日釋出新版正式修補。

另一種情形的處理順序剛好相反，例

短短一個月內，竟有多達20個零時差漏洞用於駭客攻擊

揭露日期	漏洞編號	零時差漏洞揭露資訊
9月5日	CVE-2023-35674	Google發布每月Android例行安全更新公告，修補此一框架權限提升漏洞，指出利用該漏洞不需與使用者互動，同時示警已遭有限度的針對利用。
9月6日	CVE-2023-20269	思科公開影響旗下網路資安設備ASA、FTD系列的VPN功能的這一漏洞，先提供緩解，並說明思科PSIRT在8月已察覺外部有漏洞利用情況。
9月7日	CVE-2023-41064 CVE-2023-41061	蘋果針對macOS、iOS緊急修補這兩個漏洞，說明攻擊者經由製作惡意的影像、附件，可能導致執行任何程式碼，已獲知漏洞被利用於攻擊的報告。同日，加拿大公民實驗室揭露攻擊場景，將此漏洞鏈稱為BLASTPASS，並指出這是可透過iMessage傳送且不用使用者互動的零點擊漏洞。
9月11日	CVE-2023-4863	Google針對Chrome瀏覽器緊急修補此一堆緩衝區溢漏洞，指出漏洞存在於WebP圖像處理，為公民實驗室及蘋果工程師通報，已察覺外部存在利用該漏洞的情形。
9月12日	CVE-2023-36761 CVE-2023-36802	微軟在每月例行安全更新中，修補兩個已遭利用的漏洞，一是涉及Office軟體Word，一是涉及微軟串流服務。
9月12日	CVE-2023-26369	Adobe緊急針對Acrobat與Reader修補此一漏洞，他們表示已獲知有利用該漏洞的攻擊。
9月19日	CVE-2023-41179	趨勢科技公告旗下端點防護產品Apex One（地端與SaaS）、WFBS存在此一漏洞，指出已察覺外部有嘗試利用此漏洞的情形。特別的是，該公司已在7月與8月陸續修補受影響產品。
9月21日	CVE-2023-41991 CVE-2023-41992 CVE-2023-41993	蘋果發布iOS、iPadOS產品安全更新公告，當中提及修補到這3個漏洞，並表示已獲知被利用於攻擊的報告，並說明是由加拿大公民實驗室與Google威脅情報小組（TAG）通報。
9月27日	CVE-2023-20109	思科修補網路設備作業系統IOS、IOS XE的此一漏洞，該漏洞存在於群組加密傳輸VPN（GET VPN）功能，他們同時說明是在內部調查期間發現，因而察覺此漏洞遭人意圖利用情形。
9月28日	CVE-2023-5217	Google針對Chrome瀏覽器緊急修補libvpx中VP8編解碼的這一漏洞，說明漏洞已遭濫用。
10月2日	CVE-2023-4211	Arm修補Mali GPU Driver此一零時差漏洞，指出已確認此漏洞可能受到有限度的針對利用。
10月4日	CVE-2023-22515	Atlassian針對旗下Confluence Data Center版與Server版修補此一漏洞，說明已有少數客戶通報，有外部攻擊者可能利用該漏洞來建立未經授權Confluence管理員帳戶。
10月4日	CVE-2023-42824	蘋果針對iOS與iPadOS緊急修補此一漏洞，同時指出已獲知有報告指出，此漏洞可能已遭人針對地積極發動攻擊。
10月10日	CVE-2023-44487	Cloudflare、Google與AWS同時公開一起新型HTTP/2協定漏洞攻擊，說明他們是從8月下旬開始注意到巨量DDoS攻擊情形，進而發現攻擊者是運用此一零時差漏洞。
10月10日	CVE-2023-36563 CVE-2023-41763	微軟發布每月例行安全更新，修補3個已遭利用的漏洞，分別是涉及WordPad的資訊揭露漏洞，涉及Skype for Business的權限提升漏洞，以及同日揭露的上述HTTP/2協定漏洞。

資料來源：Adobe、蘋果、Arm、Atlassian、AWS、Cloudflare、思科、Google、微軟、趨勢科技，iThome整理，2023年10月

如，趨勢科技在9月19日公開揭露旗下產品的零時差漏洞（CVE-2023-41179），提醒已觀察到嘗試利用情形，但修補在這之前就已釋出。他們表示，受影響的 Apex One SaaS 在7月即修補，其他受影響產品，相關更新修補也在7月至9月12日之間陸續釋出。

是否因為攻擊嚴重性，而採取不同措施對予以應對？像是已經出現大規模攻擊，因此，需要先一步向外界示警、提出緩解，共同因應，或是為了掌握更多攻擊情資，要先暗中通知用戶更新修補，之後才對外公開。有些廠商會特別說明這部份考量，而有些不會，而且也不一定每次都表明，因此，外界也無法掌握這部份狀況。

還有一種情況，是因為存在供應鏈上下游的關係，無法更快完成因應，導致整體修補時間拉長。Google TAG 小組特別指出，Android 長期面臨的 n-day 漏洞問題，像是2022年 Arm 公布修補一個漏洞，Android 系統修補該漏洞卻是隔年4月，這段期間都暴露在風險之下，其實在 Arm 修補揭露的下個月，就發現有駭客利用該漏洞。

也就是說，攻擊者可以利用已知的 n-day 漏洞，將其作為目標來發動攻擊。

最近已有轉變，例如，在10月2日，Arm 修補 Mali GPU 驅動程式的漏洞 CVE-2023-4211，我們發現在同一天 Android 也發布漏洞修補，並且在 Android 每月例行安全更新當中公告，說明修補同個漏洞。

儘管還有下游手機製造商是否會盡速修補的問題，但我們認為，如今至少縮短上游供應商與平臺的修補時間差。

當然，更重要的是，用戶也要實際行動。否則只有廠商釋出修補，也示警攻擊者已經成功利用，但用戶裝作不知情、沒有去取得更新並修補，等於用戶沒有盡到自身之責。過去我們就看過很多例子，在廠商已經釋出修補之後，資安研究人員在網路上，還是發現很多設備存在曝險的情形。

要找出已被用於攻擊的未知漏洞，可能沒那麼容易

對於零時差漏洞的因應挑戰，我們從近期事件注意到一件事，有些漏洞利用的情形，其實並不容易追查出，即使發現攻擊行動可能利用某途徑，仍有可能數個月後才被廠商知曉、修補被濫用的漏洞根源。

例如，9月6日思科示警並公布的漏洞 CVE-2023-20269，揭露起因是 AAA 協定與其他軟體功能缺乏適當區隔，並提及此漏洞，是在解決思科技術支援案例時發現，也感謝 Rapid7 通報了漏洞利用的情形。另外，他們也表示，在8月就已察覺外部有漏洞利用情況。

這個漏洞的 CVSS 評分為5.0，並不高，但其實，思科在8月24日發布的部落格文章，就曾經表示他們已察覺相關威脅報告，指出勒索軟體組織 Akira 鎖定未啟用 MFA 的思科 VPN 的情形。

甚至，向思科通報的資安業者 Rapid7 在8月29日指出，其實，早在3月30日，他們就觀察到針對思科 ASA SSL VPN 設備的攻擊，後續並確定至少11個企業在3月到8月間遇害。

而且有多家資安業者早就發現攻擊跡象，例如，Sophos 在5月看到勒索軟體 Akira 攻擊手法，疑似對未用雙因素驗證的 SSL VPN 系統下手，惡意軟

CVE-2023-4863漏洞的影響範圍超乎預期

在2023年9月到10月爆出多個零時差漏洞，其中一個引起我們注意，那就是 CVE-2023-4863，這是9月11日Google公布修補的Chrome零時差漏洞。

這個弱點之所以特別，原因在於，最初多個科技大廠對漏洞真正根源感到困惑，後續發現其影響範圍比原先預估要大，而且是非常廣泛。

具體而言，這個漏洞一開始揭露，是存在於Chromium WebP圖像處理層面，後續發現關鍵是在開源編解碼程式庫libwebp。

因此，在Google修補之後，Mozilla也針對該漏洞修補Firefox與Thunderbird。這時，我們也察覺這漏洞不僅影響瀏覽器，還有軟體系統，因此預期之後還會有更多相關修補消息。

果不其然，到了9月14日，1Password公司的資安架構師就以「誰的CVE」為題，來闡釋這個全球頭痛的零時差漏洞。他指出，libwebp編解碼程式庫由WebM專案維護，是Google與許多公司努力而成。因此，受影響的軟體不只Chromium、Andorid、Firefox，還有熱門的Electron框架。

到了9月底，資安界出現更多關於這個漏洞的討論。

首先，Google在9月25日公布CVSS為10分的libwebp漏洞（CVE-2023-5129），但又因為避免再次混淆，因此改為擴大CVE-2023-4863範圍。

接下來有其他業者也發布相關修補，例如，微軟在10月2日表示，他們針對旗下的瀏覽器Edge、視訊與協同作業系統Teams，以及網路語音電話Skype，修補CVE-2023-4863漏洞。

再者，CVE-2023-4863漏洞的通報，是來自加拿大公民實驗室與蘋果工程師，但在揭露的4天之前，蘋果才剛修補2個加拿大公民實驗室通報的零時差漏洞，因此當時我們就猜想，這有可能與同一個攻擊事件有關。後續我們還發現這些狀況原來不僅是同一商業間諜駭客攻擊，甚至所利用的漏洞都有關聯。

究竟影響的層面有多廣？

我們找到相關資訊佐證！9月底、10月初，資安業者Snyk陸續發表相關解析，說明此漏洞對軟體生態系統的影響廣泛。

例如，有許多作業系統與熱門應用程式框架，其實都使用libwebp編解碼函式庫，以此支援WebP圖像，像是熱門的Electron框架，同時，Synk還指出有更多通用軟體受影響，例如，Python圖像處理套件Pillow，用於打造2D與3D遊戲的GoDot遊戲引擎，以及廣泛使用的FFmpeg、Gimp等，它們也都使用libwebp，因此，大家更需審慎確認相關漏洞的修補範圍。文⊙羅正漢

體分析員 Aura 與 SentinelOne，則是在 8 月發現被攻擊的目標，確認被針對的 SSL VPN 系統廠牌是思科。

換言之，這個零時差漏洞帶來的危害，可能已經長達半年之久。而並非我們所想的那樣處理，以為一旦零時差漏洞用於攻擊行動，外界很快就可以發現問題並予以修補。

攻擊者挖掘利用的 0-day，涉及產品開發上游或底層架構的情形增加

另一個關注焦點是，攻擊者利用零時差漏洞來發動攻擊，能透過一次行動就造成大規模的攻擊，因此愈受歡迎的品牌，通常愈容易被當做目標，包括微軟、蘋果、Google，還有各式企業使用的 IT、網通設備產品等。

特別的是，我們發現最近攻擊者挖掘的零時差漏洞，不只上述 Arm 的零時差漏洞被攻擊者發現並利用，還有 3 個也是涉及上游或底層的狀況，是過去較少見的攻擊態勢。

例如，在 9 月 11 日 Google 修補的漏洞 CVE-2023-4863，最初，這似乎只是瀏覽器中的漏洞，但隨著資安界不斷揭露新的資訊，大家才知道實際影響層面相當廣泛。

Google 在修補此 CVE-2023-4863 時表示，其通報者是來自蘋果工程師與加拿大公民實驗室的專家。由於 4 日前，蘋果剛修補 2 個零時差漏洞，且加拿大公民實驗室同步揭露利用此漏洞組合的攻擊場景，因此當時我們立即聯想到，鎖定這個漏洞攻擊的幕後，可能是同樣

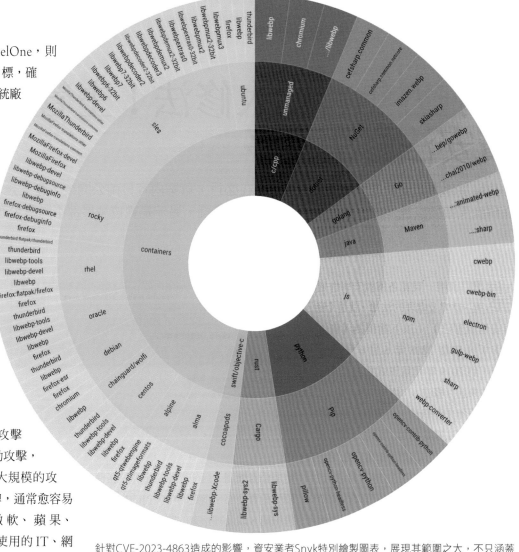

針對CVE-2023-4863造成的影響，資安業者Snyk特別繪製圖表，展現其範圍之大，不只涵蓋了瀏覽器，還影響開發者生態系統、作業系統與容器。圖片來源／Snyk

的攻擊者在利用。

事實上，最近我們進行後續追蹤時，發現 9 月底有許多資安業者專家談起這次 Pegasus 間諜程式的漏洞利用，會將這 3 個漏洞一併相提。也有不少業者指出，蘋果修補的 CVE-2023-41064，與 Google 發布的 CVE-2023-4863 有關。

CVE-2023-4863 引發的討論很多，爭議在於，Google 原本指出該漏洞是 WebP 圖像處理時的堆疊衝區溢漏洞，接著傳出所有支援 WebP 圖像處理的瀏覽器都受影響，後續很多專家指出該漏洞影響深遠，因為這是存在 WebP 圖像處理的開源編解碼程式庫 libwebp。

此外，Google 在 9 月 28 日修補的零時差漏洞 CVE-2023-5217，由於漏洞存在於開源視訊編解碼程式庫 libvpx 中的 VP8 視訊編碼，儘管討論熱度不及上述 libwebp 漏洞，但同樣有需要廣泛修補的狀況。

另外，我們還注意到一起零時差漏洞攻擊相當特殊，那就是 10 月 10 日這天，Cloudflare、Google 與 AWS 三大業者揭露的 HTTP/2 協定零時差漏洞，這個被攻擊者用於發動巨量 DDoS 攻擊的漏洞，同樣影響的層面不小。這些業者指出，任何部署 HTTP/2 的業者應該都會受此漏洞影響，大部分的網頁伺服器亦包含在內。

依據上述狀況，攻擊者濫用零時差資安漏洞的目標，確實有往底層切入的態勢。文⊙羅正漢

實施五年首度大修法！主管機關啟動資安法修法程序

數位發展部與資安署成立，資安法修正勢在必行，草案內容日前公開後，產生幾項爭議，首先是三級機關資安署稽核各部會，引發上下權責區分的質疑，另一是數位發展部不願意公布關鍵基礎設施清單

臺灣目前唯一規範各種資安事件通報、應變及處理的法律，就是《資通安全管理法》（以下簡稱為《資安法》），自從 2018 年 6 月 6 日制定公布，到 2019 年元旦正式實施以來，至今並未進行修法。

過去五年未能修法，有個很重要的原因在於：修法組織異動。原先負責《資安法》制定的行ｗ政院資通安全處是四級幕僚單位，在 2022 年 8 月 27 日行政院數位發展部成立後，同時成立資安專責單位：資安署。因為負責修法組織有異動，也讓相關的修法進度無法有進展。

由於《資安法》實施以來都沒有修過法，為了讓該法更符合實際運作模式，外界開始有修法的呼聲，數位部也透過舉辦幾次座談會，邀請各界專家學者，彙整各界意見，後續在國發會「公共政策網路參與平臺—眾開講」中公告，預告修正《資通安全管理法》。

此次，《資安法》修正草案中，明訂《資安法》主管機關和資安執行機關，也另外新增六條法條，多數都是為了將現行對資安的實務作為法制化，包括資安會報入法、禁用危害國家資安產品入法、特定非公務機關設資安長入法、行政檢查入法外，也增訂拒絕行政檢查的罰則，以及發生個資外洩的資安事件時，也將適用《個資法》規範。

由於《資安法》適用公務機關以及特定非公務機關，目前臺灣特定非公務機關只有數位部、指定的中央目的事業主管機關，以及被指定的關鍵基礎設施服務提供者知情，目前數位發展部以擔心中共知情為由，不願意公布名單。

數位部推動《資安法》修法，除了召開座談會收集各界專家學者意見外，也在國發會「公共政策網路參與平臺－眾開講」預告修法，希望收集更多網友意見作為修法參考。

主管機關為二級機關數位部，執行單位為三級機關資安署

為了讓《資安法》的運作更符合實務要求並配合行政院的組織運作，所以，此次修法草案中，最重要的一件事，就是配合數位發展部以及資安署的成立，在修正草案第二條，將原本主管機關從行政院改為數位發展部，相關國家資通安全業務交由數位發展部資安署辦理。

原本行政院資通安全處是四級幕僚單會，所有的發文會以行政院名義發送，因為是行政院發文，所以各個機關會重視。

數位發展部屬於行政院的二級機關，資安署是三級機關。當數位部發文時，其他平行部會的重視與否，端看該公文是否與部會業務相關；至於資安署的處境就更尷尬——雖然在修正草案中，已經明訂資安署是國家的資安專責單位，但是，在組織的運作上，卻因為三級位階矮人一等，若是要對外發文給上級單位時，難免也會遇到上下權責難以對應的考量。

資安署收各部會資安稽核報告，金管會對權責區分質疑

像是金管會就在國發會眾開講平臺，表達對《資安法》修正草案的質疑。

首先，依據修正草案第八條的規定，資安署得定期或不定期稽核公務機關及特定非公務機關的資通安全維護計畫實施情形。金管會認為，三級機關資安署可以對一、二級機關，以及特定非公務機關（包含關鍵基礎設施提供者）辦理資安稽核相關作業，並要求將稽核結果及改善報告送交資安署時，這樣的作法對於相關業法上下權責的劃分、組織職掌及地方自治等事宜都有所扞格。金管

會建議，對資安署能否據以辦理相關稽核作業權責妥適性應一併考慮斟酌。

另一個爭議，是修正草案第十九條增訂「關鍵基礎設施提供者的指定基準、廢止條件及程序由中央目的事業主管機關公告，並擬訂指定清單報行政院核定。」金管會質疑，如果中央目的事業主管機關依照公告當中所列出的基準，指定關鍵基礎設施提供者清單與政院核定結果不符，其公告指定基準是否具有法規效力。

第十九條規定，中央目的事業主管機關會徵詢相關公務機關、民間團體、專家學者的意見後訂定指定清單，金管會表示，指定程序是否訂定的必要之外，建議應該再審酌其必要性，以及法規位階。

特定非公務機關指定方式讓人不解

《資安法》適用的特定非公務機關範圍，經中央目的事業主管機關挑選後，才指定的「特定」非公務機關。

不過，臺灣指定的特定非公務機關，面臨一個問題就是：即便是同個產業、類似規模，相似角色，會因主管機關認知不同，而有指定與否的差別。

例如，在關鍵基礎設施的交通運輸領域當中，針對飛機類的主管機關，是交通部民航局。

據了解，國籍航空中，只有中華航空被指定為關鍵基礎設施的「特定非公務機關」，但同為國籍航空的長榮航空、立榮航空、華信航空、星宇航空，以及臺灣虎航等，都不在名單中。

若以規模和功能來看，身為國籍航空的華航過去曾經幫忙國家運送疫苗，長榮航空也同樣曾經幫忙運送疫苗。

在全球疫情大爆發的情況下，政府會要求兩家航空公司提供協助，如今就國

家安全角度而言，難道會有不同的標準嗎？如果只是因為官股的成分不同，讓民航局僅指定中華航空作為關鍵基礎設施中的特定非公務機關，而不指定其他國籍航空公司的話，並不符合全民的認知與期待。

如果我們回頭看修正草案第三條對關鍵基礎設施的定義，「指行政院公告之關鍵領域中，該領域服務所依賴之系統或網路之實體或虛擬資產，其功能一旦停止運作或效能降低，對國家安全、社會公共利益、國民生活或經濟活動有重大影響之虞者。」如果依據上述的定義，中華航空和長榮航空一旦服務中斷，對於臺灣社會所造成的衝擊，難道會有差異嗎？

再者，金融業針對營業規模大小做分級之後再納入管理，航空業以及其他八大關鍵基礎設施領域的服務提供者，也可以透過分級分類方式，把相同等級的業者，一併納入同樣關鍵基礎設施領域的特定非公務機關名單，這樣才是合理的作為。

就像通傳會要指定電信業者作為特定非公務機關時，一定是因為該業者服務一旦中斷，將會嚴重影響社會民生。所以，通傳會若因官股成分，只指定中華電信作為特定非公務機關，而不指定台灣大哥大和遠傳電信的話，是否變成：政府認定、列為特定非公務機關的中華電信，其服務一旦中斷，對於社會國家所造成的衝擊，會比其他的電信業者要大呢？

由此可證，如果中華電信、台灣大哥大和遠傳電信，因為都是臺灣重要的電信服務提供者，一旦服務中斷，都會對臺灣社會帶來巨大的衝擊，因此也都必須列為特定非公務機關的名單時，難道，長榮航空不應該因為和中華航空具有同樣的重要性，而應該同樣被列入特

定非公務機關的名單中嗎？

數位部不願公布關鍵基礎設施清單

另一個資安法修法爭議在於，數位部不願意公布關鍵基礎設施服務提供者名單，他們對外說法是：「擔心中共知道後，會攻打這些單位」平心而論，這樣的理由並無法令人信服，反而會被認為是公務人員不做不錯的心態作祟。

對歐盟《資安法》有深入研究的政大法律系兼任助理教授萬幼筠表示，歐盟有跨國關鍵基礎設施的清單列表，在每個關鍵基礎設施領域，都能找到 30 個會員國各自的關鍵基礎設施清單。另外，在網路上，也可以找到一張 Open Infrastructure Map，當中呈現全球各國關鍵基礎設施的電廠地圖。

從上述做法來看，國家關鍵基礎設施的清單並非不能公開，敵對國家與組織仍可透過許多方法進行收集和判斷，不會因為政府不公開而能阻止其他人認定。但數位部卻以關鍵基礎設施清單若被中共知道，會對臺灣不利為由而不願意提供，此舉令人覺得荒謬！

這些關鍵基礎設施清單就算不公布，以中共對臺灣的滲透加上許多親中人士的協助，中共還是可以知道關鍵基礎設施名單。數位部不公布清單，只是鴕鳥心態，更嚴重的問題，在於國人如果無法明確知道所要保護的對象，如何進一步提高這方面的心防？

事實上，關鍵不在於能否徹底隱瞞、不洩漏清單，而是被視為關鍵基礎設施服務的提供者，是否做好應該有的資安防護措施，這不只是政府的責任，也是民眾的責任；而且，透過資訊公開透明的全民監督方式，也可以作為監督相關關鍵基礎設施精進資安作為的外部動力。**文◎黃彥棻**

資安法修法草案重點 1

將「禁用危害國家資通安全產品」規定法制化

過去政府透過行政命令要求公務機關，不得採購和使用中國廠牌的軟硬體和服務等產品，此次修法草案將禁用條款正式入法，但政府不願公開禁用的產品清單，理由引發外界質疑

在《資安法》修正的草案內容中，首先，有個大家都相當關注的調整重點，那就是：將現行「各機關對危害國家資通安全產品限制使用原則」的行政原則正式法制化，於是，這次修正草案特別新增了第十一條規定：「公務機關不得採購及使用危害國家資通安全產品」以及「公務人員獲配之公務用資通訊設備，不得下載、安裝或使用危害國家資通安全產品」。

對於政府遲遲不公開禁用產品的清單，成功大學電機系教授李忠憲於臉書發文，抨擊數位部研議修訂《資安法》，卻未將中共明列為「敵人」管制對象。他質疑，若不知道誰是敵人，就不知道如何防範，也不知道重點和主要的預算要放在哪裡。

也有學者表示，目前禁用危害國家資安產品限定中國品牌的資通訊產品，未來是否進一步將禁用範圍擴及其他對臺灣有危害的國家產品，有待評估。

而在公共政策網路參與平臺「眾開講」網友回覆意見中，有人建議，《資安法》修正草案新增該禁用條文後，應該要做到正本清源，就必須從政府資訊服務採購的源頭——共同供應契約著手，才能真正做到令行禁止。

政府規範禁用危害國家產品，資安署從寬認定會產生矛盾

對於這次《資安法》修正草案內容，

將「各機關對危害國家資通安全產品限制使用原則」的位階從現行的行政命令提升到法律層級，東吳大學科法所兼任助理教授王仁甫認為，修正條文提到「禁用危害國家資通安全產品」的定義並不清楚，若條文更清楚寫成「危害國家安全之資通安全產品」，除了不會造成文字混淆，他認為，主管機關應清楚對外說明，危害國家安全的資通安全產品定義，才可避免各界有疑慮。

事實上，目前的《資安法》並無規定，公務機關不可使用或採購中國廠牌包含軟體、硬體和服務的資通訊產品，但有鑑於許多中國廠牌監控設備（如：海康威視 Hikvision）及網通設備（如：華為）傳出隱藏後門等資安事件，因此觸動政府部門的敏感神經。

因此，行政院秘書長李孟諺曾經在 2020 年 12 月正式發函，從嚴要求此事，下令公務機關原則上禁止使用及採購大陸廠牌資通訊產品（含軟體、硬體及服務），並要求在 2021 年底完成全部中國廠牌產品的替換，部分例外須填

報正當理由，交由行政院評估。

但後續出現不同調的狀況。例如，數位部資安署在 2022 年 8 月 27 日更新的「資安法常見問題中」，針對上述禁用大陸廠牌資通訊產品發函的注意事項，引用公共工程委員會於 2018 年 12 月的舊函釋，將大陸廠牌的定義限縮在「大陸地區廠商」，至於「第三地區含陸資成分廠商」及「在臺陸資廠商」的資通訊產品，則不在限制範圍之內。

對此有資安專家質疑，為何資安署在網站公告禁用危害國家產品注意事項，卻反而從寬認定大陸廠牌？這與外界要求從嚴認定的觀點不符。

對此，資安署公布的注意事項提及，各機關在辦理採購案時，如屬經濟部投資審議委員會公告「具敏感性或國安含資安疑慮的業務範疇」，應確實於招標文件載明，不准經濟部投資審議委員會公告的陸資資訊服務業者參與投標。

注意事項也規範一種狀況，例如，若是公務機關委外執行標案的團隊成員，不得同時為中國大陸國籍人士，若是多

資安署在限制使用危害國家資通安全產品的問答網頁時，引用工程會對大陸廠商的舊函釋，對此外界認為這與行政院從嚴認定的原意不同，也不符合現在的潮流。

重國籍人士，只要其中一個國籍有中國大陸國籍，都在限制範圍內；若是香港及澳門國籍者，則不在此限。

該注意事項也指出，目前基於現實考量，禁用的資通訊產品不可為大陸廠牌，但並未限制大陸廠牌的零組件；若為了滿足特定需求，公務機關的採購可以在招標文件要求提供的資通訊產品，不可在大陸廠區生產或製造零組件。

從政府採購源頭，明文禁用中國廠牌產品

原先政府部門只是以行政命令規範公務機關禁用大陸廠牌的資通訊產品，但實務上，要達到政府規範的禁用目標，就必須從採購源頭著手，禁止使用危害國家的資通安全產品。

負責政府採購的主管機關行政院公共工程委員會，也於9月25日正式公布《政府資訊服務採購作業指引》，該作業指引其中的一項重點就是：涉及國家安全或是資通安全的採購，公務機關應該直接在招標文件當中規定，不允許陸資廠商（包含其分包廠商）以及陸籍人士參與。

而根據該作業指引對陸資廠商的定義，則包括：大陸地區廠商、第三地區陸資廠商，以及在臺灣的陸資廠商。這個規範也合乎行政院秘書長於2020年12月的發函，要求從嚴認定「大陸廠牌」的定義。

該作業指引也明定：如果機關招標案件涉及國家安全的採購，必須依照採購案件的特性和實際需要，限制招標廠商的資格；若對廠商的資金來源比例有特定限制的話，例如，懷疑廠商資金來源有陸資的話，可以要求廠商提出相關董監事、股東名冊和資金來源等文件；如果是涉及僑外投資的話，也可以要求廠商提出授權查核同意文件，有必要時亦可請求目的事業主管機關協助查察。

此外，機關在執行相關的採購契約時，不管是履約標的或是執行過程中，都不得提供或使用大陸廠牌的各種資通訊產品，相關的履約人員也不得為大陸籍人員。

但是，有些國外的駐點單位或金融單位海外分行等，因為業務需求且無其他替代方案，不得不使用大陸廠牌的資通訊產品時，該機關就應該說明原因，並且經過該機關的資通安全長，以及上級機關資通安全長進行逐級核可後，同時函報《資通安全管理法》主管機關數位部進行核定；最重要的是，機關在該產品未達汰換年限前，也必須加強相關的資安強化措施。

透過作業指引的規範，讓政府機關在採購資通訊產品時，都不能採購大陸廠牌的資通訊產品，也必須將《各類資訊（服務）採購之共通性資通安全基本要求參考一覽表》，作為各機關資訊系統資安防護等級的資安規範參考。

然而，不同法令要求的對象有別。例如，政府採購法適用的對象，主要是政府機關、公立學校、公營事業，以及接受機關補助金額過半的採購單位，《資安法》適用的公務機關及特定非公務機關，有些關鍵基礎設施提供者是民間企業，並不受《政府採購法》規範。

有鑑於此，便有網友在「眾開講」平臺建議：「資安署應在網站公布危害國家資通安全產品列表，提供各機關查詢，方可避免資通訊產品驗收爭議。」這應該是可行的配套措施；此外，網友認為，資安署也應該負起職責，定期更新禁用產品內容。

另外，有學者表示，目前危害國家資通安全產品的定義是指「中國品牌」，但未來，我們也可以評估是否擴大適用範圍，涵蓋俄羅斯、伊朗或北韓（朝鮮）等國家的資通訊產品。

數位部不公布禁用危害國家產品清單，因擔心業者洗產地

資安署在「資安法常見問題」的網頁中，也提到：「由主管機關核定禁用廠商清單的效益有限，便決定由主管機關透過跨部會協調平臺與各機關溝通，推動後續危害國家資通安全產品的限制使用事宜。」

數位發展部部長唐鳳在面對立委質詢，針對為什麼不能公布危害國家資通安全產品清單的問題時，她表示，為了避免業者「洗產地」改名規避審查，所以數

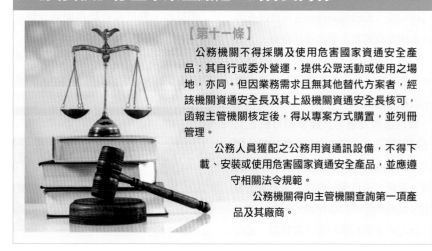

《資安法》修正草案重點之一的條文內容

【第十一條】
公務機關不得採購及使用危害國家資通安全產品；其自行或委外營運，提供公眾活動或使用之場地，亦同。但因業務需求且無其他替代方案者，經該機關資通安全長及其上級機關資通安全長核可，函報主管機關核定後，得以專案方式購置，並列冊管理。

公務人員獲配之公務用資通訊設備，不得下載、安裝或使用危害國家資通安全產品，並應遵守相關法令規範。

公務機關得向主管機關查詢第一項產品及其廠商。

公務機關要做到禁用危害國家資安產品，須從政府採購源頭——共同供應契約做起，工程會日前公布的「政府資訊服務採購作業指引」明訂禁止採購大陸廠牌資通訊產品。

位部不會公開禁用的產品名單。

唐鳳先前接受其他媒體訪談時提到，如果法律明文禁用「中國製」資通訊產品時，因為軟體相對難定義產地，若以官方註冊產地來看時，國際版抖音TikTok透過海外註冊的方式，正好可以繞過「中國製」的法律規範。

唐鳳指出，數位部是以中國政府能否實質控制這家公司或組織，作為是否危害國家資安產品的認定標準，即便危害國家產品的廠牌或官方註冊產地有變，都不會影響數位部對其危害國家資安產品的認定。

為了杜絕危害國家資安產品「洗產地」，唐鳳認為，列在共同供應契約的產品，至少都有兩個以上的機關在使用的產品，等於是機關認同可以採購的「白名單」；若是全新的產品或品牌，就要透過跟數位部查詢的方式，確認沒有資安疑慮後，再行採購。

因為在修正草案新增的第十一條中，已經明定「公務機關得向主管機關查詢危害國家資通安全產品及其廠商。」這也表示，數位部只允許有需求的機關向數位部查詢名單，並不願意對外公布禁用清單的態度。

數位部資安署署長謝翠娟日前在立法院回覆立委詢問時表示，數位部的禁用危害國家資安產品的清單，分成網路、系統、資料庫、機器人等十多個類別，目前列管的品項超過一千個，其中五分之一與資料庫和電子書有關，而向

數位部查詢禁用清單數量，平均每天約有一件查詢、每月二十多件查詢。

臺灣現在有些業者採購中國的白牌產品，然後貼牌為臺灣廠牌的商品，這樣就可以避掉《資安法》對大陸廠牌的限制。不過，有資安專家憂心指出，這些貼牌產品重要的核心系統是大陸製的情況下，貼牌臺灣廠牌反而會讓採購的公務機關缺乏警覺性，可能誤入未知的後門陷阱。

數位部既然擔心業者洗產品而不願意公布禁用產品清單，倘若民間業者對採購大陸廠牌資通訊產品有資安疑慮，應該怎麼辦？唐鳳建議，民間業者可參考列在共同供應契約的白名單產品。

不過，民間業者對於產品採購的規格和需求，相較公務機關更為彈性與多元，對於只能被動採購共同供應契約上的產品，或者被動詢問資安署欲採購產品是否是在禁用清單的作法，民間業者不會買單。

相反地，數位部若能在網站定期更新、主動公布禁用危害國家資安產品清單，不僅可以便利公務機關與非公務機關即時查詢，也會因為禁用產品相關資

訊公開透明，在所有競爭業者和使用者的共同監督下，大陸廠牌的資通訊產品，想要透過「洗產地」改頭換面的難度，也會大幅提高，民間業者採購效率也會比只能單向跟資安署查詢高。

明文嚴禁公務用手機下載中國應用程式

在修正草案第十一條規定，「公務機關」不得採購及使用危害國家資通安全產品外，也不得在公務設備上下載、安裝或使用危害國家資通安全產品，也就是說，政府機關所核發的公務手機，皆不能下載、安裝或使用中國抖音、微信等應用程式。

不過「眾開講」平臺上的網友直接建議，認為政府部門核發的公務資通訊設備，應該限制僅限於公務使用，不能轉做私人用途，這樣的作法也符合Cyber Hygiene（網路衛生）的觀念。

該網友也表示，有許多國內外資料外洩、社交工程資安事件發生原因，都是因為公私不分造成的，像是為求便利，在公務設備上做私人事情，不管是收發私人電子郵件，或在公務用的通訊軟體裡使用私人帳號、加入私人的群組等，都可能因為釣魚郵件或簡訊等社交工程手法，導致帳密外洩等資安事件。

不過，王仁甫認為，保護國家安全不只是公務機關的責任，《資安法》規範的其他特定非公務機關，有很多都有這樣的處境，它們一旦遭到損害，就會危及國家民生的重要單位，也都應該要肩負起相對應的責任。文◉黃彥棻

面對立委質詢為什麼不公開政府列管的危害國家資安的禁用清單，數位發展部部長唐鳳表示，憂心清單公布後會有業者洗產地的疑慮。

拉高特定非公務機關資安治理層級，依法設立資安長

特定非公務機關接軌上市櫃公司的資安規定，新增設立資安長的規定外，之前也要求要設立「專職」資安人員，但公共政策網路參與平臺「眾開講」的網友認為，應該要釐清專職和專責資安人員差異

隨著國內對於資安重視程度越來越高，甚至於連政府資訊服務採購，也都透過作業指引和資安一覽表的方式，要將資安規範納入採購合約中，原本的《資安法》對於公務機關及特定非公務機關，對其資安規範不足的盲點，越來越顯而易見。

再加上，近幾年來，公務機關和特定非公務機關也陸續爆發幾起重大資安事件，使得各界對於資安法修法的呼聲越來越高。

事實上，《資安法》原先就有規定，公務機關要設置資通安全長，由機關首長指派副首長或適當人員兼任；但對於特定非公務機關，只規定要設置專職的資安人員而已。

而為了拉高特定非公務機關的資安治理層級，《資安法》此次的修法草案新增第二十三條規定，「特定非公務機關應置資通安全長，」可以由特定非公務機關的代表人、管理人、其他有代表權人或其指派的適當人員擔任，而此人的主要任務就是：負責推動及監督機關內資通安全相關事務。

定義特定非公務機關的範圍

《資安法》主要規範的對象，包括公務機關及特定非公務機關，其中，該法定義的公務機關，除了中央和地方政府之外，而這次提出的修正草案內容，特別明定行政法人（例如 2023 年 1 月成立的資通安全研究院）也是屬於公務機關的範圍，但是，並不包括軍事以及情報機關。

至於特定非公務機關的涵蓋範圍更廣，根據《資安法》的定義，則包括：關鍵基礎設施提供者、公營事業或特定財團法人。

所謂的關鍵基礎設施提供者，是由行政院國土安全辦公室公告的能源、水資源、通訊傳播、交通、銀行與金融、緊急救援與醫院、中央與地方政府機關、高科技園區等八大關鍵領域中，相關業者所提供的服務，一旦全部或部分中斷，會對國家民生經濟造成重大衝擊或影響的關鍵服務提供者，就是關鍵基礎設施提供者。

像是：電信業者的中華電信、台灣大哥大，以及遠傳電信等，都是這個產業的主要廠商，他們就是通訊傳播服務領域重要的關鍵基礎設施提供者。

至於其他特定非公務機關，公營事業則包括中油、臺水、臺電、中華郵政等；以及特定財團法人，像是支援通訊傳播、資通安全監理及相關技術與產業發展研究的「電信技術中心」等機構，這些都是《資安法》定義中所指的特定非公務機關。

要求特定非公務機關設資安長，接軌上市櫃資安要求

在此次《資安法》修法草案內容中，除了原先要求特定非公務機關要設立資安專職人員的條文不變，更直接新增第二十三條，明定「特定非公務機關應設置資通安全長，負責推動及監督機關內資通安全相關事務」。

這樣的法條修正方向，也符合金管會為了強化上市櫃公司的資安管理機制，而修正的《公開發行公司建立內部控制制度處理準則》。

在該準則當中，要求實收資本額達新臺幣 100 億元以上、前一年底屬臺灣五十指數成分公司，以及主要經營電子商務媒介商品或服務之上市（櫃）公司，都要在 2022 年底之前，指派資訊安全長並設置資訊安全單位（包含資訊安全專責主管，以及至少 2 名資訊安全專責人員）。

而其餘上市櫃公司，除了最近 3 年稅前純益連續虧損，或最近 1 年度每股淨值低於面額者之外，應於 2023 年底前，配置資訊安全專責主管及至少 1 名資訊安全專責人員。

由此可見，《資安法》修正草案中，新增「特定非公務機關要設立資安長」所呈現的條文修正方向，也和實務上，金管會對於上市櫃公司的資安治理要求方向一致。

這也讓適用《資安法》所管理的公務機關，以及特定非公務機關，未來在相關的資安治理，也能接軌上市櫃公司的資安要求。

將設立資安專職人員的作法，從行政命令提升到法律位階

過往，根據「資通安全責任等級分級辦法」應辦事項的規定，機關的資安等級分成 A 至 E 級，其中，要求 A 級機關設置四名資安專職人力，B 級機關置二名資安專職人力，C 級機關置一名資安專職人力。

但是，《資安法》修正草案中，不論針對公務機關（第十八條）、關鍵基礎設施提供者（第二十條）和關鍵基礎設施以外的特定非公務機關（第二十一條），都明定要依據相關的資通安全等級，設立「專職」的資安人員。

也就是說，以往按照相關的行政命令，要求機關和特定非公務機關都要依據資安等級設置專職資安人員，因為是由行政機關自行訂定的行政命令，雖可作為法律的補充，但在牴觸法律者無效的情況下，為了讓專職資安的設立真正落實法制化，因此，在此次修法草案中，便將過往以行政命令規範的專職資安人員設置規定，全部都列為此次的修正法條中。

資安專職人員定義是指：全職執行資通安全業務者，所以，各個機關如果是把資安的任務分散在不同人的身上，可能就無法達成專職專人的設置目的，所以，各個機關應指定專人全職執行資通安全業務。

而且，對於專職人力配置的要求，是以「機關」為單位，而且，不僅資安人力不能共用，其他關於資安證照的計算，也都必須以機關作為單位，來分開進行計算。

應定義何謂資安專人專職，不應以考試維持證照有效性

在公共政策網路參與平臺「眾開講」中，有一些網友對於資安專職人員的定義，提出不同意見。

例如，在修正草案第二十一條當中，要求關鍵基礎設施提供者以外的特定非公務機關要設置資安專職人員，便有網友質疑這項要求，他們認為，就連公務機關都做不到的事情，為何要求非公務機關去做？

另外，也有網友在「眾開講」上表示，所謂的「專人」是人要專，這個工作非他不可，不可以找別人來做；「專責」是責任要專，只能負擔這個工作的責任，不能負擔別的責任；所謂的「專職」是職務要專，也就是只能做這個職務，不可以做別的職務。

但該名網友認為，「專職」人員跟「專責」人員之間的主要差異在於：對於資安工作所投入的程度不同，「專職」人員是指全職辦理資安工作的同仁，「專責」人員則是指定專人、負責辦理資安工作，不過，資安工作可以是該專責人員的兼辦業務之一。

一些網友認為，《資安法》修正草案雖然明文規範「設置資安專職人員」，但這個專人的設置是可以由主管指定，主管今天想指定誰，誰就是專人專職，才不管該職務是否為法定。

若依「資通安全責任等級分級辦法」的定義，「專人」、「專職」兩者是一致的，無須區別；如果是得由他人「兼辦」的資安業務，何者可以兼，何者不能兼，所以，網友建議，應該可將人的角色及資安業務等項目，再做更明確詳細的規範。

此外，在「眾開講」平臺上，也有網友認為，只設置一名資安專職人員的 C 級機關，其實是最可憐的，因為他們的工作內容不僅包山包海，更是資安加個資全餐吃到飽，而所謂的「專職人員」只是口號而已。

如果是位居教育部底下的單位，他們每兩年就要進行一次稽核計畫，更是文職薪水卻身負技術職工作的狀態，難怪人才難見。

資安署職責不應只有看報告

對於資安署所扮演的角色，眾開講網友也提出質疑。因為修正草案第二十一條第四項規定，為了便利資安署掌握全國資通安全現況，所以特別明文要求，中央目的事業主管機關應依資安署指定的方式，將關鍵基礎設施提供者以外的特定非公務機關稽核結果及改善報告，送交資安署。

該名網友表示，資安署只負責管考，負責看稽核結果和改善報告，但是，資安署對於這些特定非公務機關，可以提供什麼樣的協助呢？資安署是否應該從國家資安總體的考量下，協助相關單位做好資安，而不是只想著管制考核、寫報告而已。

因為資通安全人員的專業知識技能，與公務機關資通安全防護能量有著密切關係，為強化並提升公務機關資安專職人員的職能，也於修正草案中第十八條明定，「資安署應妥善規畫推動專職人員的職能訓練，增進其資通安全專業知識技能。」

此外，「眾開講」平臺上面的網友也提到，政府的資安專職職能訓練，每三年要再考試一次，但是，這種每三年舉行一次考試查核的作法，其實，比起目前許多國際證照維持證照有效性的作法，並不相符。

該網友希望資安署可以參考國際資安證照的作法，在資安人員取得證照之後，透過持續訓練或工作的方式，以維持相關證照的有效性，而不是要求一直考照。他最後也質疑，資安署內的長官們，是否也都具有相關的政府資安職能證照呢？文⊙黃彥棻

【第十八條】

公務機關應符合其資通安全責任等級之要求,設置專職資通安全人員,辦理資通安全業務及應變處理;資通安全業務績效評核優良者,應予獎勵。

資安署應妥善規劃推動專職人員之職能訓練,增進其資通安全專業知能;遇有重大資通安全事件,資安署得逐予調度各級機關資通安全人員支援之。

前二項人員調度支援、績效評核、獎勵及職能訓練相關事項之辦法,由主管機關定之。

【第二十條】

關鍵基礎設施提供者應符合其所屬資通安全責任等級之要求,設置資通安全專職人員,並考量其所保有或處理之資訊種類、數量、性質、資通系統之規模與性質等條件,訂定、修正及實施資通安全維護計畫。

關鍵基礎設施提供者應向中央目的事業主管機關提出資通安全維護計畫實施情形。

中央目的事業主管機關應綜合考量所管關鍵基礎設施提供者業務之重要性與機敏性、資通系統之規模及性質、資通安全事件發生之頻率、程度及其他與資通安全相關之因素,定期稽核其資通安全維護計畫之實施情形。

關鍵基礎設施提供者之資通安全維護計畫,應向中央目的事業主管機關提出改善報告。

中央目的事業主管機關應依資安署指定之方式將稽核結果及改善報告送交資安署。

【第二十一條】

關鍵基礎設施提供者以外之特定非公務機關,應符合其所屬資通安全責任等級之要求,設置資通安全專職人員,並考量其所保有或處理之資訊種類、數量、性質、資通系統之規模與性質等條件,訂定、修正及實施資通安全維護計畫。

中央目的事業主管機關得要求所管前項特定非公務機關,提出資通安全維護計畫實施情形。

中央目的事業主管機關得稽核所管第一項特定非公務機關之資通安全維護計畫實施情形,發現有缺失或待改善者,應限期要求受稽核之特定非公務機關提出改善報告。

中央目的事業主管機關應依資安署指定之方式將稽核結果及改善報告送交資安署。

【第二十三條】

特定非公務機關應置資通安全長,由特定非公務機關之代表人、管理人、其他有代表權人或其指派之適當人員擔任,負責推動及監督機關內資通安全相關事務。

資安法修法草案重點 3

公務機關遇重大資安事件,資安署有權調度各機關資安人員支援

政府目前沒有資安職系,資安人員也不是主計、政風等一條鞭的機關人員,資安署有權調度其他機關資安人員支援重大資安事件的應變處理,有網友認為資安署有擴權之虞,也不尊重資安人員的意願

想要落實資安,大家都很清楚如果沒錢、沒人,將是萬萬不能。數位發展部這次推出的《資安法》修法草案中,從組織面提升公務機關資安治理的層級之餘,也要求依照各個公務機關的資通安全責任等級要求,設置專職的資安人員。

在目前的政府機關中,只有警察、人事、政風、主計等單位,是屬於從上到下的「一條鞭」管理單位,從中央部會到地方政府機關的事權統一,基本上,中央的主管機關有統一的統籌訓練和主管考核機制,當然也有跨機關、跨單位進行人事調度的權利。

只不過,公務機關資安專職人員的員額,最多就是 A 級機關的編制四人,而不屬於具有一條鞭管理機制的單位,當然主管機關也沒有這種直接跨機關調度人事的權利。

但是,為了使公務機關一旦發生重大資安事件,更有效率、更即時的解決,此次修正草案第十八條特別賦予資安署有直接調度各機關資安人員支援的權利,讓公務機關的資安人員具有「類一

條鞭」的性質。

增資安類一條鞭，資安署有權調度人員協處重大資安事件

為了提高公務機關對於重大資安事件的應變協處能力，這次資安法修法更直接增訂第十八條第二項，規定資安人員具有類一條鞭性質，明定公務機關一旦遭遇重大資安事件時，資安署得逕予調度各級機關資通安全人員支援。

但這種「類」一條鞭的方式，也引發質疑。例如，有些公共政策網路參與平臺「眾開講」的網友表示，資安署若要調動其他機關編制內的資安人員時，應該要先獲得機關同意才是，如果資安署被賦予「逕予」調度的權利，可能會有超額授權的爭議。

另有網友認為，這裡的「調度」應屬於行政程序法第十九條的「請求行政協助」，調動機關內的人力支援協處重大資安事件，其中的「人力安排」看來比較類似：因為事件發生在你家附近、請求你就近協助幫忙，就像暫時的「車輛的調度」，而非永久「商調」，因此，並沒有牽涉組織員額編制的調動。

也有其他網友跳出來質疑這麼做可能產生的問題，他們表示，現在有越來越多機關內的資訊員額，其實都被移撥給業務單位，當資訊人員越來越少人，甚至沒有獲得足夠員額的保障時，又如何做好資安呢？

有一位網友指出，當公務機關面對重大資安事件發生時，各機關的資安人員都可被資安署統一徵調的規定，從公務人員的管考上，並不利於資安人員在機關內的考核，顯然《資安法》的規定沒有考量資安人員的職涯發展，並未從他們的角度出發。

機關資安人員業務超出負荷，若因支援影響考績怎麼辦？

面對有些機關在沒人沒錢的情況下，本身業務其實都已超過負荷，相關的資安人力卻還要受到資安署的調度，去支援、解決其他機關的困境，有人便建議，直接由資安署本身的專業人員去支援更為合適。

而這樣的專業人員，應該是指先前的行政院國家資通安全會報技術服務中心（簡稱技服中心），現為數位發展部管轄的行政法人：資通安全研究院。

有人提醒這種資安類一條鞭的調度方式實際執行時，還會衍生其他問題，畢竟資安專責人員在政府歸類為資訊職系，並不是真正的一條鞭，考核權還是在各機關主管手上。

這位網友表示，資安署一旦進行徵調時，除了會影響該機關原本已多如牛毛的業務執行進度與成效，也可能因被徵調人員在機關的貢獻度相對較低，而影響考績，此外，升遷管道也可能受阻。於是，便有網友直接建議，應刪除此一不合理的規定。

在「眾開講」平臺上面，更有其他網友直言：目前政府內各機關的資安人力多數員額尚未補足，目前的資安人力都是現有機關編制內人員，但是，身為三級機關的資安署，卻要調動無隸屬關係的其他二級或其他機關，此舉會有行政擴權之虞。

以務實的角度來看，他認為草案中的「資安專職人力」應改為「資安專責人力」，因為很多政府機關其實只有一個資訊人員負責，光是要處理單位內資訊雜務已自顧不暇，根本不可能真正做到全職資安。

也有現職公務機關資訊人員到「眾開講」平臺表達意見指出，許多機關的資訊人員往往是辦理資訊又兼辦資安，資訊加給的部分也不見改善。

該名網友也認為，資訊人員兼辦資安都做一樣的事情，因為「沒有專責資訊單位，就沒有提供資訊加給」，機關內的事情卻又不能不做，所以，這樣的狀態並不合理。

透過修正母法推動資安一條鞭，機會難得

有人認為需要再調整，但也有人支持，他們肯定推行資安人員一條鞭制，實屬立意良善，因為這樣可以整合各公務機關與特定非公務機關分散的資源，以此解決資訊採購重複，以及架構疊床架屋問題。

《資安法》修正草案重點之三的條文內容

【第十八條】

公務機關應符合其資通安全責任等級之要求，設置專職資通安全人員，辦理資通安全業務及應變處理；資通安全業務績效評核優良者，應予獎勵。

資安署應妥善規劃推動專職人員之職能訓練，增進其資通安全專業知能；遇有重大資通安全事件，資安署得逕予調度各級機關資通安全人員支援之。

前二項人員調度支援、績效評核、獎勵及職能訓練相關事項之辦法，由主管機關定之。

同時，也可以藉此協助預算不足或組織較小的機關，解決資安產品或服務採購等問題，像是某些預算不足的機關，無法去部署架構完整的資安防護方案，有些會則因為本身缺乏資安採購規畫的評估人力，最後導致履約能力不足的廠商得標。

對此，「眾開講」平臺就有網友建議，草案增訂條文能提供資安署「逕予」調度權限，難免會影響原機關日常業務運作，加上各機關資安人員也須辦理日常業務，因此，他提出建議第十八條第二項條文應修正成：「……遇有重大資通安全事件，資安署得商請各級機關同意及徵詢受調人員之意願，調度其資通安全人員支援。」賦予受調度機關作業的彈性。

另外，因為接受調度的受調人員，在原機關編制的員額之下，是用其人事預算，如果接受調度機關也能因此獲得獎勵，例如年度機關績效指標等，便能夠提高機關借調資安人員支援的意願。

該網友建議，第十八條第三項條文調整成：「……『受調機關與人員』的獎勵及職能訓練相關事項辦法，由主管機關定之。」

事實上，2022 年成立的資安署約聘人員人力，迄今還沒有補滿員額，其中一個重要的原因就是，公務人員薪俸和資安業界有明顯落差，因此，應提高給薪彈性。

該網友建議，數位發展部應該要規畫縮編約聘人員，例如約聘職遇缺不補，但把這個缺額改為補上受銓敘人員，並與考試院研商資安特種考試，像是設資安官，測驗上機實作與口試等，並且擬訂資訊處理轉任資安職系的辦法，同時，參考業界薪資訂定資安職系的專業加給，或者增設職務加給（可依經驗、證照或測驗成績，核定起敘的俸級），

以及彈性薪級（可參考法官 24 級或教師 36 級，非齊頭 6 本 1），藉此維持文官制度的公平性與透明性。該網友也說，另外，也可以參考《法官法》當中的規定，依照其執業經驗，而採用差別敘薪的模式。

此外，數位部管轄的資安院雖然以更彈性的方式，招聘資安業界的頂尖資安人力，然而，該組織本身所擁有的人力，目前仍然不足以支援各機關面臨的各種資安事件處理，以及需要的資安諮詢服務。

網友認為，施行「資安一條鞭制」是正確方向，數位發展部應該把握難得修母法的機會，制定依據讓考試院能夠有所遵循。不然的話，在政府機關內部任職、實務經驗豐富的優秀資安人才，很容易受到業界高薪動搖；而接受目前待遇招募進來的人員，也可能因實務經驗不足，進而影響資訊服務委外專案的採購與管理品質。

所以，資安一條鞭制應該由數位部統一編列資安官人事預算，再由資安署定期辦理集訓，依機關的資安責任等級、組織層級、設施重要性排序，派駐至各機關，以獨立處室辦理法遵諮詢、日常技術檢測、事件支援、聯合監控等業務（類似主計或政風）並定期輪調，而非讓各機關自行擴編人力，又處於各自為政的狀態。

至於各機關所設置的專屬資安專責人，可以作為「資訊人員」與「資安處室」的溝通橋樑。

但網友認為，最終的關鍵還是在於，現行文官制度沒有資安職系，就算有，給予的職等敘薪也跟業界提供的不同，也難怪政府機關一直找不到夠好、夠強大的資安人力。

網友也說，從《資安法》實施迄今，即使有法條要求公務機關應該補足資安

人力，但是，在薪資福利的相關誘因不足下，因此，公務機關的資安人力仍然相當缺乏。

政府強化資安人員職能，若採每三年考一次的作法不恰當

因為資通安全人員的專業知識技能，也與公務機關資通安全防護能量能否提高有著相當密切的關係，臺灣為了強化並提升公務機關資安專職人員的職能，也於修正草案中第十八條第二項明定出，「資安署應妥善規畫推動專職人員的職能訓練，增進其資通安全專業知識技能。」

網友在眾開講平臺提到政府資安專職職能訓練，每 3 年要再考試一次，然而，每三年就必須再考試一次的作法，並不符合目前許多國際證照維持證照有效性的作法。

因此，這位人士建議，資安署應該參考國際資安證照的作法，在資安人員於取得相關資安證照後，透過持續訓練或工作的方式，藉此維持相關證照的有效性，而非要求資安人員要一直考試評測自身能力。

在此同時，當所有人都要求資安人員要具備足夠專業，那麼，高層主管們如果能帶頭示範，取得能力證明，相信大家都會心服口服。

因此，有人也提出質疑，認為在資安署內，長官們也應該要具有相關的政府資安職能證照。

對於資安署的職責，有人建議負責執行國家資安政策的這個單位，不應該只負責管考，看稽核結果和改善報告而已，重點是，對於公務機關及特定非公務機關，究竟該提供什麼樣協助？

他指出，資安署應從國家資安總體的考量，協助相關單位做好資安，而非單純考慮管考、寫報告。文⊙黃彥棻

將現行實務運作上的行政檢查，正式法制化

行政檢查從程序範圍都納入法律後，也讓接受檢查的單位，如果對檢查結果不滿意，可以有行政訴訟的救濟權利，但如果是資安稽核，受稽單位只能接受而已

為了強化中央目的事業主管機關對特定非公務機關，發生重大資通安全事件的調查權，《資安法》修正草案新增條文第二十五條，增訂中央目的事業主管機關行政調查的權限，也就是把現在主管機關對所管轄的相關產業，一旦發生重大資安事件甚至是個資外洩事件時，都會由主管機關執行的行政檢查機制。

而這項權限的訂定正式納入《資安法》的法律規範中，可以有效精進資通安全管理。

同時，為了避免特定非公務機關拒絕中央目的事業主管機關的行政檢查，也在修正草案中新增了罰則第二十九條，亦即「拒絕行政檢查者，將處以罰鍰十萬元以上、一百萬元以下」。

發生重大資安事件就是啟動行政檢查的時機

如果中央目的事業主管機關要對特定非公務機關啟動行政檢查，最重要的兩個啟動關鍵時機，一個是在稽核資通安全維護情形，發現重大缺失，另一個是遇到重大資通安全事件。

所謂的「重大缺失」是指：特定非公務機關未能落實其自訂的資通安全維護計畫，因此讓組織的資安維護機制失效，導致發生損害，並且產生不可回復的風險。

至於「重大資通安全事件」則是指：

發生了現行國家資通安全通報應變作業綱要所定義的第 3、4 級資安事件，例如：關鍵或核心資訊基礎設施系統或資料遭到竄改、運作遭到影響，或是系統停頓、導致無法在可容忍中斷時間內，回復正常運作者等，都是屬於這類型的狀況。

為了能夠更進一步落實特定非公務機關資通安全的維護，同時，也強化中央目的事業主管機關的監督權責，所以，中央目的事業主管機關針對特定非公務機關發生的重大資安事件進行調查，就是在執行行政檢查。

但公共政策網路參與平臺「眾開講」的網友對此表示質疑，

他們提到，如果發生資安事件牽涉的面向很廣，不論是當事人或關係人，該條文看似要究責，但該對誰進行究責，卻不清楚交代，實務上有窒礙難行之處。

為免行政檢查濫權，將檢查程序範圍等全部法制化

由於這次修法，將正式賦予中央目的事業主管機關權限，使其針對特定非公務機關發生的重大資安事件進行調查，但是，為了避免行政機關濫權，也必須制定一定的調查程序。

所以在《資安法》新增修正草案第二十五條第一項便規定，進行行政檢查時，除了要通知當事人或關係人到場陳述意見外；也要通知當事人及關係人，提出獨立第三方機構出具的鑑識或調查報告；甚至中央目的事業主管機關也可以派員、委任或委託其他機關（構），前往當事人及關係人的處所實施必要的檢查。

至於所謂的關係人，也在條文中定義，協助特定非公務機關辦理資通系統建置、維運或提供資通服務的受委託者，且與重大資安事件相關者，都可以作為接受調查的特定非公務機關當事人

在公務機關稽核範圍上，為了明確規範資通安全維護計畫實施情形提出的管道，落實資通安全聯防政策，公務機關資通安全維護計畫實施情形的稽核，資安法修法將採分層監督管理，依現行條文第一項的規定，由上級機關或監督機關進行稽核。

圖片來源／數位發展部

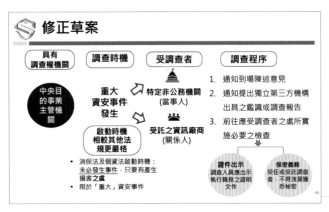

修正草案

具有調查權機關	調查時機	受調查者	調查程序

中央目的事業主管機關

重大資安事件發生 → 特定非公務機關（當事人）

啟動時機相較其他法規更嚴格 → 受託之資訊廠商（關係人）

- 消保法及個資法啟動時機：未必發生事件，只要有產生損害之虞
- 限於「重大」資安事件

1. 通知到場陳述意見
2. 通知提出獨立第三方機構出具之鑑識或調查報告
3. 前往應受調查者之處所實施必要之檢查

證件出示　調查人員應出示執行職務之證明文件

保密義務　受任或受託調查者，不得洩漏獲悉秘密

《資安法》修正草案重點之四的條文內容

【第十七條】

公務機關為因應資通安全事件,應訂定通報及應變機制。

公務機關知悉資通安全事件時,應向第十四條規定收受其實施情形之機關及資安署通報。

公務機關應向前項接獲通報機關提出資通安全事件調查、處理及改善報告。

前三項通報與應變機制之必要事項、通報內容、報告之提出、演練作業及其他相關事項之辦法,由主管機關定之。

第二項接獲通報機關知悉重大資通安全事件時,得提供公務機關相關協助,並於適當時機得公告與事件相關之必要內容及因應措施。

【第二十四條】

特定非公務機關為因應資通安全事件,應訂定通報及應變機制。

特定非公務機關於知悉資通安全事件時,應向中央目的事業主管機關通報。

特定非公務機關應向中央目的事業主管機關提出資通安全事件調查、處理及改善報告;如為重大資通安全事件者,並應送交資安署。

前三項通報與應變機制之必要事項、通報內容、報告之提出、送交、演練作業及其他應遵行事項之辦法,由主管機關定之。

中央目的事業主管機關或資安署知悉重大資通安全事件時,得提供特定非公務機關相關協助,並於適當時機得公告與事件相關之必要內容及因應措施。

【第二十五條】

中央目的事業主管機關為辦理特定非公

務機關發生重大資通安全事件之調查,得依下列程序辦理:

一、通知當事人或關係人到場陳述意見。

二、通知當事人及關係人提出獨立第三方機構出具之鑑識或調查報告。

三、派員、委任或委託其他機關(構)前往當事人及關係人之處所實施必要之檢查。前項所定關係人,以第一項特定非公務機關委託辦理資通系統之建置、維運或資通服務之提供之受託者,且與重大資通安全事件相關者為限。

受調查者對於中央目的事業主管機關依第一項所為之調查,不得規避、妨礙或拒絕。

執行調查之人員應出示有關執行職務之證明文件;其未出示者,受調查者得拒絕之。

第一項第三款受委任或委託之機關(構)對於辦理受委任或受託事務所獲悉特定非公務機關之秘密,不得洩漏。

或關係人,到場陳述意見。

此外,為了保護接受調查對象應該有的權益,修正草案中也明訂:執行調查的人員應該出示有關執行職務的證明文件,如果不能出示證明文件者,接受調查的人同樣可以拒絕這些要求。

同時,對於負責執行行政檢查的對象或機關(構),對於接受委託或執行行政檢查時,所得知非特定公務機關的秘密,都負有相關的保密義務。

因為是執行公務,所以,接受調查的對象對於中央目的事業主管機關的行政檢查,不得規避、妨礙或拒絕,否則就須受罰,例如,新增修正草案第二十九條就制定相關罰則,「如果規避、妨礙或拒絕調查者,由中央目的事業主管機關處新臺幣十萬元以上、一百萬元以下罰鍰。」

行政檢查具有行政救濟方式,但資安稽核沒有行政救濟方式

行政檢查的範圍就是,檢查機關職掌與受檢查單位是否有依法應辦理事項的內容,並且是以通知陳述意見、要求提供文書及資料等「行政程序法」的規定方式進行。

曾經協助政府執行行政檢查的資安專家表示,行政檢查是有其限制範疇與方法救濟,不僅可以避免檢調濫權、任意進行搜查,受檢查單位若對行政檢查結果不滿,也可以啟動行政訴訟的救濟,不至於像現在的資安稽核,只要稽核人員檢查出來的結果,就必須被迫接受,因為目前接受稽核的單位,本身並沒有申訴救濟的機會。

有資安專家表示,因為是代中央目的事業主管機關行資安檢查之責,不只要

具備資安技術能力,最好還具有法律素養,可以將法條作為行政檢查的依據,「至少要開缺失的時候,可以於法有據。」該資安專家笑說。

此次修法雖然加強中央目的事業主管機關的監督權責,但眾開講平臺當中有網友表示,中央目的事業主管機關的資安人力和技術能力,勢必不如資安署理想,因此,資安署應在本條文中扮演重要角色,建議可加入:經中央目的事業主管機關函請資安署協助時,資安署應提供所要求的協助。

由於《資安法》規範的是公務機關,以及特定非公務機關的資通安全管理,但如果涉及個資外洩時,該修正草案也新增第三十一條,必須依照《個人資料保護法》及相關法規辦理。

畢竟「資通安全維護計畫」與「個人

資料檔案安全維護計畫」都規定要有適當安全措施，但兩者構成要件不同，也沒有普通法與特別法的差異，為了讓個資外洩資安事件也受《個資法》規範，於是透過新增法律條文來達成目的。

對於行政檢查頗有研究心得的政治大學法律系兼任助理教授萬幼筠表示，一般執行行政檢查時，他都會追問接受檢查單位，出事後的通報應變程序怎麼設計，這往往也是一般人忽略的地方。

特定非公務機關都負有通報資安事件的責任和義務

在本次資安法修正草案，大家可以發現：只要是針對公務機關的規範，也同樣適用於特定非公務機關，務求《資安法》適用對象的法律規範能夠一致。

舉例而言，像是修正草案第十七條和第二十四條就規定：不論是公務機關或是特定非公務機關，為了因應資安事件，都應該訂定通報及應變機制。

如果公務機關得知發生資安事件時，除了要向上級機關或監督機關及資安署進行資安通報外，也要一併提交該次資安事件的調查、處理及改善報告；如果是特定非公務機關知道發生資安事件時，除了要向中央目的事業主管機關進行通報外，也要提交該次資安事件的調查、處理及改善報告，若該次是重大資安事件的話，相關調查報告則應該同時送交資安署。

不過，關於通報與應變機制的必要事項、通報內容、報告提出、演練作業及其他相關事項辦法等，公務機關是由主管機關訂定相關內容，而特定非公務機關則由中央目的事業主管機關制定。

倘若中央目的事業主管機關或是資安署得知，特定非公務機關發生重大資安事件時，除了得提供該單位相關協助外，也會在適當時機點，得公告與事件

相關的必要內容及因應措施。

因為公務機關發生重大資安全事件，極有可能會影響多數民眾的生命、身體或財產安全，所以也明文規定，由接獲資安通報的機關協同受駭的公務機關，分別或共同公告必要的內容，例如：發生原因、影響程度及目前控制的情形等，以及後續的因應措施，並提供相關的協助，以利後續防範、避免損害進一步擴大。

對於上述狀況，「眾開講」平臺的網友認為應加重資安署權責，特定非公務機關若發生重大資通安全事件，並提出協助需求時，資安署「應」提供相關協助，而非「得」提供協助，「資安署不是只負責收報告而已。」該名網友說。

所有演練作業都要留存記錄，若沒通報，最高開罰五百萬元

為了增進公務機關及特定非公務機

《資安法》修正草案重點之四的條文內容

【第二十七條】

特定非公務機關有下列情形之一者，由中央目的事業主管機關令限期改正；屆期未改正者，按次處新臺幣十萬元以上一百萬元以下罰鍰：

一、未依第二十條第一項或第二十一條第一項規定，訂定、修正或實施資通安全維護計畫，或違反第二十二條所定辦法中有關資通安全維護計

畫必要事項之規定。

二、未依第二十條第二項或第二十一條第二項規定，向中央目的事業主管機關提出資通安全維護計畫之實施情形，或違反第二十二條所定辦法中有關資通安全維護計畫實施情形提出之規定。

三、未依第八條第二項、第二十條第四項或第二十一條第三項規定，提出改善報告送交資安署、中央目的事業主管機關，或違反第二十二條所定辦法中有關改善報告提出之規定。

四、未依第二十四條第一項規定，訂定資通安全事件之通報及應變機制，或違反第二十四條第四項所定辦法中有關通報及應變機制必要事項之規定。

五、未依第二十四條第三項規定，向中央目的事業主管機關提出或向資安署送交資通安全事件之調查、處理及改善報告，或違反第二十四條第四項所定辦法中有關報告提出、送交之規定。

六、違反第二十四條第四項所定辦法中有關

通報內容、演練作業之規定。

【第二十八條】

特定非公務機關未依第二十四條第二項規定，通報資通安全事件，由中央目的事業主管機關處新臺幣三十萬元以上五百萬元以下罰鍰，並令限期改正；屆期未改正者，按次處罰之。

【第二十九條】

違反第二十五條第三項規定，規避、妨礙或拒絕調查者，由中央目的事業主管機關處新臺幣十萬元以上一百萬元以下罰鍰。

【第三十一條】

本法所定資通安全事件，涉及個人資料檔案外洩時，公務機關及特定非公務機關應另依個人資料保護法及其相關法令規定辦理。

關因應資安事件的處理能力，所以，在修正草案第十七條和第二十四條當中，都增訂「演練作業」的項目，透過實施模擬演練，熟悉應變程序，以便提升處理資安事故的技能。

資安專家建議，不論公務機關或特定非公務機關，平時不只要做好演練作業，也要做好相關記錄，否則一旦不幸爆發資安事件，受駭單位被通知需提交平時的演練記錄給主管機關和資安署，如果平常演練都沒有做好記錄，就算臨時抱佛腳進行趕工作業，恐怕還是無法產出相關報告，屆時只能面臨被主管機關裁罰的命運。

至於裁罰的部份，因為公務機關原本就是依法行政，所以不會對「機關」進行懲處，只會處罰「公務人員」，依照《資安法》的規定，視其情節的輕重程度，會對公務人員進行懲戒或懲處。

至於針對特定非公務機關的處罰，則會以機關單位為主。

像是修正草案第二十七條規定，特定非公務機關如果沒有做到「限期改正」的事項時，會被按次處以罰鍰十萬元以上、一百萬元以下；其他像是沒有制定、實施或違反資通安全維護計畫，或是未依規定，將資安改善計畫送給中央目的事業主管機關及資安署，或是沒有向有關單位提出資安事件調查報告、或違反通報內容或演練作業的規定等，都會受到相同的懲處。

為了強化特定非公務機關向主管機關通報發生資安事件的責任和義務，《資安法》修正草案第二十八條規定：如果沒有按規定通報資安事件，中央目的事業主管機關可以開罰三十萬元以上、五佰萬元以下罰鍰，並下令限期改正，若屆期沒有改正，可以按次處罰。

《資安法》這樣按次處罰的方式，其實，也是強迫特定非公務機關必須正視

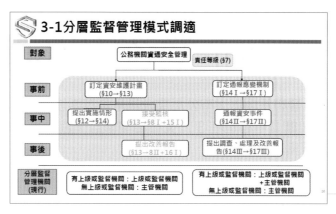

重大資安事件行政調查程序及裁罰，為落實特定非公務機關資通安全維護，強化中央目的事業主管機關監督權責，本次資安法修訂，將賦予中央目的事業主管機關權力，能夠對於重大資通安全事件進行調查。
圖片來源／數位發展部

問題，一旦遇到資安事件時，必須要做到相關的通報應變的責任，以外力要求特定非公務機關能夠更重視資安，不會想著因循苟且。

資安通報不等於發布重訊

因為證交所要求上市櫃公司，一旦發生資安事件時，必須即時發布重訊。然而，證交所要求的公司重訊發布，以及《資安法》規定的資安事件通報義務，兩者之間有什麼差異呢？

萬幼筠表示，依10月19日剛公布的《數位經濟產業個人資料檔案安全維護辦法（安維辦法）》，以及《資安法》修正草案中的規定，特定非公務機關有通報中央目的事業主管機關的義務。

像是上市櫃公司如果發生資安事件，通報義務就是告知投資人（發表重訊），說明資安事件是否會影響業務營運以及可能造成的財物損失，這也是金管會在意的內容。

只不過，要通報《資安法》主管機關數位發展部的話，不只要通知該起資安事件發生的來源、通報和應變等後續流程，連是否有引起個資外洩事件等，也都在通報的範圍之中。

所以，萬幼筠認為，資安通報應該有三種分流，第一種是與營業秘密相關的資安事件，第二種是與個人資料相關的資安事件，最後一種則是影像作業運作、資訊系統中斷的資安事件。

至於特定非公務機關甚至是一般上市櫃公司，要進行資安事件通報的流程，根據萬幼筠的觀察，首先是資安通報應變或是個資通報應變，必須要通報中央目的事業主管機關，而在這時候，也會確認是否要刑事局或調查局（牽涉國安項目的資安）報案。

接著，如果是上市櫃公司，還必須通報證交所，依照上市櫃合約要求進行重大事件公告，說明該起資安事件是否影響公司的營運、對財務是否造成衝擊，以及相關的應變方式。

最後，就是要通知當事人，如果是個資外洩事件的通知當事人，依照行政命令規定，必須在72小時內通知，但是，以往有許多機構當下雖然表示「查明後要告知」，但一查就查了N年，甚至沒下文，所以改在「安維辦法」要求，出事72小時內要通知主管機關，然後要通知當事人。

但他也說，目前因為法律沒有強制完成通報的限制，只要求必須通報，所以，目前來看，通報和事件發生之間還是存在時間差。

因為資安通報不等於發布重訊，萬幼筠指出，不論《資安法》、《個資安維辦法》、《個人資料檔案安全維護計畫》等，都要求必須查明相關攻擊來源、應變狀況等詳情，畢竟後續還有安排行政檢查的任務，而證交所的通報內容就沒有這麼細緻。**文⊙黃彥棻**

法規遵循

臺灣上市櫃企業資安重訊標準出爐

1月臺灣證券交易所發布新版「上市公司重大訊息發布應注意事項參考問答集」，明確規範資安事件之「重大性」標準，櫃買中心也在 3 月發布相關修訂，協助大家瞭解重大訊息處理程序法規，對於資安重訊發布的執行與判斷

上市櫃公司頻遭駭客網路攻擊的侵襲，臺灣企業該如何認定事件重大到需公開揭露，是這兩年大家都想要清楚知道的情報。臺灣證券交易所（證交所）在這方面終於有明確規範，其中，最為關鍵的法令遵循參考依據，是 2024 年 1 月釋出的「上市公司重大訊息發布應注意事項參考問答集」。

具體而言，這是針對現行法規「臺灣證券交易所股份有限公司，對有價證券上市公司重大訊息之查證暨公開處理程序」的補充說明，主要是證交所針對外界對於法規內容執行的諸多疑問，提供更詳盡的解釋。

先前證交所對於何謂「重大」的規範，主要交由企業評估與判斷。例如，他們建議企業依據問答集中的「發布重大訊息遵循程序及判斷標準」評估，並要留存相關軌跡紀錄，又或是媒體報導公司發生資通安全事件，可能影響投資人的投資決策，此時，這些公司需要主動發布重大訊息。

現在證交所規範的部分，不只是要求企業須依上述情況發布重大訊息，還更明確指出多種具體受害類型，也必須發布重大訊息。

例如，公司的核心資通系統、官方網站或機密文件檔案資料等，遭駭客攻擊，遭入侵、破壞、竄改、刪除、加密、竊取、服務阻斷攻擊（DDoS）等，致無法營運或正常提供服務，或有個資外洩的情事等，即屬造成公司重大損害或影響，應發布重訊。

金管會證期局首度公開聲明，櫃買中心 3 月完成修訂

在今年 3 月 5 日金管會的例行記者會上，證期局副局長黃厚銘也提到這項轉變。他特別預告今年資安治理推動會有 8 項重點，其中之一，就是修訂重大訊息問答集，明確規範資安事件的「重大性」標準。

由於這是證期局首次公開強調此事，因此我們也向他們詢問，想瞭解細節。證期局表示，關於上市公司的部分，的確已在 1 月完成這方面的修訂，也就是上述問答集，至於上櫃公司方面，預計近期將完成。

相隔數日後（3 月 8 日），我們發現櫃買中心也宣布完成這方面的修訂，亦即發布新版的「上（興）櫃公司重大訊息發布應注意事項參考問答集」。

換言之，現在不論上市、上櫃或興櫃公司，一旦遭遇資安事件時，對於判斷是否需要發布重大訊息，現在有更明確的規範，方便所有公司遵循。

儘管對於「重大」的定義，或許仍有商榷之處，但主管機關應該已經考量，

上市公司重大訊息揭露資安事件的標準出爐

原有規範內容	增列規範內容
公司發生資通安全事件，依前開評估範圍估算之結果，或媒體報導公司發生資通安全事件，可能影響投資人之投資決策，公司即應依第 26 款發布重大訊息。	公司發生資通安全事件，依前開評估範圍估算之結果，或媒體報導公司發生資通安全事件，可能影響投資人之投資決策時，**或公司之核心資通系統、官方網站或機密文件檔案資料等，遭駭客攻擊或入侵，致無法營運或正常提供服務，或有個資外洩之情事，即屬造成公司重大損害或影響**，公司即應依第 26 款發布重大訊息。
發布重大訊息之可能情形為何？ （一）公司遇地震、颱風、疫情或災難等事件致公司重大損害或影響者。 （二）因同一事件而遭不同主管機關罰鍰累計達 100 萬元。 因違反「政治獻金法」遭裁罰 200 萬元，雖非屬「災難、集體抗議、罷工、環境汙染」，惟屬其他重大情事且裁罰金額達 100 萬元以上，故應依第 26 款發布重大訊息。	發布重大訊息之情形為何？ （一）公司遇地震、颱風、疫情或災難等事件致公司重大損害或影響者。 （二）因同一事件而遭不同主管機關罰鍰累計達 100 萬元。 （三）因違反「政治獻金法」遭裁罰 200 萬元，雖非屬「災難、集體抗議、罷工、環境汙染」，惟屬其他重大情事且裁罰金額達 100 萬元以上，故應依第 26 款發布重大訊息。 （四）**公司之核心資通系統、官方網站或機密文件檔案資料等，遭入侵、破壞、竄改、刪除、加密、竊取、服務阻斷攻擊（DDoS）等，致無法營運或正常提供服務，或有個資外洩之情事等。**

資料來源：臺灣證券交易所，iThome，2024年3月
註1：細字體為原有內容，粗體字為增加內容，目的是突顯差異。註2：證交所對於上（興）櫃公司的規範亦有類似的內容修訂。

上市公司重大訊息揭露資安事件的標準出爐

重大資安事件需揭露於重大訊息	明訂發生資通安全重大情事，要揭露於重大訊息。同時，也規範重大資安事件損失達到金額3億元或股本的20%，應召開重訊記者會對外說明。	規範公告日期：2021年4月27日、4月29日
發布的重大訊息內容不得偏頗	要求公司發布之重大訊息及其向外界及媒體說明之內容應一致，並增訂不得有偏頗情形。	規範公告日期：2023年8月14日、8月21日
明確規範資安事件重大性標準	公司的核心資通系統、官方網站或機密文件檔案資料等，遭駭客攻擊或入侵、服務阻斷攻擊（DDoS）等，致無法營運或正常提供服務，或有個資外洩的情事等。即屬造成公司重大損害或影響。	規範公告日期：2024年1月18日、3月8日
應於資安事件發生次一營業日的開盤前2小時公告重訊	上市櫃公司重訊發布時點為事實發生日起次一營業日交易時間開始2小時前，故公司發生對股東權益或證券價格有重大影響之事項，應即時發布重大訊息。	規範公告日期：2016年8月19日、8月26日
違反資安重訊發布規定可罰3萬元至500萬元	上市櫃公司違反重訊規定，可處違約金3萬元至500萬元。	規範公告日期：2011年5月9日、7月6日
旗下子公司發生重大資安事件，母公司也需替子公司公告	上市櫃公司之未上市櫃或未登錄興櫃之重要子公司，遇有第4條第1項各款情事者，視同上市櫃重大訊息，上市櫃公司應代為申報。	規範公告日期：2014年11月6日、12月16日

資料來源：金管會證期局、臺灣證券交易所、中華民國證券櫃檯買賣中心，iThome整理，2024年3月
註：上市櫃公司發生資安事件，除了上述重大訊息規範要遵循，在公司年報的內容呈現也需配合這方面的要求。根據金管會在2021年11月30日發布新版「公開發行公司年報應行記載事項準則」，要求年報中需揭露重大資安事件的損失與影響，並說明遇到事件時的公司因應。

該如何讓所有企業都能遵循，畢竟每家公司規模大小不一，而設置資安長或專責單位，也是這一兩年才有的要求，因此很多公司可能還沒設資安長，或沒有能力判斷資安事件是否屬於重大。

資安重訊揭露規範將滿3年，需留意最新修正與變化

對於上市櫃公司而言，都很關注資安事件重訊揭露的方式，想知道出現哪些新的變化？

雖然，發布重大訊息揭露資安事件的相關規範，是從2021年4月開始施行，後續這3年以來，有些發生資安事件的公司，也依規範發布重大訊息。

然而，我們從一些資安專家口中得知，到現在仍然有部分上市櫃公司對此渾然不知。

而且，後續還有一些修正重點，也是需要留意的部分。例如，年報編制方面，自2022年的年報開始，不只是記載資安作為，也要揭露重大資安事件的損失與影響，並說明遇到事件時，公司是如何因應。

在2023年的修訂，對於重大訊息發布內容的要求有微調，例如，需與向外界及媒體說明的內容一致，並且增訂不得有偏頗情形。

至於2024年的最新規範變化，就是上述重訊問答集的修訂，明確規範資安事件的「重大性」標準。

如果企業違反重訊發布規範，最高可能遭罰5百萬元

上市櫃公司因發生資安事件需發布重訊時，除了要注意2021年之後的相關法規修正，更早之前的重大訊息規範，也不能忘記，因為這些規定至今仍然必須遵守。

數十年前主管機關要求重大訊息發布，至今已規範超過50種情況，可能對股東權益或證券價格有重大影響，上市櫃公司必須為此發布重訊，向投資人說明。例如，我們常看到公司因重大的人事變動，而發布重大訊息。

「發生災難、集體抗議、罷工、環境污染、資通安全事件或其他重大情事」，這些也都是必須發布重大訊息的情況，而資通安全事件是在2021年後才明訂、增列其中。

由於有了上述規範，這一年以來，金管會證期局持續宣導下列事項，例如：（一）重大資安事件的發布時間，要在次一營業日開盤前2小時（7點前）發布；（二）違反重訊發布規定，可處違約金3萬元至500萬元；（三）旗下子公司發生重大資安事件，母公司也需要替子公司進行公告。

為了幫助大家更清楚了解這些規範制定的起源，我們也向金管會證期局確認這些資訊。

例如，上市櫃公司在次一營業日的開盤前2小時公告重訊，是2016年的重大訊息處理程序修訂所規範；違反重訊發布可罰3萬元至500萬元，是2011年就已經規範；子公司發生重訊相關情事，視同上市櫃公司重大訊息，應代為申報，這是2014年起就已經開始的規範。**文⊙羅正漢**

關鍵民生系統韌性大改造

關鍵民生系統將支援跨境公雲，大幅提升大型災禍的應變韌性

戶役政與勞健保等 18 項關鍵民生系統韌性大升級，結合跨境公有雲緊急備援、資料備份，維持社會基本服務，強化政府對大規模天災或人禍的應變力

現行公務機關的異地備援、備份機制，當發生小規模災難如機房失火，可靠其他資料中心支援，但若遇到大規模災難或是人禍，連 30 公里外的資料中心也無法運作，要怎麼辦？」，數位發展部數位政府司長王誠明一語點出公務機關現有系統備援、資料備份機制不足之處。

當發生地震等重大災害或因為兩國衝突升溫大動干戈進入緊急狀態，就像一場臨時的隨堂考試，考驗關鍵民生服務韌性準備是否合格，為穩定社會秩序，維持社會基本運作相當重要，也具有安撫民眾的效果。

目前公務機關依據資安規定，依機關資安等級，針對營運持續運作訂定營運持續計畫，並進行演練，在公務機關的主機房建立本地備援、備份之外，在 30 公里以外的地點建置異地備援、備份中心，機關的主要機房如果遭災害、人為破壞或是系統設備故障，可由另一地的備援中心接手，以維持系統運作提供服務，並保存資料。

境內備援機制難以應付大規模災禍

然而，這套公務機關運作多年、熟練的異地備援、備份架構，設計上以系統故障或小規模災害為主，且基於資料機敏性及安全性考量，主、異地備援資料中心建置在境內。

近幾年隨著全球極端氣候、大型災害頻傳，加上國際情勢丕變，例如 2022 年東加大地震，同年爆發俄烏戰爭，2023 年中東地區以哈戰爭，兩岸關係也日趨緊張，大規模災害如地震、海嘯，或是戰爭等緊急狀態威脅增加，機房等關鍵資訊基礎設施遭到破壞，境內的主、異地備援資料中心無法運作，關鍵民生系統停擺，相關的服務就可能因此面臨癱瘓。

另一個問題是，公務機關大多依賴外部廠商協助開發、維運，一旦發生災害或緊急狀態，城市、交通要道毀損，外部廠商難以支援的情形下，公務機關必需有能力自操作維運，但由於平時過度仰賴廠商，公務機關是否有些能力可能是個問號。

另外，過去政府機關演練偏向系統發生異常或單一設備故障，主、備中心切換，當發生緊急狀態，缺乏從公有雲操作備援、備份的能力。

鑑於國際上借助公有雲提升災害及戰時政府韌性的案例，當境內的資料中心因災禍遭到破壞，讓境外公有雲即時救援，緊急提供關鍵民生基本服務，提高政府緊急應變能力，在境外公有雲備份保存資料。去年 11 月行政院通過數位發展部規畫的「數位韌性 - 行政部門關鍵民生系統韌性方案」（簡稱韌性方案），以 4 年投入 13.4 億元，協助 7 個部會、18 個關鍵民生系統，透過跨境公雲提升民生系統及服務韌性。

這些系統包括內政部的戶政與役政系統、土地登記與地用系統、土地複丈與地價系統，內政部移民署的入出國查驗系統、移民管理系統，財政部的國稅、地稅系統，衛福部健保署的健保承保系統、醫療系統，交通部公路局的車籍與駕籍系統、運輸業管理系統，經濟部的公司與工廠管理系統、商工資料查詢服務、重要物資及固定設施調查系統，勞動部的勞保系統，還有數位部負責的全球資訊網站、公務系統、雲端 T-Road。

讓跨境公有雲扮演境外緊急備援、備份中心

韌性方案有 2 個主要作法，第 1 個是打造核心功能上雲，而第 2 個是資料雲端備份。

前者由公務機關盤點關鍵民生系統在災害或緊急狀態需要的基本功能服務，利用雲原生架構開發輕量化的核心功能系統，部署至跨境公有雲，當災害或緊急狀態下境內資料中心遭破壞，緊急由境外公有雲的核心功能系統備援，維持政府基本服務運作。

後者是透過境外公有雲保存資料，不同的是，資料並非直接儲存在雲端，需經過加密分持備份後，分別存放在不同的跨境公有雲，供事後重建系統、還原資料。公務機關演練雲、地系統切換，

資料備份還原。

借助境外公有雲，當境內的資料中心都無法運作時，可由跨境公有雲扮演境外緊急備援、備份資料中心角色，相較於過去公務機關在境內建置的主、異地備援中心，仍有固定的地理位置，跨境公有雲在境外且沒有固定位置。

王誠明表示，緊急狀態下，當境內資料中心無法運作，甚至緊急狀態持續半年或一年，仍能透過雲端保存資料、維持核心功能系統運作，考慮到網路資源受限，不足以讓完整的大系統上雲，開發輕量化的核心功能系統上雲，來滿足社會基本運作需求。

加速政府機關擁抱公有雲

過去政府機關對於上雲態度保守，因為資訊系統多年發展下來，架構老舊且龐雜，如果要改寫，往往牽一髮動全身，需要投入大筆經費，且耗費不少時間。另外，公務機關資料如果涉及敏感性資料，放到雲端恐有資料外洩的疑慮，可能受到外界的質疑。

但近幾年隨著雲端服務成熟，各種工具、應用豐富多元，計價收費也更為細緻化，政府機關也看好雲端服務帶來節省支出、資源彈性運用優勢，國發會在2020年推動「雲世代雲端基礎建設計畫」（2021年到2025年），和農委會（現為農業部）、內政部、財政部、經濟部、文化部等7個部會合作，規畫29項為民服務上雲。以面向民眾服務優先、不具機敏資料，利用雲端服務可用性及資源彈性擴充，因應服務離尖峰使用需求，節省支出。

而韌性方案以災害或緊急應變的服務韌性角度出發，以經費補助7個部會的公務機關，以勞健保、戶役政、國稅、地稅等大型民生關鍵系統為對象，境外公有雲支援核心功能運作、資料保存。

數位發展部數位政府司長王誠明表示，韌性方案的目的，是在大規模災害或緊急狀態下，當境內資料中心無法運作，透過雲端保存資料、核心功能系統，在災後緊急狀態結束後，得以重建系統還原資料。

新的韌性架構中，跨境公有雲扮演關鍵救援角色，其重要性不言而喻，將公有雲正式納入公務機關的重要民生系統營運持續規畫中，讓公務機務加速擁抱公有雲。

財政部財政資訊主任張文熙表示，政府機關對於上雲保守，考量安全因素，雲端和地端系統投入的安全投資不同，需重新規畫，另一方面改寫現有系統需要投入大筆經費。韌性方案補助經費，開發輕量化核心功能系統上雲，將使公務機關更有意願將公雲納入選項。

地端系統也朝向微服務、容器化發展

由於財政部稅務系統因為使用已超過10年，也面臨汰換階段，財政資訊中心考慮採用新方法汰換系統，並重新思考系統韌性，未來評估哪些功能或服務可優先以雲原生架構開發，提高對服務離尖峰的彈性。

因政府機關過去熟悉的是地端系統架構，對雲原生架構開發、雲端管理相當缺乏，衛福部健保署副署長龐一鳴直言，儘管對雲有想像、有期待，但內部專業能力不足，韌性方案可在沙盒環境驗證新作法，並提供機會練兵。

健保署計畫未來逐漸調整系統架構，逐漸轉為微服務架構，以利用微服務的彈性、易擴充、易部署，提升系統的可用度及穩定度。

機敏資料備份至境外公有雲引發疑慮

過去政府機關為節省支出，上雲以非機敏性資料為主，但此次韌性方案在資料備份上，對擁有大量敏感資料的公務機關帶來衝擊。為了在緊急狀態下保存資料，韌性方案並沒有區分機敏性或非機敏性資料，規定公務機關平時除了原有的資料備份之外，尚需以資料加密分持備份到3個跨境公有雲，挑動機關的機敏資料保護的敏感神經。

要說服機關將敏感的資料送至境外公有雲備份，雖然數位部事先檢視國內相關資安法規，並沒有規定政府機關資料不得上雲或在境外儲存，並且提出技術解，推動資料加密分持備份，將資料加密後切分為3個部分，備份到3個跨境公有雲，單一公有雲的備份資料外洩，難以還原為完整資料，以此克服雲端備份資料的安全疑慮。

但是，許多公務機關都擔心資料存放在境外公有雲備份，可能有外洩的潛在風險，對此，他們建議，可將資料分持備份到具有跨境能力的境內公有雲，降低資料出境風險。**文⊙蘇文彬**

關鍵民生系統韌性大改造

內政部資訊服務司：結合資料雲端備份及演練，強化戶役政與地政服務韌性

正在驗證資料加密分持備份技術，培訓人員操作備份還原，明年開發核心功能系統上雲

戶籍、地籍與民眾生活息息相關，以戶政為例，民眾使用戶政服務背後的戶役政資訊系統，戶政單位使用全國性的集中式管理資訊系統，包含12,900餘萬支程式，高達1,100餘萬行程式碼，涵蓋60餘個資料庫。

地政系統為全國110個地政事務所使用的地政整合資訊系統，資料庫、土地登記、複丈及地價系統，為22個縣市的分散式管理資訊系統。

由於戶役政系統為重要的對民服務，針對該系統建立2地、3備援（備份）機制，以提升系統的可用性，強化服務的數位韌性；至於地政整合資訊系統，則採用分散式架構，存放在各直轄市、縣市地政局或地政處，內政部並針對地籍相關資料庫，執行地端的異地備援、備份機制。

先驗證資料雲端備份機制

配合今年開始推動的韌性方案，以地政系統為例，從2024年開始，先計畫建立雲端備份機制，而在考量到大型災禍的緊急狀態之下，公務機關委外廠商可能無法正常支援，因此需由機關人員自行操作備份，必須具備建立簡易資料備份的功能。

因地政資料分散在各縣市，他們先將各縣市地政局或地政處定期彙整各地的地政事務所，地政系統使用的應用程式、地籍資料庫備份檔先經過壓縮後，再以資料加密分持備份，按照韌性方案

要求，將備份資料畫分為3個部分，分別備份於3個境外公有雲。

內政部今年會先進行驗證以及建立雲端備份機制之後，預計年底進行地政整合系統的雲端系統功能及資料切換演練，包括定期訓練內部人員操作資料分持備份還原，讓機關人員不僅可以自行操作資料加密分持備份，在緊急狀態結束之後，也能自雲端取得備份還原資料。

核心功能系統方面，將在2025年底之前，以雲原生架構開發土地登記、複丈及地價系統的核心功能系統，這套輕量化的核心功能系統將部署至跨境公有雲，在緊急狀態期間，確保仍能透過境外公有雲提供地政系統基本服務。

戶役政資訊系統今年進行資料加密分持雲端備份的POC驗證，並盤點在緊急狀態下哪些功能服務需要維持，2025年開發戶役政核心功能系統，依先前POC驗證經驗，開發系統加密分持備份同步到公有雲的功能。

計畫在2026年完成雲原生架構的核心功能系統開發，並開始進行測試運作，同時也開發系統緊急備份、分持至公有雲功能，並且將培訓人員操作資料

內政部資訊服務司司長黃國裕表示，基於保護民眾資料立場，資料備份至境外，可採用具備跨境能力的境內公有雲。

加密分持備份，以及核心功能模組的維運與優化。

傾向用境內公雲確保資料安全

對於資料備份到跨境公有雲，內政部資訊服務司司長黃國裕表示，未來如何選擇公有雲，將由數位部評估，但基於保護資料的立場，已向數位部反映，希望採用具備跨境能力的境內雲，當境內進入緊急狀態，可轉移到境外。

儘管資料加密後分為3份備份到3個境外公雲，取得2份才可能還原回復資料，他認為，取得2份資料不困難，且量子電腦的出現降低加密破解難度。現階段資料加密採用AES256，需較長時間，難以將全部資料備份上雲，恐無法滿足複雜的數位戶政業務需求。

內政部先前將TGOS移至公雲，此次參加韌性方案加速擁抱公雲、雲原生技術，「未來的彈性化及多元服務發展是必然的」黃國裕說。文⊙蘇文彬

交通部公路局：強化公路監理核心系統韌性供政府緊急調度

透過雲端備份、備援，強化現有車籍駕籍管理系統及運輸業管理系統，以因應政府緊急應變調度需求

當大型災禍發生的緊急事態期間，政府救災、應變需掌握交通相關的專業人員及設備，以調度可用資源，交通運輸監理成為緊急事態期間必要服務，因此，負責全國交通監理的交通部公路局也參與關鍵民生系統韌性方案，而公路局負責的第 3 代公路監理資訊系統（簡稱 M3）底下的車籍與駕籍管理系統、運輸業管理系統，被選入關鍵民生系統韌性方案。

公路監理資訊系統掌理全國駕駛人、車輛，還有技工，還有特殊機械動力的資料管理，因此在緊急期間資源調度運用，重要性不亞於其他民生系統。

針對 M3 系統對全國交通監理的重要性，公路局原本採用高可用性的設計，甚至因應分散各地的監理所，部分監理所可能位於偏遠地區，以便就近服務當地的民眾，容易受到災害或意外中斷當地對外的固定網路通訊，公路局也與行動電信業者合作，以無線通訊網路 4G VPN 支援偏遠地區監理所通訊。

緊急狀態下支援政府資源調度

交通部公路局資訊室主任陳文嘉表示，包含臺北機房，中部設有異地備援機房，每年執行備援演練，而且，不只是和地方的監理所合作演練，也和外部合作單位，例如繳費的超商演練。

在緊急事態期間，政府需要緊急調度可用資源，而針對運輸物資可能需要的功能服務，公路局計畫開發微型核心系統，當發生緊急事態、國內備援及備份機房無法運作，會希望透過跨境公有雲的小型核心功能系統幫忙，而能掌握擁有專業技術的駕駛人、專業車種，或是聯繫客貨運業者，調度車輛及駕駛，以協助運送物資。

緊急事態期間，違規、收稅費重要性降低，緊急應變功能服務優先！盤點系統時，將資料分為機敏性及非機敏性，前者如姓名、身分證字號等個資，後者則是車輛類別、車型、規格等。

機敏性資料加密分持後，上傳到境外公雲冷備份儲存，存取備份資料需身分驗證，並依韌性方案建議，將資料切分 3 塊後，分別備份到 3 個境外公雲，每年至少 4 次上傳到 3 個境外公雲；非機敏性資料也會加密處理，因資料量較大，計畫採用大容量可攜儲存設備，每年至少 1 次備份到 3 個境外公雲。

陳文嘉表示，每年至少會做 1 次資料備份還原演練，提高公路監理系統的數位韌性，同時也以教育訓練讓內部人員具備自主操作能力。

交通部公路局資訊室主任陳文嘉表示，未來結合跨境公有雲執行資料備份，每年至少進行 1 次資料備份還原演練，提高公路監理系統韌性。

未來監理系統將朝雲原生發展

微型核心功能系統上雲，考量資料同步頻率高，境外公雲傳輸成本較高，計畫以具備可移到境外的境內公雲為主，提供本地支援，以及較好操作性。

針對車籍、駕籍管理系統、運輸業管理系統，先盤點重要的功能，抽離輕量化為獨立模組，在雲端運作，在災害人禍等緊急狀態下配合政府調度資源。預計 2026 年完成核心功能系統開發。

未來採用公有雲服務，因雲端服務細分項目，每種功能收費依規格、流量有不同計費，需要評估雲服務持有成本。

目前第 3 代公路監理系統使用超過 10 年，正規畫汰換主備援中心的設備，更新資料庫及資料移轉，並將第 3 代系統拆分，以雲原生及微服務試作開發。監理服務網計畫在 2025 年上雲。

公路局認為雲原生是未來發展趨勢，公務機關傳統三層式私有雲架構，面臨許多資安議題，若採用容器化、雲原生架構，可將資安議題限縮為個別容器的問題。**文⊙蘇文彬**

關鍵民生系統韌性大改造

衛福部健保署：透過韌性方案練兵培養上雲技術力

健保署參與韌性方案，如同在沙盒環境，概念驗證並熟悉雲原生架構、雲端操作管理，建構健保、醫療系統新韌性

對民眾而言，生病或受傷就醫是相當基本的民生需求，因為就醫需求不分白天或黑夜，後端資訊系統也需要 24 小時全天候服務，為確保服務不致因為設備故障或災害而導致服務停擺，管理健保及醫療系統的健保署原本就建立完善的備援機制，在兩地建置機房進行異地備援，健保的承保系統、醫療系統分別部署於兩個機房，採熱備援方式，系統也以多臺伺服器作負載平衡，並且每年定期切換演練。資料備份策略上，每天執行本地端應用系統及資料備份，並將備份資料同步到異地端，每年執行還原演練。

然而，這套備援、備份計畫是按傳統主、備援中心方式來設計，如果發生大規模災害及特殊的緊急狀態，造成兩地的機房毀損，當境內既有建立的資料中心、異地備援中心無法運作，異地備援、備份機制相繼失效，就需仰賴境外系統維繫基本服務運作，衛福部健保署的健保系統、醫療系統加入 18 項關鍵民生系統，期望透過跨境公有雲進一步強化服務韌性。

韌性方案提供練兵機會

衛福部健保署副署長龐一鳴表示，健保署以往行之有年的備援以及備份機制已經相當熟練，然而此次關鍵民生系統韌性方案，以境外公有雲提供韌性支援、核心功能上雲、資料加密分持備份、還原演練等，「這些目前還是概念層，沒有實作就無法知道可行性，以及代價有多大，透過參與韌性方案，如同在沙盒環境驗證」。

健保署過去缺乏雲原生開發和雲端部署的經驗，龐一鳴直言，雲端服務相當成熟，雲端、混合雲已漸漸成為趨勢，但健保署內部的基層同仁沒有接受完整的雲端課程，缺乏相關的訓練認證，缺乏練兵的機會。「我們對雲有想像、有期待，但內部專業能力不夠，韌性方案提供一個很好的機會來練兵」，他說。

龐一鳴表示，雲服務最基本的資料備份還原，以及健保署本身的資料量龐大，切分後備份到 3 個跨境公有雲，備份還原過程會不會遺失資料，甚至是未來朝混合雲發展，對雲服務有很多想像空間，但是都需要驗證。

舉例來說，韌性方案規畫的資料加密分持備份至跨境公有雲，健保署過去沒有採用，去年曾測試資料加密分持備份，由於健保資料龐大，健保署預估，資料加密分持備份時，需要原本資料量的 1.5 倍額外空間，如僅依賴網路傳輸龐大資料，在全天候全速傳輸之下，約

衛福部健保署副署長龐一鳴認為，雲是趨勢，透過雲服務採用，可節省支出，有了韌性方案，健保署能在沙盒環境中，獲得驗證新技術的練兵機會。

需要接近一個月時間才能將資料送至雲端，在預算的容許下，每個月一次將資料備份上雲，這意謂著未來回復資料的時間差至少 1 個月。如果以重大災害後，重建回復完整資料為目標，如果要將健保署完整資料進行加密分持備份需要更大空間。

操作資料加密分持備份，需要考慮資料大小、完整性、時間性及範圍、網路傳輸、運算處理、儲存空間等。

至於哪些核心功能上雲，龐一鳴指出，未來在緊急狀態如戰爭期間，依健保法規定，健保不用於支付戰時的醫療費用，健保署的角色偏重在緊急狀態結束之後復原階段，確保資料保存及回復，韌性方案正好提供很好的機會，進行技術上的概念驗證。

審慎評估適合的跨境公有雲

健保署未來評估境外公有雲有幾項

重點，包括功能需求、效能可靠性、安全性、成本、地理位置和服務等。

在功能需求部分，考量境外公有雲提供運算、儲存、資料庫、機器學習等服務或工具；效能可靠性方面，例如雲服務的效能、可用性、故障恢復能力等；安全性部分，考量資料加密、身分驗證、存取控制；成本方面，比較不同公有雲平臺的定價及費用結構，由於韌性方案為 4 年的中期計畫，目的為協助各公務機關驗證並建立跨境公有雲備援及備份機制，在韌性方案結束之後，各機關平時仍需租用雲端服務，需編列經常門經費，需考慮長期成本效益。

地理位置方面，健保署指出，考量跨境公有雲的資料中心地理位置，綜合需要的性能及合規性判斷；支援及服務方面，韌性方案雖然規畫為境外公有雲，但考量到技術支援、培訓及顧問服務，如同前面提到，健保署缺乏雲端服務及工具的基礎，必要之時能獲得協助，雖然為境外公有雲，但必需能夠提供本地的支援服務。

配合韌性方案的推動，未來 4 年健保署規畫以雲原生架構，以模組化、輕量化功能開發雲端版的核心系統，在災害或緊急狀態下，仍能以雲端提供核心系統的基本服務。

至於地端的系統，健保署未來規畫會從單體式系統，轉為以微服務架構，利用微服務具備的彈性、容易水平擴充、易於部署等特性，來提升系統的可用度及穩定度。

健保署的應用系統目前均建構在私有雲，未來逐步調整為混合雲架構，以提升系統營運的韌性。文⊙蘇文彬

財政部財政資訊中心：先具備技術力為跨境公雲部署作好準備

仰賴境外公雲建構韌性之餘，也要顧及資料安全，上雲之前可先做好技術準備，運用雲原生架構彈性化資源運用

重新思考韌性設計

當國內發生大規模災害或緊急狀態時，維繫政府服務的基本運作是此次政府關鍵民生系統韌性方案的目標，其中稅收關係到國家的財政收入，也與民生息息相關，國稅系統、地稅系統被選為關鍵民生系統之一。

財政部在臺北的資料中心，本身就設計正、副等兩套系統進行負載平衡，並且在中部建置一個異地備援中心。此次韌性方案，假設國內發生大規模災害或緊急狀態，當北部、中部兩地資料中心先後失效，政府部門可透過跨境公有雲的第三方角色，提升服務系統及資料備份的韌性，並且在災害或者緊急狀態當下，能夠維持基本的稅務服務，等到災後或緊急狀態解除之後，得以重建系統、回復資料。

除行政機關關鍵民生系統韌性方案今年開始推動，由外而內推動跨境公雲提升系統韌性，財政部內部系統也面臨汰換，重新思考韌性設計。

財政部財政資訊中心主任張文熙指出，目前稅務系統多於 2011 年建置，已使用超過 10 年，面臨汰換的需求，一方面採用新方法汰換舊系統，另一方面也考慮如何加強韌性，當初規畫未預想大規模災害發生可能性，現在全球氣候變遷，大型災害發

財政部財政資訊中心主任張文熙認為，雖然雲端服務帶來更大彈性，但同時要兼顧資料安全，不能因為強化韌性，導致資料外洩風險增加。

生機率增加，需重新思考韌性設計，讓系統具備更多彈性，且容易上雲。

對於韌性方案鼓勵機關運用跨境公有雲，但如果使用完全境外的公有雲，資料在境外風險就會增加，一旦發生資料外洩，我國的司法管轄難以觸及國

外，因此他認為可選擇在國內提供服務或和本地業者合作，具備跨境能力的公有雲業者，跨境公有雲業者在國內可受到規範管理，在非緊急時，不需移到境外。相較於考慮資料是否移到境外公有雲，更優先工作是做好技術準備。

財政資訊中心依照韌性方案，規畫開發輕量化的核心功能系統，首要工作是先盤點業務，考慮在大規模災害或緊急狀態之下，哪些稅務工作應優先維持運作，舉例來說，在平時徵收的娛樂稅或印花稅，當發生災害或緊急狀態時，並非優先稅務，相反地，與民眾財產相關的所得稅、房屋稅、地價稅優先性較高。此外，民眾經常使用的查詢服務，如稅籍查詢、稅金、繳納與否等，在緊急狀態發生也必需維持正常運作。

運用雲原生提高資源運用彈性

張文熙表示，財政部財政資訊中心配合韌性方案，正好面臨內部系統汰換，未來會先規畫哪些功能或服務可切割，

優先以雲原生架構開發，利用較大的彈性，滿足服務使用離尖峰需求。

張文熙認為，雲原生技術提供較大彈性，國內 17 種稅如印花稅、娛樂稅、房屋稅等等，各有徵收條件、期間，個別稅離尖峰時間差異相當大，過去系統規畫容量主要以尖峰時間為主，採用新技術可在離峰時釋出資源。

目前財政部已有一些服務利用雲端系統，例如每次發票開獎，民眾的查詢需求增加，但是平時查詢需求較少，去年 12 月，對獎查詢服務上雲後，發現效益很好，節省不少 IT 支出。

張文熙表示，新系統的設計未來會朝該方向規畫，以較少的經費完成更多工作，讓資源的運用有更大的彈性。然而，雲端雖然帶來更大的資源彈性，在採用雲端服務之前，更應優先考慮資料安全，特別是稅務資料涉及民眾財產等機敏性資料，不能因為推動韌性，導致資料外洩風險增加，先判斷資料為機敏或非機敏，非機敏性的資料可以先上

雲，考慮到機敏性資料在境外公有雲備份的風險，需要更多保護措施，目前不會考慮將機敏資料上雲。

2023 年財政部測試用開源工具作資料加密分持備份，因資料太大，處理速度不太理想，今年將測試驗證如何切割資料，決定備份順序，縮短備份時間，並找出最佳方式，形成標準程序。

韌性方案加速政府擁抱公雲

張文熙表示，過去政府機關上雲態度保守，主要考量為安全因素及經費，雲端和在地系統的安全投資不同，需要重新建置規畫，機關改寫現有系統也需要大筆經費，此次韌性方案補助經費、開發新的核心功能系統，讓公務機關願意思考將公有雲納入選項。

他認為，機關採用私雲也會帶動微服務、容器化使用，韌性方案的推動或多或少產生影響，但不是因韌性而推動，未來考慮讓雲端核心功能系統和地端系統互補以發揮效益。文⊙蘇文彬

經濟部商業發展署：靠跨境公雲強化工商資訊系統韌性

克服內部雲原生架構技術、雲端管理人才不足問題，以跨境公有雲完備系統及服務韌性設計

當大規模災害或特殊緊急狀態，維持公司、工廠或商業的登記、營業項目登記、變更、查詢等服務，不只對法人而言相當重要，也是政府緊急調用民間資源的依據，並且保存資料供事後復原階段重建之用。

掌管國內公司、工廠、商業等資訊系統，前身為商業司的經濟部商業發展署

也參與政府推動關鍵民生系統韌性方案，當發生重大災害或緊急狀態，商業發展署在國內的異地資料中心備援、資料備份機制也無法發揮效用時，未來可通過跨境公有雲提高緊急應變力。

公司、工廠或商業登記資訊，舉凡公司名稱、資本額變更、業務項目調整，都需要登記，整合到經濟部商業發展署

的資訊系統，掌握企業營運狀況。

經濟部商業發展署資訊室主任丁珝指出，商業發展署原有的業務持續計畫，以區域型災害如地震、颱風，導致臺北的資料中心無法運作，尚有其他地區的資料中心異地備援及資料備份。

而在關鍵民生系統韌性方案，設想大規模跨區域災禍發生時，災害可能跨區

域，因此將系統備援、資料備份擴大到跨境公雲，打破地理限制，提高對跨區域的大型災禍應變力及服務韌性。

缺乏雲原生及雲端管理人才

然而，韌性方案雖然利用跨境公雲提高對關鍵民生系統的韌性，但是新的跨境公有雲備援、備份機制，也同時為公務機關帶來新的挑戰，必需以雲原生架構開發雲端版的核心功能系統，資料加密分持備份到多個跨境公有雲。直言，商業發展署可能遭遇幾項挑戰。

首先是面臨技術和雲端維運的挑戰，過去公務機關熟稔地端系統規畫開發，韌性方案的推動，要求公務機關採用雲原生架構開發核心功能系統，需要相應的技術能力，例如系統重構、開發人員技術培訓等，同時也需要雲端維運、操作的管理人才。

另外，過去公務機關多仰賴外部廠商開發及維運，若國內突然發生大規模災禍，可能導致資料中心及備援機房無法正常運作，政府服務運作就可能面臨癱瘓的風險。另一難題是，韌性方案為期4年，目的推動關鍵民生系統及資料備份上雲，後續雲端的核心功能系統、資料備份服務需要持續性經費支持。

針對上面提到的挑戰，商業發展署也初步規畫幾個解決方法，首先是技術及人才，商業發展署計畫透過輔導團隊及培訓課程，培養內部人員對雲端技術、資安的相關能力，並且需讓他們具備自主操作、應變處理能力，另方面和適合的雲端業者合作，加速推動進度。

今年為關鍵民生系統韌性方案推動第一年，丁瑒表示，未來4年目標是核心功能系統上雲，今年先盤點核心功能，挑選在公司、工廠、商業登記中，處於災害或緊急狀態下，哪些功能仍需提供基本服務，還有使用頻率高的功能，優先開發雲端版本。

他們計畫先盤點、評估核心功能及數據，哪些功能需要優先或比較容易轉移到雲端，需要進一步開發或重構。商業發展署也計畫透過無伺服器運算，來節省管理及運算資源成本，先找出哪些功能服務可用 AWS Lambda、Azure Functions 等 FaaS，代替實體主機或者虛擬機部署，先盤點相關場景，再開發函式、部署至雲端執行。

另外，因應緊急狀態下，外部廠商難以提供平時的支援，公務機關需具備自主操作能力，將資料加密分持備份至雲端，讓機關人員可以簡單的方式操作加密分持備份，重建階段回復資料。

不過考慮到資料備份實際執行的可行性，他們並不會將歷史資料也加密分持備份到雲端，初步規畫會將現存的最後一版資料備份至雲端。

與其他參與韌性方案的機關相同，經濟部商業發展署測試評估資料加密分持備份的開源工具 Tahoe-LAFS，他們發現檔案經過加密、分持處理，需花費較長時間，後續仍評估可行作法。

表示，由於韌性方案的目標是保存資料，在災後復原階段，重建系統、回復資料，在韌性方案規畫將資料備份到雲端之前，已先確認國內的法規，並沒有法規限制資料只能在境內儲存，但是基於資料保密性，仍需要保護措施，考慮到商業發展署的資料約有8成屬於公開展示資料，約2成為董監事資料，可能包含身分證字號、住居地等個人資料在內，在署內就先經過加密處理，在雲端備份之前，再經過資料加密分持備份，分散備份在3個跨境公有雲，等於資料

經濟部商業發展署資訊室主任丁瑒表示，依韌性方案的建議及目標，在公務機關備援及備份設計上，有機會做得更完整。

經過多一道加密程序。公司、工廠或商業登記資料，分為文字及影像掃描資料，考量到影像掃描的資料量較大，未來資料備份將以文字資料為主。

平時也讓公雲提供簡單服務

依據韌性方案的規畫，公務機務每年需要演練，丁瑒表示，未來核心功能系統上雲，不只是依照規定每年定期演練，考慮如果等到發生緊急事態再切換使用，可能會有不及之處，因此商業發展署未來考慮在平時挑選地端系統的簡單功能或服務，交由雲端的核心功能系統支援來實測。

目前商業發展署的系統採用虛擬化架構，丁瑒認為，有朝一日如果租雲的費用與租機房費用接近，可能將地端的系統移到雲端，目前商業發展署地端運作的系統，未來隨著系統的生命周期，會隨著系統汰換逐步調整系統。

虛擬化架構的系統雖然可直接上雲，但費用比地端高，因此商業發展署考慮逐漸導入微服務，若未來雲端費用和地端運作接近，搬到雲端才能省錢。

傳統上，公務機構的備援、備份策略是依照國際標準，如異地備援中心需建立在30公里以外地點，雖然跨區域建置異地備援中心，為系統服務韌性提供保障，但韌性方案將系統備援、資料備份擴大至跨境公雲。文⊙蘇文彬

臺灣政府零信任戰略正式啟動，從驗證、採購出發，身分鑑別先行

2023年臺灣政府採取實質行動，從 ZTA 決策引擎的「身分鑑別」驗證做起，並快速發布 ZTA 導入的共同供應契約標案

網路安全零信任轉型受全球關注，近年臺灣政府已率先付諸行動，推動 A 級公務機關逐步導入，同時希望帶動本土商用解決方案的發展，讓國內資安產業能在零信任風潮下，擁有一席之地。而這也呼應總統蔡英文任內不斷提及的「資安即國安」戰略，促進臺灣資安產業自主研發能力。

回顧 2022 年 7 月，當時的行政院國家資通安全會報技術服務中心（現已納入國家資通安全研究院），首度揭露政府零信任架構網路安全戰略的規畫，說明政府零信任架構將分三大階段進行，第一年聚焦「身分鑑別」，第二年是「設備鑑別」，第三年是「信任推斷」，藉此順序，循序建立起零信任架構中決策引擎的 3 大核心機制，接下來，數位發展部長唐鳳在 11 月公開說明這項計畫，展現政府推動的決心。

轉眼一年過去，我們看到臺灣零信任推動有了更多具體的發展，例如，第一階段身分鑑別驗證，有多家廠商投入，以及相關共同供應契約發布。

同時，我國政府推行強化無密碼登入的態勢，也在持續發酵，自從 2019 年內政部打造 Taiwan FidO 臺灣行動身分識別，2021 年金管會與金融業及相關單位，共同成立「金融行動身分識別聯盟」（金融 FIDO），之後數位發展部在 2022 年成立，現今這方面的推動情形，更是有著朝向產業擴張的態勢。

顯然，無論網路安全的零信任轉型，以及解決傳統密碼登入安全問題，我國在 2023 年都有著實質的進展。

領先國際腳步，臺灣從決策引擎驗證做起

近年來，各界幾乎都在推廣零信任架構的網路安全策略。最重要原因，就是隨著 APT 攻擊更加猖獗，以及企業網路環境的改變，傳統網路安全策略作法聚焦於邊界防護，屢屢遭受不同形式的突破，而且越來越常發生。

於是，經過多年演進的零信任網路安全策略，如今成為主要的因應之道，並廣受認可。其終極目標，就是要大幅降低企業資料外洩災情的發生，以及減少橫向移動攻擊的影響。

自從 2020 年 8 月，美國國家標準暨技術研究院（NIST）公布 SP 800-207 標準文件，幾年以來，我們看到國際間已出現許多具體行動，但臺灣能否重視並跟上這股潮流，成為我們持續密切關注的焦點。

例如，2021 年 5 月，美國拜登總統開始下令，在美國聯邦政府網路安全現代化工程中，祭出導入零信任架構的網路安全策略，兩個月後，美國 NIST 旗下國家網路安全卓越中心（NCCoE）也開始行動，挑選出當地 18 家資安科技業者，來幫助設計與演示實施零信任架構的各種方法，如今更是增加至 24

通過政府零信任架構「身分鑑別」驗證業者已達 11 家

廠商名稱	產品名稱	產品研發
全景軟體	零信任網路身分鑑別系統	國產
安碁（與歐生全合作）	零信任網路身分鑑別系統	國產
臺灣網路認證	零信任網路身分鑑別系統	國產
來毅數位科技	Keypasco 零信任網路身分鑑別系統	國產
偉康科技	零信任網路身分鑑別系統	國產
中華資安國際	SecuTex ZTA 零信任織網解決方案	國產
凌網科技	凌網零信任網路身分鑑別系統	國產
中華電信	中華電信零信任網路系統 xTrust	國產
奧登資訊	Okta 身分雲平臺	外商
台灣微軟	微軟零信任網路身分鑑別系統	外商
數聯資安	數聯資安 Cloudflare 零信任解決方案	外商

資料來源：資安院（截至2023年8月21日），iThome整理，2023年8月

家以上。

最近兩三年以來，我們看到更多國際科技大廠積極採取行動，支持與響應相關的號召，一方面他們提出自家零信任架構策略，一方面也說明自家產品如何朝零信任架構設計，以及這些產品會對應到整個零信任架構的特定環節。

而臺灣在 2023 年有何最新進展？

首先，關於政府零信任架構的推動上，根據行政法人國家資通安全研究院資安院（以下簡稱資安院）在 2023 年公布的資訊，在第一階段的「身分鑑別」方案功能符合性驗證，通過的廠商方案已經明顯增加。回顧過去，在 2022 年 8 月，只有 2 家廠商提供的方案通過驗證，寥寥可數，而經過這一年下來，已增加到 11 個方案。

在此當中，前 8 家均為本土廠商，提供了自家的產品方案，包括：全景軟體、安碁（與歐生全合作）、臺灣網路認證、來毅數位科技、偉康科技、中華資安國際、凌網科技、中華電信。

後續則有外商產品通過驗證，包括：奧登資訊提供 Okta 的方案，台灣微軟提供自家方案，以及數聯資安提供 Cloudflare 的方案。

在 2023 年 8 月期間，我們得知安碁資訊也改以 OpenText 的方案，向資安院申請驗證（Micro Focus 於 2022 年被併入 OpenText 公司）。

因此，單從身分鑑別驗證的現況進展，我們可觀察三個重點：

首先，這些方案將會成為日後政府機關導入的重要參考依據；

第二，政府希望帶動本土商用解決方案發展，但目前出現新變化，因為通過的第 9 個方案開始出現外商產品。

第三，儘管第二階段的「設備鑑別」驗證已開始啟動，不過目前「身分鑑別」的功能驗證仍在進行。

政府共同供應契約 2023 年首開「零信任網路架構」採購案

組別名稱	項次與品項名稱	廠商名稱
零信任網路架構導入及維護服務	1. 一般規格：零信任網路架構導入服務	自由系統 全景軟體 偉康科技 數聯資安 安碁資訊 智域國際 華電聯網 網達先進 中華資安國際 漢昕科技 凌網科技
	2. 加值規格：零信任網路架構 5*8（一般上班時間）維護服務	
	3. 加值規格：零信任網路架構 7*24（含非上班時間與例假日）維護服務	

資料來源：數位產業署軟體採購辦公室，iThome 整理，2023年8月
註：有些廠商提供服務內容為自家產品，有些提供非自家產品，詳細內容請瀏覽數位產業署軟體採購辦公室

2023 年政府採購新增零信任方案項目

特別的是，政府零信任架構的推動不僅止於此，近期我們詢問相關廠商時，了解到另一面向的進展。

例如，在 2023 年 2 月，數位產業署的軟體採購辦公室已經積極展開行動，他們在「112 年第三次電腦軟體共同供應契約採購－資通安全服務」標案中，發布新的組別，名為「零信任網路架構導入及維護服務」。而這項動作意味著，政府已經將零信任架構相關納入共同供應契約。

簡單而言，除了各單位獨立公開招標的狀況，共同供應契約通常是各級公家機關查詢各式標案或提供採購的平臺，因此，在此替零信任設立獨立組別，具有重大意義。

我們實際檢視該項目的共同供應契約，已有多家廠商參與投標，例如：全景軟體、偉康科技、數聯資安、安碁資訊、中華資安國際、凌網科技，還有自由系統、智域國際、華電聯網、新加坡商網達先進科技、漢昕科技等。

以偉康科技、全景軟體為例，主要提供自家身分鑑別方面產品，凌網提供自家與臺灣網路認證的身分鑑別產品；也

有廠商提供多品牌、多類型資安產品，如華電連網提供 Darktrace、來毅數位科技、VMware、Palo Alto Networks、Fortinet、F5、CyberArk、Cisco、微軟等廠牌的多項產品，漢昕科技提供高達四十多家不同類型廠商產品。

當然，在這波零信任架構轉型之下，不只是政府機關本身採取行動，金融領域的企業也在政府鼓勵的行列。例如，在 2022 年 12 月底，金融監督管理委員會（金管會）正式發表金融資安行動方案 2.0，當中一項內容，就是關於這方面的推行，希望金融業能參考資安院的政府零信任架構，建構新世代的網路安全策略。

數位發展部的政策同樣重視零信任，因為部長唐鳳公布年度施政重要目標時，特別強調 2023 年就是要以推動零信任架構為主要目標。

儘管資安界提倡零信任架構的網路安全策略已持續幾年，至今仍有不少人對此毫無概念。我們認為，現階段最大的轉變與意義在於，隨著政府公開喊出「零信任」的旗幟，並已有實際動作，將能夠讓我國能有更多產業都關注、重視這方面議題，並且知道很多企業、產業都在往這方向推進。

2023 年 8 月中旬，「內政部行動自然人憑證系統介接申請要點」通過修正，擴大服務對象，如適用個人資料保護法之公務機關，或是非公務機關，換言之，原本此服務僅政府單位適用，現在民間企業也能申請，有了這措施，等於加速國內無密碼登入的普及。

臺灣無密碼登入 2023 年爆發有望，推向金融與更多產業

除了政府零信任架構推動從「身分鑑別」開始，關於 FIDO 技術的應用，也開始朝向產業擴展。

基本上，資安院在政府零信任架構的決策引擎設計主要考量，採用 FIDO 技術的無密碼雙因子方式達到身分鑑別。

另一方面，關於我國政府在 FIDO 技術的應用，前幾年就已經開始採取這方面的行動。

在 2019 年 10 月，內政部資訊中心規畫 Taiwan FidO 臺灣行動身分識別（簡稱 TW FidO），也就是依循 FIDO 標準，來幫助做到政府網站與服務登入的安全與簡化。

就當時的應用而言，在政府便民服務登入方面，初期已有財政部地方稅的民眾網路申報最早啟用；而在政府機關人員系統登入方面，2020 年率先有文化部單一簽入口網支援，後續支援的系統，還有新竹市政府地理圖資倉儲決策支援應用平臺、行政院人事行政總處的人事服務網系統、衛生福利部的精神照護資訊系統，以及法務部的全國公職人員財產申報系統。

2022 年，內政部再推自然人憑證行動化，進一步將原本 FIDO 無密碼登入與自然人憑證整合，因此，不只是用於便民服務登入、機關人員系統登入，也能運用到公文簽核，年底已有 83 個機關、127 個系統支援。

到了 2023 年，我們看到最明顯進展在於，隨著 2022 年數位發展部成立，政府在這方面的推動，態度更是日益積極，例如，他們打算向更多產業推廣，促成他們更願意採用 FIDO 標準。

首先，1 月數位部宣布加入 FIDO 國際標準組織，成為內政部之後，第二個加入該聯盟的我國政府機關。

接下來，6 月 13 日，財金資訊公司宣布「金融 FIDO」服務上線，這是兩年前金管會宣布成立「金融行動身分識別聯盟」後，正式開始提供泛金融產業共通的行動身分識別工具。

這意味著，過去金融業可能各自在其服務導入 FIDO 技術，他們發展腳步較快，而在金融 FIDO 機制建立之下，將大幅增加普遍應用的可能性，並也更容易串聯金融產業、帶動多元創新。

8 月 15 日，在數位發展部數位產業署舉辦的網路信賴基礎環境應用論壇上，部長唐鳳在此場合的談話與採訪，更是透露出三大新重點：

（一）數位部目前內部系統都已經採免密碼登入，像是採用 TW FidO 搭配行動自然人憑證，登入機關內部網站，在系統上簽署公文，

因此，未來會更積極廣泛推廣到其他機關單位。

（二）內政部通過「內政部行動自然人憑證系統介接申請要點」修正，當中帶來的最大改變在於，TW FidO 的服務對象，從原本僅開放電信、醫療產業應用來擴大，只要適用於個人資料保護法的機關或非公務機關，都能夠提出申請串接。

（三）關於電商產業的用戶安全登入保護機制，也是政府關注的重點，希望在 FIDO 聯盟新推動的 Passkey 無密碼登入，以及 TW FidO 串接產業開放的趨勢之下，期盼國內業者要有更多作為。

各界認同政府積極推動，但需體認零信任並非單一解決方案

綜觀上述 2023 年新進展，在網路安全策略上，我國正積極推動零信任架構的導入，並規畫從「身分鑑別」、「設備鑑別」開始做起，而驗證通過名單已陸續增至 11 家。

在政府採購的共同供應契約方面，資通安全服務方面，也新增零信任架構導入的組別；而在網路身分識別上，FIDO 無密碼的應用也持續擴張，不只是有數十個政府機關系統支援，甚至數位發展部也已經宣布全面採用，甚至對民間單位也大開介接之門，促使所有受到個資法規範的非公務機關也能申請。

我們也期盼，隨著政府對於零信任、無密碼的推動，已有更高調且實質的推動，將能帶動更多國內產業投入這方面的發展，不論是產品提供或是導入。

特別的是，對於政府零信任架構的推動，我們也詢問幾家本土業者，想了解他們的看法？

身為最早參與政府零信任架構方案

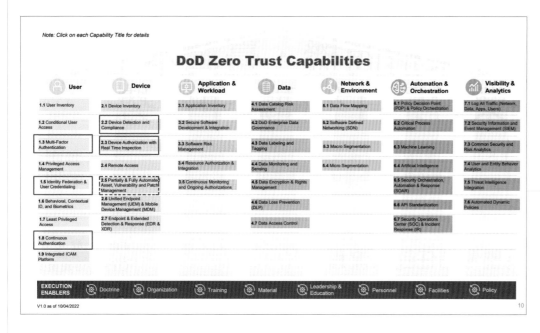

Note: Click on each Capability Title for details

DoD Zero Trust Capabilities

User	Device	Application & Workload	Data	Network & Environment	Automation & Orchestration	Visibility & Analytics
1.1 User Inventory	2.1 Device Inventory	3.1 Application Inventory	4.1 Data Catalog Risk Assessment	5.1 Data Flow Mapping	6.1 Policy Decision Point (PDP) & Policy Orchestration	7.1 Log All Traffic (Network, Data, Apps, Users)
1.2 Conditional User Access	2.2 Device Detection and Compliance	3.2 Secure Software Development & Integration	4.2 DoD Enterprise Data Governance	5.2 Software Defined Networking (SDN)	6.2 Critical Process Automation	7.2 Security Information and Event Management (SIEM)
1.3 Multi-Factor Authentication	2.3 Device Authorization with Real Time Inspection	3.3 Software Risk Management	4.3 Data Labeling and Tagging	5.3 Macro Segmentation	6.3 Machine Learning	7.3 Common Security and Risk Analytics
1.4 Privileged Access Management	2.4 Remote Access	3.4 Resource Authorization & Integration	4.4 Data Monitoring and Sensing	5.4 Micro Segmentation	6.4 Artificial Intelligence	7.4 User and Entity Behavior Analytics
1.5 Identity Federation & User Credentialing	2.5 Partially & Fully Automated Asset, Vulnerability and Patch Management	3.5 Continuous Monitoring and Ongoing Authorizations	4.5 Data Encryption & Rights Management		6.5 Security Orchestration, Automation & Response (SOAR)	7.5 Threat Intelligence Integration
1.6 Behavioral, Contextual ID, and Biometrics	2.6 Unified Endpoint Management (UEM) & Mobile Device Management (MDM)		4.6 Data Loss Prevention (DLP)		6.6 API Standardization	7.6 Automated Dynamic Policies
1.7 Least Privileged Access	2.7 Endpoint & Extended Detection & Response (EDR & XDR)		4.7 Data Access Control		6.7 Security Operations Center (SOC) & Incident Response (IR)	
1.8 Continuous Authentication						
1.9 Integrated ICAM Platform						

| EXECUTION ENABLERS | Doctrine | Organization | Training | Material | Leadership & Education | Personnel | Facilities | Policy |

V1.0 as of 10/04/2022   10

機關或企業導入零信任方案並非依靠單一產品即可完成,為了解我國政府零信任架構身分鑑別的涵蓋面,我們以美國國防部制定零信任能力執行路線圖的內容為參照,並請安碁資訊協助指點。安碁資訊表示,圖中紅色方塊即為政府零信任架構之身分鑑別所涵蓋的範圍,顯然我們還有很大的努力空間。

研發兩家廠商之一的安碁資訊表示,與資安院(前技服中心)的會議討論上,重點主要圍繞在,此項計畫未來是否能順利成功推行到機關單位。畢竟現在有許多資訊系統的系統框架、資料交換與系統應用之間的關聯性錯綜複雜,因此,如何協助機關規畫、建置與採購零信任方案,更是主要的焦點,需要考量的部分遠多於技術面的細節。

他們認為,2023 年數發部相當快速地責成軟體採購辦公室做出了相關的規畫,發布新的「零信任網路架構導入及維護服務」共同供應契約項目,相當值得肯定,這代表政府在此項政策推動的決心,因為過去沒有這樣的先例。

同時,此舉也對市場投入一股強心劑,讓產業正面看待此項方案的未來與持續研發,後續就看機關單位編列的預算,是否能夠順利到位,以落實政策的執行與實踐。

另一方面,對於政府推動商用產品投入發展,我們也詢問入選零信任架構的 3 家業者,他們都是本土身分安全產品廠商,包括:先前幫助內政部資訊中心建立 TWFidO 的臺灣網路認證,產品行銷全球 16 國的來毅數位科技,以及 2023 年興櫃、向印度市場拓展的偉康科技,他們均認為,有政府帶頭推動是好事,畢竟從過去經驗來看,政府的一舉一動是重要指標,能讓更多產業重視。

這是因為,過去廠商其實已經做了很多市場教育,提倡這方面的觀念,但一直不容易被客戶買單,而這兩年在政府鼓吹之下,企業對於這方面的認知的確有所增加;長期以來,許多國內企業多半只會關心同產業間的動作,只要沒有人帶頭,整個產業都會抱持著觀望態度,而不願揭露自己正在使用這樣的資安解決方案。

不過,他們也認為,儘管資安院提出政府零信任架構,但他們在產品開發設計上,主要還是會依照自己的步調來進行,畢竟企業與國際市場的需求與環境不同,而政府零信任架構的設計,是考量我國政府機關現有環境與政策而成,因此,這些身分安全產品廠商仍然會依據身分鑑別的驗證項目,提供相應、符合規範的解決方案。

而且,基於整個零信任架構來看,他們還會關注的重點在於,能否與其他零信任環節產品整合與相容,尤其是後續的網路應用等層面,畢竟各產品業者本身擅長的技術領域不盡相同,但如果本身有能力,他們也會發展到身分鑑別以外的應用層面。

畢竟,零信任架構並不是只有身分識別這一面向,無法靠單一產品或解決方案就能完成。**文⊙羅正漢**

財金資訊股份有限公司
FINANCIAL INFORMATION SERVICE CO., LTD.

「金融FIDO」服務正式上線 串聯泛金融產業 加速數位金融多元發展

ATM業務
發佈日期:112/6/13

為響應金管會「金融科技發展路徑圖」推動措施,發展「金融行動身分識別標準化機制(即金融FIDO)」,聯合徵信中心及財金公司協同金融機構導入「金融FIDO」服務,並於6月正式上線,建立泛金融產業應用「行動身分認證」的新里程碑,讓民眾金融數位生活再升級!

肆應國際趨勢,發展金融FIDO

為提升身分認證作業之效率與安全,近年國際間普遍推動FIDO(Fast Identity Online)機制,結合公開金鑰及生物辨識等技術,使民眾無須輸入帳號密碼,改以生物特徵綁定行動裝置,即可進行身分識別,達較實體臨櫃辦理身分認證快速、方便。

在金管會「金融科技發展路徑圖」推動之下,「金融 FIDO 聯盟」在 2021 年成立,如今由財金公司與聯合徵信中心協同金融機構導入的「金融 FIDO」服務,已在 2023 年 6 月正式上線,將串聯金融產業帶動更多元創新應用。

擁抱零信任架構商機，臺灣本土身分安全產品業者具有多種競爭優勢

在政府零信任架構的推動下，2023 年已有多家國內廠商參與身分鑑別驗證，例如：來毅數位科技、偉康科技、臺灣網路認證，而他們對於身分安全領域的發展態勢，也成為臺灣資安領域關注的焦點

經過一年的努力，政府積極推動零信任架構實踐，根據 2022 年技服中心（現已併入國家資通安全研究院）的規畫，我國的政府零信任架構聚焦決策引擎、存取閘道的打造，從身分鑑別、設備鑑別、信任推斷這三大核心，依序做起，以利未來的動態身分存取管控，做到持續驗證，因此，身分鑑別就是 2023 年最主要的推動目標。

尤其政府近年強調厚植臺灣資安產業自主研發能力，因此，在零信任架構的推動上，預告將結合政府網路向上集中防護需求，採取資源門戶的部署方式，也參考美國國家資安卓越中心（NCCoE）作法，推動國內廠商能積極參與開發，以及整合出能符合政府零信任架構需求的解決方案。

如今，這項計畫有 11 家廠商的身分安全產品，通過「身分鑑別」功能符合性驗證，當中有 8 個是基於本土廠商的產品。

以臺灣資安廠商而言，精研身分安全

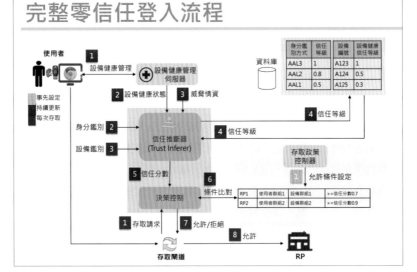

2022 年臺灣政府零信任架構成形，同時推動商用產品符合 NIST 零信任架構，規畫採取資源門戶的部署方式打造決策引擎的三大核心機制，同時提出完成零信任登入流程，其中身分鑑別產品驗證是最先啟動的一環。圖片來源／國家資通安全研究院

技術而入選的業者不少，我們找來其中 3 家現身說法，瞭解國內廠商在身分安全技術的產品發展，以及如何看待政府零信任架構推動下的商機。

來毅數位科技：臺灣推動身分安全時機剛好，其實不算太慢

首先，在 2012 年成立的來毅數位科技（Lydsec，原名來誼數位科技），他們的發展相當特別。

來毅數位科技董事長林政毅表示，他們最早的發展可追溯至 1987 年，家族長輩 Maw-Tsong Lin 在瑞典創辦的 Todos，當時就是專注於身分安全產

品，開發可產生 OTP 碼的硬體式網路身分認證產品，不論是可獨立運作，或是連接電腦、整合讀卡機、按鍵式等幾十款產品，直到 2010 年 Todos 被當時的 Gemalto 收購。

2012 年後，他們注意到行動裝置普及的態勢，繼而開始聚焦於軟體式網路身分認證產品的發展，一方面，Maw-Tsong Lin 在瑞典當地成立 Keypasco 公司，另一方面，林政毅也在臺灣成立來毅數位科技，雙邊共同研究發展這方面的解決方案，並在全球 16 國銷售 Keypasco 系列產品，2016 年改名為來毅數位科技，2019 年他們併購 Keypasco 的資安業務。

關於政府推動零信任架構，並從身分鑑別開始著手，來毅數位科技董事長林政毅表示，對於他們這類身分安全產品廠商而言，確實起了推波助瀾的效果，畢竟，他們在 11 年前提倡多因素身分驗證（MFA），當時很多人還不知道 MFA 是什麼，因此花了相當多時間，在持續對市場進行教育。

來毅數位科技董事長林政毅表示，十年前他們提倡 MFA 時，需要花相當多時間做市場教育，現在政府大力推動零信任架構，並從身分鑑別做起，有望帶動政府、金融以外產業，讓大家都重視身分安全。

最近在政府大力鼓吹零信任下，由於第一個議題涉及身分認證的環節，因此，他們算是第一個成為受惠的產業。再者，近年政府促進產業資安政策的推動，也喚起臺灣企業資安意識，尤其是這兩年上市櫃公司都在設置資安長，資安長上任後，也將進行資安防護盤點或健檢，進而尋找相應的解決方案，這都是利基點。

而且，過去產業間，金融業一直是受到高度監管的單位，因此過去對於身分安全方面就有一定的需求，例如，早年就有企業與組織採用硬體 Token 產品，因為這是 Must to have，但對於其他產業而言，多半則是 Nice to have，如今隨著政府機關推動無密碼登入、政府零信任架構，有了政府帶頭，可以更容易擴散到其他產業，擴散到企業端。

特別的是，由於來毅數位科技已將產品推向全球多國市場，根據他們的觀察，相較於其他國家，臺灣在身分安全方面的推動腳步是否會太慢？

他認為，如果是跟美國相比，臺灣的確比較慢，但與鄰近國家相比，我們的腳步走得其實算前面。例如日本比臺灣慢一些，若是越南、泰國等東南亞國家，進度更慢，由於這些國家沒有相關規範去帶動，因此在這波浪潮之下，就會推動得較慢。

從硬體發展到軟體，歷經兩大階段，

回顧這些年來，林政毅表示，身分認證技術的基本邏輯，其實很相似，基本的知識也都大同小異，重點在於如何適應整個時代的消費者，或使用者習慣。

以 Keypasco 的產品設計來看，最初他們的思考點，就是如何在不安全的裝置上，提供安全的身分認證，因此，將 MFA 列為必要功能，如今大致可畫分出兩種類型的產品：一種是 API 模式，可適用 B2B2C 及 B2B 的場景，另一種是 Proxy 模式，專門用於 B2B 的場景，對於市面上普遍存在的應用系統，能夠予以整合。

而在這些年來，林政毅表示，他們已經開發出雙通道認證架構，藉由第二條通道驗證登入資訊，避免中間人攻擊及釣魚攻擊，而且，產品本身具備獲取設備特徵值的能力，同時，還結合了地理位置、時間條件存取限制，以及風險引擎、監控設備的健康狀況等特性。

在過去這 10 年間，他們持續因應各種產業需求，其實已經處理過各種不同的情境，所以能提供相應方案與版本，而對於這次政府零信任架構的驗證，由於規範當中希望採用 FIDO 架構，因此，他們也依據這樣的需求，調整出能夠相應的版本。

特別的是，除了政府推動確實可以幫助到產業，他認為，國際間全球大廠開始要求，要求自家的供應商能符合相應

的資安規範，而這樣的氛圍也是促進產業商機的關鍵之一，因為，他們手上就有一個光電業案子已經這麼做，用戶先將供應商平臺應用 API 模式身分認證，後續這家公司也進一步採用 Proxy 模式，促使內部員工的身分認證也都能夠同步強化。

偉康科技：不只政策加持，供應鏈也成推力

於 1998 年成立的偉康科技，過去主要發展數位金融解決方案，雖然非一開始就從身分安全技術研發起家，但該公司總經理陳怡良表示，隨著 2017 年行動應用發達，帳密安全問題備受關注，讓公司技術單位開始發展生物辨識解決方案，接著 2018 年，由於 FIDO 標準受到更多國際重視，這時他們開始研發基於 FIDO 標準的解決方案，也為了保護 FIDO 技術的安全，設計白箱加密演算法，讓加密金鑰碎片化、不易被竊取。因此，他們大概是在 6 年前，跨入身分識別的技術領域，一開始是主要鎖定 B2B2C 的應用，讓他們金融企業的客戶有更好的身分認證方式。

對於今日政府零信任架構的推動，從身分識別做起，是否帶動了市場相關資安需求與商機，陳怡良認為，這可以分成幾個階段談起，就他的觀察，主要是在三年前，也就是 2020 年之後，有了

偉康科技總經理陳怡良指出，從產業類型來看，對於身分安全的強化，最早行動的是金融業與政府，第三他們認為是製造業，主要是受到供應鏈資安稽核的驅動，第四是近期政府頻頻點名的電商產業。

明顯的變化。

首先，是在 2020 年疫情爆發期間，這時居家上班風潮，VPN 使用情形增加，這也讓金融業對於內部人員身分安全更加重視，他們看到金融業居家上班，因此產生更安全身分登入的需求；其次，是 VDI 遠端桌面也同樣要有更安全的無密碼登入需求；第三個新浪潮，則是隨著供應鏈而起，由於國內許多製造業身處美國科技大廠的供應鏈體系，在受到供應鏈的稽核規範下，因此有企業開始將 FIDO 技術綁定 VDI 遠端桌面的需求。由於有這些市場需求的帶動之下，也促進著他們的產品研發。

而以政府推動上來看，陳怡良認為，真正在市場上獲得較大迴響的關鍵事件，是 2021 年金管會宣布金融 FIDO 成立，當時感受到很多金融業者都很關切這方面議題，之後 2022 年政府零信任架構發布，算是新一波帶動。

陳怡良表示，2021 年與 2022 年是他們感受最深的時期。而且，偉康在 2021 年，已經將 FIDO 技術方面的產品核心轉變成雲端服務，並且提供企業使用，而推出基於 SaaS 服務的 OETH 身分認證平臺，因此對於偉康而言，政府這方面的推動，確實帶來很大的動力。最近，他們也將上述平臺重新設計為 OETH One。

關於政府零信任架構的身分鑑別驗證，陳怡良表示，對於投入研發的資訊廠商有好處，因為政府有政策支持，市場有熱度，大家投入的程度也會更高，而且驗證過程也都很嚴格，因此他們依照資安檢核面向與條款，提供對應版本，以滿足技服中心的驗證規範。

例如，規範主要依據臺灣政府現況強調的向上集中而進行，但他們原先是採分散式設計。陳怡良表示，他們既然能「分散」，也就能「集中」，關鍵主要是複雜度問題，而一般產業的需求可以是分散，也可以是集中，因此，他們也能對應資安院要求，提供合適的產品。

若從更廣角度來看，像是美國政府推動零信任架構，會聚焦在身分、裝置、網路、應用程式與資料等不同面向。

因此，以他們目前的方案而言，是從身分到裝置之間的範圍，但在網路這一層面，由於市場上已有很多外商產品，這也不會是他們目前擅長的領域，因此之前就與外商產品進行整合。

較特別的是，他們認為應用程式與資料的層面，將牽扯存取權限的細膩度，因此他們也會朝這方向去研發。因為他們的研發中心也涵蓋 AI 與資料的應用，先從資料控制著手，再往前做回來，他覺得這樣的發展也很不錯。

至於國際市場的拓展，偉康科技也正開始行動。他們從 2022 年開始布局，在 2023 年 5 月宣布採國際策略合作方式，與大宇資訊旗下的安瑞科技（Array Networks）進軍印度市場，希望結合偉康 FIDO 技術與安瑞的 SSL VPN，可以較容易地快速切入國際市場發展，而且不只是印度，在泰國、日本等市場，雙方都會有共同合作來推動。

台灣網路認證：看好 PKIoT 領域將投入發展

作為很早就通過身分鑑別的廠商之一的台灣網路認證，從 1999 年成立就鎖定身分識別領域的電子憑證發展。該公司策略發展部產品總監連子清表示，他們在 2016 年開始看重免臨櫃的商機，成立 TWID 身分識別中心多元整合服務，打造多元身分識別解決方案，發展跨產業應用的客戶身分識別，後續到了 2019 年，也協助內政部建置 Taiwan FidO 臺灣行動身分識別。

而在原有的電子憑證方面，隨著電子文件、合約的需求，電子簽章的應用也持續擴增，包括電子文件簽署、電子保單認證等。綜合而言，其產品服務已經涵蓋 4 項，分別是：多元身分識別服務、信物管理服務、電子文件簽署服務，以及資料共享。

如今，隨著 2022 年政府零信任分為三階段開始推動，他們也將原有的身分識別技術，轉化成相應的解決方案。

對於資安院提出政府零信任架構的

台灣網路認證策略發展部產品總監連子清認為，回顧政府零信任架構的推動，2023 年雖然不是一個轉振點，但可說是一個挺好的時機，尤其是烏克蘭的事件後，政府大力推動網路安全，也促使產業間變得更加重視。

驗證，台灣網路認證認同這對身分安全廠商會是一大利多，同時，也提供其他更深刻的觀察。

該公司策略發展部產品總監連子清表示，資安院目前分三階段進行，從身分鑑別、設備鑑別，到信任推斷，由於通過身分鑑別認證多在 2022 年底，因此，2023 年商機可能才會發酵。

另一方面，雖然 2023 年剛進入第二階段的設備鑑別，仍然可能會面臨一些尷尬的局面，主要原因在於，這三階段並非同時進行，因此，前面階段身分鑑別的方案，與位處後面階段的設備鑑別、信任推斷的方案之間是否相容，這些都是必須注意的。

具體而言，因為資安院目前相關規範還沒全部完成，像是設備鑑別才剛開始，信任推斷的驗證內容尚未發布，因此，如果此時要與客戶去談政府零信任的產品與服務規畫，容易面臨現在無法提供全套方案的情況。

整體而言，2023 年會是好時機，但可能還要再過一段時間，等 PoC 做完或是與後續階段一起推動之後，才會更有感。畢竟，政府帶頭做，還是要有實際的應用落地，因此可能還要再等等。

他還觀察到一些值得留意的狀況，像是：若要參與第二階段產品的驗證，似乎也要通過第一階段驗證，但有些廠商可能有擅長領域不同的狀況。根據我們

對於國外作法的觀察來看，其實會有各階段分屬不同廠商的搭配方式。此外，由於隸屬於第二階段的設備鑑別，涵蓋範圍其實不小，目前在設備健康管理方面，會出現到下個階段執行的可能性。

就台灣網路認證的方案而言，擅長的是身分鑑別與設備鑑別前半段的部分。單就身分鑑別方面，連子清也提出更多說明，這是因為，以國際標準而言，身分識別分為註冊階段、信物管理、信物驗證，這也是他們涵蓋的部分，不過，資安院提出政府零信任架構的身分鑑別，其實並未涵蓋到定義註冊階段的部分，他認為未來仍應顧及這方面需求。

此外，政府共同供應契約新增「零信任網路平臺安裝建置服務」的標案，對於廠商們而言，除了要通過政府零信任架構的驗證，也要申請共同供應契約。廠商可能會憂心目前這樣的提供，並無強制性，公部門如果要建置零信任環境，不一定要從通過資安院驗證的廠商去選擇，因此能否帶來顯著市場成效，仍有待觀察。

至於未來會有哪些發展焦點？除了跟上政府零信任架構的腳步，台灣網路認證也看好 PKIoT 的發展，也就是將憑證與物聯網 IoT 做結合，這會是他們未來將發展的重點，目前國外已開始有廠商在做這一塊，至於 KYC 方面的應用也會是他們接下來的目標，補強身分

識別的應用。

期盼臺灣資安產品的版圖也能持續擴大

無論如何，身分安全在零信任架構的重要性不言而喻，如國際大廠 Google 與微軟，都公開強調這樣的關係。

例如，2022 年底 Google Cloud 台灣技術副總經理林書平在一場演說中，就提到 Google 零信任的做法，強調以身分取代網路作為存取控制的安全邊界，他們的零信任安全模型，是從身分角度來看信任，共分成五大要素，包含了使用者的身分、裝置的身分、機器的身分、服務的身分，以及程式碼的身分。

2023 年初，我們拜訪微軟了解其零信任發展概況時，該公司專家技術部資安副總經理周彥儒表示，微軟就是以 Azure AD（現改名 Entra ID）為基礎，達成零信任在身分驗證環節的要求。

臺灣開發資安產品的業者不少，在身分安全領域已存在一些業者，如今在政府零信任架構推動的風潮之下，雖然有蓬勃發展的機會，但很難在短時間內像國際大廠，擁有豐富的產品線、建構完整、全面的零信任解決方案，因此，如何能在零信任產業鏈獲得一席之地，並拓展至全球市場，整合或許是一大關鍵，也是接下來資安界必須持續關注的重點。文⊙羅正漢

迎接 Cloud SOC 新浪潮

雲端、自動化成資安 SOC 主流

因應企業上雲比率增加與資安人手不足的挑戰，SOC 資安監控中心平臺的採用持續擴張，技術也不斷進步，在 2023 年最受矚目的發展趨勢，就是朝向雲地混合與自動化邁進

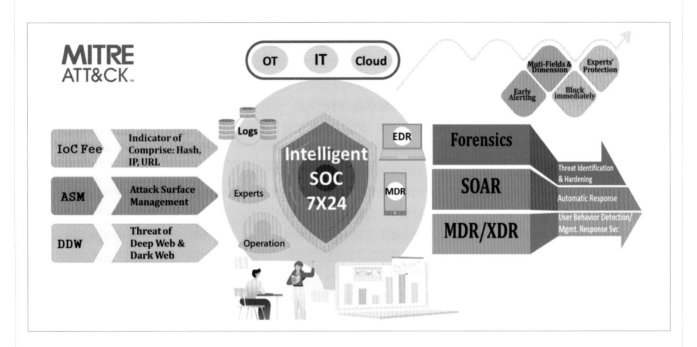

為了因應層出不窮的網路攻擊事件，建置與使用資安監控維運中心（SOC）的重要性已不言而喻，企業威脅的偵測與應變能力也在持續演進，從傳統被動處理朝向主動監控與回應，在雲端服務的技術架構興起與普及之後，許多資安監控工具亦出現改用或搭配雲平臺的態勢，顯示企業資安防守範圍持續擴張從內網延伸至公雲環境，所用的產品與服務須與時俱進。

尤其是長達三年的 COVID-19 疫情推波助瀾，國內外企業積極推動數位轉型，而在上雲的腳步加快之餘，確保資安的要求也越來越高，然而，組態設定錯誤、未落實最小權限原則的狀況，仍屢見不鮮，導致頻頻爆出企業重要資料與民眾個資在公開網路「裸奔」的亂象，使得雲端資安監控成為企業維持日常營運的一大重點。

這幾年以來，我們陸續看到國內外提供資安監控中心（SOC）服務的業者，紛紛標榜他們能提供 Cloud SOC，並且各自有不同的設想與應對，大型雲端平臺業者也發展雲原生 SIEM 產品，究竟如今 SOC 與雲端的發展，有那些重要變化？這次我們找了幾家臺灣 SOC 委外服務廠商，包括：安碁資訊、數聯資安，以及雲端大廠微軟與 Google，探討企業上雲時代 SOC 新樣貌。

端點與網路資安技術成熟普及利於 SOC 主動監控防護

早年大家認知的 SOC，基本上是以日誌收集與稽核為主，資安監控屬於被動方式，使用的資安平臺，主要依賴防毒軟體、網路防火牆、入侵偵測／防禦系統（IDS/IPS），以及網站應用防火牆（WAF）等產品與服務。

到了 2010 年代，隨著大數據處理技術成熟，加上防護技術隨著威脅態勢變化而不斷演進，許多新興的資安解決方案崛起，例如：網路威脅情資平臺、端點偵測與應變系統（EDR）、代管型偵

對於 SOC 在多雲監控的發展，數聯資安提出具體說明，他們表示，會依據 MITRE 提出的 Cloud Matrix 來著手設計監控情境，主要聚焦於 4 大監控面向，分別是：應用程式安全、資料安全、身分識別存取管理、基礎設施安全，並且針對 3 大公有雲平臺各自專屬的監控日誌記錄，設計不同的監控規則。
圖片來源／安碁資訊

測及應變服務（MDR）、網路偵測與應變系統（NDR），甚至於延伸式威脅偵測與應變系統（XDR），還有攻擊面管理系統（ASM），以及資安協調、自動化與回應系統（SOAR）等，這些都強調能與 SOC 平臺或服務進行協作與整合。

歷經不同層面的威脅偵測、分析、應變技術進展，SOC 得以分析更多面向的日誌與事件記錄，充分了解網路威脅活動的關聯，朝向主動監控防護。

不過，SOC 進化之下仍有諸多挑戰要面對，例如，隨著越來越多企業擁抱雲端服務，在這個相對不夠熟悉的環境，該如何做好資安監控，就是一大難題；再者，警示通知過多的狀況仍然存在，必須在有限的時間與人力掌握整體威脅態勢，因此，企業與廠商都希望能夠找到辦法，讓 SOC 運作得更有效率。

雲端與地端環境差異大，企業重視 SOC 與雲原生 SIEM 平臺的結合

企業針對內部環境透過自建或委外 SOC 進行監控行之有年，現在橫跨雲端，與既有作法有顯著區別嗎？

單以日誌集中管理而言，基本上，不論在雲端或地端，其實都能蒐集到事件記錄，但兩種環境存在極大差異，需要注意的環節也不盡相同。而在因應雲端環境的資安監控需求，臺灣 SOC 服務廠商都已備妥對策並提具體作法。

安碁資訊總經理吳乙南表示，傳統 SOC 採用的 SIEM 系統，對於各種系統、資安設備的日誌收集，大多需做到日誌解析或報表產製時的對照解析，面對公有雲服務商的系統功能快速更版，以及開放原始碼軟體的多樣性，若繼續維持傳統日誌解析的做法，將會對資安監控形成很大的阻礙。

以傳統地端 SOC 來看，時時追趕變動，會是很大的挑戰。安碁資訊結盟暨策略業務發展部處長張文棟表示，雲端

服務或軟硬體系統廠商可能在某個日誌增加欄位，以呈現或表現新的資訊，讓資安監控系統或人員更好分析。但這些的變動將對 SOC 監控形成很大挑戰，因為一旦格式改變，SOC 既有監控方式就有調整必要，形成營運風險。

細部來看，公有雲業者多以自行開發的系統平臺搭建 SOC，大量使用開源軟體，並且能機動調整服務內容，因此，對於傳統地端 SOC 服務廠商而言，目前需持續提升了解與管理雲端環境的能力，否則趕不上技術層面變化。

不過，前幾年開始出現從雲服務原生平臺發展的 SIEM 產品，可以更好地因應這樣的局面。以微軟的 Azure Sentinel SIEM 為例，對於各種 Azure 原生軟體服務、資安方案與第三方資安方案，可保持其日誌整合的相容性，確保日誌解析、分析的完整性與一致性。安碁資訊認為，這是傳統 SOC 與其他公雲服務商目前無法完全做到的。

因此，宏碁雲在 2021 年開始著手發展 Cloud SOC，以微軟 Azure Sentinel SIEM、Defender for Endpoint 為核心，跨足雲端，建立雲地監控中心混合互相回饋循環機制，2022 年正式推出。

他們看好雲原生 SIEM 平臺的使用，因為無論雲端環境的後端是如何變動，原生架構自然就能相容與支持，對他們的衝擊較小，即便是多雲環境，他們也看重微軟在此方面的整合能力，比其他家要領先，相對比較完整。

借助 MITRE Cloud Matrix 設計監控情境聚焦多雲可見度

另一家 SOC 服務商也指出雲端 SOC 監控的挑戰，也發展出因應之道。

數聯資安技術副總經理游承儒表示，過去幾年，他們發展雲端 SOC 監控的過程當中，發現原先設想的雲端監控場景，與現實有很大的落差。

例如，他們原先認為能蒐集很多雲端環境的資訊，實際上，卻面臨可蒐集資訊太少的窘境。除了預設啟用的雲端服務使用日誌，多數企業只訂閱雲原生的應用程式防火牆服務，因此，蒐集目標還是只能以雲原生環境的日誌為主。但這也產生了另一問題，3 大公有雲平臺本身都已有這方面的產品，數聯資安該如何進一步滿足客戶所需？

也就是說，對於只用一朵公雲的用戶而言，可從業者的平臺獲得相應機制，因此他們開始看重多雲用戶、集中管理的需求，更深入從 3 大公雲原始日誌去分析，從裡面萃取出需要的資訊，再將之變成監控規則，並以雲地混合的角度作為切入。

對於雲端與地端的落差，游承儒指出，最關鍵的原因在於，對雲端環境的認知與了解不夠深入。過去，企業對地端環境運作方式較熟悉，但對雲端認知不足，加上需考量多雲並用、混合雲因素——不只是三大公有雲，還有其他雲，這些環境的架構與設定，其實，都有最佳實踐（Best Practices）需要依循，若企業的雲端管理員未充分了解這些，就會產生很多脆弱點與打擊面。

游承儒曾處理過不少這類狀況，具體而言，攻擊者會入侵企業地端環境，進而取得企業雲端上的 Token。由於雲端服務使用的身分認證，大部分透過存取金鑰（Access Key），以及使用 Token 登入，因此駭客竊取後就能直接進入雲端環境發動攻擊。這就是不同於傳統地端的防護之處，也是上雲後容易發生的監控盲點。

簡單來說，駭客針對傳統地端環境的攻擊，主要是針對漏洞的攻擊，而在雲端環境上，更常見到的攻擊手法是，駭客偷取企業組織合法的 Token 來入侵，進一步竊取資料與破壞。因此，面對這類的攻擊模式，相關監控場景還會包

括：原本雙因素被取消，不當新增某個管理員，或是用戶登入不該登入的環境，以及異常 IP 位址登入等。

以數聯資安的 SOC 服務發展而言，他們在 2018 年已經將自家監控中心底層換成 Splunk，2022 年開始跨入多雲監控，將三大公有雲的監控整合到既有平臺之內，也就是在同一個平臺上，就能做到不同公有雲的監控。

特別的是，他們也提及在雲端監控的具體作法，是藉助 MITRE ATT&CK 框架的 Cloud Matrix 來對應。數聯資安數聯平臺整合部副理李茂義表示，他們在監控規則的開發，主要依循 Cloud Matrix，進行情境式的比對。

監控面向分為 4 大類，包括：應用程式安全、資料安全、身分識別存取管理、基礎設施安全。以身分識別與存取管理而言，借助 Cloud Matrix，可以從入侵初期、持續潛伏、權限提升、憑證存取這四大階段，針對一些重要攻擊手法做比對，設計對應的監控規則。

不僅如此，雲端服務內容與技術發展變化的速度快，數聯資安每次在看 MITRE 的 Cloud Matrix 變動時，發現原廠可監控、分析的範圍越來越廣，越來越深入，因此他們持續關注該矩陣的內容，若有新變動，就能知道未來需要顧及的部分。

根據兩家業者的說明，儘管在 Cloud SOC 的議題有各自應對方式，不過他們均看重臺灣在雲地混合的發展潮流，並指出現在就已經發生，因此原本在地端的監控有延伸到雲端的必要。

朝向自動化，資安監控中心整合 SOAR 成重要發展態勢

另一個 SOC 平臺積極強化與推廣採用的資安防護技術是 SOAR（Security Orchestration, Automation, and Response），前幾年這類技術發展受國際關注，如今對於 SOC 平臺更為關鍵，臺灣資安服務廠商也開始應用。

SOAR 之所以被看重，簡單來說，就是讓原本即時通報、判讀、進行基本調查與處置的作業，都可以變得更自動化，這也意謂增強與擴充了 SOC 資安監控人員的能力，並能夠專注於更重要的事情，像是針對調查報告結果作出決策，確認這個告警是否為真，如果認為是可疑活動再決定相應的封鎖。

前一段時間微軟亞太區首席網路安全顧問 Abbas Kudrati 來臺，我們與其討論如何看待 Cloud SOC，他認為，對於微軟而言，「雲原生 SIEM（Cloud Native SIEM）」這個稱呼，會比「Cloud SOC」一詞更貼切。

Abbas Kudrati 指出，持續移向雲端是微軟的重要策略，他在 2018 年便開始推動雲原生 SEIM 平臺的打造，該產品在 2019 年正式推出，也就是 Azure Sentinel，特別的是，當時他們就已經將 SOAR 包含在內，是 SIEM 與 SOAR 功能整合的平臺。

他認為，雲原生 SIEM 的好處在於，很大程度減少了硬體的費用，尤其是維

重新認識SOC！資安監控中心的三大階段進化

資安監控中心（SOC）的發展持續相當多年，有那些重要演進階段？我們找到一份呈現資安監控中心發展階段的報告，當中有張圖表特別展現了近代SOC的演進。臺灣有不少SOC業者的公開演講中，也經常使用這張圖表來說明。

此份相當具有參考價值的SOC發展報告，作者是Infosys副總裁兼網路安全技術與營運主管Lakshmi Narayanan Kaliyaperumal，在2021年10月，於ISACA國際電腦稽核期刊發表。根據Lakshmi的說明，我們可看出SOC的重要演進如下：

第一階段演進：反應式監控

2000年以前，SOC職責是處理病毒警報、偵測入侵與回應事件，主要是在政府與國防單位實施，到了2000年後，大型企業與銀行開始實施類似的監控作業。從單純具備監控能力，進一步做出事件回應。

第二階段演進：主動式監控

2007年到2013年，面對APT進階持續威脅增長，對安全監控至關重要的解決方案開始出現，包括安全資訊事件管理系統（SIEM）、資料外洩防護（DLP）等。

此時的SOC聚焦於匯整日誌監控、合規性合規與惡意程式分析。同時，安全委外營運服務供應商（MSSP）崛起，也隨安全維運的需求增加，而獲得發展。

在2013年到2015年間，更多幫助主動式監控的安全解決方案興起，包括：使用者內部存取行為分析（UEBA）、威脅情資威脅情報平臺，也成為SOC重要組成，而在雲端趨勢的潮流下，也隨雲端安全代理（CASB）、BYOD等議題而擴展。此時，Hybrid SOC的發展也受看重。

第三階段演進：具自動化的主動式監控

近年的技術發展來看，不論是大數據、EDR、NDR技術更趨成熟，如今XDR方案的發展亦受到看重。

雲端安全的發展也更蓬勃，包括雲端原生SIEM的出現，以及雲端安全狀態管理（CSPM）、雲端工作負載防護平臺（CWPP）等，這些解決方案的崛起，也促成基於雲端服務的偵測與回應，以及基於雲端服務的威脅獵捕。

更重要的是，還有自動化技術的演進，因為不論資安協調、自動化與回應（SOAR）方案的發展，以及自動化腳本（Playbook）等概念，甚至各類偵測與回應方案的發展，都隱含這樣的概念。

總和來說，過去SOC無法跟上先進的網路攻擊者步伐，有兩次重要演進。首先，就是從反應式的監控，邁向主動式的監控，其次，就是從主動式的監控，朝向自動化程度更高的主動式監控。

而在各式偵測與回應技術的自動化能力進步之下，將有助於提高SOC效率，減輕警示（Alert）超載壓力，並使事件更容易及早調查與解決。

護與維運方面，能夠彈性擴展，也內建使用者行為分析（UEBA）解決方案，不用個別添購。微軟內部也用 Azure Sentinel 監控自身資安狀態。

另一家公雲業者 Google，也提供雲端資安監控服務，旗下 Chronicle SIEM 的推出，最早可追溯到 2019 年。Google Cloud 客戶解決方案架構師鄭家明表示，初期是 Google 內部使用的工具，後來轉為對外供應的產品。

特別的是，關於 Cloud SOC，所有提供的服務都在雲端的 Google，並不需要處處強調雲端資安，而是較常以 SecOps 一詞來探討這方面應用，像是他們的 Chronicle Security Operations 解決方案，就是聚焦資安維運面向。

鄭家明指出，現代化安全維運模式該有的樣貌，Google 目前的發展主要有三大重點，包括：Chronicle SIEM、Chronicle SOAR，以及 VirusTotal 與 Mandiant 的情資。其中，結合網路威脅情資的應用較早獲得重視，Chronicle SOAR 則是最新的進展，是 2022 年併購以色列資安新創 Siemplify 產品轉化而成，並運用 Google 資源加以強化，與 Chronicle SIEM 方案整合。

在國內，對於 SOAR 的採用態勢也日益明朗，最近兩年已開始獲得越來越多 SOC 業者的採用。

安碁資訊總經理吳乙南表示，現在整個安碁資訊的 SOC 服務，已演進到 Intelligent SOC 階段。從資安治理角度來看，SOC 是必要的組織，監管整體狀態與即時威脅，如今 SOAR 機制的整合，更是現代 SOC 強調的重點。

事實上，為了提升事件自動化即時回應能力，安碁資訊在 2021 年與 Palo Alto Networks 簽訂 MSSP 服務協議，將自家 SOC 服務整合這家資安廠商的 XSOAR，例如，提供威脅情資比對與部署至資安設備的自動化腳本，異常連線情資比對與立即阻斷自動化腳本，長期日誌清查自動化腳本等，陸續導入政府、交通、能源、金融等領域大型客戶。

在 2022 年，安碁資訊又推出基於微軟 Azure Sentinel 的 Cloud SOC 方案，因此，他們也具備 SOAR 的能力。

同樣地，數聯資安技術副總經理游承儒指出，他們已經完成這方面的導入，採用 Palo Alto Networks 的 SOAR 產品，並且在 2023 年整合於自家 SOC 服務之內，達成自動化的目標。

對於 SOAR 的應用，游承儒強調，運用這類產品還需要內化，需要相當程度大的整合，程序流程也都要自己開發，否則發揮不了 SOAR 的實力，因此，他們花了將近一年的時間做這件事，就是要更深入去應用 SOAR。

而 SOAR 具體成效也很顯著，游承儒指出，SOAR 可節省資安人員耗費於繁瑣的調查與關聯作業時間，例如，傳統人力調查可能要花上 30 分鐘，現在有了 SOAR 來提供幫助，資安人員處理起來只需 3 分鐘即可搞定。這在資安人力欠缺的現實環境下，可大大減輕這方面的維運負擔。

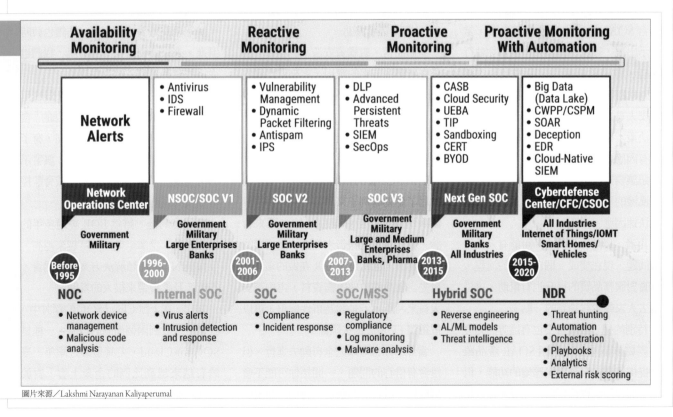

圖片來源／Lakshmi Narayanan Kaliyaperumal

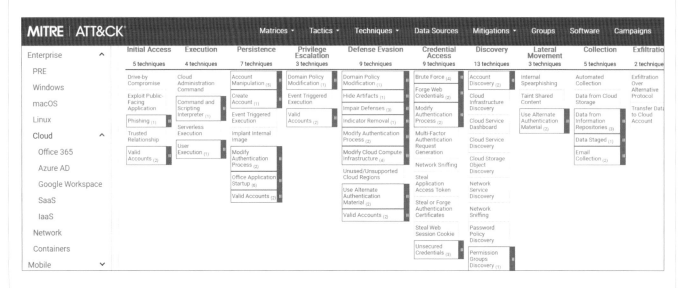

SOAR 的價值極大，如何將應用深化與提升智慧是關鍵

關於 SOAR 帶來的幫助，數聯資安游承儒對這方面有更深刻的說明。

過去沒有 SOAR 的情形下，企業一旦面臨傳統告警（Alert）或是異常事件（Event），處理流程就是仰賴資安人員進行監控、調查與分析，再來判斷這個警示是否為真，如果認為是可疑活動，再決定相對應的封鎖；相對地，在結合 SOAR 自動化元素的情形下，當警示出現，等於有機器人自動幫你執行調查，像是根據帳戶、IP 位址、攻擊行為軌跡等給出調查報告，如此一來，資安人員只要根據這份調查報告訂出最後決策，確定是否為真實的安全事件，若有因應這些事故的需要，就可以按下按鈕讓資安設備進行封鎖，如果遭遇到高風險的事件，也可以將決策交給機器人快速因應。

再者，以前靠人調查，可能有人員偷懶問題，現在變成一個自動化的流程，其實對服務品質的提升也有幫助，這是過去大家較少討論到的一點。

特別的是，數聯資安也有這方面的發展經驗。基本上，這類 SOAR 產品雖然提供協調、自動化與應變的功能，但當中的程序流程都要自己開發，這也是

SOC 服務的重要價值所在。

如果是企業自建導入這類產品，他們認為，國外產品的設計思維，對於很多流程的處理比較扁平，而國內場景尤其是公家機關，很多調查人員不見得有決策權，因此，流程設計或調查的思維會比較不同。此外，即便原廠提供設計好的流程，也很難拿來直接套用，如果客戶要進一步發揮 SOAR 的特色，通常自己可能也要有開發能力，或是找 SOC 服務業者協助。

整體而言，數聯資安游承儒認為，國外在新解決方案的應用，本來就比國內快 2 到 3 年，像是 SOAR 這類資安技術，國外可能在 3、4 年前已經崛起，而國內應用 SOAR 也需要一些內化的時間，以符合在地需求。

對於 SOAR 的幫助，Google 鄭家明也用了生動的例子來形容，就像醫生診斷病情時，可能會讓你先抽血再來會診，看你的抽血報告來判斷，而這樣的前置動作，也就是 SOAR 在做的事情：可先自動準備事件所需資料，再由資安人員來判斷，若是認為事件嚴重，可以按鈕讓 EDR 設備去阻斷。

當然，你也可以完全自動去進行，但這會有信心的問題，一開始你可能不會這麼做。這方面的演進，有如自動駕駛

關於 SOC 的演進，許多資安專家都認為可區分為三個階段，依序為反應式監控、主動式監控、具自動化的主動式監控。圖片來源／MITRE

的發展，初期會從一開始的 Level 1，持續朝向最高階 Level 5 發展。

提升能力，聚焦新資安設備普及、自動化與 AI 成熟度發展

隨著網路威脅推陳出新，防護也與時俱進。未來資安監控中心發展，我們也從這些業者看到 3 個重點趨勢。

首先，憑藉網路威脅情資帶來的幫助，現在 EDR、NDR、XDR 日誌的「含金量」，比早期資安設備來得高，有了這三者應該就能涵蓋監控全貌，讓警示的可信度提升，對於即時資安威脅監控有很大的幫助。

要注意的是，雖然 EDR 經過多年的市場推動，企業組織接受度越來越高，但像是 NDR 這類解決方案相對偏貴，若能普及將會帶來很大的幫助。

其次，在上述 Cloud SOC 的探討中，我們可以看到兩個面向的發展，一種是 SOC for Cloud，尤其是最近兩年，臺灣有越來越高比例的企業上雲，對於 SOC 團隊而言，在個別的雲端環境或

這幾年微軟在談現代化安全維運時，不斷強調 XDR、SIEM 與 SOAR 的整合，其中協調並自動化威脅回應的 SOAR 已是一大關鍵。圖片來源／微軟

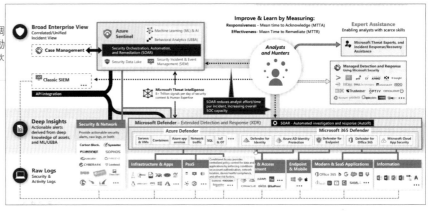

橫跨多雲的環境，要監控哪些對象與活動將是關鍵；一種是 Cloud on SOC，特別是雲端原生 SIEM 產品的出現。再加上，現在大家普遍看中雲地混合的應用態勢，因此，資安監控也正在朝向此方面邁進。

此外，目前已出現針對雲端環境的威脅偵測與應變方案（Cloud Detection and Response，CDR），從近年雲端安全相關的產品以及服務蓬勃發展來看，出現多種類型雲端專屬防護與管理工具，例如：雲端原生應用程式防護平臺（Cloud Native Application Protection Platform，CNAPP）、雲端安全態勢管理（Cloud Security Posture Management，CSPM），以及雲端工作負載保護平臺（Cloud Workload Protection Platform，CWPP）。

之所有會有發展出這麼多類型的資安產品與服務，也突顯大家對於雲端環境的重視，促使雲端相關安全監控、合規檢視、威脅偵測的持續發展。

第三，在 SOAR 的技術發展上，也

要注意應用成熟度，畢竟，如果只是簡單的自動規則設定，過去其實就能做到，因此，現在與未來如何深化應用更會是重點。整體而言，SOAR 對於自動化發展仍有其代表性意義，例如，可以讓大家更認真面對資安自動化、更有意識地進行資安自動化。

SOAR 在 AI 的幫助下，也將幫助解決告警疲勞、避免攻擊雜訊干擾，以及因應資安人力不足問題，像是一旦發生異常事件，AI 可自動總結、分類與產出，像是總結威脅情資的資訊，辨識惡意程式以分類，以及根據監控規則的特殊語法產生 SOAR 腳本等。

在 SOC 發展上，我們注意到資安機構 MITRE 在 2022 年 3 月底發布一份重要文件，名為《世界一流網路安全維

運中心的 11 個策略》，可供企業參考，為了幫助大家了解，我們也特別詢問 Google，請他們分析當中的重點。

鄭家明指出，第 5 章的關鍵在於事件處理應對的優先順序，第 6 章則談到威脅情資，再到第 8 章強調的流程管理、第 9 章的溝通，以及第 10 章的效能，都跟這次我們與幾家廠商談到的內容相互對應。

舉例來說，第 6 章以網路威脅情資揭示對手的行動，也就是朝向主動式監控；第 8 章關於利用工具來幫助分析師的工作流程，也就是從手動方式進步到自動化 SOAR，且 Playbook 自動化腳本的概念也受看重；第 10 章談到 SOC 效能評估，就是要做到持續精進。鄭家明希望大家想想看，每年阻擋的攻擊活動多，就代表有效嗎？還是要看流程做了多少自動化，在可視性方面，增加多少種 Log 類型？能夠讓整體資安狀態的能見度變高。

特別的是，關於第 9 章的溝通，也相當重要。例如，當資安團隊獲得威脅情資，不只是資安團隊需要這些資訊，像是漏洞等資訊，應該也要與軟體開發團隊溝通，與維運團隊溝通，讓他們也能夠注意，而且，溝通是相互進行的，像是其他團隊可能正導入 K8s，那監控團隊也要去瞭解容器的威脅，瞭解監控的目標。**文⊙羅正漢**

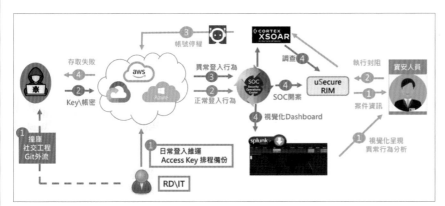

關於 SOAR 的應用方式，數聯資安透過具體情境來說明處理流程與步驟。一旦發現異常登入行為，在 Cloud SOC 的關聯分析、事件軌跡與多雲監控下，以半自動聯防情境而言，透過 SOAR 自動化的結合，將有機器人自動幫你執行調查，這時資安人員就只要根據這份調查報告的案件資訊，確定是否為真實安全事件，進而決策像是按下執行封阻，SOAR 可幫助執行帳號停權。面對高風險行為，也可採取自動聯防加速因應。圖片來源／數聯資安

法遵壓力增大，驅動企業強化資安

政府推動產業資安要求，從金融業擴及上市櫃公司，目的是促使企業及早發現威脅、降低損害，如何妥善建置與營運資安監控中心是關鍵

面對駭客從入侵開始到發動攻擊，間隔時間越來越短的態勢，防護網路威脅面臨日益嚴峻的挑戰，因為人力、流程、技術都必須持續強化，才有辦法因應，而且，需要更專業的內部或外部資安團隊統籌事宜，在這樣的框架下，若能設置與維運資安監控中心（SOC），可幫助資安事件的因應，將是企業能做到長期預防，以及早期發現威脅與妥善進行應變的關鍵。

事實上，政府最近對於產業資安的要求，也正在逐步提高。例如，金管會在2020年推動金融資安行動方案 1.0 時，就鼓勵金融機構建置資安監控機制（SOC）。希望原本已受到高度監管的金融產業，能進一步強化異常行為偵測告警的即時性與有效性，走向更主動防禦。

在 2021 年底，臺灣證券交易所也發布上市上櫃公司資通安全管控指引，當中指出須具備 7 項資安防護控制措施，資通安全威脅偵測管理機制（SOC）就是其中之一。

在此態勢之下，國內企業對於落實與強化資安的態度，也日益積極。

發展 SOC 或 Cloud SOC 企業增加，金融業與製造業較多

對於 SOC 採用意願，身為指標型 SOC 服務業者的安碁資訊與數聯資安則指出，SOC 的需求確實已從早年政府機關、金融領域，延續到上市櫃公司，而且雲端資安監控議題，也確實受到更多關注。

數聯資安技術副總經理游承儒表示，最近兩年，他們看到有不少上市櫃公司積極上雲，加上政策對於 SOC 的要求，他們認為需求成長比往年快。

與企業談到 SOC 時，過去大家反應並不熱烈，有意願了解的公司很少，2023 年則有公司主動洽詢，有很大差別。像 2016 年 EDR 這樣的資安解決方案開始在臺灣推行，當時廠商可能要一家家公司去拜訪介紹，但現在 EDR 已經漸漸變成企業資安標配。

根據他們的觀察，除了政府、金融業，其實處於市場頂尖位置的製造業也早就有所規畫，現在二線製造業詢問與概念驗證（POC）的需求增加，他們明顯感受到這一波需求急切。

同時，現在上雲的比例增加，對於 Cloud SOC 的需求也是會提升。明年很可能就有爆炸型的提升。就上雲情形來看，國內百貨業者也積極進行上雲，但他們對於雲端資安防護的概念還較少；製造業也在上雲，只是應用多半是用作備援、用戶驗收測試環境（UAT），比較沒有應用在業務面，目前可能有點保守。

他們認為雲端環境遍布全球，有些製造業都有跨國據點，未來資安 SOC 監控視角能從臺灣拉高到全球。

特別的是，數聯資安以 4 個成熟度階段，來幫助企業對於 SOC 能有簡單快速的認知。以 Level 1 而言，就是日誌收集與監控，Level 2 是大數據分析與調查，Level 3 進入自動化 SOAR 聯防的層次，Level 4 是雲地聯合防禦的整合性監控。

安碁資訊總經理吳乙南表示，從市場面來看，SOC 需求及 Cloud SOC 的詢問度越來越高，主要是法規要求帶動。除政府、金融業，2022 年他們觀察到不少製造業，加上近年金管會推動上市

上市櫃資安管控指引，對SOC已有明確要求

配合金管會強化整體上市公司資通安全管理政策，臺灣證券交易所在2021年底發布「上市上櫃公司資通安全管控指引」，當中已經明確要求上市公司應配置適當人力資源及設備，亦應進行資通安制度規劃、監控與執行等等規範，資安監控中心 SOC即已納入。例如，在第6章的資通安全防護及控制措施中：

第18條 具備下列資安防護控制措施：

一、防毒軟體。
二、網路防火牆。
三、如有郵件伺服器者，具備電子郵件過濾機制。
四、入侵偵測及防禦機制。
五、如有對外服務之核心資通系統者，具備應用程式防火牆。
六、進階持續性威脅攻擊防禦措施。
七、資通安全威脅偵測管理機制（SOC）。

櫃公司要有資安，2023 年第二季出現需求爆發。

這就像智慧製造一樣，要有能見度（透明度），資安監控也是如此。再從管理與永續經營的角度來講，資安層面資訊也要透通到管理階層，如今資安監控慢慢變成是剛性需求，畢竟臺灣製造業機敏資料，不是偶發事件，是持續發生的威脅，企業就會關注。

另一重點在於，四五年前，國外開始關注入侵及攻擊模擬演練（Breach and Attack Simulation，BAS），如今這項資安應用也受重視。兩家業者都特別提到，金管會在 2022 年發布的金融資安行動方案 2.0，鼓勵已建置 SOC 並達一定規模的金融機構，引入攻擊方思維，除了 DDoS 攻防演練、紅藍隊演練之外，也藉由入侵與攻擊模擬 BAS，來檢驗資安監控及防禦部署的有效性，也就是驗證資安設備是否買對，人員訓練是否紮實。

SOC 發展已久，很多企業組織仍不了解需建立整體認知

在 SOC、Cloud SOC 需求增加之下，我們也發現值得關注的議題。

例如，他們遇到只有防毒與防火牆的傳統企業，現在已經開始上雲，詢問他們該如何做 SOC。此外，在政策帶動之下，有些公司只想用最低成本，來達成合規要求。

數聯資安技術副總經理游承儒表示，儘管 SOC 發展多年，不過還是有企業對 SOC 完全沒概念，主要是為了符合政府法令要求才開始做。

這種情況對資安服務業者而言，也會形成很大的挑戰，因為 SOC 平臺的建置與維運面臨更大的壓力，必須設法做出效益。基本上，SOC 仰賴多樣化資訊來源的日誌收集，因此，資安服務業

者等於也要幫這些企業設想其成熟度，先讓他們認識資安態勢，再提升 SOC 成熟度。他認為，再過幾年這些企業的思維才會有更顯著的改變。

不過，他們 2023 年也有很深的感觸，因為有很多之前完全不做資安的客戶，都開始有動作，這也意味著越來越多企業重視這件事，另外，也碰到很多是供應鏈要求的廠商要積極推動資安，卻以為只需要幾十萬元的費用就能全部搞定，這同樣是價值認知的落差。

安碁資訊總經理吳乙南表示，應付法規要求的可能性絕對存在，不過他們認為還是可用正面角度看待，因為以前他們在業務推廣所接觸的對象，多半不是企業高層，然而，現在至少上升到企業管理層來談這些事。

只是，就實務來看，企業可能對於資安防護具體該做到多大規模、要花多少錢，還沒有概念，這方面政府與金融的認知比較成熟，製造業普遍多半只意識到本身有需求，但是，整體維運預算的編列，還沒有進入常規。

雲端成本的因素也要注意，會對資安部署產生影響。有些製造業在 ESG 的布局，已經看到採用雲端服務的優勢，例如不像地端環境有管理維運的成本。因此，曾經有企業想要在全球大規模部署，但後來發現若全部都用雲端服務來做，可能負擔不起，因此最終考量採用雲地混合方式，另一方面是在資安監控上，很多系統需要調校、規則需要建立，才能讓監控更精準，因此先縮小上雲部署範圍。

此外，兩家業者均認為，選擇 SOC 服務的比例將會增加，最主要原因在於人力資源的挑戰。早期大型企業組織自建 SOC，但現在養人、留才並不容易，大家都在搶人已是現況，由於 SOC 維運需要 7x24 小時運轉，要有領域知識

與經驗，要有人的專業能力，還包括流程規畫、情資等各方面的整合。

同時，還要顧及雲端監控的層面。他們曾試過找懂雲端的人才來承擔工作，但這些人不懂資安，最後還是透過懂資安的人去學雲端服務的技術，才達到他們的要求，而且相關人員不只需要熟悉一朵雲的技術，還要懂不同的雲。

因此他們認為，大部分客戶會走向委外。也有一種模式是客戶自建，再由他們來代管，這樣的差異在於，可以設計更貼近企業自身場景的監控規則。

政府採購發生變革，產業因此看到發展的希望

隨著 SOC 服務廠商投入的研發與精力越來越多，在臺灣市場當中，還面臨持續影響資通訊產業生態的議題：政府公務部門採購。

過去在政府共同供應契約的 SOC 服務採購中，招標機關經常會採最低價決標，這種狀況也導致多年來，廠商面臨吃力不討好的情況，因為為了與時俱進，廠商提供的服務需要往上提升，收費卻持續往下。

所幸 2022 年軟體採購辦公室已將這方面改成複數決標，可提供不同價格，對於 SOC 服務業者而言，意味著服務價格不再受打壓，至少看到這個市場有了轉機。只是，現階段，這些 SOC 服務業者認為，恢復合理收費還要再一段時間，主因是客戶編列預算會參照過去經驗，價格不容易一次大調整。

我們認為，這樣的改變對產業發展是好事，畢竟，面對資安威脅需要雙方共同應對，採購者對產品與服務的價值要有共識，共同維持產業健全，用戶不能一味壓低成本，使得廠商利潤受到不當壓縮，才能帶動更多人進入這個產業，促成良性發展。**文⊙羅正漢**

半導體資安

全球首批 SEMI E187 標準設備出爐

半導體設備資安標準推廣有重要進展，SEMI E187 檢核清單制定讓設備業者能夠進行自我查驗，同時協助介紹合規的國產資安解決方案，更重要的是，有兩家廠商設備取得 SEMI E187 合格驗證

由臺灣主導的半導體產線設備資安標準規範 SEMI E187，在 2022 年 1 月發布，抵達第一座里程碑，後續將如何推動這項產業標準，是資安界與半導體界都關心的議題，後續又有重大的進展。在 2023 國際半導體展舉行的 SEMI E187 合規設備發表會，數位發展部數位產業署署長呂正華表示，已經有兩家臺灣業者的設備通過驗證，分別是均豪精密工業與東捷科技。隨著首批 SEMI E187 合規案例出現，可促進更多設備業者合規導入。

關於 E187 推動現況，在 2022 年 9 月，有 8 家臺灣半導體設備業者宣誓將著手實作先期導入，以及 E187 參考實務指引的規畫及發布，2023 年的目標就是要建立合規案例。

達成 3 大目標，SEMI E187 Checklist 制定是關鍵

目前有那些具體行動？根據呂正華的說明，我們歸納三大重點。首先，產業署偕同國際半導體產業協會（SEMI）及台積電，將 SEMI E187 標準基本實施檢核表（SEMI E187 Checklist）制定完成，這不僅協助半導體設備業者，可以自我檢核生產設備的合規情形，同時也讓驗證項目有了依據。

其次，為了輔導業者能夠生產符合 SEMI E187 規範的機臺，他們也與 SEMI 及台灣電子設備協會（TEEIA）舉辦工作坊，目的是幫助業者先了解 SEMI E187 Checklist 要如何應用，介紹有助於合規的國產資安解決方案。

第三，協助設備業者獲得 SEMI E187 的合格性驗證，以目前而言，有兩家臺灣業者的設備率先通過認證，分別是：均豪精密的 AOI 自動光學檢測設備，以及東捷科技的 OHS 空中行走式無人搬運系統。

前者由華電聯網與睿控網安（TXOne Networks）協助，至於後者則是由竣盟科技協助，都已經通過第三方驗證單位的認可——必維國際檢驗集團（Bureau Veritas）提供認證。

對於未來的發展，呂正華表示，SEMI E187 帶起半導體產業上下游供應鏈的資安意識，這樣的標準，未來若應用到面板、印刷電路板（PCB）、精密儀器，進入產業鏈裡面，會讓整個環境更重視資安。

後續半導體資安強化有哪些挑戰？我們認為，推動更多設備通過 SEMI E187 驗證之餘，買這些設備的半導體公司也很重要。一旦指標性廠商如台積電、日月光，開始將合規驗證納入要求，會是更大的資安強化推動的助力。

因為當越來越多供應鏈普遍要求自己或第三方，完成 SEMI E187 檢核清單報告，勢必也將帶動半導體設備廠商重視資安，將這些狀態的確認視為常態，進而在設備出廠時，都能達到基本的安全水準。**文⊙羅正漢**

兩家廠商的設備正式取得 SEMI E187 合格驗證，包括：均豪精密的自動光學檢測設備，以及東捷科技的空中行走式無人搬運系統。在 SEMI E187 合規設備發表會上，數位發展部數位產業署為了肯定臺灣半導體廠商的努力，也特別在此場合頒發 SEMI E187 合格性驗證證書。

資安產業

臺灣通用資安人才類別框架定案

臺灣面對資安人才不足問題該如何因應？國家資通安全研究院在 2023 定義出 19 種資安人才類型，預告各類人才培訓課程將陸續推出，資安長課程將率先於 12 月底前啟動，2024 年再針對資安事件工程師開課

因應資安人才不足，建立人才職能框架以利培訓課程與證照檢驗，是全球與臺灣都關注的議題。

由於資安面向廣泛、技能需求多元，過去美國曾發布 NICE 網路安全人才框架，定義 7 大類別、33 個專業領域，以及 52 個工作角色，到了 2022 年 10 月，歐盟網路安全局（ENISA）亦發布 ECSF 網路人才技能框架，定義資安團隊 12 種角色。

在臺灣，為了克服資安人才需求缺口持續擴大的挑戰，2022 年初，國家資通安全研究院（資安院）開始積極行動，先從供給與需求面來調查我國資安人才現況，分析資安人才職缺情形；2023 年初接續打造適合我國的通用資安職能基準，強調以 ECSF 網路人才技能框架的 12 類人才為基礎，建構符合國需求的資安人才類別雛形。在我們 2023 年 3 月進行這方面的報導時，也已經提到這麼做的重要性。

最近終於有重要的實質進展，因為在 8 月 24 日資安院舉行的研討會，宣布最新的工作成果，當中揭露 2023 臺灣資安人才培力研究報告的藍皮書，副院長林盈達表示，我國資安人才類別框架的發展，已定義「12+7」種類型，並

完成政府與民間的資安課程開設調查，提出未來開課方向的建議，他預告，培訓課程將從資安長的人才類別先啟動，預計最晚 2023 年底就會開設。

之後明年，還將公布資安事件工程師的課程，也就是要幫助國內，培訓更多的安全維運中心（SOC）的第一線人員，甚至第二線的人員。

將我國資安人才類型分為 19 種，廣泛企業皆可參考

符合我國產業特色的 19 項資安工作角色有哪些？

資安院人才培力中心主任鄭瑋表示，我們人才類型框架的規畫，主要依據先前技服中心提出資安人才類型層面，以策略類、管理類、技術類為基礎，參考

國家資通安全研究院人才培力中心主任鄭瑋表示，我國資安人才類別框架分出 19 類，以歐盟 ENISA ECSF 的 12 種人才為主，並顧及我國現況與通用性而額外增加 7 種。另外，資安院也依據美國 NICE 框架所列出的 7 大類別，將不同的人才類型進行歸類，幫助外界瞭解這些人才類型的性質與定位。

美國、歐洲的作法，並納入國內產業長年存在一人身兼多職的情形，因此不用美國 NICE 框架的 52 種人才類別，而是設法與類別較簡易的歐洲 ENISA ECSF 框架進行介接，也就是以 12 種人才類別為主。

不僅如此，他們也考量臺灣的國情與地緣政治因素，需要更多投入保護與防禦的人才，以及希望反映更多資安產業需求的工作角色，因此進一步擴充而增設了 7 大人才類別。

具體而言，我國這 19 項資安工作角色，包括：

● 與 ECSF 框架共通的 12 種：資安長、資安架構師、資安風險管理師、資安法遵師、資安稽核師、資安教育員、資安研究員、資安產品開發工程師、滲透測試工程師、資安事件工程師、威脅分析工程師，以及資安鑑識工程師。

● 額外新增的 7 種：資安系統規畫師、資安顧問師、資安專案經理、資安檢測工程師、資安系統維運員、資安監控防禦工程師、漏洞分析工程師。

這份藍皮書中，特別說明這樣的 19 種資安人才類別產出，並不代表一個組織同時需要那麼多元的工作角色，主要目的是讓組織在拓展資安業務時，能夠提供設立這些工作職務上的建議。

實務上，的確有可能由一人負責多種的工作職務，而且，有些是產業資安專屬職務，有些是資安產業專屬職務。例如，這裡設計的資安顧問師、資安專案經理、資安研究員，以及資安產品開發工程師，就是針對「資安產業」的專屬獨有職務。

還有一個需要注意的不同之處，鄭瑋表示，ECSF 將資安開發跟維運工程師歸在同一類，因此，資安院決定將其拆解為資安產品開發工程師，以及資安系統規畫師。

總體而言，這 19 種人才類別，主要是參考國內外資源，同時顧及我國現況與通用性所制訂，希望重新調整資安人才類別的精細程度，瞭解資安職業職務涵蓋範圍，建立產業人才能力規格的職能基準。

畢竟，過去我國勞動部勞動力發展署定義的職能基準，與資安相關的僅有 4 種，不僅未對不同職務內容予以細分，而且光是資安工程師一職，幾乎就囊括所有資安相關職務。

如今有了更細膩畫分，等於建構出我國資安人才培訓、用才時的基礎，不只是可用於精準盤點人力資源，釐清人力的流向與缺口，也能便於推動後續的課程規畫。

至於近年國內也有單位投入研究，發展針對政府機關、金融產業，以及新興資安產業的資安職務職能框架，但這些主要是領域專屬，非普遍通用。

從必修、通識做起，資安教育才能最快普及

關於基礎資安教育的推展，同樣是各界熱烈關注的議題。2023年8月底召開的臺灣資安人才培力研究報告研討會也討論此事，顯然大家都很重視。

輔仁大學資訊工程系特聘教授許見章提出一些建議，後續也引發很多迴響。他從教育體系檢視學生修課歷程的資安專業科目，得知學生在大學、研究所，最多只修5門課、15學分，關鍵是老師開課能量不足，產業如何補足這部份資源很重要。

他表示，想要大量培養資安人才，透過產業來彌補是其中一種作法，學生在校期間，若能把資安專業科目納入必修課，會帶來更多幫助，然而，現在這些科目卻是選修，效果有限。

提升全民資安意識，其實也是學校教育可以努力的方向，許見章認為在通識課當中，如果能加入資安意識科目，或納入必修，甚至像軍訓課能折抵役期，將促使更多學生積極認識資安，或是對資安專業產生興趣，而這也呼應資安即國安的政策推動要求。

對此國家資通安全研究院副院長林盈達表示，他們不僅要與教育部溝通，也要試著與國防部協商可行性。但如何有效推動更多跨部會的合作，也將是後續一大考驗。文⊙羅正漢

未來要擴大培訓課程，需積極推動種子教師培育

完成定義我國的資安人才類型之後，接下來，將接續盤點所需技能與知識，訂定課綱和教材，幫助國內培育最需要的資安人才。

面對 19 種資安人才的培訓，推動優先順序成為關注焦點。

現階段，由於近年金管會已要求上市櫃公司設置資安長，這些資安長該具備哪些職能與知識，以及如何與董事會與業務單位溝通，成為當今最受臺灣各界關注的部分。

而從資安院人培中心 2022 年職缺調查結果來看，儘管臺灣對於維運型人才的需求最迫切，但考量國內市場「一人多工」的實務情形，我們不能只是培育維運人員需具備單一職能，也要擴及保護與防禦、安全交付的資安職能，才能對業界資安防護帶來更大助益。

因此，根據資安院的規畫，2023年 12 月底會先啟動資安長的培訓課程，到了 2024 年，再啟動資安事件工程師的培訓課程。

對於我國在職培訓資安課程現況，鄭瑋表示，資安院人培中心在 2022 年 9 月進行相關調查，最後以 15 間開課單位，205 堂培訓課程來觀察，以釐清課程與職能的對應關係。

當中有哪些特殊發現？ 2022 年職缺類型數量最多的，是運營與維護類型人才，但是，這方面的開課數量並非最多，只有 37 門，安全交付的職缺也不少，然而，這方面的課程開設數量卻只有 3 門，相當稀缺。

若依照我國資安人才類別來看，目前開課數量前三名，分別是：資安監控防禦工程師、資安系統維護員（學習資安業務運作與設備控管）、漏洞分析工程師。至於推動企業資安治理的資安長，以及資安事件回應能力的資安事件工程師，居於第四、第五。

再與我國職缺需求等相互對照來考量，未來在開課的規畫上，除了資安長的課程，民間企業與組織的維運課程仍須持續開設，同時也考慮於維運課程加入防禦與安全交付方面的訓練，因為這將有助於第一線人員技術面的強化，對職涯多發展性也有幫助。

整體而言，資安院所要推動的未來開課策略，鄭瑋指出下列三大重點。

首先，需發展適合個資安人才類別的

培訓。她強調要以一綱多本推動發展，由資安院訂定職能課綱，並與公家機關、民間訓練機構合作開發教材。

第二，可以建立訓練機構與講師遴選機制。然而，這方面將遇到開課量能的挑戰。早年我國重視「拔尖」，也就是培養頂尖資安人才，如今重視普及的人才，需要培養更多具備實務經驗的資安人才，然而從過去開設培訓中心狀況來看，若每年只能開三個培訓班，頂多培育150人，無法滿足現在資安人才需求急遽擴大，所以，我們需要更彈性且量能可擴大的方式，並透過建立訓練機構跟講師遴選，顧及教學品質。

第三，推動種子教師培育規畫。這樣才有機會持續擴大培訓講師的能力與數量，以滿足各個資安類型領域專長，與不斷增長的培訓需求。

特別的是，根據藍皮書中的調查結果進行分析，針對19類人才類型而言，我們可以具體看到國內目前的開課單位與相關機構，如資安院、工業技術研究院、ACW資安網路學院、台灣金融研訓院、國家高速網路中心、安碁學苑、中華民國資訊軟體協會的CISA數位轉型大學，以及資展國際（iSpan）。

換言之，除了建立訓練的組織機構，以及講師遴選制度，這些機構也都可能是培訓我國19類資安人才的重要支柱，但如何協助擴大講師與課程，需要多方合作。畢竟，有些人才類型需求最急迫，應有更多機構開設對應課程，有些人才類型更是無法對應到培訓課程。

資安證照也是不可或缺的一環，目前已有初步進展

最後的部分是資安人才證照，目前資安院人培中心在這方面的研究分析，尚處於早期階段，僅針對資安署公告的104張資安證照作分類，並試著將19種資安人才類別所需證照作出歸類，給予工作類別與職能上證照考取的建議。

對於資安證照課程的開課單位，他們亦進行盤點，目前已知的機構，包含：恆逸教育訓練中心、全智網科技、中華民國電腦稽核協會、工研院產業學院、CISA數位轉型大學、緯育Tiba Me、領導力企管、巨匠電腦、資展國際、中華資安國際、台灣金融研訓院、國際商貿文化交流基金會等。

還有幾項資安證照方面的議題，也是資安院關注重點。例如，考取國際資安證照的費用相當昂貴，如何用國內證照部分或完全替代國際證照體系，也成為關鍵議題，像是，近幾年來，經濟部推出iPAS資訊安全工程師中級或初級認證；此外，國際證照體系可能有供需缺口，如OSCP提供滲透測試實踐的認證，但這裡主要是培養紅隊技能，是否也能讓這些人員取得藍隊技能的證照，進而厚植人才基礎。

整體而言，隨著我國資安人才類別框架成形，後續很多發展可以仰賴這個基礎來進行。例如，建構各個人才類別的知識與技能需求，以及發展培訓的課程，還能夠仿效美國CyberSeek開發資安人才的職涯路徑圖，以及根據地區的不同來設計人才需求的熱度計，即時呈現那些資安人才類別的需求度最高。文⊙羅正漢

關於如何將資安人才類別應用於資安防線，資安院人培中心主任鄭璋也用三線防禦模型的概念來闡釋，並藉助不同情境來舉例說明。以解決資安問題的流程為例，第一道防線就是聚焦日常SOC維運監控、資安事件應變與通報，這部分的資安工作角色包含：資訊系統維運人員、資安事件工程師、資安監控防禦工程師；第二道防線聚焦事件狀況後續分析，以及釐清事件根因，這部分的的資安工作角色可已有資安鑑識員、資安研究員、資安威脅分析師；至於第三道防線，則屬於長期的資安規畫與評估，像是資安長與資安風險管理師。

圖片來源／國家資通安全研究院

為了建立臺灣完整資安人才培育生態，由數位發展部監管行政法人國家資通安全研究院已提出規畫，將從基礎資安教育、中階在職培訓，以及進階專業培養的三大面向出發，並提出四大目標與行動，而且不只是先要識別人才缺口，打造資安人才框架更是其中的一大重點，以便日後發展資安培訓課程與評量機制。
圖片來源／國家資通安全研究院

圖一、資安院人培中心資安人才培育生態建構圖解

我國資安人才類別框架區分為 19 類別

	資安人才類別	核心職能	對應ECSF框架的角色	對應NICE框架的類別
策略類	資安長 （Chief Information Security Officer）	● 資安政策制定與規範 ● 資安治理架構與評估 ● 資安監督與管理 ● 資安資源配置	有	監管與治理
管理類	資安架構師 （Security Architect）	● 系統安全架構 ● 網路安全架構	有	安全交付
	資安系統規畫師 （Systems Requirement Planner）	● 系統安全架構 ● 網路與系統建置規劃	無對應類別	安全交付
	資安風險管理師 （Cybersecurity Risk Manager）	● 資產安全等級分類 ● 風險分析與評估 ● 風險處理方式	有	安全交付
	資安法遵師 （Cybersecurity Legal, Policy & Compliance Officer）	● 資安法規標準與識別 ● 個人資料保護法	有	監管與治理
	資安稽核師 （Cybersecurity Auditor）	● 資安法規標準與識別	有	監管與治理
	資安教育員 （Cybersecurity Educator）	● 資安認知宣導與推廣 ● 資安技術傳授與指導 ● 資安教材與資源應用	有	監管與治理
	資安顧問師 （Cybersecurity Consultant）	● 網路安全／作業系統／資料庫管理與 防護 ● 資安風險評鑑	無對應類別	監管與治理
	資安專案經理 （Cybersecurity Project Manager）	● 資安管理制度規劃建置 ● 資安專按支援與管理	無對應類別	監管與治理
技術類	資安檢測工程師 （Cybersecurity Tester）	● 系統建置與網路 ● 系統安全檢測	無對應類別	安全交付
	資安研究員 （Cybersecurity Researcher）	● 惡意程式、漏洞與攻擊程式深度分析	有	安全交付
	資安產品開發工程師 （Information Systems Security Developer）	● 資訊系統開發、程式撰寫	有 ※	安全交付
	資安系統維運員 （Systems Administrator）	● 身分認證與存取控制 ● 日誌收容分析管理 ● 資料安全與備份	無對應類別	營運與維護
	資安監控防禦工程師 （Cyber Defense Analyst）	● 惡意程式防護 ● 網路／系統威脅與攻擊手法與對策 ● 入侵偵測與防禦	無對應類別	保護與防禦
	滲透測試工程師 （Penetration Tester）	● 滲透測試與漏洞修補	有	保護與防禦
	資安事件工程師 （Cyber Incident Responder）	● 資安事件通報 ● 資安事件分析與修復 ● 緊急應變與持續改善	有	保護與防禦
	漏洞分析工程師 （Vulnerability Analyst, Exploitation Analyst）	● 產品與系統之威脅建模／風險評估 ● 反向工程	無對應類別	保護與防禦，分析
	威脅分析工程師 （Threat Analyst）	● 威脅情蒐分析處理 ● 弱點異常深度分析	有	分析
	資安鑑識工程師 （Cyber Defense Forensics Analyst）	● 數位鑑識蒐證	有	調查

資料來源：國家資通安全研究院，iThome整理，2023年8月　※註：對應為資安工程師（Cybersecurity Implementer）

降低國家風險、每個人都是關鍵！
美國政府向全民推廣主動通報的重要性

前美國國土安全部長 Janet Napolitano 打造關注網路和關鍵基礎設施安全的
CISA，透過推廣「See Something Say Something（一看到、就通報）」活動經驗，
達到降低網路安全風險的目的

在美國總統歐巴馬時代，曾擔任 5 年國土安全部（DHS）部長暨美國加州大學柏克萊分校政治安全中心創辦人 Janet Napolitano 首度訪臺，並於臺灣資安大會 2023 致詞，她強調，隨著各種搜尋引擎和社交媒體發展，出現許多有害的資安漏洞和威脅，我們應該關注的，並非網路攻擊的威脅本身，而是如何減輕網路風險的脆弱性。

在這場演講中，她以當年國土安全部（DHS）在全美推廣的「See Something Say Something（一看到、就通報）」活動為例，通報可疑的人事物，能夠降低實體社會面臨的風險，這個全民參與概念也適用網路環境，Janet Napolitano 認為，即便無法降低網路威脅，也能藉此減輕這些威脅帶來的風險。

打造國家級網路安全部門

國土安全部（DHS）預算為 600 億美元，在全球超過 120 個國家設有辦事處和業務單位，是美國第三大部門，也是最年輕的部門，因為它是在 911 恐怖襲擊之後才成立的新單位。

隨著新技術、搜尋引擎和社交媒體發展，出現許多資安漏洞和威脅，從烏俄戰爭網路攻擊行為早於實體戰爭，我們了解到網路面臨的各種風險，變得更國際化也更普遍。

Janet Napolitano 認為，我們應該關

CYBERSEC 2023
臺灣資安大會

注的，是如何減輕網路風險的脆弱性，而美國國土安全部的基本職能就是：做到從各種危害中復原，在網路安全領域亦然。

她擔任國土安全部部長時，打造出專注在網路安全，以及關鍵基礎設施安全的全新機構：CISA（美國網路安全部門），希望透過不斷的測試（Testing）、探測（Probing）和演練（Exercising），減少各種已知和未知的漏洞。

「一看到、就通報」不只鎖定國安，也適用網路環境防護

Janet Napolitano 擔任國土安全部部長時，曾透過群眾外包（crowdsource）對全國發起名為「See Something Say Something（一看到、就通報）」活動，宣導重點在於，若發現周遭有任何可疑人事物，應該立即通報有關當局。

這樣的活動也能適用網路安全，其基

美國前國土安全部（DHS）部長暨美國加州大學柏克萊分校政治安全中心創辦人 Janet Napolitano 首度訪臺，她表示，對於可以控制的事情，應該要努力促成，儘可能成為最佳狀態，而這在緩解網路風險的世界裡，是可能發生的。

本前提就是：雖然我們無法降低網路威脅，卻可以減輕這些威脅帶來的風險。意即，我們可以做表面上看似很簡單，卻可能會產生巨大影響的事情，「制定攻擊計畫，就是一件類似的事情。」她說。

例如，我們可以使用系統，進行適當的網路衛生（cyber hygiene）；動員公私部門和民間社會，做好一般準備工作；並向相同的受眾傳遞做好網路安全最佳實務的注意事項；擁有適當的防禦工具，以便擊退某種網路攻擊等。

她表示，這些事情看起來都很簡單，幾乎都是基本的，但是，作為處理網路安全風險的標準而言，它們卻經常受到忽視。

Janet Napolitano 認為，我們應努力控制可以控制的事情，同時關注不能控制的事情，像是「一看到、就通報」在活動推行之初並不直觀，但仍帶來正面影響，而且到了現在，這個活動也一直致力於讓美國更安全。文⊙黃彥棻

企業資安防禦策略

以「預想被駭」
強化資安偵測應變能力

資安防護無法阻擋駭客進犯已是必然，能否具備第二道資安防線偵測應變能力成關鍵，
Mandiant 執行長點出企業目前應有的新思維

駭客入侵是必然趨勢，資安廠商 Mandiant 執行長 Kevin Mandia 在 2004 年公司成立時，呼籲企業採取資安防護措施，以免因駭客入侵登上報紙。二十年後，這位證實中國人民解放軍 61398 網軍部隊聲名大噪的執行長，強調：「資安防護擋不住駭客入侵亦是必然趨勢」，在 mWISE 2023 會議，他特別提出了「預想被駭（Assumed Breach）」，說明此概念的重要，建議企業強化第二道防線：偵測、應變與控制能力，升級至現代資安防禦架構。

為何需要「預想被駭」？

「預想被駭」意指事先料想駭客突破資安防護措施潛伏企業內部，正悄悄探查網路、竊取資料或部署攻擊工事。

為何要預先設想被駭？Mandia 表示，從攻擊端來看，我們面對的敵人是頂尖網路攻擊者（Apex Attacker），如

名列網駭五大寇（Big Five）的中國、蘇聯、北韓、伊朗與網路犯罪集團，他們有能力利用零時差漏洞發動攻擊，或在軟體漏洞被揭露後，於一日內就能發動攻擊；他們也已採用軟體開發框架，有系統、有規模地開發惡意程式與攻擊軟體。

頂尖攻擊者在攻擊前也會清楚掌握入侵目標的相關資訊；一旦入侵成功，頂尖攻擊者也有能力長期潛伏在被駭目標內部；甚至，頂尖攻擊者已普遍採取寄生攻擊（Live off the Land）手法，運用作業系統內建合法程式進行滲透，有效躲避資安軟體偵測；而為了隱藏攻擊來源，頂尖攻擊者亦具有可混淆入侵行徑的網路連線、命令控制系統等發動攻擊所需的基礎設

積極部署與管理資安預防措施之餘，Mandiant 執行長 Kevin Mandia 呼籲大家要有「預想被駭」的思維，因為擋不住網路攻擊會是常態，所以更要積極強化第二道防線，持續提升偵測、應變與控制力量。圖片來源／Mandiant

施，以掩飾其真實身分逃避究責。

頂尖攻擊者有強大能力，又有充足資源，因而企業過往策略若是將駭客阻絕於境外，已無法完全因應這個局面。

另一方面從防守端的企業現況來看，Mandia 指出，隨著資訊科技快速發展，需要資安防護的領域越來越多，而且資訊系統肩負越來越多重要功能，架構日益龐大且複雜，導致攻擊面大幅增加，

生成式AI將成資安人員救星

Mandiant 執行長 Kevin Mandia 對新興生成式 AI 寄予厚望。他認為生成式 AI 能夠解決資安人力耗損、資安人才不足，以及縮短攻防不對等的差距。

Mandia 表示，從過往擔任資安分析師的經驗來看，造成資安人員倦勤（Burn out）最根本的原因，就在於缺乏效率。例如，在整個資安事件調查過程中，資安分析師為了產出最後的事件調查報告，投注在製作報告的時間，往往遠大於事件調查分析，這也逐

漸導致資安分析師衍生倦勤想法。

雖然攻擊端的駭客也會利用人工智慧技術強化攻擊能力，製作更擬真的釣魚郵件等等，不過，水能載舟，亦能覆舟，Mandia 說：「AI 對於防禦端資安人員的幫助會更大。」

他指出幾種可能應用，例如：生成式 AI 可幫資安人員快速掌握更廣泛的歷史漏洞資訊、事件調查與研究資料，有助於事件應變調查階段取得所需資訊，以及事後更快速製作調查報告。

生成式 AI 技術亦可將不同資安公司的多份調查報告合而為一，協助快速整合資安情資，節省閱讀報告的時間。Mandia 指出，生成式 AI 技術亦有助於惡意程式與假訊息的分析，有了新興的AI人工智慧技術，Mandia 說：「第一線資安分析師，將能升級為第三線資安分析師。」意指第一線與第二線資安分析師，職掌較為事務性、繁鎖的工作，這些角色將會由 AI 取代，未來資安人員可以做更高階、更有價值的工作。文⊙吳其勳

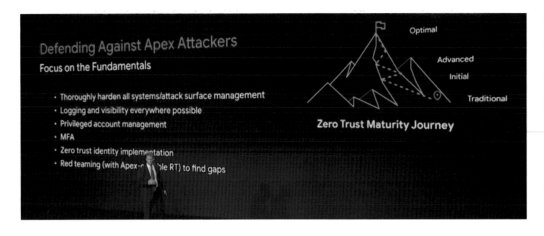

然而，需要資安防護的系統變多，資安人員卻嚴重短缺，跟不上防護需求。

上述內憂外患顯示，不論資安做得多好，資安防線依然有失守的可能性。因此藉由預想被駭的觀念，一方面有助於企業思考駭客可能的攻擊手法與企業組織的弱點，及早針對關鍵問題部署相對應的防護措施，提高資安防護的有效性。另一方面，預想被駭也能夠讓企業思考駭客入侵情況下的應變措施。

從「預想被駭」練就應變力

鑑於頂尖攻擊者普遍利用社交工程、零時差漏洞、外洩的員工帳密，或網通、資安設備弱點等途徑，企業須預想員工會被駭客社交工程突破心防，而透露帳密或身分驗證資訊；預想防火牆、VPN 等網路邊界設備，會因為未知的零時差漏洞而被中國網軍穿越；預想員工在公私領域皆使用相同密碼，而導致企業內部系統的登入驗證資訊間接外洩；甚至要預想老舊資安設備乏人管理，而成為駭客入侵的秘密入口。

除非員工個個都是鐵石心腸，毫無助人之心，Mandia 指出，否則有心的駭客一定能利用人性弱點，以社交工程手法成功欺騙員工。企業須預想一定有人會上釣魚郵件的當，因此，一方面要舉辦釣魚郵件演練，訓練員工辨識釣魚

信，另外，要教導員工在不慎點擊釣魚郵件網址後如何應變，讓員工有警覺、通報資安團隊，以進行緊急應變，及早控制情勢，並升高整體防護意識。

零時差漏洞攻擊增多趨勢也是必須設想的情境，Mandia 指出，在 1998 年至 2018 年間，每年大約有 10 至 15 個零時差漏洞，然而 2023 年截至第三季就有 62 個零時差漏洞被用於網路攻擊。更有甚者，中國網攻近兩年擴大利用網通與防火牆、VPN 等資安設備零時差漏洞，一方面是端點電腦陸續具備可偵測與阻絕入侵行為的 EDR 防護軟體，因此從端點電腦入侵越來越困難，而另一方面，網路邊界設備普遍未安裝 EDR 或其他防護軟體，因此只要找到零時差漏洞，就能有效入侵企業組織，而且入侵行蹤不容易被察覺。在零時差漏洞猖獗的趨勢下，預想網路端點設備存在零時差漏洞有必要，這也代表第一道資安防線存在失效的可能性，因此須仰賴第二道資安防線的偵測與應變。

預想企業內部登入驗證資訊外洩也有必要。現今網路服務發達，多數人為了方便記憶帳密，往往用不夠安全的密碼，而且所用的網路服務皆設定同組帳號密碼，甚至與公司內部系統的帳密相同。由於此現象普遍，有技巧的駭客會在入侵前，先搜尋網路上外洩的帳密，

找尋符合條件的入侵標的，若能用於登入企業 VPN 或電子信箱，就能偽裝員工合法存取企業內部系統，毫不費心力攻破資安防護。所以，Mandia 建議企業採取多因素認證（MFA）增加多重防護，更要監控用戶、網路與應用程式帳號登入，如登入時間、地點與行為，偵測可能的駭客入侵。

多重防禦的現代化資安架構

企業資安防護過往著重第一道防線——識別資產並施予保護已然不足，Mandia 表示企業需強化第二道資安防線，打造多重防禦的現代資安架構。

要打造現代化資安架構，企業首先必須打好資安基礎功，Mandia 指出，包括漏洞修補管理、攻擊面管理、Log 日誌保存、系統網路與應用程式可視性、特權帳號管理、多因素認證（MFA）、紅隊演練（能力最好與頂尖攻擊者相當），以及零信任身分驗證等。

在強化第二道資安防禦方面，首重偵測與可視性，Mandia 說：「要先看得見（攻擊行為），才有辦法應變。」舉凡網路、應用程式、系統、使用者行為，整個系統都應具備可視性。而為了對抗頂尖攻擊者，更要針對駭客橫向移動（Lateral Movement）與 PowerShell 執行狀況，建立過濾與阻攔規則，他指出，Mandiant 內部已有超過三千多條此類偵測規則。**文⊙吳其勳**

資安風險管理

提升自我察覺組態配置不當的能力，美國政府公布 10 種常見情況

掌管美國全國資安的 NSA 與 CISA 公布最常見十大配置錯誤的資安報告，說明系統性通用弱點，強調軟體製造商採用設計安全原則的重要性，始能減輕藍隊防守負擔

在2023 年 10 月 5 日有一份資安報告釋出，主題為最常見 10 大資安配置錯誤，相當具有參考價值。這是由美國國安局（NSA）、國土安全部（DHS），以及網路安全暨基礎設施安全局（CISA），所聯手公布的內容，當中指出，因為存在這些錯誤的配置，在某種程度上，將使得駭客更容易展開攻擊，這不只是多個網路環境當中的系統性通用弱點，也突顯軟體製造商必須更積極採用安全設計原則。

因此，在公布常見配置錯誤之餘，這份內容也針對每個問題，提出網路防禦者因應的詳細建議，並指引軟體製造商如何緩解已識別的錯誤配置。

這次選出的 10 大配置錯誤，是根據 NSA 與 CISA 的紅隊與藍隊測試，以及這兩個組織的威脅獵捕與事件回應活動，從中識別與確認出最常見問題。

關於各式不當配置所帶來的情形與

十大配置錯誤產生的資安問題

1. 軟體與應用程式的預設配置
2. 使用者與管理員權限的分離不當
3. 內部網路的監控不足
4. 網路分段的缺乏
5. 修補程式的管理不良
6. 系統存取控制可被略過
7. 多因素身分驗證的薄弱或設定錯誤
8. 網路共享與服務的存取控制名單設置不夠全面
9. 帳密資安衛生不佳
10. 程式碼執行未受到管制

資料來源：美國CISA，iThome整理，2023年10月

問題，當中也逐一提出說明。其中，關於預設配置的問題，主要出現在裝置或軟體的預設帳密，以及某些服務的存取控制過於寬鬆；使用者與管理員權限的分離不當，這當中最常看到三種狀況，包括特定帳號擁有過多的權限，用戶帳戶權限被提升，或是高權限帳號被用於非必要的操作；對於內部網路監控不足的問題，有些組織並未針對主機與流量偵測的配置進行最佳化，造成他們無法立即發現異常活動。

如果企業與組織的網路環境缺乏分段，闖入的駭客就能在不同系統橫向移動，乘機破壞網路資源，而且更容易發動勒索軟體攻擊，或其他處於後滲透（post-exploitation）階段的深度攻擊；儘管廠商總是督促用戶修補漏洞，但組織往往缺乏、未落實定期修補政策，或仍使用生命週期結束的產品，使這些弱點經常成為駭客入侵缺口。此外，駭客也能透過破壞環境中的備用系統，繞過系統存取控制，如蒐集雜湊值、以非標準的方式進行身分驗證，或以模仿的帳號搭配雜湊值，以提升存取權限。

在多因素身分驗證（MFA）薄弱或設定錯誤的問題上，有些網路環境要求使用者透過智慧卡或 Token 登入，卻未取消密碼登入，而這些久久不曾改變也未被移除的密碼，成為駭客的入侵管道，

又或是缺乏防網路釣魚的 MFA 機制；網路共享與服務的存取控制名單設置得不夠全面，將允許未經授權的使用者，於共享磁碟中存取機密資料；關於帳密的資安衛生不佳，則涵蓋可輕易破解的弱密碼，以及存放明文密碼（clear-text password）；至於程式碼執行不受管制的狀況，則是賦予應用系統內部與外部因素極高的攻擊能力。

特別的是，在這份報告中，我們看到不只是列出種種配置錯誤問題，同時，CISA 還藉由企業資安威脅框架 MITRE ATT&CK for Enterprise，對應出所有相關攻擊手法，以及因應機制，讓外界可以更好認識其危害與保護。

整體而言，這些常見的不當配置造成的資安問題，呼應了許多大型組織面臨的系統漏洞趨勢，而對於軟硬體業者、雲端服務廠商而言，需在設計階段將安全原則納入，以減輕網路防禦者負擔的重要性。

對網路防禦者提供具體的資安風險緩解建議

知道這些常見問題，後續如何應對就是各界關注的焦點，在這份報告中，同時提供了這方面的內容。

在 NSA 與 CISA 這份最新公布的資安風險剖析當中，就針對網路防禦者提供 10 張表格，將上述最常見的每一種配置問題，給出詳細的基本緩解建議。

CISA、NSA、DHS 公布最常見 10 大資安配置錯誤，指出這些問題若不解決，將使駭客更容易發動攻擊，因此需要網路防禦者與軟體製造商共同正視，同時，這份文件也提供因應這些問題的具體建議。

舉例來說，以系統存取控制可被略過的問題而言，這裡提供 6 項緩解的建議措施。包括：（1）限制在不同系統間無法重複使用相同的登入資訊，這主要是為了防止帳密遭到破解，減少惡意行為者在系統之間橫向移動的能力；（2）建立有效且定期的修補管理程序，主要針對 Windows 7 以上版本作業系統，使用可套用 KB2871997 的更新修補，緩解 Pass-the-Hash（PtH）攻擊技巧，以限制本機管理員群組中帳戶的預設存取權限；（3）啟用 PtH 緩解措施，在登入網路時，對本地端帳戶實施使用者帳戶控制（UAC）的限制；（4）在多臺電腦與伺服器中，勿讓網域使用者成為本機管理員群組的成員；（5）限制工作站之間的通訊，因為這些溝通，應透過伺服器進行，以防止橫向移動；（6）只在需高權限系統使用特權帳號，可考慮設置專用特權存取工作站，對於這些高權限帳號，做到更好的隔離和保護機制。

再以多因素身分驗證的薄弱或設定錯誤而言，NSA 與 CISA 特別將此類問題，分為兩種類型來探討。

第一種問題是關於智慧卡或 Token 的錯誤配置，提供 2 項緩解措施。

首先，在 Windows 電腦的系統環境當中，我們要設法停用 New Technology LAN Manager（NTLM），或其他老舊身分認證協定，原因是這裡所用的密碼雜湊值（Password hashes）容易受到 PtH 攻擊，NSA 與 CISA 表示，相關細節可參考微軟網站公布的「在網域中限制 NTLM 驗證」文件。

同時，需要使用 Windows Hello for Business，或是群組原則物件（GPO）等內建功能，以便作業系統本身能夠定期重新隨機產生智慧卡背後對應帳戶（smartcard-required）的密碼雜湊值，並確保雜湊的變更頻率，至少與組織政策的更改密碼頻率相符，至於無法使用這些內建功能的環境，將是企業與組織需要優先升級的目標。

再者，以長期努力方向來看，NSA 與 CISA 也提供建議，應採用支援現代、開放標準的雲端主要身分驗證方案，而關於這方面的內容，企業可參考安全雲端商業應用程式（SCuBA）專案，當中介紹了混合身分識別解決方案架構。

第二種問題，是指缺乏防網路釣魚的 MFA 機制，NSA 與 CISA 提出的主要緩解建議，是存取敏感資料及其他資源與服務時，盡可能普遍實施抗網釣多因素身分驗證（Phishing-resistant MFA）。

針對其他的配置錯誤項目，NSA 與 CISA 也提出了相當實用的建議。

例如，部署前，應先行變更應用程式與裝置的預設配置，像是密碼與權限；部署 AAA（認證、授權、計費）系統來監控帳號行動，限制特權帳號執行一般任務，設置具有使用時間限制的特權帳號；建立應用程式與服務的活動基準線；部署具有深層過濾能力的新一代防火牆；定期修補安全漏洞或採用自動更新，不再使用過時的軟體或韌體；針對所有儲存裝置部署安全配置，實施最少權限原則；不讓系統執行不明來源的應用程式，建立程式執行的白名單。

對軟體製造商更是關鍵，能減少同類資安問題發生率

雖然企業可以採取措施來識別與解決這些配置錯誤問題，但如果要讓這類問題大幅度減少，並獲得廣泛擴大的進展，就要針對眾多 IT 產品的源頭：軟體製造商，NSA 與 CISA 亦提出每一配置問題的最佳作法建議，避免用戶陷入資安危機。

他們提出每個軟體供應商都應即刻採行的 7 項措施，包括：（1）依循 NIST SSDF 框架，從軟體設計到整個開發周期的產品架構，都應嵌入安全控制；（2）廢除預設密碼；（3）在設計產品時，不讓單一安全控制危害整個系統；（4）免費向客戶提供高品質的稽核日誌；（5）依據整個漏洞型態採取防護措施，例如使用可保障記憶體安全的程式語言，以及實施參數化查詢；（6）稽核日誌要提供足夠的詳細資訊，更利於偵測、追蹤系統上的可疑行動；（7）強制特權使用者啟用 MFA，使 MFA 成為所有用戶預設啟用功能。

綜觀上述措施，不只美國軟體供應業者要重視多層面的配置與管理，臺灣近年積極打造可信供應鏈，透過這樣的內容指引，也能幫助我國軟體產業建構更安全的產品。文⊙羅正漢、陳曉莉

資料備份與還原

建立備份聯防架構，
確保副本不被竄改

為了對抗勒索軟體威脅，當前企業新一代備份儲存環境普遍結合資安威脅偵測、
Air-Gap，以及不可變儲存等技術作為保護，但成效仍有賴於設定是否妥善

面對勒索軟體持續肆虐全球的今日，備份工作的落實日益重要，能讓企業與組織保有更多因應網路威脅與駭客攻擊的籌碼。而在實際執行相關作業時，其實，我們此刻所要注意的部分，已經不僅止於傳統的「3-2-1」原則——資料至少備份 3 份、採用 2 種備份儲存型式，其中 1 份備份位於異地，同時還要確保備份不受勒索軟體侵害，才能確保備份是有效的。

備份是資料儲存的「保險」，是用戶遭遇資料毀損災難時，賴以還原的手段。然而在今日，備份已成為勒索軟體攻擊的目標，一旦備份系統遭到勒索軟體侵害，備份，企業也就失去這最後一道保險。所以沒有勒索軟體防護措施的備份環境，已經稱不上是有效的備份。

備份的勒索軟體防護手段

面對勒索軟體威脅，當前多數備份軟體與備份儲存系統，已陸續引進一系列防護措施來遏止勒索軟體的危害。

目前最普遍受到大家使用的備份保護措施，主要包含下列 3 種技術應用形式：威脅偵測、Air-Gap，以及不可變儲存（Immutable storage）。

威脅偵測系統屬於主動防護措施，在備份資料存取的過程中，透過一系列偵測措施，例如檢測檔案簽名（File Signatures）是否錯誤，偵測檔案名稱、擴展名稱或存取權限是否出現異常更動，以及是否出現大規模檔案內容的更動或刪除行為等，來判斷是否有勒索軟體侵入，並向用戶管理者發出警示。

Air-Gap 與不可變儲存則屬於被動防護手段。Air-Gap 能將備份環境與外界隔離，藉此降低備份環境暴露在網路攻擊中的機會。而一寫多讀（Write Once Read Many，WORM）等不可變儲存技術，因為能夠鎖定備份複本的狀態，杜絕備份複本遭到刪除、覆蓋或修改。

整體而言，這些防護措施覆蓋了備份應用的所有環節，從備份資料的傳輸與寫入，到備份複本的儲存保管。但即便用戶的備份環境擁有了前述全部的防護措施，一系列操作設定上的細節，將會影響到這些防護措施能否有效運作，從而決定備份保護的成敗。

影響不可變儲存的因素

一般而言，WORM 等不可變儲存技術可以鎖住備份複本的狀態，不允許更改予刪除，因而當用戶遭受勒索軟體攻擊時，仍有不受攻擊影響的安全複本，可用於還原資料。

但不可變儲存技術要能有效發揮作用，有賴於 4 個條件的配合：

1. **備份複本在受到不可變儲存技術鎖住之前，必須是「乾淨無毒」的。**

不可變儲存技術屬於「被動」型式的防護手段，不能判別其鎖住的資料是否含有勒索軟體，如果勒索軟體潛伏時間較長，很有可能在用戶利用 WORM 功能鎖住備份複本之前，備份複本就已遭受感染，那麼這些受感染的複本，就算被 WORM 鎖住，也無法作為有效的複本來使用。

然而，這也意味著，WORM 等不可變儲存技術，並不能單獨發揮防護勒索軟體的作用，必須結合威脅偵測技術，先行主動偵測與掃描備份複本，確保備份複本的完好，然後 WORM 的鎖定功能才有實質意義。

2. **備份複本在被不可變儲存技術鎖住前，必須是「驗證有效」的。**

不可變儲存技術只是被動地鎖住指定儲存媒體或儲存區的寫入行為，並無法判別其中的資料是否完好。但由於沒有足夠時間，所以，許多用戶都不能確實驗證備份複本是否確實能還原資料，以致難以發現備份複本的資料是不完整或受損的，而這些不完整的備份複本，即便使用 WORM 來鎖定狀態，也無法成功用於還原。所以定期執行完整的備份驗證程序——不只是檢驗備份作業成功與否，還包括模擬的還原程序，仍是備份應用中不可或缺的一環。

3. **必須確實地設定備份複本的 WORM 鎖定保留期限（retention time），才能有效保護資料。**

當備份複本被設定為 WORM 不可變之後，攻擊者便無法直接刪除這些 WORM 備份複本，但仍可透過其他方式來攻擊備份環境，達到刪除備份的效

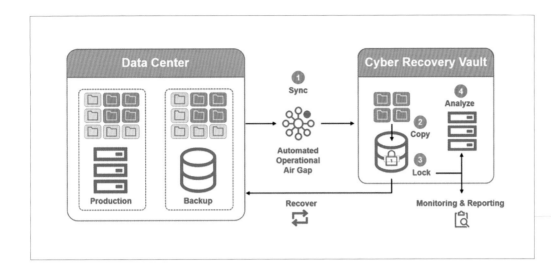

Dell 所發展的資料安全解決方案 Cyber Recovery，是當前最典型的備份保護系統之一，同時結合資安威脅偵測、Air-Gap，以及不可變儲存等 3 類技術。首先是透過擁有 Air-Gap 機制的遠端複製技術①，將備份複本複製到 Cyber Recovery 保存庫（Vault）②，然後再利用 WORM 功能來鎖定備份複本③，並利用資安威脅分析系統檢測備份複本內容④。

果。例如，故意向備份環境寫入大量資料，導致備份儲存區滿載，此時可能導致備份系統為了維持運作，而強制刪除較舊的備份複本，以便釋放備份的儲存空間。

但是，設定保存期限的 WORM 備份複本，系統便無法強制刪除，假使儲存空間滿載會導致備份系統陷入停擺，而無法寫入新的備份資料，不過，這時 WORM 備份複本仍然能保存下來。

4. WORM 技術必須結合系統時間保護技術才能有效運作。

軟體類型的不可變儲存技術，是基於系統時間設定與判別鎖定資料的期限，如果攻擊者能夠修改備份儲存系統本身的時間——也就是所謂的「時間切換」（time zapping）攻擊，便有可能藉由竄改系統時間，將系統時間提前，導致不可變儲存功能提前解除鎖定，從而讓資料暴露在攻擊中。因此提供不可變儲存技術的儲存設備，必須提供防竄改時鐘（Tamper-proof clock），才能確保不可變儲存的鎖定期限功能有效。

影響 Air-Gap 的因素

Air-Gap 的目的，是讓備份環境與可能的威脅來源隔離，特別是斷開與網際網路的連接，減少備份複本暴露在攻擊

下的機會。

但實際上只有磁帶、光碟這類可以實體移除、分離保存的抽取式儲存裝置，才能做到徹底的 Air-Gap 效果，也就是實體的離線（offline），透過網路將備份資料寫入磁帶或光碟後，就能將這些儲存媒體取出，完全與前端生產環境斷開，甚至斷電，徹底確保攻擊者無法接觸與存取這些備份儲存媒體。

至於基於磁碟儲存或雲端儲存的備份儲存環境，雖然許多聲稱能提供 Air-Gap 機制，但其實都只是邏輯架構與設定上的「虛擬」隔離，利用存取控制技術來隔離備份環境與生產環境，而非真正斷開實體的網路連結，因而仍然存在著因不當的系統配置、系統漏洞或人為操作錯誤，導致隔離失效，備份資料暴露在網路上的可能性。

除了徹底檢查 Air-Gap 涉及的網路配置、盡可能修補系統漏洞，另一種折衷辦法，是採用 D-D-T（Disk-to-Disk-to-Tape）的架構，將磁帶納入備份環境末端，作為安全的離線資料保存手段。

備份保護機制的實施

隨著網路威脅與駭客攻擊手法的日新月異，我們不能期望資安威脅偵測系統總是能夠及時發現所有攻擊行為，因此，必須同時搭配 Air-Gap 與 WORM 等被動防護措施，才能提供完整的保護能力。另一方面，如果我們僅僅依靠被動防護措施，也不能更周延地保證備份複本可用，而是必須結合威脅偵測來確認複本的可用。

所以，威脅偵測、Air-Gap 與不可變儲存這 3 類技術，對於備份保護來說是缺一不可。

而在實際的建置方式上，這 3 類技術既能以備份軟體為核心來部署，也可透過獨立的備份保護環境來部署。

目前許多備份軟體都內含威脅偵測功能，並提供 Air-Gap 架構的建置設定指引，只要再結合提供 WORM 功能的備份儲存設備，就能構成完整的勒索軟體防護機制。

也有一些廠商提供 All-in-one 的備份保護系統產品，結合了威脅偵測、Air-Gap，以及不可變儲存功能，用於搭配用戶的備份環境，幫助確保所保留的資料是安全、可靠的複本，目前最典型的例子便是 Dell 的 Cyber Recovery。

但無論哪一種部署與實施方式，都須注意到前述細節設定，才能確保保護措施的有效。**文⊙張明德**

儲存系統資安防護

從被動因應邁向主動防禦，儲存平臺勒索軟體防護功能快速進化

從不可變儲存技術出發，如今儲存設備的勒索軟體防護功能已擴展到主動威脅偵測，
以及自動化阻擋等面向，構成更完整的保護手段

隨著時間推移，儲存平臺整合的勒索軟體防護功能更多樣。最初儲存廠商焦點放在被動防護，如 WORM 或不可變快照等不可變（Immutability）儲存技術，提供不受惡意刪改的資料保存或複本，或讓資料保存與外界隔離的 Air-Gap 技術。但這些都是勒索軟體發作後，用於恢復資料的被動手段。

近年來，越來越多廠商在儲存平臺整合主動式的防護手段，包括威脅偵測與識別，以便在勒索軟體發作前或當下，發現與排除威脅，結合原有被動防護功能，構成完整儲存勒索軟體防護方案。

典型儲存端勒索軟體防護架構

不可變儲存技術

用於將資料鎖定在唯讀狀態，防止非授權的刪改，又分為用於資料本體與資料複本等 2 大類型，前者如 WORM，後者則如不可變快照。

多數企業級儲存平臺都能提供不可變儲存技術，但針對勒索軟體防護應用，不可變儲存需具備足夠強固性，抵禦攻擊者透過時間飄移欺騙系統時間，進而影響不可變儲存的資料保存時間判定；儲存系統管理也需較嚴格操作驗證，防止修改這類儲存資料保存政策。

Air-Gap

將資料從主儲存系統複製到隔離環境保存，為關鍵資料提供進一步保護。

Air-Gap 目的是安全保存關鍵資料，原則上與備份、歸檔系統合用，而非用於須承載線上存取服務的主儲存系統。

資料快速還原

透過快照等快速還原技術，利用預先建立的複本，迅速將受感染的資料或整個儲存區，還原到完好狀態。

多數企業級儲存設備都含快照功能，可快速還原資料，但面對勒索軟體攻擊時，還原發揮功效的前提，是快照複本的完好、未受感染與刪改，所以快照須配合不可變儲存技術與威脅偵測使用，排除受感染複本，避免複本遭到刪改。

資安威脅偵測與識別

基本的資安威脅偵測，是透過持續監控儲存設備的存取行為，當預設的特定異常行為出現時，向管理者發出警示。更深度的監控與分析作業，是結合機器學習或 AI 技術，學習用戶的存取行為模式，進而可以即時分析與發現資料與存取行為的異常，更精確識別出威脅。

一般存取行為監控與分析功能，可整合在儲存設備的管理控制臺，至於結合機器學習與 AI 的深度威脅偵測與識別，通常搭儲存廠商的雲端管理平臺或獨立的威脅分析平臺來執行，以免機器學習與分析作業負載影響用戶端設備效能。

典型的儲存端勒索軟體防護方案組成

前述不同面向的儲存設備防護技術，分別在勒索軟體攻擊的事前、事中、事後階段，提供抵禦攻擊的手段。

整合在雲端或獨立管理平臺的威脅偵測與識別，可在攻擊發生前與發生中，即時發出警示，啟動對應措施。

至於儲存設備內含的不可變儲存與快照還原技術，提供安全的資料複本，以便攻擊後將資料回復到正常狀態。

而基於 Air-Gap 的隔離環境，為關鍵資料提供多一層保護。用戶需定期複製關鍵資料，放到 Air-Gap 隔離環境保存。

更進一步，有些廠商還提供防護措施的自動化聯動觸發功能，例如偵測到資安威脅時，自動建立不可變快照或鎖住使用者的存取等，更即時地阻擋威脅。

結合主被動措施提供完整防護

在兩三年前，只有少數儲存廠商提供個別的勒索軟體防護功能，這些既不普遍，彼此也未組成完整體系。經過這段時間發展，多數一線儲存廠商，都能提供涵蓋前述面向的完整勒索軟體防護。

首先，是儲存設備內含的不可變儲存功能（WORM 或不可變快照），以及用於快速還原的快照功能；其次，是提供異常狀態監控與威脅偵測的雲端管理平臺或獨立平臺；最後，再搭配提供進階保護的 Air-Gap 隔離保存環境。

接下來我們從幾家儲存大廠，檢視儲存設備的勒索軟體防護功能導入概況：

Dell

針對旗艦產品 PowerMax 儲存陣列，Dell 提供基於 CloudIQ 雲端 AI 管理平臺的主動式勒索軟體威脅偵測服務。而

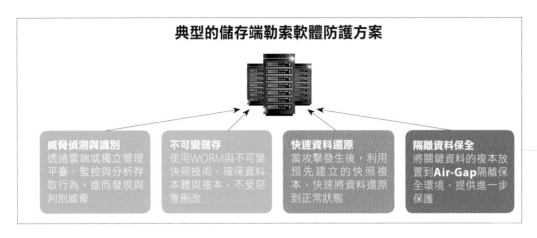

典型的儲存端勒索軟體防護方案

威脅偵測與識別	不可變儲存	快速資料還原	隔離資料保全
透過雲端或獨立管理平臺，監控與分析存取行為，進而發現與判別威脅	使用WORM與不可變快照技術，確保資料本體與複本，不受惡意刪改	當攻擊發生後，利用預先建立的快照複本，快速將資料還原到正常狀態	將關鍵資料的複本放置到**Air-Gap**隔離保全環境，提供進一步保護

目前應用在儲存設備上的勒索軟體防護解決方案，通常由威脅偵測與識別、不可變儲存，以及快速資料還原等3個部分組成，部分廠商還額外提供隔離式資料保全方案，作為額外的保護措施。圖片來源／iThome，2024年2月

針對 PowerScale，以及 ECS 儲存平臺，他們提供基於 Superna Ransomware Defender 的獨立保護套件，當中擁有自動的勒索軟體保護服務，包括自動偵測與識別威脅，觸發一系列因應措施，如鎖定使用者、建立快照或暫停複製。

不可變儲存方面，PowerMax 內建不可變安全快照（secure snapshots），PowerScale 有 SmartLock WORM 功能。

Dell 還提供獨立的 PowerProtect Cyber Recovery（PPCR），可將前端主儲存設備的複本，透過有 AirGap 保護的複製管道傳到 PPCR，利用 PPCR 的 WORM 技術保存複本，整合 Cyber Sense 掃描，以偵測與確保複本完好。

Hitachi Vantara

透過 Ops Center Analyzer、Ops Center Protector、Hitachi Data Retention Utility 等工具，Hitachi Vantara 提供涵蓋整個 VSP 儲存陣列的勒索軟體防護。

Ops Center Analyzer 是 Hitachi Vantara 雲端 AI 管理平臺的一環，提供威脅偵測與警示功能。Hitachi Data Retention Utility 與 Ops Center Protector 是搭配 VSP 儲存陣列的軟體套件，前者提供 WORM 鎖定儲存區（Volume）選項，後者能建立不可變快照。

Hitachi Vantara 還提供搭配 VM2020 CyberVR 平臺的隔離資料保全方案，

可透過 Ops Center Protector 將 VSP 的資料複本，複製到 CyberVR 隔離環境保存，並用後者掃描、測試功能，提供隔離於生產環境的勒索軟體安全應用。

HPE

HPE 可透過 InfoSight 雲端 AI 管理平臺，為旗下 Alletra 與 Primera 系列儲存陣列提供主動式威脅偵測服務。

面對不可變儲存，Alletra 9000 與 Primera 都有源自 3PAR 的 Virtual Lock 功能，兼具 WORM 及不可變快照，可鎖住整個儲存區與快照複本，Alletra 5000/6000 則有不可變快照功能。

HPE 也結合 Zerto 軟體平臺與 Alletra 儲存陣列，提供 Zerto Cyber Resilience Vault 方案，透過主動偵測與不可變儲存，提供隔離的複本安全保存環境。

IBM

基本上，目前 IBM 的區塊與檔案儲存產品，都提供勒索軟體保護功能。

威脅偵測方面，IBM FlashSystem 有硬體式勒索軟體偵測功能，可分析儲存陣列寫入模式、判別威脅，還能將資料上傳 IBM Storage Insights 雲平臺分析。

Storage Scale 檔案與物件儲存平臺，則是透過 IBM Storage Insights 雲端平臺與 Spectrum Control 管理平臺，提供威脅偵測與警示能力。

在不可變儲存方面，FlashSystem 儲存陣列提供 Safeguarded Copy 不可變快照，Storage Scale 有檔案層級鎖定功能，以及 Safeguarded Copy 不可變快照。

IBM 也以 FlashSystem 與 Safeguarded Copy 為基礎，打造稱作 FlashSystem Cyber Vault 的隔離式資料保全方案。

NetApp

為了長期發展的 ONTAP 儲存平臺，NetApp 有勒索軟體自動偵測與防護。

利用 ONTAP 的 ONTAP Security 軟體功能，學習與分析用戶存取模式、發現異常，還能透過 Cloud Insights 雲端平臺提供監控服務，BlueXP 雲端控制臺也有 Ransomware Protection 儀表板，可評估威脅風險。

不可變儲存技術方面，ONTAP 很早就有 WORM 功能 SnapLock，近來又新增不可變快照。特別的是，ONTAP 還有威脅偵測與不可變儲存自動聯動，ONTAP Onbox 功能偵測到系統異常，會自動立即觸發、建立不可變快照，保存當下資料複本。

Pure Storage

相較於其他大廠，Pure Storage 也有勒索軟體防護功能。如 Pure1 雲端管理平臺，可為 FlashArray 與 FlashBlade 兩大產品線，提供操作異常偵測的服務。

在不可變儲存技術方面，FlashArray 與 FlashBlade 都擁有不可變快照功能，稱作 SafeMode。**文⊙張明德**

資安成熟度

謀定而後動，
善用資安框架是上上策

強化資安防護是個複雜而廣泛的課題，企業組織若想要以系統化的方式推動長期改良，可採用資安框架幫忙規畫，後續能按部就班執行

主動關心資安議題的企業主增加了，即使是過往不受約束的產業也能感受迫切性，原因在於更多的重大事件發生、更嚴峻的法規、更精實的稽查標準所致。2023 年 10 月公布「數位經濟相關產業個人資料檔案安全維護管理辦法」即引發數位黏著度高的產業族群關注，究竟資安該怎麼做才好？

孫子兵法提到：「善戰者，先為不可勝，以待敵之可勝」，意思是說真正善於作戰的人，會先懂得規畫自己，讓自己成為不可被戰勝（立於不敗）的狀態。不過，資安是個涵蓋層面廣且專業複雜的綜合科學，加上迭代更新的速度快，造成資安門檻極高，而「資安框架」就是依據如此概念所發展而成的解法，是由一群有經驗的專家們有共識設計出的成功指南。這就像你如果想挑戰喜馬拉雅山攻頂，沒有比參照成功攻頂的一群專家所提出的方法更可靠。

許多成熟好用的資安框架，其實都是屬於通用型態的好方法，而且不限於特定產業、單位規模、環境類型，像是 NIST CSF、ISO 27001、CIS、CDM、TaSM、MITRE ATT&CK 等，企業更可以評量自身狀態，設計不同階段的資安成長規畫，並且透過資安框架幫助，使企業將複雜的資安防護與管理機制變成清楚有條理的「設計藍圖」，從而完成可成功推展執行的資安戰略。

以下我們將從企業該如何規畫資安

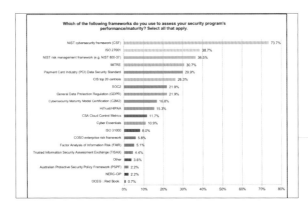

SANS Institute 發布的一項研究發現，採用安全框架的組織中有近 74% 使用 NIST CSF，幾乎是其他框架的兩倍。圖片來源／Expel

策略、選擇需要的資安技術方案、以及建立攻擊向量等觀點，說明「謀定」而「後動」的具體做法。

Lesson One：打造企業資安基礎的最佳藍圖

NIST CSF 是目前世界各國使用率最高的資安框架，由美國國家標準暨技術研究院（NIST）設計提出的資安框架 Cybersecurity Framework（CSF），於 2014 年發布。NIST 這個單位在資安領域有許多的貢獻，包括 CSF 資安框架，以及知名的 SP 800 系列各種規範指南，世界各國政府制定資安政策時，也依據 NIST CSF 及 SP 800 系列來規畫。

NIST CSF 資安框架的設計，是參考多種主要的資安標準與方法、集大成的最佳結果，因此 CSF 所提出的方法不只脈絡清楚、內容也更容易理解，加上能與其他的國際網路安全標準及資安框架彼此相容，例如：ISO 27001、

CIS、COBIT，以及工控系統安全標準 ISA 62443 等，這點也是 NIST CSF 資安框架是最被推薦的資安藍圖的原因。

目前 NIST CSF 1.1 是最普遍的版本，將資安任務分成五大主要功能：識別、保護、偵測、響應、復原，再往下展開各個功能的任務項目。而透過這五大功能，可以設計能幫助企業資安策略的規畫，促使其更有邏輯脈絡，並且可以進一步參照 ISO 27001、ISO 27002、或是 CIS 的規範來設定資安政策辦法，套用 PDCA 持續性的管理及精進，從而能夠不斷提升企業資安成熟度。

在 2024 年 3 月正式公布最新版的 NIST CSF 2.0 當中，額外新增了「治理」成為六大主要功能，強調企業組織的管理層參與資安治理，以及資安策略的重要性，而且 ISO 國際標準組織也正式將此 NIST CSF 五大功能的防禦概念，放入 ISO/IEC 27002:2022 資訊安全、網路安全及隱私保護的控制措施

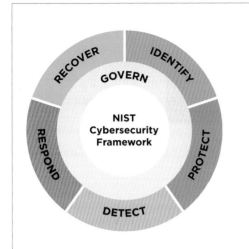

NIST Cybersecurity Framework 2.0		
CSF 2.0 Function	CSF 2.0 Category	CSF 2.0 Category Identifier
Govern (GV)	Organizational Context	GV.OC
	Risk Management Strategy	GV.RM
	Roles and Responsibilities	GV.RR
	Policies and Procedures	GV.PO
Identify (ID)	Asset Management	ID.AM
	Risk Assessment	ID.RA
	Supply Chain Risk Management	ID.SC
	Improvement	ID.IM
Protect (PR)	Identity Management, Authentication, and Access Control	PR.AA
	Awareness and Training	PR.AT
	Data Security	PR.DS
	Platform Security	PR.PS
	Technology Infrastructure Resilience	PR.IR
Detect (DE)	Adverse Event Analysis	DE.AE
	Continuous Monitoring	DE.CM
Respond (RS)	Incident Management	RS.MA
	Incident Analysis	RS.AN
	Incident Response Reporting and Communication	RS.CO
	Incident Mitigation	RS.MI
Recover (RC)	Incident Recovery Plan Execution	RC.RP
	Incident Recovery Communication	RC.CO

在 2024 年 3 月正式公布 NIST CSF 2.0 新版本，從之前 CSF 1.1 的五大功能重新定義發展成 CSF 2.0 的六大功能，而且在原本的五大功能：識別（Identify）、保護（Protect）、偵測（Detect）、響應（Respond）、復原（Recover），再新增第六功能：治理（Govern），藉此強調企業資安治理與策略的重要性。
圖片來源／NIST

中，使企業組織能夠有更具體的規範描述可依循。

善選資安防護技術方案，建立有效的佈防設計

在建構資安的做法上，許多企業經常先想到採買資安設備或取得資安證照，但往往造成資安幻覺（就像目前生成式 AI 給出的內容經常被質疑的 AI 幻覺），而透過有方法的構思部署，能夠將幻覺變成更實際的幫助，根據我的觀察與研究，OWASP CDM 及 TaSM 這二個資安防護矩陣，就是最佳的方法。

企業在藉由 NIST CSF 規畫出資安藍圖後，當然需要資安裝備跟執行控制來施作實踐，不過在面對資安攻擊威脅的多樣化及複雜性，加上市場上琳琅滿目的各種資安防護技術方案，即使是內行

的資安人員也會產生選擇障礙。有鑒於此，OWASP CDM 及 TaSM 的設計產生，便是為了幫助評估思索的資安框架，這二個資安框架都隸屬 OWASP 組織，也是基於 NIST CSF 為基底所衍生的 5x5 矩陣框架，目的接為幫助使用者快速建立有系統脈絡、能化繁為簡的思索方法，幫助使用者從不同的需求層面，思索有哪些資安技術方案能滿足需要，並且可發揮適當防護效果，也能作為檢視需補強缺口的部分。

OWASP CDM（Cyber Defense Matrix）

OWASP CDM 網絡防禦矩陣，是 2016 年在美國銀行擔任首席安全科學家 Sounil Yu 提出的 5x5 的網格矩陣，在第一維度橫軸，是以涵蓋 NIST CSF 的五大功能為基礎，而在第二維度的縱軸項目，則是以設備裝置、應用程式、網路、資料、及人員等五

個資產類別。

在這個由二維結構組成的矩陣圖中，能幫助我們將所想要保護的資產類別先定義出來，再逐一從識別、保護、偵測、響應，以及復原等五大資安框架進行盤點，思考各項資產需要的資安技術方案；CDM 方法的操作方式不只可以從資產層面的需求出發，也可以反過來從各位所研擬出的各種資安政策、須遵循的規範，或針對市場上的資安技術方案層面思索。

OWASP TaSM（Threat and Safeguard Matrix）

OWASP TaSM 威脅與保護矩陣，是以「行動」面向的檢視方法，由資安專家 G Mark Hardy 和 Ross Young 發起，目的是幫助 CISO 對於企業商務營運擬定合適、需要的縱深防禦計畫。

基本上，TaSM 也是同樣採用 NIST CSF 的五大功能為基礎所設計出來的 5x5 網格矩陣，但更是從面對威脅（Threat）所需的安全保護（Safeguard）而構建出的二維矩陣方法。

在第一維度的橫軸，TaSM 以涵蓋了

	Identify	Protect	Detect	Respond	Recover
Devices					
Applications					
Networks					
Data					
Users					
Degree of Dependency	Technology			People	
		Process			

Threats	Functions & Safeguards				
	Identify	Protect	Detect	Respond	Recover
Anti-Money Laundering					
Phishing					
Ransomware					
Changing Interest Rates					
Employee Health (Covid)					
Marketing Regulations					
...					

目前隸屬於 OWASP 的 CDM 及 TaSM，都是幫助評估資安策略所需的保護方案，大家可將不同威脅套用到這兩種框架中，思索相關保護方法。
圖片來源／OWASP

NIST CSF 的五大功能以及安全防護為主；第二維度的橫軸則是從資安威脅為面向，例如企業最常遭遇的 Web 應用程式攻擊、網路釣魚、第三資料遺失、供應鏈攻擊、以及 DDoS 阻斷服務攻擊等。

企業資安的建構可利用各個不同特性的資安框架，並且搭配 PDCA 循環式管理，持續精進企業資安，如此一來，將有助於企業資安的成熟度不斷提升。
圖片來源／黃繼民

有鑒於任何一種保護技術方案的選擇與導入都需要付出成本（包括經費、時間、人力、資源），因此，如何將寶貴、有限的資源，以有效率的方式，依據企業的狀態及資安策略進行合適的防護建立，並且發揮效果；最重要的是，避免「聽說、跟風、不知所以然」的瞎選方式。

面對攻擊來襲，你更需要攻擊向量視角

前面我們提到分別從設計企業資安策略的 NIST CSF 開始，以及如何選取合適企業資安防護方案的 OWASP CDM 與 TaSM，都是屬於為了建構企業資安的準備，而且，這一切的準備都是為了面對攻擊來犯。

企業必須先建立「遭受資安攻擊是不可避免」的心態概念，因此，如何趕緊察覺攻擊來犯的蛛絲馬跡，是防範未然跟避免災損的最佳方法，但是困擾大家的問題是：看不出、也看不懂發生什麼資安攻擊？雖然資安攻擊的手法複雜，但是仍然有施展的過程與跡象可以被觀察出來，例如，早年有「網絡攻擊鏈（Cyber Kill Chain）」可用來描繪關於企業遭遇攻擊入侵的過程階段，到了近幾年以來，資安領域最為推崇 MITRE ATT&CK Framework 提出的方法。

MITRE ATT&CK 全名為 MITRE Adversarial Tactics Techniques and Common Knowledge，是由非營利組織 MITRE 所提出、持續維護的資安框架，它主要是從駭客角度針對網絡攻擊入侵進行分類和說明的指南，ATT&CK 框架發布於 2015 年，是現今最主要作為檢視資安攻擊活動的攻擊戰術、攻擊技術以及攻擊模式的知識庫，並且不斷地被持續更新。

我們可以將 MITRE ATT&CK 視為一種描繪資安攻擊活動的共通語言，有助於入侵手法的描述、分類和理解威脅行為上，能有一套共通標準。MITRE ATT&CK 將入侵流程定義成 14 個戰術（Tactic），包括：偵查、資源開發、初步訪問、執行惡意程式碼、持續性控制、權限提升、防禦規避、憑證存取、探查環境、橫向移動、資料收集，以及事件發生（命令與控制、洩漏及影響）等，並且描述每個戰術所採取的技術（Technique）及程序（Procedure），提供結構化的方法，有助於資安專業人員更好理解與判讀威脅行為。

順道一提，MITRE ATT&CK 可以與 NIST CSF 的偵測與響應之間，進行相互策略應用搭配，企業以 NIST CSF 制訂資安策略需要的具體評量指標，便可利用 MITRE ATT&CK 來設定。

此外，企業在利用 OWASP CDM 或 TaSM，進行所需資安防護技術方案的評選時，也可以檢視該項防護技術方案是否具備或支援 MITRE ATT&CK 的情報內容，例如，現今的 XDR 技術技術方案便是一種，有助於企業面臨資安威脅時，能夠快速展開攻擊視角來掌握整體情況，並且可以迅速展開準確的防禦行動應變。

資安威脅是無限賽局，善用方法才是破解之道

資安威脅是場無限賽局，隨著各種新型的數位科技問世，往往都是攻擊方會取得先機，而防守方的企業則經常處於被動應對的狀態，因此，企業的資安防護想要搶佔先機，就必須採取更睿智聰明的方法。對此，我想再次引用孫子兵法所提到的「上兵伐謀」，企業資安策略與防護的重點在於：能夠有效率地破除駭客攻擊的計謀與手段，最不需要的是跟駭客團體進行軍武競賽，因為，將寶貴資源用在企業競爭力更值得。

隨著數位化的爆發式發展，「數位信任（Digital Trust）」勢必將成為數位世代的重要指標，我們無法預期未來的數位是否能發展出電影第一玩家，或駭客任務的模式，然而，已知與未知型態的資安攻擊卻對數位信任造成衝擊。

借用 BSI 數位信任專家 Mark Brown 在 < 數位信任新紀元 > 一文所言，「數位信任」並非網路安全的新鮮詞，但其內容涵蓋會影響客戶、使用者，以及和利害關係人對於企業信任的諸多因素，企業唯有仰賴資安才能順利運作並獲得完善保護。資安是建立數位信任的關鍵要素，更是刻不容緩的任務，懂得善用方法，才是建立企業資安最睿智聰明的上上策。文⊙懷生數位處長黃繼民

回顧 2023 十大資安漏洞

過去 1 年，應用系統、通訊協定、資安防護設備等漏洞利用攻擊事故不斷發生，部分甚至導致大規模災情，並頻繁出現在資安新聞報導，我們根據全球的資安態勢，以及臺灣企業組織偏好採用的 IT 系統，選出年度十大漏洞

No.1：CVE-2023-34362

MOVEit 檔案傳輸軟體漏洞

論及 2023 年影響最為嚴重的漏洞，莫過於 Progress 旗下 MFT 檔案共享系統 MOVEit Transfer 漏洞 CVE-2023-34362，自該公司去年 5 月 27 日公布至今，在 iThome 有超過 20 篇新聞與之有關，以壓倒性的程度，遙遙超越其他漏洞的曝光程度。

甚至到了今年 3 月，美國政府呼籲軟體開發商，應該要在產品出貨之前，檢查是否存在 SQL 注入漏洞，也與這項漏洞引發的大規模攻擊事故有關，這兩年美國政府開始大力提倡軟體開發安全，並提供各式的實作指引，但針對特定類型的漏洞，並拿出血淋淋的真實案例提出呼籲，這還是頭一遭。

與更早之前發生的 Accellion FTA、GoAnywhere 事件相同，利用此漏洞的攻擊事故，背後的攻擊者都是勒索軟體

CVE-2023-34362 基本資訊

受影響的系統	本地建置的 MOVEit Transfer 12.0 至 15.0，以及雲端代管版本 MOVEit Cloud
漏洞類型	SQL 注入漏洞
揭露日期	2023 年 5 月 31 日
CVSS風險評分	9.8 分（滿分為 10 分）
被用於攻擊的時間	2023 年 5 月 27 日
受害規模	截至 12 月 20 日，累計有 2,611 個組織受害、約有 8,510 萬至 8,990 萬人個資外流

資料來源：Progress、KonBriefing、iThome整理，2024年4月

MOVEit Cyber Attack - Affected organizations (as of December 20, 2023)
By country

根據資安研究機構 KonBriefing 資料，CVE-2023-34362 漏洞攻擊事發半年後，總共有超過 2 千個企業組織受害，影響範圍涵蓋 32 個國家，而且，大部分因此受害組織都位於美國。
圖片來源／ KonBriefing

駭客 Clop，但這次陸續浮出檯面的受害組織，竟多達數百個，駭客分成多次公布名單，每次都引起不少關注。

另一方面，有別於過往事件證實受害的企業與政府機關，同時其檔案共用系統也遭遇攻擊，但這次出面公布遇害的組織，不少是因為 IT 服務供應商建置的 MFT 系統遭遇攻擊，導致自己的內部資料外洩而出面公告。

特別的是，這項漏洞不只引起各界關注，美國政府也採取了多個罕見的措施。首先，聯邦調查局宣布祭出千萬美元獎金，要捉拿勒索軟體駭客 Clop 的成員；再者，美國證券交易委員會（SEC）也在 10 月，傳出要對 Progress 進行調查的情況。

而對於這起攻擊事故造成的損失，當時 Progress 認為影響有限，根據他們的評估，由於旗下 MFT 系統的漏洞，產生約 100 萬美元的費用，相關的保險理賠預期會進帳 190 萬美元。但這份季報

也談到遇害客戶的反應，他們表示，有 23 個組織、58 名人士向他們提出法律訴訟，有可能會產生賠償費用。

受害規模擴大至超過 2 千個組織

我們曾在去年 8 月初，彙整因 CVE-2023-34362 造成的資安事故經過，當時研究機構 KonBriefing 根據新聞報導、駭客公布的名單、受害組織的聲明，以及向美國地方政府或證券交易委員會（SEC）通報的資料，截至 7 月 31 日，他們確認有 545 個組織受害，約有 3,270 萬至 3,760 萬人遭受波及。

但事隔 5 個月，受害組織增加 3 倍、外洩資料筆數增加 1 倍——截至 12 月 20 日，有 2,611 個組織受害、約有 8,510 萬至 8,990 萬人個資流出。這樣的現象，印證 6 月美國政府官員的推測，這項漏洞攻擊事故影響將持續擴大。

值得留意的是，資安業者Kroll發現，駭客早在 2021 年 7 月就已經找到

CVE-2023-34362，他們策畫在完成GoAnywhere 攻擊之後，才進行本次的攻擊行動。這意味著該漏洞曝露長達快2 年的時間，駭客可能已經過充分的模擬和測試，最後才決定下手。

矯枉過正！廠商後續過於頻繁發布漏洞公告，反導致用戶無所適從

雖然整起事件當中，駭客只有利用CVE-2023-34362，但這次 Progress 應變處理的可取之處在於，他們在事發之後隨即尋求資安業者協助，檢視MOVEit Transfer 的程式碼來改善安全。不過，頻繁發布新漏洞的資安通告，也很可能讓 IT 人員無所適從，疲於採取緩解措施，或是安裝更新軟體。

6 月 9 日，Progress 表示在資安業者Huntress 的協助之下，找到 SQL 注入漏洞 CVE-2023-35036，CVSS 風險評分為 9.1，會影響所有版本的 MOVEit Transfer，該公司將提供修補程式，並指出目前該漏洞尚未遭到利用。

事隔不到一週，Progress 於 15 日又再度發布公告，針對新漏洞 CVE-2023-35708 提出緩解措施，呼籲 IT 人員暫時停用所有 HTTP 與 HTTPS 流量，並在隔天發布了修補程式。基本上，此漏洞也是被列為危急層級的 SQL 注入漏洞，CVSS 風險評分達到 9.8。

值得留意的是，無論是 CVE-2023-34362 或 CVE-2023-35708，Progress首度公布漏洞時，皆未取得 CVE 編號，也沒提供 CVSS 評分，IT 人員只能從公告的說明當中，得知該公司認定資安漏洞極為嚴重，難以判斷要如何安排修補。文⊙周峻佑

No.2：CVE-2023-4966
Citrix NetScaler 漏洞

我們這次選出的 2023 第 2 大漏洞，與去年 11 月一起引起全球關注

的勒索軟體攻擊有關，因為此事故導致利用這項漏洞的情況浮上檯面。

它是存在 Citrix NetScaler 設備的資訊洩露漏洞，編號為 CVE-2023-4966，CVSS 風險評分達到 9.4。Citrix 於 10月 10 日發布了修補程式，之後，資安業者 Mandiant 提出警告，他們發現駭客自 8 月下旬開始，就利用這零時差漏洞，當時，已有政府機關與科技業者受害，到了 10 月 23 日，Citrix 也證實出現漏洞攻擊行動的情況——他們接獲連線階段（Session）挾持的事故通報，並確認攻擊者在過程中利用這項漏洞。

關於弱點稱呼，發布概念性驗證（PoC）攻擊程式碼的業者 Assetnote，將這個漏洞命名為「Citrix Bleed」，但 Shadowserver 基金會也特別提出警告，因為，在漏洞細節及 PoC 程式碼公布之後，他們隨即看到嘗試利用該漏洞的情況瞬間增加。

雖然在 Citrix 首度發布資安公告之後，已有數家資安業者、資安研究團隊關注該漏洞的後續態勢，但真正開始有企業組織證實受害，並引起另一波關注，與中國工商銀行的美國子公司工銀金融（ICBCFS）有關，因為他們在 1個月後遭遇勒索軟體攻擊的事故。

根據 iThome 所整理的資安新聞，總共有 10 篇與 Citrix Bleed 相關，但當中有超過三分之二的報導，是在工銀金融

遇害之後出現。

因金融業者服務中斷而引起關注

針對工銀金融資安事故，先由證券業暨金融市場協會（SIFMA）傳出消息，表示該公司遭勒索軟體攻擊，導致工銀金融無法結算投資人的美國國債交易，部分股票交易也受影響。

這樣的情況引起全球關注，隨後工銀金融也證實確有此事，他們遭遇勒索軟體攻擊，導致部分服務面臨中斷，但對於受到攻擊的系統，以及攻擊者如何入侵，該公司並未透露進一步的訊息。

值得留意的是，根據彭博社、路透社等美國當地的媒體報導，攻擊者的身分就是勒索軟體集團 LockBit。而對於這起事故發生的原因，資安專家 Kevin Beaumont 透露，駭客很可能是針對該公司的 Citrix Netscaler 系統下手，利用 Citrix Bleed 漏洞入侵網路環境，此伺服器在數日前就處於離線狀態。

勒索軟體駭客早已利用相同漏洞，入侵其他大型組織

然而，工銀金融並非唯一因為沒有修補 Citrix Bleed 而被 LockBit 入侵的組織。根據這位研究人員的調查，物流業者杜拜環球港務（DP World）、安理國際律師事務所（Allen & Overy）、波音等至少 10 家大型企業，都是受害者。

CVE-2023-4966 基本資訊

受影響的系統	Citrix NetScaler ADC、NetScaler Gateway
漏洞類型	資訊洩露漏洞
揭露日期	2023 年 10 月 10 日
CVSS風險評分	9.4 分（滿分為 10 分）
被用於攻擊的時間	2023 年 8 月
受害規模	勒索軟體駭客 LockBit 攻擊中國工商銀行（ICBC）美國分公司工銀金融、物流業者杜拜環球港務（DP World）、安理國際律師事務所（Allen & Overy）、波音等至少 10 家大型企業；勒索軟體駭客 Medusa 攻擊汽車大廠豐田旗下金融服務公司 Toyota Financial Services；電信服務 Xfinity 洩露 3,600 萬名用戶資訊

資料來源：Citrix、Kevin Beaumont、iThome整理，2024年4月

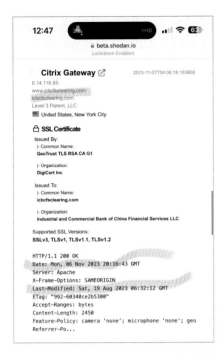

資安專家 Kevin Beaumont 指出，勒索軟體組織 LockBit 能夠入侵工銀金融（ICBCFS），並且癱瘓部分系統運作，箇中關鍵，就是利用尚未修補 CVE-2023-4966 的 Citrix NetScaler Gateway，而能夠得逞。圖片來源／Kevin Beaumont

這些攻擊行動如何進行？研究人員指出駭客組織有分工，前期的人員利用 Citrix Bleed 入侵目標企業，並部署遠端管理工具，以便後續接手的攻擊者能持續存取網路環境，而這一組人員會再利用各種手法提升權限，擺脫 EDR 系統控制、竊取資料，最終部署勒索軟體將檔案加密。

值得留意的是，LockBit 並非唯一利用 Citrix Bleed 漏洞的駭客組織。在 2023 年 11 月，勒索軟體駭客組織 Medusa 聲稱入侵豐田（Toyota）旗下金融服務公司 Toyota Financial Services（TFS），若想要下載取回駭客竊得的資料，或是要求駭客刪除檔案，他們開出 800 萬美元的價碼。

而對於駭客入侵的管道，資安專家 Kevin Beaumont 指出，該公司德國辦事處的 NetScaler Gateway，自 8 月底之後就沒有更新，曝露 Citrix Bleed 而釀禍。這樣的情況也與 Mandiant 發現至少有 4 組人馬從事漏洞利用攻擊的觀察，可說不謀而合。**文⊙周峻佑**

WinRAR 漏洞

本次上榜漏洞中，有一項非出現在企業的 IT 應用系統或設備，而是廣泛使用的壓縮軟體 WinRAR，這項漏洞就是 CVE-2023-38831。

揭露這件事的資安業者是 Group-IB，他們在 2023 年 7 月初調查惡意軟體 DarkMe 散布過程當中，發現駭客運用過往未曾揭露的漏洞，這群歹徒在地下論壇號稱，藉由特製的 ZIP 壓縮檔，能為買家散布指定的惡意程式。經過研究人員的進一步調查，發現駭客在 4 月就開始利用這項漏洞。

經過驗證，研究人員確認漏洞發生在 WinRAR 存取 ZIP 檔的過程，並且通報至此軟體的開發廠商 Rarlab，該公司於 7 月 20 日發布測試版 WinRAR 6.23 修補，正式版軟體於 8 月 2 日推出，23 日 Group-IB 公布漏洞細節。

CVE-2023-38831 基本資訊

受影響的系統	WinRAR 6.22 版
漏洞類型	資訊洩露漏洞
揭露日期	2023 年 8 月 23 日
CVSS風險評分	7.8 分（滿分為 10 分）
被用於攻擊的時間	2023 年 4 月
受害規模	最初有人散布惡意程式 DarkMe、GuLoader、Remcos RAT，漏洞公布後，俄羅斯駭客 Sandworm、APT28、APT29、中國駭客 APT40、巴基斯坦駭客 SideCopy 陸續用於攻擊。此外，亦傳出 UAC-0099 用於對烏克蘭組織植入惡意程式 LonePage

資料來源：Rarlab、Group-IB、Google，iThome整理，2024年4月

究竟這個漏洞造成多大危害，目前仍不得而知，但自 2023 年 8 月下旬公布後，與俄羅斯、中國、巴基斯坦有關的多個國家級駭客組織，皆傳出將其用於發動網路釣魚攻擊行動的情況。

根據 iThome 的 2023 年資安新聞報導，總共有多達 11 篇文章與這項漏洞有關，數量僅次於 MOVEit Transfer 漏洞 CVE-2023-34362。

雖然這項漏洞僅被列為高風險層級，CVSS 風險評分為 7.8，但是，考量到 WinRAR 在全球擁有超過 5 億用戶，加上該漏洞又相當容易利用，雪上加霜的是，WinRAR 本身並未內建自動更新機制，如果使用者未留意軟體改版資訊，很有可能因為持續使用存在漏洞的舊版軟體，而在不知不覺之間，成為駭客寄生攻擊利用對象，因此，我們將其列為年度第 3 大漏洞。

漏洞發現源於駭客作案工具的地下交易行為

這項漏洞之所以發現，源於研究人員在監控駭客論壇時，看到出售未知漏洞利用工具的情況。

資安業者 Group-IB 在調查惡意軟體 DarkMe 的過程，發現駭客自今年 4 月開始，製作惡意的 ZIP、RAR 壓縮檔，並在網路犯罪交易論壇上兜售。

這些壓縮檔內有看似無害的 JPG 圖檔，或 PDF、TXT 文檔，一旦有人以 WinRAR 開啟，攻擊者會藉由 CVE-2023-38831 執行指令碼，於電腦部署惡意軟體 DarkMe、GuLoader，以及 Remcos RAT。

研究人員看到駭客利用上述手法，在加密貨幣論壇、股票交易論壇發動攻擊，聲稱分享投資策略，至少 8 個論壇出現相關討論，130 個投資人的電腦遭惡意程式感染，但實際受害人數與損失金額不明。

資安業者 Group-IB 指出，攻擊者製作能出能夠利用 CVE-2023-38831 的 ZIP 壓縮檔，一旦透過 WinRAR 開啟這個檔案，直接開啟壓縮檔裡的圖檔，就有可能中招，促使電腦觸發漏洞，執行惡意指令碼。圖片來源／Group-IB

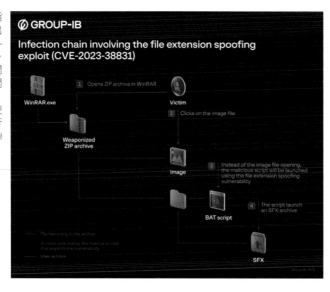

國家級駭客組織加入漏洞利用行列

事隔 2 個月之後，開始有研究人員發現，國家級駭客也將這項資安漏洞納入攻擊流程。

資安業者 DuskRise 指出，俄羅斯駭客駭客假借提供入侵指標相關資料，做為誘餌，利用這項漏洞發動攻擊。

接著，Google 旗下的威脅情報小組（TAG）揭露了更多發現，因為 TAG 偵測到由俄羅斯駭客組織 Sandworm、APT28，以及中國駭客組織 APT40 發動的攻擊行動。

首先，Sandworm 於 9 月假借烏克蘭無人機軍事訓練招生的名義寄送釣魚郵件，散布竊資軟體 Rhadamanthys，收集瀏覽器帳密及連線階段資訊。

APT28 則是針對烏克蘭政府官員下手，假冒智庫發送釣魚信，攻擊該國能源基礎設施的人員，引誘他們下載惡意壓縮檔，於受害電腦植入 PowerShell 指令碼 Ironjaw。

至於 APT40 的漏洞攻擊行動，該組織對巴布亞紐幾內亞民眾散布釣魚信，信件內容包含 Dropbox 下載連結，若依裡面的指示開啟網址，會取得含有上述漏洞的 ZIP 壓縮檔，有可能導致電腦被感染後門程式 Boxrat。

資安業者 Seqrite 揭露巴基斯坦駭客組織 SideCopy 的攻擊行動，這些駭客鎖定印度地區，積極利用 CVE-2023-38831 漏洞，來散布 AllaKore RAT、DRat 等惡意軟體。

後來，烏克蘭也針對俄羅斯駭客 APT29 的攻擊行動提出警告，指出在 11 月的攻擊行動裡，對方統合原本手法及新技術，濫用應用程式交付平臺 Ngrok 提供的免費靜態網域功能，架設 C2 伺服器，然後他們也在惡意壓縮檔運用 WinRAR 漏洞。

微軟、IBM 不約而同在 12 月初，針對 APT28 的攻擊行動提出警告。

微軟指出，對方鎖定美國、歐洲、中東的政府機關、運輸業，以及非政府組織，企圖用多種資安漏洞來發動攻擊，存取 Exchange 伺服器上的電子郵件信箱帳號，其中一個被利用的漏洞就是 CVE-2023-38831。

IBM 威脅情報團隊 X-Force 表示，APT28 使用以巴衝突作為誘餌，假借國際組織名義對 13 個國家從事網釣攻擊，其中有部分駭客利用了這項資安漏洞。文⊙周峻佑

HTTP/2 通訊協定漏洞

接下來我們選出的第 4 名資安漏洞也相當特別，因為此漏洞並非存在特定的應用系統，而是在通訊協定上，這項漏洞就是 HTTP/2 協定的高風險漏洞 CVE-2023-44487，CVSS 風險評分為 7.5。

從 iThome 相關報導的數量來看並不多，僅有去年 10 月雲端服務業者共同揭露因該漏洞遭遇 DDoS 攻擊的消息，但在 DDoS 攻擊的資安事故而言，這樣的情況很罕見。

針對通訊協定的零時差漏洞攻擊

首先，這類攻擊行動的揭露，通常範圍是局限於其中一家業者處理的事故，而且他們多半會特別強調流量的規模，就算是提及攻擊手法，也往往與駭客用於產生流量的設備有關。

此次事故卻是由 AWS、Cloudflare、Google 這三大雲端服務業者聯手公布，並將他們遭遇攻擊的原因，指向上述的通訊協定漏洞，並為利用該漏洞的攻擊手法命名為「HTTP/2 Rapid Reset」。

關於這次攻擊手法，對方主要是濫用 HTTP/2 通訊協定的特定功能。

此功能目前被大家稱為「串流取消

CVE-2023-44487 基本資訊

受影響的系統	採用 HTTP/2 的網頁伺服器
漏洞類型	阻斷服務漏洞（DoS）
揭露日期	2023 年 10 月 10 日
CVSS 風險評分	7.5 分（滿分為 10 分）
被用於攻擊的時間	2023 年 8 月至 10 月
受害規模	AWS、Cloudflare、Google Cloud 分別面臨每秒發出 1.55 億次至 3.98 億次請求（RPS）不等的洪水攻擊

資料來源：AWS、Cloudflare、Google Cloud，iThome 整理，2024年4月

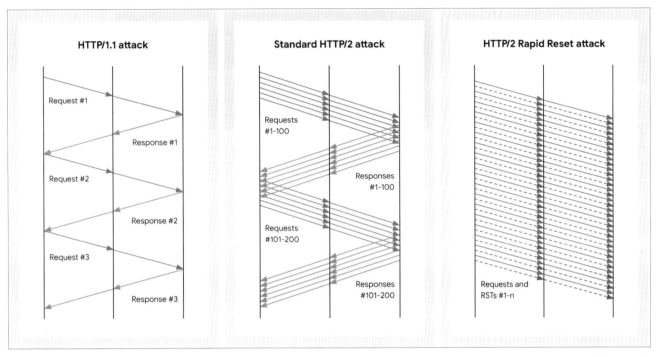

Google 針對 HTTP/2 Rapid Reset 通訊協定漏洞提出說明，並列出一份比較圖表指出問題成因。相較於一般的 DDoS 攻擊，利用該漏洞，攻擊者發出大量請求並隨即取消，從而突破用戶端原先必須等待伺服器回應的限制。圖片來源／Google

（Stream Cancellation）」，或是稱為「多工串流（Stream Multiplexing）」。

駭客不斷發送請求並隨即予以取消，導致採用 HTTP/2 通訊協定的網頁伺服器或應用程式服務遭到癱瘓。

研究人員指出，本次駭客發動攻擊的成本，較過往傳統的 DDoS 攻擊相對低廉許多。

對方利用這項漏洞發動的巨大流量 DDoS 攻擊，所運用的殭屍網路規模僅約 2 萬臺電腦，遠低於其他攻擊行動。過往的巨量 DDoS 攻擊，常會動用到數十萬、數百萬臺電腦。

由於 HTTP 通訊協定是全球網路資料通訊的基礎，最新版是 2022 年 6 月頒布的 HTTP/3。但是根據 Cloudflare 去年 4 月的統計，2015 年推出的 HTTP/2 採用率超過 60%，是目前最普及的 HTTP 協定版本，HTTP/3 則接近 30%。

對此，許多採用 HTTP/2 的服務或產品，開發商都已著手修補。

例如，微軟公布針對該漏洞的應對措施，指出這波的 DDoS 攻擊主要鎖定網路第 7 層（L7），而非 L3 或 L4，因此，該公司強化對於 L7 的保護，同時也修補所有受影響服務。

三家大型雲端業者公布受害規模

究竟這樣的資安漏洞，引發了什麼程度的攻擊呢？

AWS 指出，他們從 8 月 28 日至 29 日，發現 CDN 服務 CloudFront 出現不尋常的流量，並達到每秒發出 1.55 億次請求（RPS）的高峰，光是在這兩天，他們就緩解十多次 HTTP/2 Rapid Reset 攻擊事件。

接著，該公司也在整個 9 月，看到這類攻擊手法不斷出現。

另一家雲端服務業者 Cloudflare，則是從 8 月 25 日開始，觀察到部分客戶遭遇 HTTP/2 Rapid Reset 攻擊，其高峰達到每秒 2.01 億次請求。

這樣的情況，遠超過 2023 年 2 月他們公布的 DDoS 事故，當時該公司攔截每秒 7,100 萬次請求，僅約為這次事故的三分之一。

從 8 月底到 10 月上旬，該公司共緩解 1,100 起每秒 1 千萬次請求的事故，其中有 184 起超越 2 月公布規模。

第三家公布此事的 Google Cloud 則表示，他們在 8 月遭遇每秒 3.98 億次請求的 DDoS 攻擊行動，相較於 2022 年 8 月公布每秒 4,600 萬次請求，一年後的事故規模爆增至 7.5 倍。

究竟這樣的天文數字，代表的又是什麼樣的規模？

該公司遭遇 HTTP/2 Rapid Reset 攻擊的時間約為 2 分鐘，所有收到的請求數量，比 2023 年 9 月所有存取維基百科的請求次數還要多。

值得留意的是，雖然上述業者皆緩解提及的 DDoS 攻擊，但 Cloudflare 指出，由於這波攻擊結合殭屍網路與 HTTP/2 漏洞，導致攻擊請求以前所未有的速度放大，他們的網路系統面臨

間歇性的不穩定，部分元件過載，波及少數客戶的效能。文⊙周峻佑

No.5：CVE-2023-0669
GoAnywhere 漏洞

在去年勒索軟體駭客組織 Clop 利用的零時差漏洞當中，最受到關注的是 MFT 檔案傳輸系統 MOVEit Transfer、MOVEit Cloud 的漏洞 CVE-2023-34362，但另一款 MFT 系統的資安漏洞也值得留意，那就是存在 GoAnywhere 的 CVE-2023-0669。

這項漏洞引起關注的地方，在於其資訊公開的過程。由於系統開發商 Fortra 只對用戶發布公告，內容必須擁有相關帳號才能檢視，這項消息公開於社會大眾，最早是透過資安新聞記者 Brian Krebs 的揭露。

隨後這則警訊引起資安界關注，多名研究人員根據 Brian Krebs 揭露資訊，進一步分析漏洞細節，並公開概念性驗證（PoC）程式碼，Fortra 在數日後，發布新版 GoAnywhere 予以修補。

事隔兩週，Clop 聲稱利用這項漏洞，攻擊超過 130 個企業、組織，隨後也有受害組織出面證實資料遭竊。後來 Fortra 也公布調查結果，表示攻擊者可能在他們通知用戶 2 週前，就開始將這項漏洞用於攻擊行動。

從 iThome 的相關報導數量來看，總

CVE-2023-0669 基本資訊

受影響的系統	GoAnywhere 7.11 版
漏洞類型	遠端程式碼執行（RCE）漏洞
揭露日期	2023 年 2 月 6 日
CVSS風險評分	7.2 分（滿分為 10 分）
被用於攻擊的時間	2023 年 1 月
受害規模	勒索軟體駭客 Clop 聲稱攻擊超過 130 個企業組織

資料來源：Fortra、Bleeping Computer，iThome整理，2024年4月

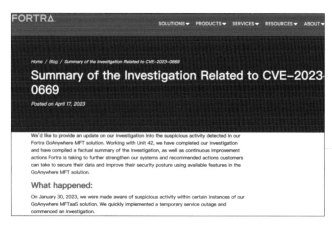

在去年 4 月 17 日，資安業者 Fortra 公布零時差漏洞 CVE-2023-0669 濫用的事件經過，指出駭客將這個資安漏洞用於攻擊 GoAnywhere 系統，最早追溯到 3 個月前。圖片來源／Fortra

共有 9 則，這個數量僅次於排行前三名的漏洞 CVE-2023-34362、CVE-2023-4966（Citrix Bleed）、CVE-2023-38831，再加上駭客聲稱犯案後，陸續有企業組織證實受害，因此，我們決定將這項漏洞列為第 5。

漏洞警訊的公開，竟源自新聞記者的揭露

這項漏洞的公開，源於 2 月 2 日資安新聞記者 Brian Krebs 發出的警告，指出 GoAnywhere 存在零時差漏洞，可被用於 RCE 注入攻擊，並且張貼資安業者 Fortra 於 2 月 1 日對用戶的公告。

該公告指出，攻擊者若要利用該漏洞，必須存取此應用程式的管理主控臺，若是組織將該主控臺曝露於網際網路，就有可能成為攻擊目標，呼籲 IT 人員可尋求客服團隊協助，來採取合適的存取控制措施。

然而，該公司並未在網站發布相關公告，也沒有在前述說明提及更多漏洞的細節，也並未提及緩解措施。

2 月 6 日資安顧問公司 Code White 的研究人員決定公布此漏洞的細節，以及概念性驗證攻擊程式碼。

研究人員提出警告，該漏洞可讓攻擊者在尚未採取緩解措施的 GoAnywhere 系統上，在不需通過身分驗證的情況下，就能遠端執行任意程式碼。

引發大規模資料竊取攻擊

事隔不到 2 週，便傳出 Clop 將其用於發動大規模攻擊的情況，他們號稱入侵超過 130 個組織，並在進入受害組織的網路環境後，竊取 GoAnywhere 伺服器上的資料。

隨後就有組織向主管機關通報資安事故，證實遭到相關攻擊。根據資安新聞網站 DataBreaches.net 報導，美國田納西州醫療集團 Community Health Systems（CHS）於 2 月 13 日向該國證交所發出通報，指出他們接獲 Fortra 的通知後著手調查，初估有 100 萬人的病歷資料或是個資，因 GoAnywhere 伺服器遭到入侵而可能會受到影響。

接著金融科技（Fintech）業者 Hatch Bank、日立能源（Hitachi Energy）表示，他們的客戶或是員工的資料，因為 GoAnywhere 遭到攻擊而外流。

3 月 23 日資安專家 Dominic Alvieri 發現，Clop 公布了新一波的受害名單，當時累計已有 72 家企業組織被公布，包括：加拿大多倫多市政府、維珍（Virgin）集團、P&G、礦業公司力拓（Rio Tinto）、金融機構 Axis Bank 等，有部分已證實資料遭到外洩的情況。

4 月 17 日，Fortra 公布事件調查結果，他們起初是在 1 月 30 日，發現部分雲端代管的 GoAnywhere 系統有異，而該公司也尋求資安業者 Palo Alto

Networks 協助，著手調查得知駭客利用該漏洞建立使用者帳號，並下載檔案，且於受害系統部署 Netcat 和 Errors.jsp，疑似用來建立後門、掃描連結埠、傳輸檔案。

後來，他們發現部分在用戶本地環境建置的 GoAnywhere 也遭遇攻擊，時間可追溯到 1 月 18 日。文⊙周峻佑

No.6：CVE-2023-37580
Zimbra 郵件伺服器漏洞

我們選出的 2023 年第 6 大資安漏洞，是存在於開放原始碼的電子郵件系統 Zimbra，可能有不少人覺得對這套軟體感到很陌生，但過去 2 年，Zimbra 因為資安新聞而出現在 iThome 的情況越來越頻繁，基於這樣的現象，也顯示已經有部分駭客正在鎖定這類系統而來。

其中，又以跨網站指令碼（XSS）漏洞 CVE-2023-37580 相當值得注意，雖然該漏洞僅被評為中度風險，CVSS 風險評分只有 6.1，而且，在 iThome 的資安新聞相關報導當中，數量並不算多，內容主要是 Zimbra 發布資安漏洞的緩解措施，以及後續 Google 揭露相關攻擊行動的調查結果。

特別的是，部分駭客在漏洞被通報後，在開發者提交修補程式碼，到正式

CVE-2023-37580 基本資訊

受影響的系統	Zimbra Collaboration Suite 8.8.15、9.0.0、10.0 版
漏洞類型	跨網站指令碼（XSS）漏洞
揭露日期	2023 年 7 月 13 日
CVSS風險評分	6.1 分（滿分為 10 分）
被用於攻擊的時間	2023 年 6 月至 8 月
受害規模	希臘、摩爾多瓦、突尼斯、越南、巴基斯坦傳出資安事故

資料來源：Zimbra、Google，iThome整理，2024年4月

發布更新軟體的空窗期，將這些資安情報用於發動攻擊導致後果恐相當嚴重。

電子郵件系統的資安漏洞，向來是駭客偏好下手的目標，因為一旦成功，就有機會竊取伺服器存放的電子郵件內容，從而搜括企業與組織的機密資料，或是挾持高階主管的帳號、用於其他的網路攻擊行動，例如，進行商業郵件詐騙（BEC）。

值得留意的是，近幾年攻擊者偏好的標的，從以微軟 Exchange 伺服器為主要目標的情況，開始轉向開源的郵件伺服器與協作系統 Zimbra，以及另一套名為 Roundcube 的郵件伺服器。

其中，又以 Zimbra 的漏洞濫用活動較為頻繁，而且甚至出現攻擊者串連其他已知漏洞的現象。

而在 Google 的研究人員公布的 4 起攻擊行動裡，駭客不約而同對政府機關下手，而有可能帶來嚴重的後果，其危害的程度不容小覷。

雖然 CVE-2023-37580 僅被評為中度風險，但是，考量這項資安漏洞存在於電子郵件系統當中，並且已經出現實際的網路攻擊行動，再加上，此軟體具有開放原始碼特性，能夠滿足政府機關特定的稽核需求，因此，目前有許多公務機關採用。

因此，即使漏洞本身的 CVSS 分數並不高，我們還是決定將這個資安弱點列於年度第 6 名的位置。

而該漏洞也是本次入選的 2023 年十大資安漏洞當中，CVSS 分數最低的漏洞，也是唯一嚴重等級被評為中度風險的資安漏洞。

CVE-2023-37580 Exploitation Timeline

June 29, 2023	Campaign #1 TAG discovers XSS 0-day in a campaign targeting Greece
July 5, 2023	Hotfix pushed to Github repository
July 11, 2023	Campaign #2 targeting Moldova and Tunisia
July 13, 2023	Advisory published
July 20, 2023	Campaign #3 targeting Vietnam
July 25, 2023	Official patch released as CVE-2023-37580
August 25, 2023	Campaign #4 targeting Pakistan

研究人員公布零時差漏洞發現的過程、Zimbra 維護團隊處理的經過，以及 4 起攻擊行動發生時間，特別的是，在維護人員提交修補程式碼到新版軟體推出之前，有兩組人馬將此漏洞用於攻擊政府機關。
圖片來源／Google

這也反映部分研究人員經年累月的呼籲，IT 人員千萬別把 CVSS 分數當做評估修補順序的唯一指標，因為像是這種危險程度不高的漏洞，很有可能被 IT 人員延後安排修補，而讓攻擊者有更多時間能夠利用。

漏洞揭露源自於研究人員發出的警告，但當時尚未有修補程式

7 月 13 日，Google 威脅情報小組研究人員針對電子郵件系統 Zimbra 提出警告，他們發現已被用於攻擊行動的零時差漏洞，該漏洞與跨網站指令碼有關，當時 Zimbra 提出緩解措施，並呼籲 IT 人員儘速手動套用。

到了 26 日，Zimbra 發布 8.8.15 Patch 41、9.0.0 Patch 34、10.0.2 版修補上述漏洞，並指出該漏洞已被登記為 CVE-2023-38750 列管。

而對於該漏洞的影響，Zimbra 指出，如果不處理，將會導致內部 JSP 與 XML 檔案曝露。

攻擊者疑似監控程式碼儲存庫，而能在更新程式推出前利用漏洞

事隔 4 個月、將近半年之久以後，Google 也公布他們追蹤此項漏洞攻擊行動的結果。

研究人員發現，自 6 月底開始有人將其用於攻擊行動，截至目前為止至少有 4 起，這些攻擊行動分別針對希臘、

摩爾多瓦和突尼斯、越南、巴基斯坦而來，值得留意的是，其中有 3 起事故，是在修補程式推出前就發生。

最早利用這項資安漏洞的攻擊行動，是針對希臘政府機關而來，對方向目標發送電子郵件，當中包含能觸發漏洞的 URL 網址，一旦目標人士維持登入 Zimbra 系統的狀態並且點選，就會啟動攻擊者的惡意框架，並且透過跨網站指令碼竊取電子郵件的資料，設定自動轉寄規則，之後能將這些郵件快速傳送至駭客的電子郵件信箱。

第 2 起事故發生的時間點，則是在有人提供修補程式碼之後出現。Google 向 Zimbra 開發團隊通報漏洞，7 月 5 日有開發人員將修補程式碼上傳至 GitHub，但 11 日傳出駭客針對摩爾多瓦和突尼斯政府機關的情況。

而關於攻擊者的身分與來歷，其實，就是擅於針對 Zimbra 及 Roundcube 下手的駭客組織 Winter Vivern，這是唯一研究人員公布攻擊者身分的事故。

在 25 日 Zimbra 公開發布修補程式的前夕，研究人員看到另一起攻擊行動，這次的目標是越南政府機關，對方利用 URL 觸發漏洞，並將目標人士導向指令碼檔案，此檔案顯示能竊取電子郵件帳號的釣魚網頁，並將帳密傳送到攻擊者已入侵的另一個政府網域。

最後一起事故，則是發生在修補程式推出之後，遭到鎖定的目標是巴基斯坦政府，攻擊者利用漏洞竊取 Zimbra 的身分驗證 Token，並且將這些資訊傳送到特定的網域。

研究人員指出，這些攻擊的不斷出現，突顯駭客正在不斷監控開放原始碼軟體專案的情況，因為在開發人員於 GitHub 推送修補程式、尚未向使用者正式提供這些軟體之前，其實，就有人濫用這些威脅情報，並藉此發起第 2 起漏洞攻擊行動。文⊙周峻佑

No.7：CVE-2023-28771
兆勤防火牆 /VPN 漏洞

關於 2023 年度的第 7 大資安漏洞，我們認為是 CVE-2023-28771，這項漏洞發生在兆勤（Zyxel）防火牆與 VPN 設備，不只被攻擊者用於散布殭屍網路病毒，也傳出能源關鍵基礎設施受害的情況。

由於防火牆是防護內部網路環境、重要設備的主要防線，這類系統遭到鎖定的情況相當常見，駭客更是無所不用其極利用這類設備的漏洞，企圖對其進行控制，或突破防禦進入內部環境。

這項漏洞的突出之處在於，產品供應商將弱點資訊公布後，這項漏洞不僅隨即被用於攻擊，甚至後續攻擊者也串連該公司先前修補的另外兩個漏洞，增加利用 CVE-2023-28771 破壞威力。

另一方面，由於這項漏洞在公布之後，也出現針對關鍵基礎設施發動攻擊的情況，而可能導致社會動盪，使該漏洞影響趨於廣泛。丹麥關鍵基礎設施電腦緊急應變小組（SektorCERT）指出，有超過 20 家丹麥能源關鍵基礎設施遭遇漏洞攻擊，究竟有多少駭客組織參與，目前仍不得而知。

漏洞公開後傳出被用於攻擊行動

兆勤科技於 4 月底修補 CVE-2023-

CVE-2023-28771 基本資訊

受影響的系統	兆勤防火牆 ATP、USG Flex、ZyWALL、USG 產品線，以及 VPN 系統
漏洞類型	命令注入漏洞
揭露日期	2023 年 4 月 25 日
CVSS風險評分	9.8 分（滿分為 10 分）
被用於攻擊的時間	2023 年 4 月至 2023 年 6 月
受害規模	22 家丹麥能源基礎設施集體遭到攻擊；亦有駭客散布殭屍網路病毒 Mirai 變種 Dark.IoT

資料來源：兆勤科技、SektorCERT、Fortinet，iThome整理，2024年4月

28771，CVSS 風險評分為 9.8。5 月底研究人員提出警告，駭客針對兆勤修補的上述防火牆重大漏洞，發動大規模攻擊，如今態勢變得更加嚴重。

5 月下旬資安業者 Rapid7 也提出警告，他們透過物聯網搜尋引擎 Shodan，找到約 4.2 萬臺未修補的設備暴露在網際網路，而這項數字，並不包含未修補該漏洞且暴露在網際網路的 VPN 設備，因此實際可能成為攻擊目標的數量遠大於此。

研究人員指出，這項資安漏洞存在網際網路金鑰交換（IKE）封包解密工具，此為 Zyxel 提供 IPSec VPN 服務的重要元件，即使 IT 人員並未啟用 VPN 功能也會曝險。研究人員指出，雖然截至 2023 年 5 月 19 日為止，尚未發現攻

Zyxel security advisory for OS command injection vulnerability of firewalls

CVE: CVE-2023-28771

Summary
Zyxel has released patches for an OS command injection vulnerability found by TRAPA Security and urges users to install them for optimal protection.

What is the vulnerabilities?
Improper error message handling in some firewall versions could allow an unauthenticated attacker to execute some OS commands remotely by sending crafted packets to an affected device.

What versions are vulnerable—and what should you do?
After a thorough investigation, we've identified the vulnerable products that are within their vulnerability support period and released patches to address the vulnerability, as shown in the table below.

Affected series	Affected version	Patch availability
ATP	ZLD V4.60 to V5.35	ZLD V5.36
USG FLEX	ZLD V4.60 to V5.35	ZLD V5.36
VPN	ZLD V4.60 to V5.35	ZLD V5.36
ZyWALL/USG	ZLD V4.60 to V4.73	ZLD V4.73 Patch 1

4 月下旬兆勤科技發布資安公告，指出旗下的防火牆、VPN 設備存在重大漏洞 CVE-2023-28771，當時，他們並未透露是否出現被利用情況，但隨後有研究人員及資安機構，陸續揭露相關攻擊行動。

擊行動，但有大量設備存在上述漏洞，他們認為駭客很快就會對其下手。

兆勤於 6 月 2 日發布資安通告指出，駭客不只利用 CVE-2023-28771，5 月底修補的兩個重大漏洞：CVE-2023-33009、CVE-2023-33010，也出現遭利用的現象，該公司呼籲用戶儘速套用最新版韌體，或暫時停用 WAN 連接埠的 HTTP 及 HTTPS 服務，以因應這樣的資安風險。

多個關鍵基礎設施業者也因此遭遇網路攻擊

值得留意的是，後續還有更明確的資安事故傳出。

先是資安業者 Fortinet 揭露 Mirai 殭屍網路變種 Dark.IoT 最新一波的攻擊行動，他們在今年 6 月看到鎖定兆勤科技防火牆及 VPN 設備而來的情況，攻擊者利用 CVE-2023-28771 來入侵目標系統，並使用 curl 或 wget 來下載指令碼並執行，以便下載專為 MIPS 架構打造的攻擊工具，最終目的是散播殭屍網路病毒 Dark.IoT、綁架資安設備、將它們用於 DDoS 攻擊。

而這項漏洞的危害範圍，甚至傳出擴及關鍵基礎設施的情況。

對此，丹麥關鍵基礎設施電腦緊急應變小組揭露發生於今年 5 月的攻擊行動，當時，駭客利用兆勤科技防火牆重大漏洞 CVE-2023-28771，取得 22 家當地經營能源關鍵基礎設施業者的存取權限，其中有 11 家隨即遭到入侵，攻擊者控制防火牆設備，進而存取該設備保護的關鍵基礎設施，執行惡意程式碼，回傳防火牆配置的詳細資料，此舉可能是進行偵察，以便決定下一步執行

Kevin Beaumont
@GossiTheDog@cyberplace.social

⚠ Regarding the #MobileIron vulnerability ⚠

Patches are out for 11.8.1.1, 11.9.1.1 and 11.10.0.2. It also applies to unsupported and EOL versions.

It's a serious zero day vulnerability which is very easy to exploit, where Ivanti are trying to hide it for some reason - this will get mass internet swept. I'd strongly recommend upgrading, and if you can't get off EOL, switch off the appliance.

Jul 24, 2023, 23:15 - Edited Jul 25, 24:03 ▾ · ⊕ · Web · ⟲ 21 · ★ 37

的攻擊手法。

這起大規模攻擊從 5 月 11 日開始，間隔 10 天之後於 22 日再度進行，SektorCERT 得知其中成員透過不安全的連線，下載新版防火牆軟體。而關於攻擊者的身分，SektorCERT 根據受害業者的網路流量，指出俄羅斯駭客組織 Sandworm 可能參與其中，但究竟有多少駭客組織參與此次攻擊行動？目前仍不明朗。**文⊙周峻佑**

No.8：CVE-2023-35078

Ivanti 行動裝置管理平臺的漏洞

在 2023 年公布的零時差漏洞當中，有些往往是因為資安研究人員在調查事故的過程，意外發現駭客運用未

CVE-2023-35078 基本資訊

受影響的系統	Ivanti Endpoint Manager Mobile，11.8.1.0、11.9.1.0、11.10.0.1 以前版本
漏洞類型	身分驗證繞過漏洞
揭露日期	2023 年 7 月 23 日
CVSS 風險評分	10 分（滿分為 10 分）
被用於攻擊的時間	2023 年 4 月至 7 月
受害規模	挪威政府採用的 ICT 平臺遭駭，影響 12 個機關

資料來源：Ivanti、挪威安全與服務組織，iThome 整理，2024 年 4 月

根據資安專家 Kevin Beaumont 取得 Ivanti 公司對客戶通知內容指出，該公司旗下行動裝置管理平臺 Endpoint Manager Mobile（EPMM）存在嚴重的零時差漏洞，且極為容易利用，呼籲用戶應儘速套用更新程式。圖片來源／Kevin Beaumon

曾揭露的手法，從而發現未被列管的漏洞，通報軟體業者進行修補。

然而，裡面有個重大漏洞很特別，廠商雖然著手進行修補，卻並未公開，也沒透露已經被用於攻擊行動，直到研究人員公布廠商的文件，以及受害組織出面，才引起各界的關注。

而這個產生公開揭露爭議的資安漏洞，就是存在 Ivanti 行動裝置管理平臺 Endpoint Manager Mobile（EPMM，原名 MobileIron Core）的危急漏洞：CVE-2023-35078，CVSS 風險評為 10 分。

身為受害者之一的挪威政府，表明他們因為 CVE-2023-35078 漏洞的關係，所以，導致 12 個機關使用的系統平臺遭到駭客入侵。

恰巧在當局公布此事的同一天，Ivanti 私下針對客戶提供修補程式及說明，且表示已有部分客戶遭到漏洞利用攻擊，當時，該公司並未直接對外界公開說明此事。

值得留意的是，有許多國家的政府機關也採用 EPMM，而使得這樣的漏洞影響範圍可能相當廣泛。

然而，身為資安業者，當時 Ivanti 不僅不願公開漏洞資訊，甚至傳出有客戶詢問細節、卻被要求簽下保密協定（NDA）的情況，因而引起資安研究

人員的撻伐。

外界更是直到研究人員轉發看到的漏洞資訊，以及挪威政府證實遭駭的情況，才得知這項漏洞帶來的危險。

基於這項漏洞引起的資安事故相當嚴重，且受害組織是政府機關，我們決定將其列入 2023 年的十大漏洞，不過因為後續並未傳出其他災情，所以，相較於其他影響範圍較為廣泛的漏洞，還是決定給予較為後面的排名。

漏洞揭露源於挪威政府的公告

這漏洞引起關注的原因，在於 7 月 24 日挪威安全與服務組織（DSS）證實，駭客利用第三方軟體的零時差漏洞發動攻擊，導致 12 個挪威政府機關採用的 ICT 平臺遭到入侵，DSS 察覺攻擊行動之後，通報挪威國家安全局（NSM），接著警方著手調查。

挪威資料保護局也被通報，得知駭客可能從 ICT 系統竊得敏感資料，12 個部門員工無法用 DSS 行動應用程式辦公，這些人員若能透過電腦存取相關服務，則不受此狀況影響。

對於前述零時差漏洞，挪威國家安全局透露是 CVE-2023-35078，該漏洞存在於行動裝置管理平臺 EPMM。

事隔數日，另一個被同時利用的零時差漏洞公布

Ivanti 於 7 月 28 日發布 EPMM 更新軟體，當中修補另一項漏洞 CVE-2023-35081，CVSS 風險評為 7.2 分。此為路徑穿越類型的漏洞，這意味著，通過身分驗證的管理員，能將此漏洞用來對 EPMM 伺服器寫入任意檔案。

值得留意的是，該公司提及這項漏洞能與 CVE-2023-35078 搭配使用，進一步繞過管理員的身分驗證程序，以及存取控制列表（ACL）的管制。

一旦成功同時利用上述 2 項漏洞，攻擊者就能對 EPMM 的實體寫入惡意檔案，進而透過名為 tomcat 的使用者來執行作業系統層級的命令。

該公司透露，對於遭受 CVE-2023-35078 漏洞攻擊的客戶而言，攻擊者也同樣利用 CVE-2023-35081 對其下手。文⊙周峻佑

No.9：CVE-2023-20198
思科 IOS XE 漏洞

從漏洞嚴重度來看，CVSS 風險達到滿分（10 分）的狀況並不常見，其中有一個在 2023 年 10 月公布的 CVE-2023-20198，具備極為容易利用的特性，導致該漏洞被公布之後，隨之而來的嘗試利用攻擊行動大幅增加，引起許多資安研究人員關注。

這項漏洞存在於思科網路設備作業系統 IOS XE，使得執行這套作業系統的邊緣設備、聚合服務路由器、整合服務路由器等，都可能受到影響。

但為何我們將 CVE-2023-20198 列為 2023 年度第 9 大漏洞？主要原因在於：該漏洞引發的攻擊行動過程相當離奇。首先，思科在著手調查之後，又發現第 2 個也被用於攻擊的零時差漏洞，後續駭客更替換植入這些設備的惡意程式，導致研究人員的偵測產生意外變

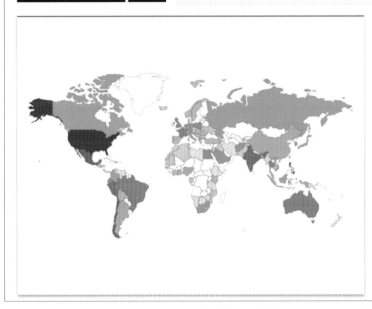

針對可能曝露 CVE-2023-20198 的 IOS XE 裝置數量，資安業者 Aves Netsec 透過物聯網搜尋引擎 Shodan 進行搜尋，在漏洞公布隔日（10 月 17 日）找到超過 14.3 萬臺曝險裝置，其中以美國、菲律賓、智利數量最多。圖片來源／Bleeping Computer

CVE-2023-20198 基本資訊

受影響的系統	執行思科網路設備作業系統 IOS XE 17.3 至 17.9 版的設備，且啟用網頁使用者介面的相關功能，部分執行 IOS XE 16.12 版的設備也受到影響
漏洞類型	命令注入漏洞
揭露日期	2023 年 10 月 16 日
CVSS風險評分	10 分（滿分為 10 分）
被用於攻擊的時間	2023 年 4 月至 7 月
受害規模	在 10 月 17 日，資安業者 Aves Netsec 指出可能有超過 14.3 萬臺設備曝險

資料來源：思科、Aves Netsec，iThome整理，2024年4月

化，因為受害設備的數量突然減少。

思科發出自動派送修補程式的公告，揭露漏洞濫用活動

10 月 16 日思科揭露 IOS XE 重大漏洞 CVE-2023-20198，影響啟用網頁介面（Web UI）及 HTTP（或 HTTPS）伺服器功能的網路設備，攻擊者若是成功利用該漏洞，就有機會在網路設備建立權限等級 15 的帳號，進而能夠掌控整個系統，後續去執行其他未經授權的惡意行動，因此，此漏洞的 CVSS 風險評為 10 分滿分。

值得留意的是，當時思科並未提供修補程式，而是呼籲 IT 人員立即停用 HTTP（及 HTTPS）伺服器功能，阻斷駭客入侵的管道。

恐有 14 萬臺設備曝險

在漏洞揭露的隔日，研究人員陸露揭露受害情形。漏洞情報業者 VulnCheck 提出警告，他們發現數千個遭到感染的 IOS XE 網頁介面，該公司亦提供檢測工具，讓網管人員能檢查設備是否遭到入侵。研究人員掃描了從物聯網搜尋引擎 Shodan 及 Censys 列出的半數裝置，約有 1 萬臺裝置受到感染，但是，實際數量可能更多。

另一家資安業者 Aves Netsec 研究人員則指出，約有 14 萬臺思科裝置可能因此曝險。

推翻原本的攻擊鏈，公布新的零時差漏洞

原本思科認為，攻擊者將上述漏洞串連另一個已知漏洞 CVE-2021-1435，數日後他們推翻這樣的說法。

10 月 20 日該公司公布另一個零時差漏洞 CVE-2023-20273，此漏洞也存在 IOS XE 網頁介面，屬於命令注入類型的漏洞，CVSS 風險評分為 7.2。

一旦攻擊者成功利用漏洞，就有機會控制整個系統，並且透過最高權限將惡意程式寫入。

受害主機出現急速減少怪異現象

在思科公布 2 個已被用於攻擊的零時差資安漏洞，研究人員陸續公布受害情形，但後續再度出現新的變化而引起大家關注。

根據在 10 月 22 日資安新聞網站 Bleeping Computer 的報導，有許多研究人員發現，感染後門程式的思科設備數量呈現不合理的劇烈減少現象，10 月 21 日達到 6 萬臺的高峰，隔天卻突然降到只剩 1,200 臺。對此，有研究人員推測，可能是攻擊者更新後門程式所造成的問題。

到了 23 日，資安業者 Fox-IT 證實這個假設。他們表示上述現象是因為駭客在受害裝置部署新版後門程式，數萬臺設備的後門程式已被更換，而這些後門程式會在回應前檢查 HTTP 標頭。

研究人員指出，由於檢測舊版後門程式的方法未採用這種 HTTP 標頭，使得新後門程式不予回應，進而導致這些受害設備被誤判，連帶使得檢測系統以為惡意程式已完全清除。**文⊙周峻佑**

No.10：CVE-2023-2868

Barracuda 郵件安全閘道設備漏洞

顧 2023 年重大漏洞資安事故，在 5 月下旬，資安廠商 Barracuda Networks 公布的郵件安全閘道（ESG）漏洞 CVE-2023-2868，引發一些風波，因此，許多國外媒體都會列入年度資安事故，而且，後續漏洞處理作法很特別，因為，廠商最終竟然透過更換整臺設備的方式來緩解攻擊行動，這種做法可說前所未見。

考量到此郵件安全閘道系統並未在臺灣市場受到廣泛採用，因此我們將其列為 2023 年第 10 大漏洞。不過，究竟該漏洞攻擊行動的受害範圍有多大？目前仍然沒有研究人員或是主管機關透露相關資訊。

身為資安業者，旗下產品卻出現如此嚴重的問題，該裝置又是負責為企業過濾郵件的重要環節，一旦遭到控制，很有可能無法發揮應有的功能，尤其現在有許多的資安事故當中，攻擊者往往透過郵件來接觸目標，若是這類系統失去把關作用，惡意郵件就會直接送到使用

CVE-2023-2868 基本資訊

受影響的系統	Barracuda ESG 實體設備，搭載 5.1.3.001-9.2.0.006 以前版本韌體
漏洞類型	命令注入漏洞
揭露日期	2023 年 5 月 23 日
CVSS風險評分	9.8 分（滿分為 10 分）
被用於攻擊的時間	2022 年 10 月至 2023 年 6 月
受害規模	N/A

資料來源：Brracuda、Mandiant，iThome整理，2024年4月

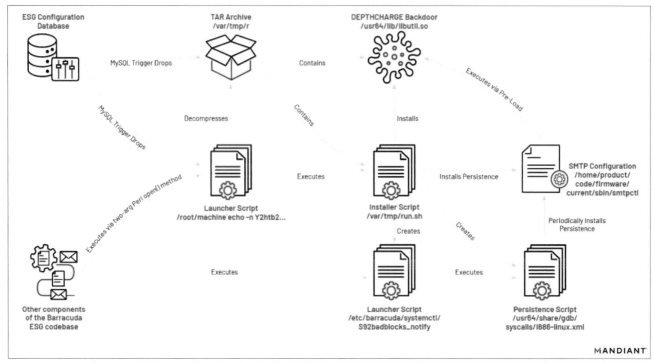

針對 UNC4841 的第 2 波攻擊，研究人員指出，當時這些駭客已入侵 Barracuda ESG 設備的組態資料庫及程式碼基礎（Codebase），從而部署後門程式 Depthcharge，並執行惡意指令碼，以便在受害設備上持續活動。圖片來源／Mandiant

者信箱，而可能造成危害。

另一方面，有別於其他廠商處理資安漏洞的方式，Barracuda 竟然是採取更換設備來進行，也突顯該公司可能在產品設計當中存在極為棘手的瑕疵，而無法單純透過軟體更新，或要求 IT 人員回復原廠設定等常見做法，以便解決資安漏洞的危害。

事件的揭露源於自動派送修補程式的公告

在 2023 年的 5 月 20 日與 21 日，Barracuda 修補 CVE-2023-2868，該漏洞影響他們的 ESG 設備，攻擊者可江這個弱點用於遠端注入命令。

該公司於 30 日公布前述的漏洞攻擊細節，當時得知駭客所使用的惡意程式包括 Saltwater、Seaspy、Seaside，但直到 5 月 18 日，他們才收到相關異常流量的警報資訊，趕緊尋求資安業者 Mandiant 協助，並於 19 日確認是

CVE-2023-2868。當時，該公司主動通知遭到攻擊的用戶。

漏洞揭露後出現二波攻擊行動

事隔近 1 個月之後，協助進行調查的資安業者 Mandiant 公布更多細節，指出攻擊者的身分就是中國資助的駭客組織 UNC4841。

但研究人員也提到，Barracuda 派送修補程式企圖遏止駭客行動後，對方迅速更換惡意軟體因應，並於 5 月 22 日至 24 日，發動高頻率攻擊，至少有 16 個國家的組織受害，其中有三分之一受害單位是政府機關。

發生這麼嚴重的情況，迫使 Barracuda 採取相當罕見的手法來因應，那就是要求用戶更換設備。

到了 8 月，Mandiant 公布新的調查結果，他們指出駭客為了能夠持續在特定受害組織進行活動，於是在 6 月上旬連帶運用更多惡意程式，包括 kipjack、

Depthcharge、Foxtrox、Foxglove。

受害產業橫跨政府機關及高科技產業，臺灣也有組織遇害

而對於這起攻擊的目標，研究人員表示，近三分之一是政府機關、高科技產業及資訊業者、電信業者、製造業，而且，臺灣及香港的貿易辦公室與學術研究機構，以及東南亞國協的外交部，都在受影響的範圍，因為這些單位的網域名稱及使用者，都遭到鎖定，駭客利用 Shell 指令碼發動攻擊。

此外，研究人員也對這起漏洞攻擊的流程，提出更詳細的說明。駭客組織 UNC4841 於 2022 年 10 月至 2023 年 6 月，利用 CVE-2023-2868 發動攻擊，並在 11 月上旬開始出現顯著升溫的情況，僅有農曆新年略為下降。

而到了 5 月 23 日 Barracuda 發布資安通告之後，這類型的攻擊行動又出現兩波。文⊙周峻佑

2024 臺灣資安市場地圖

Risk Assessment & Visibility

此類別包含弱點管理相關產品與服務，涵蓋弱點偵測、弱點評估、內部威脅風險評估等類型

8iSoft YODA | Your Online Defense Armor · 三甲科技股份有限公司 AAA Security Technology · Acunetix by Invicti · Acronis · ACSI 安碁資訊股份有限公司 Acer Cyber Security Inc. · AMIYA · AMSECURE

ARMIS · ATTACKIQ · Attivo NETWORKS · aws · azul · 保華資安 BAOHWA TRUST · Barracuda

BeyondTrust · BITSIGHT · BLACK KITE · Caloudi · CHECK POINT · 中華資安國際 CHT Security · 中芯數據 Core Cloud Tech.

Cyberint · CYBERARK · cybersixgill · CYCRAFT 奧義智慧科技 · Cymetrics · Deloitte. 勤業眾信 · DEVCORE

鼎新電腦 · 中華龍網 DragonSoft · DXC.technology · I-SOFT 曜祥網技 · Cloud valley · ECPay 綠界科技 · ENSIGN INFOSECURITY 安信資訊安全

EY 安永 · experian · EXTRAHOP · FLOWRING 華苓科技股份有限公司 · FORESCOUT · FORTINET · FREEDOM SYSTEMS

GORILLA · Hamastar 哈瑪星科技 HAMASTAR TECHNOLOGY · IBM · imperva a Thales company · IONIX · iPANSEC 承弘國際股份有限公司 · 數聯資安

ivanti · kaspersky 卡巴斯基 · kiuwan · klickklack Communications · kyndryl · Leukocyte-Lab · MANDIANT YOUR CYBERSECURITY ADVANTAGE

Mend.io · 元盾資安 Meta Shield Security · Microsoft · netwrix · observe IT a division of Proofpoint · orca security · onward SECURITY a DEKRA company

paloalto NETWORKS · PAGOLINO Information Technology Co., Ltd · Panorays · PENTERA · PiExtract · proofpoint. · Qualys.

Radiant Tech · RAPID7 · RAPIXUS 瑞思資訊股份有限公司 · Recorded Future · RSA · runZero · Security Scorecard

優易資訊 SECURTEC www.securtec.com.tw · SHIELDXTREME 微智安聯 · SOPHOS · spirent Promise. Assured. · Symantec. A Division of Broadcom · 詮睿科技 TALENT JUMP · 凌群電腦 THE SYSCOM GROUP

tenable · TOPIA · tripwire · UPAS NETWORK OPERATIONS CENTER · vdoo Securing the Connected Everything · WITH secure · Woodpecker

ZingBox
ZUSO Generation

廠牌名稱	展區編號	廠牌專頁
聯雲智能	T16	https://r.itho.me/c242273
三甲科技	T37	https://r.itho.me/c242226
安碁資訊	T27、T28	https://r.itho.me/c242240
Black Kite	P216	https://r.itho.me/c242316
Bitsight	C110	https://r.itho.me/c242199
Check Point	C239	https://r.itho.me/c241973
中華資安國際	P201、T26、T31	https://r.itho.me/c241938
中芯數據	Q207	https://r.itho.me/c242078
CyberArk	C124、C227	https://r.itho.me/c242067
奧義智慧	Q201	https://r.itho.me/c241932
Cymetrics	C322	https://r.itho.me/c241940
勤業眾信	無	https://r.itho.me/c242112
戴夫寇爾	Q208	https://r.itho.me/c242109
中華龍網	C213	https://r.itho.me/c242113
曜祥網技	P105	https://r.itho.me/c241933
伊雲谷數位科技	P305	https://r.itho.me/c242117
Extrahop	C118	https://r.itho.me/c242083
Forescout	P206	https://r.itho.me/c242084
Fortinet	C201	https://r.itho.me/c242076
自由系統	C113	https://r.itho.me/c242118
大猩猩科技	Q215	https://r.itho.me/c242023
IBM	P111	https://r.itho.me/c241995

廠牌名稱	攤位編號	廠牌專頁
Imperva	Q115	https://r.itho.me/c242099
數聯資安	Q301	https://r.itho.me/c242073
Kaspersky	Q102	https://r.itho.me/c242048
可立可	T38	https://r.itho.me/c242211
盧氪賽忒	T06	https://r.itho.me/c242153
元盾資安	C232	https://r.itho.me/c242150
安華聯網	Q103	https://r.itho.me/c242104
Palo Alto Networks	C103	https://r.itho.me/c242092
Penta Security	P302	https://r.itho.me/c242378
信研科技	C235	https://r.itho.me/c242183
Proofpoint	Q204	https://r.itho.me/c242169
Qualys	C235	https://r.itho.me/c242182
Recorded Future	Q214	https://r.itho.me/c242018
SecurityScorecard	P203	https://r.itho.me/c241969
微智安聯	T40	https://r.itho.me/c242214
Spirent	Q302	https://r.itho.me/c242035
Symantec By Broadcom	C323	https://r.itho.me/c242098
凌羣電腦	T41	https://r.itho.me/c242243
詮睿科技	C320	https://r.itho.me/c241980
UPAS	Q209	https://r.itho.me/c242047
WithSecure	P109	https://r.itho.me/c242141
如梭世代	P209	https://r.itho.me/c242042

Endpoint Prevention

此類別包含端點防護相關產品與服務，涵蓋個人端電腦防毒、統一端點管理（UEM）、應用程式白名單控管（Application Whitelisting）、周邊裝置控管（Device Control）、內容威脅解除與重組（CDR）、遠端瀏覽器隔離上網系統（RBI）

    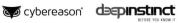

廠牌名稱	展區編號	廠牌專頁	廠牌名稱	展區編號	廠牌專頁
安碁資訊	T27、T28	https://r.itho.me/c242240	Kaspersky	Q102	https://r.itho.me/c242048
BlackBerry	P104	https://r.itho.me/c241958	鴻璟科技	T33	https://r.itho.me/c242219
全景軟體	C104	https://r.itho.me/c242090	Menlo Security	P204	https://r.itho.me/c242046
Check Point	C239	https://r.itho.me/c241973	安華聯網	Q103	https://r.itho.me/c242104
中華資安國際	P201、T26、T31	https://r.itho.me/c241938	OpenText	C333	https://r.itho.me/c242207
			OPSWAT	P104	https://r.itho.me/c241968
Cimcor	Q107	https://r.itho.me/c241988	Palo Alto Networks	C103	https://r.itho.me/c242092
CrowdStrike	C328	https://r.itho.me/c241990	SentinelOne	P208	https://r.itho.me/c242045
誠雲科技	Q110	https://r.itho.me/c242009	旭聯資安	T10	https://r.itho.me/c242225
CyberArk	C124、C227	https://r.itho.me/c242067	Symantec By Broadcom	C323	https://r.itho.me/c242098
Cybereason	C110	https://r.itho.me/c242187	TeamViewer	Q304	https://r.itho.me/c242049
曜祥網技	P105	https://r.itho.me/c241933	TrendzAct	P205	https://r.itho.me/c242021
ESET	C219	https://r.itho.me/c241998	趨勢科技	Q105	https://r.itho.me/c241931
精品科技	P103	https://r.itho.me/c241935	碩壹資訊	P206	https://r.itho.me/c242100
Forescout	P206	https://r.itho.me/c242084	UPAS	Q209	https://r.itho.me/c242047
Fortinet	C201	https://r.itho.me/c242076	Votiro	C124	https://r.itho.me/c242069
HCL Software	C234	https://r.itho.me/c241984	WithSecure	P109	https://r.itho.me/c242141
illumio	P104	https://r.itho.me/c241965	懷生數位	T08、T15	https://r.itho.me/c242246
Jamf	Q104	https://r.itho.me/c242143			

Mobile Security

此類別包含智慧型手機與平板電腦防護相關產品與服務，涵蓋企業行動管理（EMM）、行動裝置管理（MDM）、行動裝置 App 管理（MAM）、行動裝置內容管理（MCM）、員工自帶設備（BYOD）、行動裝置防毒軟體

廠牌名稱	展區編號	廠牌專頁	廠牌名稱	展區編號	廠牌專頁
BlackBerry	P104	https://r.itho.me/c241958	Jamf	Q104	https://r.itho.me/c242143
Cybereason	C110	https://r.itho.me/c242187	OpenText	C333	https://r.itho.me/c242207
ESET	C219	https://r.itho.me/c241998	Samsung	C101	https://r.itho.me/c242160
F5	C117	https://r.itho.me/c241976	Symantec By Broadcom	C323	https://r.itho.me/c242098
Gogolook	Q305	https://r.itho.me/c242130	趨勢科技	Q105	https://r.itho.me/c241931
IBM	P111	https://r.itho.me/c241995	擎願科技	T25	https://r.itho.me/c242231
數位資安	P205	https://r.itho.me/c242020			

GCB

此類別包含政府組態基準（Government Configuration Baseline，GCB）相關產品與服務，大多為臺灣廠牌

廠牌名稱	展區編號	廠牌專頁	廠牌名稱	展區編號	廠牌專頁
中華資安國際	P201、T26、T31	https://r.itho.me/c241938	大猩猩科技	Q215	https://r.itho.me/c242023
			HCL Software	C234	https://r.itho.me/c241984
誠雲科技	Q110	https://r.itho.me/c242009	瑞思資訊	C107	https://r.itho.me/c241992
中華龍網	C213	https://r.itho.me/c242113	精誠集團	P104	https://r.itho.me/c241970
曜祥網技	P105	https://r.itho.me/c241933	UPAS	Q209	https://r.itho.me/c242047

Security Incident Response

此類別包含資安事故應變相關產品與服務，涵蓋多層面威脅偵測及回應系統（XDR）、事故應變（IR）

廠牌名稱	展區編號	廠牌專頁	廠牌名稱	展區編號	廠牌專頁
安碁資訊	T27、T28	https://r.itho.me/c242240	奧義智慧	Q201	https://r.itho.me/c241932
Akamai	C203	https://r.itho.me/c242055	勤業眾信	無	https://r.itho.me/c242112
Allied Telesis	P214	https://r.itho.me/c242056	Extrahop	C118	https://r.itho.me/c242083
漢昕科技	T21	https://r.itho.me/c242245	Fidelis Cybersecurity	Q109	https://r.itho.me/c242116
Check Point	C239	https://r.itho.me/c241973	Forescout	P206	https://r.itho.me/c242084
中華資安國際	P201、T26、T31	https://r.itho.me/c241938	Fortinet	C201	https://r.itho.me/c242076
			自由系統	C113	https://r.itho.me/c242118
中芯數據	Q207	https://r.itho.me/c242078	Google Cloud	C204	https://r.itho.me/c242058
CrowdStrike	C328	https://r.itho.me/c241990	IBM	P111	https://r.itho.me/c241995
Cybereason	C110	https://r.itho.me/c242187	鑒真數位	T19	https://r.itho.me/c242228

廠牌名稱	展區編號	廠牌專頁
數位資安	P205	https://r.itho.me/c242020
Kaspersky	Q102	https://r.itho.me/c242048
騰曜網路科技	P202	https://r.itho.me/c241967
OpenText	C333	https://r.itho.me/c242207
Palo Alto Networks	C103	https://r.itho.me/c242092
Proofpoint	Q204	https://r.itho.me/c242169
威聯通科技	C230	https://r.itho.me/c242052

廠牌名稱	展區編號	廠牌專頁
SentinelOne	P208	https://r.itho.me/c242045
精誠集團	P104	https://r.itho.me/c241970
詮睿科技	C320	https://r.itho.me/c241980
杜浦數位安全	P106	https://r.itho.me/c241983
關貿網路	C229	https://r.itho.me/c241947
趨勢科技	Q105	https://r.itho.me/c241931

Advanced Threat Protection

此類別是針對進階持續性威脅（APT）提供防護功能的相關產品與服務，涵蓋端點、網路、電子郵件層面的各種偵測與阻擋方案

     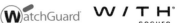

廠牌名稱	展區編號	廠牌專頁
鎧睿全球科技	T30	https://r.itho.me/c242216
Black Kite	P216	https://r.itho.me/c242316
Check Point	C239	https://r.itho.me/c241973
Cellopoint	C207	https://r.itho.me/c241959
中華電信	P201、T29、T32	https://r.itho.me/c241937
中華資安國際	P201、T26、T31	https://r.itho.me/c241938
Cisco	P301	https://r.itho.me/c241939
中芯數據	Q207	https://r.itho.me/c242078
Cybereason	C110	https://r.itho.me/c242187
奧義智慧	Q201	https://r.itho.me/c241932
Darktrace	C228	https://r.itho.me/c242111
中華龍網	C213	https://r.itho.me/c242113
Fidelis Cybersecurity	Q109	https://r.itho.me/c242116
Forcepoint	P110、P104	https://r.itho.me/c241963

廠牌名稱	展區編號	廠牌專頁
Forescout	P206	https://r.itho.me/c242084
Fortinet	C201	https://r.itho.me/c242076
大猩猩科技	Q215	https://r.itho.me/c242023
IBM	P111	https://r.itho.me/c241995
Kaspersky	Q102	https://r.itho.me/c242048
騰曜網路科技	P202	https://r.itho.me/c241967
網擎資訊	P107	https://r.itho.me/c242155
OPSWAT	P104	https://r.itho.me/c241968
Palo Alto Networks	C103	https://r.itho.me/c242092
Proofpoint	Q204	https://r.itho.me/c242169
Symantec By Broadcom	C323	https://r.itho.me/c242098
杜浦數位安全	P106	https://r.itho.me/c241983
趨勢科技	Q105	https://r.itho.me/c241931
WithSecure	P109	https://r.itho.me/c242141
Zscaler	Q306	https://r.itho.me/c242203
兆勤科技	C316	https://r.itho.me/c242043

Network Analysis & Forensics

此類別是針對網路活動進行分析或鑑識的相關產品、服務，解決方案類型包含：網路流量分析（NTA）、網路鑑識、SSL 加密流量檢測（Network Forensics）、網路偵測與應變系統（NDR）

廠牌名稱	展區編號	廠牌專頁
安碁資訊	T27、T28	https://r.itho.me/c242240
Allot	C110、P115	https://r.itho.me/c242105
中華資安國際	P201、T26、T31	https://r.itho.me/c241938
Cisco	P301	https://r.itho.me/c241939
Darktrace	C228	https://r.itho.me/c242111
勤業眾信	無	https://r.itho.me/c242112
Efficient IP	Q113	https://r.itho.me/c242082
一休資訊	C202	https://r.itho.me/c242121
Extrahop	C118	https://r.itho.me/c242083
Fidelis Cybersecurity	Q109	https://r.itho.me/c242116
Forescout	P206	https://r.itho.me/c242084
Fortinet	C201	https://r.itho.me/c242076
威睿科技	C215	https://r.itho.me/c242074
大猩猩科技	Q215	https://r.itho.me/c242023

廠牌名稱	展區編號	廠牌專頁
Greycortex	C219	https://r.itho.me/c241999
Greycortex	C219	https://r.itho.me/c241999
HPE Aruba Networking	C208	https://r.itho.me/c242053
IBM	P111	https://r.itho.me/c241995
鑒真數位	T19	https://r.itho.me/c242228
可立可	T38	https://r.itho.me/c242211
ManageEngine	C206	https://r.itho.me/c242087
新夥伴科技	C221	https://r.itho.me/c241941
瑞擎數位	C235	https://r.itho.me/c242186
Palo Alto Networks	C103	https://r.itho.me/c242092
威聯通科技	C230	https://r.itho.me/c242052
Radware	C101	https://r.itho.me/c242096
Symantec By Broadcom	C323	https://r.itho.me/c242098
特洛奇	Q302	https://r.itho.me/c242034
崴遠科技	C119	https://r.itho.me/c241981

DNS Security

此類別是專門針對 DNS 安全防護的產品與服務，解決方案包含：DNS 防火牆、IP 與網域名稱信譽服務、代管安全 DNS 服務

廠牌名稱	展區編號	廠牌專頁
A10 Networks	C307	https://r.itho.me/c242054
Akamai	C203	https://r.itho.me/c242055
Cisco	P301	https://r.itho.me/c241939
Cloudflare	P207	https://r.itho.me/c241989
Efficient IP	Q113	https://r.itho.me/c242082
F5	C117	https://r.itho.me/c241976

廠牌名稱	展區編號	廠牌專頁
IBM	P111	https://r.itho.me/c241995
Imperva	Q115	https://r.itho.me/c242099
Infoblox	C303	https://r.itho.me/c242190
台灣碩網	C205	https://r.itho.me/c242161
Zscaler	Q306	https://r.itho.me/c242203

Security Analytics

此類別包含資安分析系統相關產品與服務，涵蓋使用者行為分析系統（UBA）、各種資安大數據分析等解決方案

廠牌名稱	展區編號	廠牌專頁	廠牌名稱	展區編號	廠牌專頁
安碁資訊	T27、T28	https://r.itho.me/c242240	Google Cloud	C204	https://r.itho.me/c242058
集先鋒科技	T11	https://r.itho.me/c242250	大猩猩科技	Q215	https://r.itho.me/c242023
中華電信	P201、T29、T32	https://r.itho.me/c241937	IBM	P111	https://r.itho.me/c241995
			數聯資安	Q301	https://r.itho.me/c242073
中華資安國際	P201、T26、T31	https://r.itho.me/c241938	Kaspersky	Q102	https://r.itho.me/c242048
			可立可	T38	https://r.itho.me/c242211
奧義智慧	Q201	https://r.itho.me/c241932	騰曜網路科技	P202	https://r.itho.me/c241967
Darktrace	C228	https://r.itho.me/c242111	OPSWAT	P104	https://r.itho.me/c241968
勤業眾信	無	https://r.itho.me/c242112	Palo Alto Networks	C103	https://r.itho.me/c242092
Extrahop	C118	https://r.itho.me/c242083	信研科技	C235	https://r.itho.me/c242183
Forcepoint	P110、P104	https://r.itho.me/c241963	Quest	C225	https://r.itho.me/c242095
Forescout	P206	https://r.itho.me/c242084	Recorded Future	Q214	https://r.itho.me/c242018
Fortinet	C201	https://r.itho.me/c242076	精誠集團	P104	https://r.itho.me/c241970

Cloud Security

此類別包含雲端安全防護相關產品與服務，涵蓋 SaaS 安全系統、IaaS 安全系統、PaaS 安全系統、雲端存取資安代理
（CASB）、SASE（安全存取服務邊緣）等解決方案

廠牌名稱	展區編號	廠牌專頁	廠牌名稱	展區編號	廠牌專頁
A10 Networks	C307	https://r.itho.me/c242054	illumio	P104	https://r.itho.me/c241965
Cato Networks	C116	https://r.itho.me/c242077	Kaspersky	Q102	https://r.itho.me/c242048
Cellopoint	C207	https://r.itho.me/c241959	ManageEngine	C206	https://r.itho.me/c242087
Check Point	C239	https://r.itho.me/c241973	NetApp	P206	https://r.itho.me/c242088
Cisco	P301	https://r.itho.me/c241939	Netskope	Q204	https://r.itho.me/c242170
Cloudflare	P207	https://r.itho.me/c241989	Palo Alto Networks	C103	https://r.itho.me/c242092
CyberArk	C124、C227	https://r.itho.me/c242067	Proofpoint	Q204	https://r.itho.me/c242169
Cybereason	C110	https://r.itho.me/c242187	Qualys	C235	https://r.itho.me/c242182
伊雲谷數位科技	P305	https://r.itho.me/c242117	Quest	C225	https://r.itho.me/c242095
F5	C117	https://r.itho.me/c241976	Radware	C101	https://r.itho.me/c242096
Forcepoint	P110、P104	https://r.itho.me/c241963	趨勢科技	Q105	https://r.itho.me/c241931
Fortinet	C201	https://r.itho.me/c242076	Tufin	P213	https://r.itho.me/c242057
Google Cloud	C204	https://r.itho.me/c242058	Vectra AI	C110	https://r.itho.me/c242204
Hennge	C301	https://r.itho.me/c241987	WithSecure	P109	https://r.itho.me/c242141
IBM	P111	https://r.itho.me/c241995	Zscaler	Q306	https://r.itho.me/c242203

Managed Security Service

此類別包含資安代管相關服務，涵蓋代管型偵測與應變系統（MDR），以及各種企業委託廠商代管的資安服務

廠牌名稱	展區編號	廠牌專頁	廠牌名稱	展區編號	廠牌專頁
安碁資訊	T27、T28	https://r.itho.me/c242240	奧義智慧	Q201	https://r.itho.me/c241932
Akamai	C203	https://r.itho.me/c242055	伊雲谷數位科技	P305	https://r.itho.me/c242117
漢昕科技	T21	https://r.itho.me/c242245	F5	C117	https://r.itho.me/c241976
Cato Networks	C116	https://r.itho.me/c242077	中飛科技	Q214	https://r.itho.me/c242017
CDNetworks	C120	https://r.itho.me/c242005	Fastly	C327	https://r.itho.me/c242148
Check Point	C239	https://r.itho.me/c241973	Forescout	P206	https://r.itho.me/c242084
中華資安國際	P201、T26、T31	https://r.itho.me/c241938	Fortinet	C201	https://r.itho.me/c242076
			自由系統	C113	https://r.itho.me/c242118
雲智維科技	T07	https://r.itho.me/c242244	IBM	P111	https://r.itho.me/c241995
中芯數據	Q207	https://r.itho.me/c242078	數聯資安	Q301	https://r.itho.me/c242073
Cybereason	C110	https://r.itho.me/c242187	Kaspersky	Q102	https://r.itho.me/c242048

廠牌名稱	展區編號	廠牌專頁		廠牌名稱	展區編號	廠牌專頁
元盾資安	C232	https://r.itho.me/c242150		趨勢科技	Q105	https://r.itho.me/c241931
騰曜網路科技	P202	https://r.itho.me/c241967		台灣大哥大	C220	https://r.itho.me/c242137
SentinelOne	P208	https://r.itho.me/c242045		懷生數位	T08、T15	https://r.itho.me/c242246
精誠集團	P104	https://r.itho.me/c241970		Zscaler	Q306	https://r.itho.me/c242203
關貿網路	C229	https://r.itho.me/c241947				

Threat Detection and Response

此類別包含偵測與應變系統（XDR）相關產品與服務，需針對端點、網路等不同位置的系統、設備，提供資安威脅的持續監控、偵測，以及緩解、阻擋等機制

廠牌名稱	展區編號	廠牌專頁		廠牌名稱	展區編號	廠牌專頁
BlackBerry	P104	https://r.itho.me/c241958		奧義智慧	Q201	https://r.itho.me/c241932
Check Point	C239	https://r.itho.me/c241973		中華龍網	C213	https://r.itho.me/c242113
中華資安國際	P201、T26、T31	https://r.itho.me/c241938		ESET	C219	https://r.itho.me/c241998
				Fidelis Cybersecurity	Q109	https://r.itho.me/c242116
Cisco	P301	https://r.itho.me/c241939		精品科技	P103	https://r.itho.me/c241935
中芯數據	Q207	https://r.itho.me/c242078		Forcepoint	P110、P104	https://r.itho.me/c241963
CrowdStrike	C328	https://r.itho.me/c241990		Forescout	P206	https://r.itho.me/c242084
Cybereason	C110	https://r.itho.me/c242187		Fortinet	C201	https://r.itho.me/c242076

廠牌名稱	展區編號	廠牌專頁
自由系統	C113	https://r.itho.me/c242118
大猩猩科技	Q215	https://r.itho.me/c242023
IBM	P111	https://r.itho.me/c241995
璽真數位	T19	https://r.itho.me/c242228
Kaspersky	Q102	https://r.itho.me/c242048
騰曜網路科技	P202	https://r.itho.me/c241967
Palo Alto Networks	C103	https://r.itho.me/c242092
Semperis	P307	https://r.itho.me/c242075

廠牌名稱	展區編號	廠牌專頁
SentinelOne	P208	https://r.itho.me/c242045
Symantec By Broadcom	C323	https://r.itho.me/c242098
杜浦數位安全	P106	https://r.itho.me/c241983
趨勢科技	Q105	https://r.itho.me/c241931
Vectra AI	C110	https://r.itho.me/c242204
WithSecure	P109	https://r.itho.me/c242141
懷生數位	T08、T15	https://r.itho.me/c242246

Authentication

此類別包含身分識別、認證相關產品與服務，涵蓋身分存取與管理系統、生物辨識、多因素身分認證（MFA）、雙因素身分驗證（2FA）、FIDO、無密碼身分認證等解決方案

廠牌名稱	展區編號	廠牌專頁
Akamai	C203	https://r.itho.me/c242055
數位身分	Q202	https://r.itho.me/c242050
歐生全	T05	https://r.itho.me/c242208
博士旺	無	https://r.itho.me/c242237
全景軟體	C104	https://r.itho.me/c242090
中華電信	P201、T29、T32	https://r.itho.me/c241937
CyberArk	C124、C227	https://r.itho.me/c242067

廠牌名稱	展區編號	廠牌專頁
Delinea	P101	https://r.itho.me/c242010
長茂科技	Q112	https://r.itho.me/c242125
Fortinet	C201	https://r.itho.me/c242076
Fudo Security	Q109	https://r.itho.me/c242119
Gogolook	Q305	https://r.itho.me/c242130
Google Cloud	C204	https://r.itho.me/c242058
大猩猩科技	Q215	https://r.itho.me/c242023
IBM	P111	https://r.itho.me/c241995

廠牌名稱	展區編號	廠牌專頁
銓安智慧科技	Q206	https://r.itho.me/c242196
捷而思	T24	https://r.itho.me/c242235
關楗	C214	https://r.itho.me/c241966
來毅數位科技	C223	https://r.itho.me/c242149
OpenText	C333	https://r.itho.me/c242207

廠牌名稱	展區編號	廠牌專頁
Thales	C115、P114	https://r.itho.me/c242145
凸版蓋特	T43	https://r.itho.me/c242234
偉康科技	C212	https://r.itho.me/c242041
匯智安全	Q206	https://r.itho.me/c242172

Identity Governance

此類別包含身分治理系統相關產品與服務，涵蓋身分生命週期管理系統、身分管理稽核系統等解決方案

廠牌名稱	展區編號	廠牌專頁
Akamai	C203	https://r.itho.me/c242055
CyberArk	C124、C227	https://r.itho.me/c242067
Delinea	P101	https://r.itho.me/c242010
曜祥網技	P105	https://r.itho.me/c241933
長茂科技	Q112	https://r.itho.me/c242125
F5	C117	https://r.itho.me/c241976
Gogolook	Q305	https://r.itho.me/c242130
Google Cloud	C204	https://r.itho.me/c242058
IBM	P111	https://r.itho.me/c241995

廠牌名稱	展區編號	廠牌專頁
捷而思	T24	https://r.itho.me/c242235
ManageEngine	C206	https://r.itho.me/c242087
Netskope	Q204	https://r.itho.me/c242170
OpenText	C333	https://r.itho.me/c242207
Quest	C225	https://r.itho.me/c242095
Silverfort	Q107	https://r.itho.me/c242003
Symantec By Broadcom	C323	https://r.itho.me/c242098
Thales	C115、P114	https://r.itho.me/c242145
偉康科技	C212	https://r.itho.me/c242041

Privileged Access Management

此類別包含特權使用者與存取管理的相關產品與服務，涵蓋特權帳號管理（Privileged Account Management，PAM）、特權存取管理（Privileged Access Management，PAM）、特權身分管理（Privileged Identity Management，PIM）等解決方案

廠牌名稱	展區編號	廠牌專頁	廠牌名稱	展區編號	廠牌專頁
CyberArk	C124、C227	https://r.itho.me/c242067	捷而思	T24	https://r.itho.me/c242235
Delinea	P101	https://r.itho.me/c242010	ManageEngine	C206	https://r.itho.me/c242087
Fudo Security	Q109	https://r.itho.me/c242119	OpenText	C333	https://r.itho.me/c242207
智弘軟體	T36	https://r.itho.me/c242236	奔騰網路科技	C306	https://r.itho.me/c242156
IBM	P111	https://r.itho.me/c241995	Varonis	Q107	https://r.itho.me/c241985

Encryption

此類別包含加密相關產品與服務，涵蓋文件加密系統、檔案加密系統、資料加密系統、硬體加密模組（HSM）等解決方案

廠牌名稱	展區編號	廠牌專頁
博士旺	無	https://r.itho.me/c242237
區塊科技	T20	https://r.itho.me/c242227
全景軟體	C104	https://r.itho.me/c242090
池安量子	無	https://r.itho.me/c242271
恆智資安	T14	https://r.itho.me/c242210
ESET	C219	https://r.itho.me/c241998
精品科技	P103	https://r.itho.me/c241935
Google Cloud	C204	https://r.itho.me/c242058
IBM	P111	https://r.itho.me/c241995
銓安智慧科技	Q206	https://r.itho.me/c242196
Jrsys 捷而思	T24	https://r.itho.me/c242235
Netskope	Q204	https://r.itho.me/c242170
OpenText	C333	https://r.itho.me/c242207

廠牌名稱	展區編號	廠牌專頁
Proofpoint	Q204	https://r.itho.me/c242169
叡廷	P303	https://r.itho.me/c242157
以柔資訊	C218	https://r.itho.me/c242189
Symantec By Broadcom	C323	https://r.itho.me/c242098
Thales	C115、P114	https://r.itho.me/c242145
雲想科技	T02	https://r.itho.me/c242212
趨勢科技	Q105	https://r.itho.me/c241931
優碩資訊科技	T34	https://r.itho.me/c242242
UBIQ	C227	https://r.itho.me/c242064
UPAS	Q209	https://r.itho.me/c242047
Utimaco	P303	https://r.itho.me/c242191
匯智安全	Q206	https://r.itho.me/c242172

Data Leak Prevention

此類別包含資料外洩防護相關產品與服務，涵蓋資料外洩預防系統（Data Leak Prevention）解決方案

     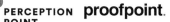

廠牌名稱	展區編號	廠牌專頁
Check Point	C239	https://r.itho.me/c241973
Cloudflare	P207	https://r.itho.me/c241989
智安數據	C106、P104	https://r.itho.me/c241960
ESET	C219	https://r.itho.me/c241998
Extrahop	C118	https://r.itho.me/c242083
Fidelis Cybersecurity	Q109	https://r.itho.me/c242116
精品科技	P103	https://r.itho.me/c241935
Forcepoint	C106、P104	https://r.itho.me/c241963
Google Cloud	C204	https://r.itho.me/c242058
IBM	P111	https://r.itho.me/c241995

廠牌名稱	展區編號	廠牌專頁
ManageEngine	C206	https://r.itho.me/c242087
Netskope	Q204	https://r.itho.me/c242170
OPSWAT	P104	https://r.itho.me/c241968
Proofpoint	Q204	https://r.itho.me/c242169
鈊保資訊	T13	https://r.itho.me/c242247
Spirent	Q302	https://r.itho.me/c242035
Symantec By Broadcom	C323	https://r.itho.me/c242098
Varonis	Q107	https://r.itho.me/c241985
Zscaler	Q306	https://r.itho.me/c242203

Secure File Sharing

此類別包含文件安全共用相關產品與服務，涵蓋文件安全控管系統、雲端檔案共用等解決方案

廠牌名稱	展區編號	廠牌專頁
BlackBerry	P104	https://r.itho.me/c241958
Check Point	C239	https://r.itho.me/c241973
恆智資安	T14	https://r.itho.me/c242210
精品科技	P103	https://r.itho.me/c241935
Google Cloud	C204	https://r.itho.me/c242058
Hennge	C301	https://r.itho.me/c241987
IBM	P111	https://r.itho.me/c241995
關鍵	C214	https://r.itho.me/c241966

廠牌名稱	展區編號	廠牌專頁
網擎資訊	P107	https://r.itho.me/c242155
OPSWAT	P104	https://r.itho.me/c241968
Progress	Q111	https://r.itho.me/c242094
威聯通科技	C230	https://r.itho.me/c242052
以柔資訊	C218	https://r.itho.me/c242189
優碩資訊科技	T34	https://r.itho.me/c242242
匯智安全	Q206	https://r.itho.me/c242172

Penetration Testing

此類別包含滲透測試相關產品與服務，涵蓋電子郵件與網站系統的滲透測試、紅藍隊攻防演練等解決方案

廠牌名稱	展區編號	廠牌專頁	廠牌名稱	展區編號	廠牌專頁
三甲科技	T37	https://r.itho.me/c242226	IBM	P111	https://r.itho.me/c241995
安碁資訊	T27、T28	https://r.itho.me/c242240	數聯資安	Q301	https://r.itho.me/c242073
漢昕科技	T21	https://r.itho.me/c242245	可立可	T38	https://r.itho.me/c242211
Check Point	C239	https://r.itho.me/c241973	盧氪賽忒	T06	https://r.itho.me/c242153
中華資安國際	P201、T26、T31	https://r.itho.me/c241938	元盾資安	C232	https://r.itho.me/c242150
			安華聯網	Q103	https://r.itho.me/c242104
中芯數據	Q207	https://r.itho.me/c242078	Pentera	P302	https://r.itho.me/c242378
CrowdStrike	C328	https://r.itho.me/c241990	精誠集團	P104	https://r.itho.me/c241970
Cymetrics	C322	https://r.itho.me/c241940	詮睿科技	C320	https://r.itho.me/c241980
勤業眾信	無	https://r.itho.me/c242112	關貿網路	C229	https://r.itho.me/c241947
戴夫寇爾	Q208	https://r.itho.me/c242109	如梭世代	P209	https://r.itho.me/c242042
果核數位	C233	https://r.itho.me/c242071			

Security Awareness & Training

此類別包含資安意識訓練與測試相關產品與服務，涵蓋員工資安意識訓練課程、員工社交工程攻擊測試演練、開發人員撰寫安全程式碼訓練等解決方案

廠牌名稱	展區編號	廠牌專頁	廠牌名稱	展區編號	廠牌專頁
安碁資訊	T27、T28	https://r.itho.me/c242240	Kaspersky	Q102	https://r.itho.me/c242048
Check Point	C239	https://r.itho.me/c241973	KnowBe4	P212	https://r.itho.me/c242123
中華資安國際	P201、T26、T31	https://r.itho.me/c241938	安華聯網	Q103	https://r.itho.me/c242104
			Proofpoint	Q204	https://r.itho.me/c242169
勤業眾信	無	https://r.itho.me/c242112	精誠集團	P104	https://r.itho.me/c241970
Fortinet	C201	https://r.itho.me/c242076	菱鏡	Q205	https://r.itho.me/c242138
自由系統	C113	https://r.itho.me/c242118	趨勢科技	Q105	https://r.itho.me/c241931
IBM	P111	https://r.itho.me/c241995	WithSecure	P109	https://r.itho.me/c242141
叡揚資訊	C222	https://r.itho.me/c242024	如梭世代	P209	https://r.itho.me/c242042

Messaging Security

此類別包含訊息安全防護相關產品與服務，涵蓋電子郵件過濾系統、電子郵件稽核系統、加密即時通訊軟體等解決方案

     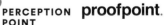

廠牌名稱	展區編號	廠牌專頁
鎧睿全球科技	T30	https://r.itho.me/c242216
Cellopoint	C207	https://r.itho.me/c241959
Check Point	C239	https://r.itho.me/c241973
中華資安國際	P201、T26、T31	https://r.itho.me/c241938
Cisco	P301	https://r.itho.me/c241939
恆智資安	T14	https://r.itho.me/c242210
Forcepoint	P110、P104	https://r.itho.me/c241963
Fortinet	C201	https://r.itho.me/c242076
Google Cloud	C204	https://r.itho.me/c242058
Hennge	C301	https://r.itho.me/c241987

廠牌名稱	展區編號	廠牌專頁
Menlo Security	P204	https://r.itho.me/c242046
網擎資訊	P107	https://r.itho.me/c242155
OPSWAT	P104	https://r.itho.me/c241968
Proofpoint	Q204	https://r.itho.me/c242169
Quest	C225	https://r.itho.me/c242095
眾至資訊	C241	https://r.itho.me/c242033
Symantec By Broadcom	C323	https://r.itho.me/c242098
精誠集團	P104	https://r.itho.me/c241970
趨勢科技	Q105	https://r.itho.me/c241931
Votiro	C124	https://r.itho.me/c242069

OT Security

此類別包含操作科技安全防護相關產品與服務，涵蓋 ICS/SCADA 安全防護系統、工控安全系統、實體隔離解決方案

廠牌名稱	展區編號	廠牌專頁
安碁資訊	T27、T28	https://r.itho.me/c242240
Check Point	C239	https://r.itho.me/c241973
中華資安國際	P201、T26、T31	https://r.itho.me/c241938
Darktrace	C228	https://r.itho.me/c242111
勤業眾信	無	https://r.itho.me/c242112
Forescout	P206	https://r.itho.me/c242084
Fortinet	C201	https://r.itho.me/c242076
大猩猩科技	Q215	https://r.itho.me/c242023
IBM	P111	https://r.itho.me/c241995

廠牌名稱	展區編號	廠牌專頁
Kaspersky	Q102	https://r.itho.me/c242048
安華聯網	Q103	https://r.itho.me/c242104
OPSWAT	P104	https://r.itho.me/c241968
Palo Alto Networks	C103	https://r.itho.me/c242092
眾至資訊	C241	https://r.itho.me/c242033
椰棗科技	T09	https://r.itho.me/c242254
趨勢科技	Q105	https://r.itho.me/c241931
TXOne Networks	Q106	https://r.itho.me/c242038
Waterfall Security	P205	https://r.itho.me/c242215

WAF & Application Security

此類別包含網站應用程式防火牆（WAF），以及應用系統安全防護系統相關產品與服務，涵蓋網站應用程式防火牆、應用程式加殼防破解系統等解決方案

廠牌名稱	展區編號	廠牌專頁	廠牌名稱	展區編號	廠牌專頁
A10 Networks	C307	https://r.itho.me/c242054	Google Cloud	C204	https://r.itho.me/c242058
Akamai	C203	https://r.itho.me/c242055	HCL Software	C234	https://r.itho.me/c241984
Allot	C110、P115	https://r.itho.me/c242105	艾斯冰殼	T12	https://r.itho.me/c242209
安瑞科技	C310	https://r.itho.me/c242107	Imperva	Q115	https://r.itho.me/c242099
CDNetworks	C120	https://r.itho.me/c242005	OpenText	C333	https://r.itho.me/c242207
中華資安國際	P201、T26、T31	https://r.itho.me/c241938	Penta Security	Q216	https://r.itho.me/c242262
			Qualys	C235	https://r.itho.me/c242182
Cloudflare	P207	https://r.itho.me/c241989	Radware	C101	https://r.itho.me/c242096
F5	C117	https://r.itho.me/c241976	Reblaze	C227	https://r.itho.me/c242063
Fastly	C327	https://r.itho.me/c242148	台灣碩網	C205	https://r.itho.me/c242161
Fortinet	C201	https://r.itho.me/c242076	Symantec By Broadcom	C323	https://r.itho.me/c242098
叡揚資訊	C222	https://r.itho.me/c242024	趨勢科技	Q105	https://r.itho.me/c241931

Application Security Testing

此類別包含應用程式原始碼安全檢測系統相關產品與服務，涵蓋黑箱測試、白箱測試、灰箱測試等軟體與服務

廠牌名稱	展區編號	廠牌專頁	廠牌名稱	展區編號	廠牌專頁
三甲科技	T37	https://r.itho.me/c242226	HCL Software	C234	https://r.itho.me/c241984
安碁資訊	T27、T28	https://r.itho.me/c242240	IBM	P111	https://r.itho.me/c241995
Check Point	C239	https://r.itho.me/c241973	數聯資安	Q301	https://r.itho.me/c242073
中華資安國際	P201、T26、T31	https://r.itho.me/c241938	安華聯網	Q103	https://r.itho.me/c242104
			OpenText	C333	https://r.itho.me/c242207
果核數位	C233	https://r.itho.me/c242071	Qualys	C235	https://r.itho.me/c242182
叡揚資訊	C222	https://r.itho.me/c242024	Spirent	Q302	https://r.itho.me/c242035

Container Security

此類別包含容器安全相關產品與服務，涵蓋容器映像安全管理系統、Kubernetes 安全防護系統等解決方案

廠牌名稱	展區編號	廠牌專頁
Check Point	C239	https://r.itho.me/c241973
Google Cloud	C204	https://r.itho.me/c242058
IBM	P111	https://r.itho.me/c241995
illumio	P104	https://r.itho.me/c241965
Palo Alto Networks	C103	https://r.itho.me/c242092

廠牌名稱	展區編號	廠牌專頁
Qualys	C235	https://r.itho.me/c242182
Thales	C115、P114	https://r.itho.me/c242145
趨勢科技	Q105	https://r.itho.me/c241931
Tufin	P213	https://r.itho.me/c242057

Threat Intelligence

此類別包含資安威脅情報服務相關產品與服務，涵蓋威脅情資餵送訂閱服務、威脅情資管理系統等解決方案

   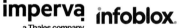

廠牌名稱	展區編號	廠牌專頁
BlackBerry	P104	https://r.itho.me/c241958
Check Point	C239	https://r.itho.me/c241973
Cisco	P301	https://r.itho.me/c241939
CrowdStrike	C328	https://r.itho.me/c241990
Cybereason	C110	https://r.itho.me/c242187
奧義智慧	Q201	https://r.itho.me/c241932
ESET	C219	https://r.itho.me/c241998
Fortinet	C201	https://r.itho.me/c242076
Gogolook	Q305	https://r.itho.me/c242130
Google Cloud	C204	https://r.itho.me/c242058
IBM	P111	https://r.itho.me/c241995
Imperva	Q115	https://r.itho.me/c242099

廠牌名稱	展區編號	廠牌專頁
Infoblox	C303	https://r.itho.me/c242190
Kaspersky	Q102	https://r.itho.me/c242048
騰曜網路科技	P202	https://r.itho.me/c241967
OPSWAT	P104	https://r.itho.me/c241968
Palo Alto Networks	C103	https://r.itho.me/c242092
Qualys	C235	https://r.itho.me/c242182
Radware	C101	https://r.itho.me/c242096
Recorded Future	Q214	https://r.itho.me/c242018
SecurityScorecard	P203	https://r.itho.me/c241969
微智安聯	T40	https://r.itho.me/c242214
杜浦數位安全	P106	https://r.itho.me/c241983
趨勢科技	Q105	https://r.itho.me/c241931

SIEM / Security Information and Event Management

此類別包含安全資訊與事件管理系統相關產品與服務，涵蓋安全事件管理系統、事件記錄管理系統、事件記錄彙整系統、事件記錄搜尋系統等解決方案

廠牌名稱	展區編號	廠牌專頁
安碁資訊	T27、T28	https://r.itho.me/c242240
竣盟科技	T01	https://r.itho.me/c242217
BlackBerry	P104	https://r.itho.me/c241958
中華資安國際	P201、T26、T31	https://r.itho.me/c241938
雲智維科技	T07	https://r.itho.me/c242244
曜祥網技	P105	https://r.itho.me/c241933
伊雲谷數位科技	P305	https://r.itho.me/c242117
Forescout	P206	https://r.itho.me/c242084
Fortinet	C201	https://r.itho.me/c242076
自由系統	C113	https://r.itho.me/c242118

廠牌名稱	展區編號	廠牌專頁
Google Cloud	C204	https://r.itho.me/c242058
大猩猩科技	Q215	https://r.itho.me/c242023
IBM	P111	https://r.itho.me/c241995
數聯資安	Q301	https://r.itho.me/c242073
ManageEngine	C206	https://r.itho.me/c242087
新夥伴科技	C221	https://r.itho.me/c241941
OpenText	C333	https://r.itho.me/c242207
信研科技	C235	https://r.itho.me/c242183
Quest	C225	https://r.itho.me/c242095
精誠集團	P104	https://r.itho.me/c241970

Web Security

此類別包含網頁安全防護系統相關產品與服務，涵蓋員工上網控管系統（Employee Internet Management，EIM）、網頁過濾（Web Filtering）、網際網路安全閘道（Secure Internet Gateway，SIG）等解決方案

廠牌名稱	展區編號	廠牌專頁	廠牌名稱	展區編號	廠牌專頁
A10 Networks	C307	https://r.itho.me/c242054	迅捷資安	C321	https://r.itho.me/c242029
Akamai	C203	https://r.itho.me/c242055	Menlo Security	P204	https://r.itho.me/c242046
Allot	C110、P115	https://r.itho.me/c242105	Netskope	Q204	https://r.itho.me/c242170
Check Point	C239	https://r.itho.me/c241973	OPSWAT	P104	https://r.itho.me/c241968
Cisco	P301	https://r.itho.me/c241939	Symantec By Broadcom	C323	https://r.itho.me/c242098
CyberArk	C124、C227	https://r.itho.me/c242067	趨勢科技	Q105	https://r.itho.me/c241931
F5	C117	https://r.itho.me/c241976	崴遠科技	C119	https://r.itho.me/c241981
Forcepoint	P110、P104	https://r.itho.me/c241963	Votiro	C124	https://r.itho.me/c242069
Fortinet	C201	https://r.itho.me/c242076			

Network Firewall

此類別包含網路防火牆相關產品與服務，涵蓋 UTM 設備、網路微分段系統（Micro Segmentation）等解決方案

廠牌名稱	展區編號	廠牌專頁
A10 Networks	C307	https://r.itho.me/c242054
Allied Telesis	P214	https://r.itho.me/c242056
Check Point	C239	https://r.itho.me/c241973
Cisco	P301	https://r.itho.me/c241939
Forcepoint	P110、P104	https://r.itho.me/c241963
Fortinet	C201	https://r.itho.me/c242076
IBM	P111	https://r.itho.me/c241995

廠牌名稱	展區編號	廠牌專頁
鴻璟科技	T33	https://r.itho.me/c242219
迅捷資安	C321	https://r.itho.me/c242029
Palo Alto Networks	C103	https://r.itho.me/c242092
眾至資訊	C241	https://r.itho.me/c242033
趨勢科技	Q105	https://r.itho.me/c241931
Zscaler	Q306	https://r.itho.me/c242203
兆勤科技	C316	https://r.itho.me/c242043

Firewall Management

此類別包含防火牆管理系統相關產品與服務，涵蓋跨廠牌防火牆組態管理系統、跨廠牌防火牆事件管理系統

廠牌名稱	展區編號	廠牌專頁
Google Cloud	C204	https://r.itho.me/c242058
ManageEngine	C206	https://r.itho.me/c242087

廠牌名稱	展區編號	廠牌專頁
Tufin	P213	https://r.itho.me/c242057

DDoS Protection

此類別包含防護 DDoS 攻擊相關產品與服務，涵蓋 DDoS 流量清洗服務、DDoS 流量處理設備等解決方案

廠牌名稱	展區編號	廠牌專頁	廠牌名稱	展區編號	廠牌專頁
A10 Networks	C307	https://r.itho.me/c242054	Fortinet	C201	https://r.itho.me/c242076
Akamai	C203	https://r.itho.me/c242055	威睿科技	C215	https://r.itho.me/c242074
Allot	C110、P115	https://r.itho.me/c242105	Google Cloud	C204	https://r.itho.me/c242058
CDNetworks	C120	https://r.itho.me/c242005	大猩猩科技	Q215	https://r.itho.me/c242023
Check Point	C239	https://r.itho.me/c241973	IBM	P111	https://r.itho.me/c241995
中華電信	P201、T29、T32	https://r.itho.me/c241937	Imperva	Q115	https://r.itho.me/c242099
			Infoblox	C303	https://r.itho.me/c242190
中華資安國際	P201、T26、T31	https://r.itho.me/c241938	新夥伴科技	C221	https://r.itho.me/c241941
			Netscout	C210	https://r.itho.me/c242154
Cloudflare	P207	https://r.itho.me/c241989	Radware	C101	https://r.itho.me/c242096
果核數位	C233	https://r.itho.me/c242071	Reblaze	C227	https://r.itho.me/c242063
F5	C117	https://r.itho.me/c241976	台灣碩網	C205	https://r.itho.me/c242161
Fastly	C327	https://r.itho.me/c242148	台灣大哥大	C220	https://r.itho.me/c242137

NAC

此類別包含網路存取控制系統相關產品與服務，涵蓋網路交換器協同防禦系統、DHCP 網路隔離系統等解決方案

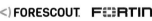

廠牌名稱	展區編號	廠牌專頁
Cisco	P301	https://r.itho.me/c241939
曜祥網技	P105	https://r.itho.me/c241933
一休資訊	C202	https://r.itho.me/c242121
Forescout	P206	https://r.itho.me/c242084
Fortinet	C201	https://r.itho.me/c242076
Google Cloud	C204	https://r.itho.me/c242058

廠牌名稱	展區編號	廠牌專頁
HPE Aruba Networking	C208	https://r.itho.me/c242053
Infoblox	C303	https://r.itho.me/c242190
OPSWAT	P104	https://r.itho.me/c241968
Palo Alto Networks	C103	https://r.itho.me/c242092
飛泓科技	C123	https://r.itho.me/c242031
UPAS	Q209	https://r.itho.me/c242047

SOAR / Security Orchestration, Automation and Response

此類別包含資安調度指揮、自動化處理與應變系統（SOAR）相關產品與服務，涵蓋資安服務鏈串聯防禦系統、資安自動化防護系統等解決方案

Trellix

廠牌名稱	展區編號	廠牌專頁
安碁資訊	T27、T28	https://r.itho.me/c242240
Allied Telesis	P214	https://r.itho.me/c242056
中華資安國際	P201、T26、T31	https://r.itho.me/c241938
中芯數據	Q207	https://r.itho.me/c242078
奧義智慧	Q201	https://r.itho.me/c241932
Forescout	P206	https://r.itho.me/c242084
Fortinet	C201	https://r.itho.me/c242076

廠牌名稱	展區編號	廠牌專頁
Google Cloud	C204	https://r.itho.me/c242058
IBM	P111	https://r.itho.me/c241995
數聯資安	Q301	https://r.itho.me/c242073
新夥伴科技	C221	https://r.itho.me/c241941
OpenText	C333	https://r.itho.me/c242207
Palo Alto Networks	C103	https://r.itho.me/c242092
Proofpoint	Q204	https://r.itho.me/c242169
Swimlane	無	https://r.itho.me/c242178